U0793520

葡萄酒赏味·购买·收藏指南

葡萄酒赏味·购买·收藏指南

文森特·贾斯尼尔 著

伊安·奥利瑞 摄影

刘燕妮 姜寿梅 译

北京·旅游教育出版社

Original Title:How to Choose Wine
Copyright©2006 Dorling Kindersley Limited,London
Text Copyright©2006 Vicent Gasnier

葡萄酒赏味・购买・收藏指南

(法) 文森特・贾斯尼尔 (Vincent Gasnier) 著

刘燕妮　姜寿梅　译

图书在版编目（CIP）数据

葡萄酒赏味・购买・收藏指南/（法）贾斯尼尔（Gasnier,V.）著；刘燕妮，姜寿梅译. —北京：旅游教育出版社，2010.3（2014.1）
ISBN 978-7-5637-1910-5

Ⅰ.①葡… Ⅱ.①贾… ②刘… ③姜… Ⅲ.①葡萄酒—品鉴 ②葡萄酒—选购 ③葡萄酒—收藏
Ⅳ.①TS262.6
中国版本图书馆CIP数据核字（2009）第224820号
北京市版权局合同登记图字：01—2009—7103

策划编辑：李荣强
责任编辑：李荣强
出版单位：旅游教育出版社
地　址：北京市朝阳区定福庄南里1号
邮　编：100024
发行电话：（010）65778403 65728372 65767462（传真）
本社网址：www.tepcb.com
E-mail：tepfx@163.com
印刷单位：北京利丰雅高长城印刷有限公司
装订单位：北京利丰雅高长城印刷有限公司
经销单位：新华书店
开　本：787毫米×1020毫米 1/16
印　张：21.5
字　数：250千字
版　次：2010年3月第1版
印　次：2014年1月第2次印刷
定　价：98.00元

（图书如有装订差错请与发行部联系）

第一章
葡萄酒风格

什么是葡萄酒风格

你就像你喜欢喝的酒一样

葡萄酒就像汽车一样，每个人都有自己的喜好。我们每天驾驶的、感觉舒服的汽车就是我们梦想中想拥有的。像葡萄酒一样，汽车有不同的型号：法拉利速度快、动力足、拉风、傲慢（以昂贵的方式）；奔驰动力也很足，但是更圆滑，很安静、含蓄。这个没有对与错，只有个人喜好，就像你买车前，总是需要试驾一下，同样你需要品尝不同风格的葡萄酒，从而选出你真正喜欢的。

记得汽车刚开始比较普及的时候，只有一种简单的选择——福特的T型机，并且颜色除了黑色再也没有别的选择。现在人们在选择汽车时摇摆不定，这是汽车发展进步的结果。这个对葡萄酒来说同样适用，不过在普通葡萄酒能够区分出红葡萄酒和白葡萄酒之前经历了几千年而不是几百年。

早期的葡萄酒酿造

埃及坟墓中可以追溯到几千年前的壁画显示，当时人们用弯刀将成熟的葡萄摘下，用柳条编的篮子运到橡木桶中，用脚将其踩烂。

现代葡萄园

很多一流的欧洲葡萄园区，如法国东北部的阿尔萨斯区域（下页图）和德国的摩泽尔河（Mosel）河谷，都是在古罗马统治的时候建立的。

最早的酿酒师

在这本书里，我描述了220种不同类型的葡萄酒：同一类型的、由不同葡萄酒厂酿造的不同葡萄酒在风格和品质上有着细微的差别。这些不寻常的差异是怎样形成的呢？

为了回答这个问题，我们需要研究一下历史。埃及坟墓中可以追溯到公元前4000年的壁画为我们提供了一些早期葡萄酒酿造的信息。当时，埃及人酿造酒不是为了日常饮用，而是用来作为法老墓中的祭祀和朝拜的祭品，祈祷庇佑他们日后的生活。在古希腊文化中葡萄酒对仪式庆典有重要的意义：在对酒神狄俄尼索斯的朝拜仪式中，无节制饮用葡萄酒导致狂热、暴力嗜杀的教派形成。葡萄酒因其令人兴奋的品质以及作为土地和财富的象征受到尊敬；如果哪个摆酒宴的人敢说到他更喜欢一些“更节制的水果”，他一定很精明，同时也很愚蠢。

随着古希腊和古罗马文化的发展，酒神节的狂饮不再受欢迎，甚至完全被禁止。但是葡萄的种植和酿造开始在地中海周围兴盛起来，在古希腊尤其是古罗马，我们开始有详细的证据证明社会不同阶层对葡萄酒的饮用和享受以及葡萄酒风格的多样性。这些古罗马葡萄酒品尝起来怎么样呢？我们知道古罗马的葡萄酒中添加了蜂蜜、香辛料、香草甚至是海水作为防腐剂，并且经常通

过加热来浓缩，这样就产生了一种现代港口或者马德拉白葡萄酒之类的怀旧风格。Falerno葡萄酒是最好的一款酒之一，这款酒可能由艾格尼科（Aglianico）葡萄酿造而成，这种葡萄现在仍然有人种植。这是一款口味极干的酒，这款酒需要陈酿10～20年，在特殊的收获年份陈酿时间还会更久。奥古斯都国王喜欢口感强烈的甜酒，因此，他命令他的葡萄园管理者尽可能迟些采摘葡萄，从而使其风味得到浓缩。

葡萄酒的出口

古罗马人带着葡萄苗和酿酒技术横穿了这个帝国，最终全国的全部公民而不仅仅是罗马人获得了酿酒的权利。罗马开始进口葡萄酒，尤其是从伊比利亚（现在的西班牙和葡萄牙）和高卢（法国），迎合当地人而不是外籍罗马人口味的不同风格的葡萄酒开始受到欢迎。但是，随着公元5世纪罗马帝国的衰落，与其他国家的贸易往来也开始衰退。修道士们静悄悄地接管了欧洲国家的葡萄园，提炼葡萄栽培技术并且研究出了很多款现在很受大家欢迎的不同风格的葡萄酒。当欧洲从这段衰落时光中摆脱出来时，葡萄酒再次在各个国家之间流通起来。12世纪当英国开始进口波尔多葡萄酒时，葡萄酒的商业化开始变得正规，接下来的几个世纪，整个欧洲的不同风格葡萄酒饮用的起落受到了商业联盟、社会变革以及政治的影响。

当不同地区的葡萄酒生产商开始展开竞争，希望自己的葡萄酒能够占领市场的时候，保证葡萄酒质量的想法开始出现，特别是波尔多地区早在1855年就开始对葡萄酒进行“分级”了。1935年法国通过了一项控制原产地命名的法律，包括葡萄园的详细信息、酿造工艺、葡萄品种、种植数量、酒精含量。意大利、德国和西班牙也建立了相似的规章体系，terroir（葡萄酒品质的重要指标）的意思是，不同风格的葡萄酒反映了其来源，这也是在商业正规化的过程中衍生出来的。

之前的品质

1855年波尔多地区葡萄酒等级制度是在“价格最高的葡萄酒应该有最好的品质“的假想基础上建立的。

对勃艮第的敬意

作为向老式葡萄酒致敬或是作为顾客的一个“购买向导”，将新世界的黑比诺装在斜肩的酒瓶中，是勃艮第的传统。

举起酒杯

据传说（有争议），应该感谢法国的修道士Dom Pérignon发明了葡萄酒奇迹——香槟（下页图）。

葡萄酒的新世界

第二次世界大战之后（也是美国禁酒令解除的时候），新世界国家新的葡萄园和酿酒工业开始兴盛起来。与欧洲的同行不同，新兴的，尤其是澳大利亚和美国加利福尼亚的酿酒师不会受到当地传统的约束，他们看中国外市场，酿造出迎合消费者喜好的葡萄酒。在过去的60多年里，虽然新世界国家引进了风格“命名”规则，那里的酿酒师仍然有机会酿造出很多不同风格的葡萄酒，他们酿造的葡萄酒的风味本身就说明了其来源。

全球化的发展使葡萄酒拥有了国际市场。现在，酿酒师们很乐意分享他们的想法和技术。法国香槟家族的葡萄园远在美国加利福尼亚和智利，而澳大利亚和新西兰的酿酒师却在法国开辟市场。现在的品质控制技术很普遍，因此，便宜的酒普遍变得比较可口，中等品质的葡萄酒变得过剩。不好的方面是，一些挑剔的人认为葡萄酒开始变得同质化（译者注：葡萄酒的口感很相似，没有特色）。甚至无处不在的霞多丽也受到关注，不会有人将夏布利酒的青涩、顽固感当做橡木味，橡木味就是加利福尼亚葡萄酒具有的丰满热带水果味（译者注：在白酒中，常用凤梨来形容该味道）。还要记住，酒柜上赤霞珠葡萄酒旁边可能会有一款很有特色的酒。这种酒是由具有强烈民族自豪感的酿酒师用当地一种与众不同的葡萄酿造而成的。在接下来的章节中，我们将探究他们是如何酿造的。

葡萄酒风格的形成

我们来比较一下青蛇果（Granny Smith apple）（译者注：澳大利亚苹果品种）和考克斯橘色苹果（Cox's Orange Pippin）（译者注：一种英国有名的苹果品种）的不同：前者清脆爽口，后者绵沙香甜、果皮轻薄。就像苹果一样，不同品种的葡萄也有不同的颜色、香味和质感，这些特性都影响着酒的品质。成千上万的葡萄品种，每个都有自己的特性，酿造出了许多与众不同的葡萄酒。但是，这只是故事的一部分，不同地方的相同品种的葡萄也可以酿造出不同口味的葡萄酒。在凉爽的气候条件下，霞多丽可以酿造出具有清爽、清新口感的干酒，如夏布利酒；在温暖气候条件下，霞多丽酿造的葡萄酒具有更多的辛辣味和热带水果香气。酿酒技术也可以影响葡萄酒的风格，如通过橡木桶陈酿增加葡萄酒的橡木味。这些细节的差别，一些是显而易见的，一些是不明显的，所有这一切构成了葡萄酒迷人的风格。

葡萄品种

最早的葡萄分类

葡萄酒尝起来具有酿造这种酒所用葡萄的风味，也许这使其具有简单的真实性。全世界用来酿酒的葡萄种类超过了4000种，每种都具有自己独有的特性：果粒大小、颜色、风味等，这些都会影响葡萄酒的口感。

不要被4000这个数字吓坏，其中只有十几种很普遍的酿酒葡萄品种。主要的白葡萄品种有：雷司令（Riesling）、霞多丽（Chardonnay）、长相思（Sauvignon Blanc）、赛美蓉（Sémillon），其次是麝香（Muscat）、琼瑶浆（Gewürztraminer）、维格尼尔（Viognier）。主要的红色品种有：赤霞珠（Cabernet Sauvignon）、美乐（Merlot）、歌海娜（Grenache）、西拉（Syrah/Shiraz）、棠普尼罗（Tempranillo）、桑娇维塞（Saangiovese）和黑比诺（Pinot Noir）。

"与普伊芙美（Pouilly Fumé）（译者注：法国卢瓦尔山谷的一款口味醇厚的干白葡萄酒，由长相思葡萄酿造而成）中长相思的辛辣清新质感相比，赛美蓉具有更强的滑腻感。"

罗斯蒙特庄园（Rosemount Estates）（译者注：位于澳大利亚新南威尔士猎人谷产区的一个有名的葡萄酒庄园）的赛美蓉（左图左侧）和Tracy酒庄的普伊芙美（Pouilly Fumé）（左图右侧）。

西班牙品种

棠普尼罗具有果实小、果皮厚的特点，可以酿造成颜色深、结构感强的葡萄酒，这种酒很适合陈酿。（西班牙）里奥哈（红）葡萄酒是西班牙产量第一的葡萄酒，现在这种葡萄的栽种范围已扩大。

收获果实

曾经，只有葡萄酒的狂热爱好者才知道，勃艮第因为拥有霞多丽而感到自豪，下页图是普里尼-蒙哈谢（puligny-montrachet）的收获季节。现在，霞多丽成了世界范围内的葡萄明星。

果实的大小

果实大小对葡萄来说和其他水果一样很重要。尝过野生草莓的人都知道，小的果实经常蕴含着更多的风味。这个原理对葡萄也同样适用。一般来说，葡萄果实越大，酿造的葡萄酒的颜色越浅，结构越单薄。葡萄果实越小，酿造的葡萄酒的风味越强，因为果肉中包含着果糖，果实越小，就有越少的水分稀释风味物质。小果实的品种包括：赛美蓉、赤霞珠、内比奥罗、桑娇维塞；大果实的品种包括：长相思、雷司令、黑比诺和佳美。前者酿造的葡萄酒有很强的结构和浓郁的水果风味，而后者酒体的结构单薄，这种酒以风味的优雅而不是结构感取胜。

还有一个重点是，果实大小不能决定一切，葡萄的果皮蕴涵着很多的风味物质，因此果皮也是决定葡萄酒品质的一个重要因素。不论是温暖气候条件下具有成熟水果风味的品种，还是凉爽

气候条件下具有青草香的品种，只要是果实的果皮具有一定的厚度，就都能够酿造出具有强烈风味的葡萄酒。葡萄皮的颜色对酿造的葡萄酒品质同样重要。酿酒师们不一定都遵循白葡萄只酿造白葡萄酒和红葡萄只酿造红葡萄酒的规律。如果在压榨前，将红葡萄和白葡萄的果皮去掉，压榨出来的葡萄汁的颜色不会有太大差别。葡萄酒的颜色来自于葡萄的果皮，葡萄果皮越厚，葡萄酒的颜色越深。

单宁的作用

葡萄皮中含有单宁，因此在葡萄酒结构感的形成方面起着另一个重要的作用。单宁是存在于一些水果或蔬菜的皮、茎和根中的一种苦味物质。吃过菠菜后产生的涩感就是由于单宁包裹了口腔味觉细胞而产生的一种收敛感。红酒酿酒师都很喜欢单宁，因为它支撑着葡萄酒的整个结构，可谓是葡萄酒的“脊柱”，帮助其成长（详见“品尝训练：单宁”，248~249页）。值得一提的是，葡萄必须成熟，未成熟葡萄中的单宁会使酿造的酒味苦、涩感很强。果皮厚的葡萄酿造的红酒颜色强烈、结构感丰富、单宁感突出，同时，果皮薄的葡萄会产生结构轻薄、果香浓郁的风格。酿酒师可以将不同品种的葡萄混合酿造，从而得到他们想要的葡萄酒风格和结构。

葡萄品种的选择

一些葡萄酒是混合品种酿造而成的，其他的是单品种葡萄酒。这两种酒都有可能成为经典，到底酿酒师该如何选择呢？事实上，酿酒师首先应该选择栽种何种葡萄。

以勃艮第和波尔多的红葡萄酒为例。对葡萄酒初学者来说，勃艮第的葡萄酒看似很复杂、令人厌烦，事实上，这是一款由黑比诺酿造的100%的单品种葡萄酒。然而，波尔多的红葡萄酒却是一款混合品种葡萄酒，主要是赤霞珠、品丽珠和美乐。这是怎样产生的呢？这个答案的产生依赖于当地生态、气候、传统和法律的相互关系。

当决定选择何种葡萄品种栽种时，气候是要考虑的影响葡萄生长的很重要的因素之一。果皮薄的大果实品种黑比诺要比皮厚的小果实品种成熟得早。这就是黑比诺能够在夏季气候短的凉爽气候条件下繁盛生长的原因。相反，赤霞珠，一种小而皮

赤霞珠葡萄酒

赤霞珠果实小、果皮厚而颜色深。果皮中富含单宁的特性和果汁中种子的存在，使酿造的葡萄酒具有了丰满而温暖的深宝石红色。

黑比诺葡萄酒

果皮薄的黑比诺酿造的酒颜色总是比果皮厚的赤霞珠酿造葡萄酒的颜色浅。这是一款新酒，樱桃红色，有一定的透明度。

美丽的“白花”

其他条件适宜的情况下，单品种葡萄只是葡萄酒酿造的一个微小的因素。葡萄果肉中富含果糖，葡萄皮中富含形成葡萄酒颜色物质和结构感的单宁；葡萄表面的白色“花”是引发发酵过程的野生酵母。

厚的品种，需要更长的生长期。如果气候条件不好或者在完全成熟之前采摘，酿造的葡萄酒的口感就会很粗糙，而不是细腻的水果口味。

尽管位于北半球的勃艮第地区与瑞士的苏黎世和匈牙利的布达佩斯在相同的纬度上，但是却具有更加温暖的夏天气候。因此，勃艮第可选择的红葡萄品种是有限的，栽种者从栽种最好的品种中选出了一款艺术品——黑比诺。

波尔多处于勃艮第的南方，因此具有更多的日照时间，其沿海位置也使当地的气候更加柔和。这种气候很适合栽种成熟期较长的葡萄品种，如赤霞珠。但是，偶尔也会出现气候反常的现象，湿冷的条件，会使其收获季节备感紧张。因此，在以赤霞珠作为当地优势品种的前提下，很多酒厂还会选择栽种美乐和品丽珠。品丽珠和赤霞珠是一个属系的品种，但是品丽珠的果实更大，成熟时间稍微早一点，可以作为条件恶劣的收获季节赤霞珠的替代品。美乐的果实也要比赤霞珠大，因此其成熟期也要早一点。另外，美乐可以生产口感丰富、如丝般顺滑的葡萄酒，因此，可以作为赤霞珠葡萄酒顺滑口感的理想混合品种。

因此，在波尔多和勃艮第地区，不同的气候条件决定了不同葡萄品种的选择，这一切都被记录在指导法国葡萄酒管理的质量体系和酒标法中。法律规定，勃艮第的红酒必须由黑比诺酿造而成；波尔多的红酒必须含有赤霞珠、品丽珠和美乐。在欧洲的其他葡萄酒地区也实行类似的法规指导当地葡萄栽种品种的选择。

新世界的先驱

在新世界国家，当酿酒师的行为还没有受到当地的传统和法律约束时，他们自由选择栽种任何喜欢的葡萄品种，并且几乎总是以他们选择的葡萄品种为酿造的葡萄酒命名。不可避免的是，在酿造葡萄酒的早期时候，新世界国家酿酒师选择的葡萄品种是欧洲国家的那些普遍流行的霞多丽、赤霞珠，然而这些酒绝不是欧洲酒的翻版。随着葡萄酒工业的发展，品种酒的发展也有了很大的进步，直到产生了不同品种的独特个性。在新世界国家的个别区域也找到了适合地方的品种，如澳大利亚库纳瓦拉的解百纳和美国俄勒冈州的黑比诺，因此在这些地方也出现了世界级的葡萄酒。同时，有野心的新世界酿酒师还尝试各种不同的葡萄品种，期望能够酿造出惊世骇俗的顶级美酒：澳大利亚栽种的意大利内比奥罗（italian nebbiolo），在美国华盛顿州栽种的奥地利蓝法兰基宥（Austrian Blaufränkisch）。

畅销的个别品种

世界范围内的葡萄酒饮用者，更注重葡萄酒标签上的葡萄品种而不是葡萄酒的产区，因为这看起来是选出自己喜欢葡萄酒的最简单的方法。突出葡萄品种的标签方法在新世界国家很普遍，欧洲的一些产区也采用这种酒标的方法，例如阿尔萨斯和德国的一些产区。同时，葡萄的品种决定了葡萄酒的风味，葡萄酒的风格和感官品质与采摘时葡萄中的糖的含量有很大的关系。但这不是简单地说长的成熟期就能改善葡萄酒的品质。酿酒师需要选择合适的葡萄成熟度，就是葡萄中的糖和酸含量达到最好的平衡，酿造出完美的葡萄酒。当葡萄成熟的时候，糖的含量上升，酸的含量下降，酿酒师必须准确地判断出葡萄的最佳成熟期。

糖的积累

在法国阿尔萨斯、德国和欧洲其他北方国家的葡萄酒产区，一些基础的东西也会影响到一款葡萄酒的风格，例如一种高贵的真菌。灰霉菌或者贵腐菌是一种覆盖在葡萄表面，以葡萄中水分

折射计

在德国的摩泽尔河谷，酿酒师用折射计（一种测量糖含量的仪器）来判断葡萄的成熟度，选择在合适的时间采摘。

歌海娜酒标

现在来自于新世界的歌海娜葡萄酒很受欢迎，法国南部的生产商在很长的一段时间内都以产地来作为酒标，现在选择用葡萄品种代替。

冰冻的葡萄

这些霜冻的褐色葡萄（下页图）通常在晚上温度最低的时候采摘，在解冻之前运到酒厂进行压榨，酿造香味浓郁的甜酒——“冰葡萄酒”。

为生的真菌。这些真菌还消耗掉葡萄中几乎全部的酸，使葡萄中的糖的含量增加两倍。受到感染的葡萄因失去水分而使其颜色从紫色转变成高贵的褐色。感染贵腐菌的葡萄的压榨汁很像黏稠的糖浆，因此酿造出的葡萄酒具有独特的风格——甜和只有贵腐菌才能产生的复杂风味。

另一款独特风味的甜酒，是由生长在极低温度条件下葡萄酿造而成的。为了酿造这种冰酒，酿酒师勇敢地将葡萄留在树上度过冬季，希望低温可以使树上的葡萄结冰。这样一来，葡萄中的水分结冰，但是，葡萄中的糖分和其他可溶性固体物质不会结冰，所以当压榨葡萄的时候，结成冰的水会被分离，留下高浓度的甜葡萄汁。

选择葡萄品种要考虑的其他因素

酿酒师选择葡萄品种时，除了气候参数以外，还要考虑其他因素：酒的风格；红葡萄酒还是白葡萄酒、甜酒（白葡萄）或果味酒；酒体单薄还是醇厚，甚至考虑到每瓶酒的价格。同时，还要考虑葡萄园的土壤和terroir（译者注：法国人赋予了气候和土壤一个专用名词叫terroir，有人翻译为“风水”，当然法国人在这个词里还包含着种植者和酿造人的态度）条件。

“葡萄就像人一样有不同的个性和特质，构筑了一个迷人的葡萄酒世界。”

气候与天气

两棵树的故事

我为拥有两棵苹果树而感到骄傲，一棵在我家门前的花园，一棵在后花园中。这两棵树是一个品种的（当然是英国品种），五年前我自己种下了这两棵树。这两棵树的长势很好，每年秋天我们还能品尝到美味可口的苹果。门前花园的那棵树上的苹果树要比后花园的小得多，结出的苹果也要小很多，但是却更加美味可口。

现在我还不是栽培苹果树的行家，但是很明显苹果树生长的位置影响了苹果的口味。在后花园的那棵苹果树种在花园的中央，这个位置使树木可以吸收到充足的雨水和足够的阳光，而门前的那棵树生长在墙的阴影下，只能接收到下午的阳光，同时，那个位置的土壤也比较干燥。门前的苹果树为生存而努力，不利的环境反倒使其具有了比后花园苹果树更独特的风味。

“气候决定了栽种葡萄品种的选择，气候和天气一起影响了这些葡萄酿造葡萄酒的风格品质。”

这个理论用到葡萄树上同样适用。几乎是世界的任何地方都可以栽种葡萄，但是收获的葡萄品质却有很大的不同，这依赖于它们生长环境的气候。气候的好坏不是简单的指天气的冷暖和雨水的多少。在我目前的职业生涯中，我所知道的影响葡萄树和葡萄酒品质的因素都没有如此简单。

喜爱阳光的葡萄树

所有葡萄的成熟都需要阳光的作用，但不是每种葡萄都需要像澳大利亚的巴罗萨谷（Barossa Valley）葡萄那样的焙烤香。像英国和加拿大一样的北方国家的气候也适合酿酒，但是特殊年份的天气会对葡萄的品质产生显著的影响。

气候的影响

不论是北方还是南方的葡萄园，生态环境和地形都对葡萄的生长起了重要的作用。在法国西南部的科利乌尔（Collioures）（下页上图），葡萄的品质受到地中海气候的缓慢影响；在阿根廷的门多萨（Mendoza）（下页下图），雪山遮住了葡萄园。

气候与天气

首先要搞清楚的是气候和天气的区别。“气候”与当地的很多生态因素有关：天气冷还是热、处于内陆还是海边、晴朗还是多风或多雾以及周围的其他生态特征，例如山脉或者森林可能遮住葡萄生长的区域，也可能以其他方式影响当地的气候条件。换句话说，特殊区域的天气在一定程度上是可预知的。总而言之，天气和气候不能等同。不管我们住在世界的哪一个角落，我们都

最大限度地接受阳光的照射

在上图法国罗讷河谷的Côte-Rôtie（受“焙烤”的斜坡），葡萄园占据着南向的斜坡，葡萄树从山顶到山脚排成一排，减少了葡萄树之间相互产生的阴影。

创造微气候

将葡萄树栽种成排，仔细地培育为葡萄创造最佳的成熟条件；在夏天往往修剪掉多余的叶子使葡萄果实充分接受阳光的照射（下页图）。

应该知道天气大致会是怎样的，但是经验告诉我们要注意总是有意料之外的事情发生。太热我们要抱怨，下太多雨也感觉不舒服。如果下雪，每个地方都变得光滑如镜无法行走。每个地方都有可能出现极端的天气，例如出现狂风暴雨或暴雪会完全阻滞我们的日常生活。

当涉及气候和天气的时候，葡萄树的反应和人类是一样的。它们也不能很好地应对极端的气候，也有气候的偏好：一些品种喜欢凉爽的气候，例如雷司令；另一些喜欢温暖的气候，例如西拉。最好的葡萄有一个漫长的成熟期，依赖能够让其缓慢成长的气候。这就意味着需要一个漫长、温暖而不燥热的夏天和干爽晴朗的秋天。在这种条件下成熟的葡萄拥有优雅复杂的水果风味和平衡口感的酸度。如果经历了炎热的夏季和秋季，葡萄将会很快成熟，并产生果酱味和甜美的水果风味。以南澳大利亚为例，这里的气候一般是温暖晴朗的，但是气候分布的多样性恰好说明了气候和天气对葡萄成熟的影响。阿德莱德（Adelaide）北部著名的巴罗萨谷（Barossa Valley）的气候干燥炎热，这里的土地平坦，并且在夏天很少下雨。这里出产的西拉（Shiraz）葡萄酒口感强劲有力，有很浓的果酱风味。再往南的库纳瓦拉（Coonawarra）的气候更凉爽一点，这是受到南大洋海风吹拂的影响。凉爽的气候减缓了葡萄成熟的进程，因此这个地区出产的红酒一般都具有浓郁优雅的水果风味。

甚至是在相对很小的葡萄种植区域，气候也可能有很大的不同。在上文提到的法国罗讷河谷（Rhône Valley）的葡萄园位于河的东南岸，使葡萄能最大限度地接受阳光的照射。勃艮第精华产区科多尔（Côte d’Or）是黑比诺葡萄的最大产

保护墙

在波尔多附近圣美达隆产区的Clos des Menuts酒庄，葡萄树周围有很低的石头墙，这种设计是为了为葡萄树挡风。

湿根法（WET FEET）

在法国布尔格伊（Bourgueil），没有叶子的品丽珠栽种在被水淹没的葡萄园中（下页图），处于休眠状态时，有助于葡萄树抵抗极端的气候和随之而来的灾难。

区，这个产区的每一块土地都种满了葡萄树：大部分生长在东向的斜坡上，但因为山峰的曲线是弯弯曲曲的，所以有的斜坡向东北，有的向东南。甚至是如此细微的差别都会影响到个别葡萄园的气候，因此相邻两个葡萄园内的葡萄成熟的时间都可能不一致。

天气和时间

降雨是葡萄生长过程中必要的生长因素。葡萄的生长每年大约需要680毫米（27英寸）的降雨，葡萄栽种者希望大部分的雨水在冬天和春天降落，这时候正是葡萄的萌芽和果实成长的阶段。我们已经了解葡萄需要一个长期缓慢的成熟过程，因此在夏天和秋天最小限度的降雨是最理想的。在夏天温暖的气候条件下，雨水的降临促进了霉菌的生长，增加了发霉腐烂的危险。不论温暖气候还是凉爽的气候，在收获季节遭遇降水也是有问题的：被雨水包围的葡萄酿造出的酒口感很淡，结构感不强。

相反，在葡萄的生长末期葡萄收获的季节，葡萄栽种者也不希望天气太热，导致葡萄过熟，酸的含量将下降得很迅速。并且，如果运送到酒厂的葡萄果实温度很高，也会给葡萄酒的发酵过程带来很多困难。在一些区域，秋季的白天温度仍然很高，葡萄一般都在晚上采摘，如南非、澳大利亚、智利和欧洲南部的部分区域。

对气候的影响

气候和天气的一个主要不同是，葡萄栽种者对改变天气无能为力，但是他们经常采取一定措施影响特定葡萄园的气候。如果气候条件比较干燥，他们可以灌溉葡萄园，但是他们必须用心关注灌溉的用水量和灌溉的频率。灌溉葡萄园可以得到高产量的葡萄果实，但是由此酿造的葡萄酒的口味却很淡。当葡萄树在逆境下生长时，他们会尽最大努力长出最好的果实，太多的水分供应不利于根系向土壤深处伸展获得营养成分。

同时，微风会使葡萄园周围的空气很干燥并且利于细菌的传播，如果葡萄园处在一个多风的气候条件下，葡萄栽种者就需要修建一堵墙或者植入一排高树作为挡风墙。法国罗讷河谷的葡萄园经常遭受强烈的寒冷北风的侵袭，风速可以达到145千米（90英里）/小时，可能将葡萄树上果实和树叶吹落。葡萄栽种者在葡萄园的周围种上成排的柏树或其他常见的树以阻挡葡萄园免受暴风的侵袭。然而，大风可以调和，少雨可以补救，不合时宜的天气条件仍然会给葡萄栽种者带来一系列的问题，极端的条件可能带来大的灾难。

"与罗讷河谷的希腊葡萄酒相比巴罗萨谷的热生产出的西拉葡萄酒口感更丰富"。

巴罗萨谷的Grant Burge西拉葡萄酒（左图左侧）克罗兹-埃米塔日的Gilles Robin（左图右侧）

季节性防御

在寒冷的气候条件下，霜冻就是杀手！在寒冷的冬天，处于睡眠状态的时候葡萄树可以忍受低至-20℃（-4℉）的强烈低温。但是，一场发生在早春猛烈的霜冻，可以破坏整个葡萄园。这时候刚好是葡萄树的萌芽期或者是果实开始形成时——葡萄花谢掉，细小的葡萄果实开始形成。北半球的酿酒师有过多次这样的经历，因此他们开始想尽各种办法为葡萄园“加热”：他们在葡萄园整晚点燃篝火或者用一个大得就像我们每个花园中都有的类似家庭天井一样的加热器为葡萄园升温，这就好像是在每年的这个关键时刻为葡萄园撒了一层胡椒粉。在过去，人们认为来自于传统火盆和燃油炉的烟有一定的保护作用（同样的，人们认为多云的夜晚不易出现霜冻，因此比晴朗的天气更好），但是，新的高技术无烟加热系统证明这个理论是错误的。有时候，动用直升机（当然也是昂贵的）盘旋在葡萄园的上空保证空气的流通，因此就不容易形成霜冻。葡萄栽种者也可以用直升机和喷水装置在葡萄园上空喷洒水（如对待夏布利），水分可以很快结冰，在葡萄芽和果实上形成一个小小的保护冰壳。

“最好的葡萄酒来源于具有‘微气候’的葡萄园，微气候为葡萄生长提供个别的独特的生长条件。”

种植防风林

美国西北部的华盛顿州事实上具有的是地中海特征的地形，这里的七山（Seven Hills）葡萄园沿用了栽种成排白杨作为自然防风林的方法，这也是欧洲传统惯例。

为霜冻作好准备

葡萄萌芽和果实形成的时候是葡萄栽种中一个关键的阶段。霜冻可能带来严重的损失，酿酒师在葡萄园中安装了很多加热器（下页图）。

预期的危险

因此，酿酒师尽其最大努力影响他们葡萄园的气候条件。了解气候，他们就可以更好地管理葡萄园，听天气预报了解天气情况就可以尽力防御特殊情况下的危险，例如早春的霜冻。他们对严重的突发事件是无能为力的，例如夏天的暴雨或者冰雹。一场冰雹可能只对一个葡萄园造成毁灭性破坏，而临近的葡萄园不会受到任何损害，甚至生产出高品质的葡萄酒。像这样的局部事件，可能使同一葡萄园不同年份的酒，甚至相同葡萄园不同部分酿造出的酒具有不同的风格。

地面因素：土壤

"打赌你能从一杯葡萄酒中品尝出葡萄园的土壤特征吗？尝试一款好的罗讷河谷北部的红酒吧，这是这个世界上能够真正告诉你土壤特征的一款酒。"

矿物财富

所有园丁都知道，灌木、花卉、水果和蔬菜都对土壤有严格的要求。植物可以在一系列的条件下存活，但是，只有在适合的土壤中生长它们才能展现出最漂亮的风貌，获得最好的风味，葡萄树也是如此。

葡萄树的根系具有从土壤中吸取水分和矿物质的任务。正如生活中的其他事物一样，艰苦的环境反而带来了最丰富的收益。生长在肥沃、潮湿土壤上的葡萄树根系伸展很浅就能够得到充足的水分和营养，生长出茂密的叶子和果实，产量增加，但是果实往往松软且缺乏营养物质，酿造的葡萄酒结构单薄、比较乏味。相反，生长在贫瘠、干旱土壤中的葡萄树为了生存而努力地将根系伸向土壤深处寻求水分和矿物质。这种土壤条件下的葡萄果实产量很低，但是富含复杂风味的果汁，这些风味物质有可能转化到酿造的葡萄酒中。当然，土壤的贫瘠程度也是有限制的。如果土质太干旱，植物将“合拢”以防御干旱的破坏，除非及时给土壤进行灌溉，否则葡萄的风味物质不会得到充分发展。

沙砾加热

法国波尔多梅多克（Médoc）葡萄酒的伟大应该部分归功于当地特殊的沙砾土壤。土壤中的沙砾起到了保温器的作用，储藏白天的热量晚上释放出来，为葡萄提供了理想的生长温度。

石灰石风化而成的红土

南澳大利亚库纳瓦拉著名的肥沃的红土位于排水良好的石灰石上层，这里出产了几款著名的葡萄酒。库纳瓦拉一些地方的土壤是黑土，虽然与上文提到的红土一样位于相同的石灰石上方，却生产出完全不同的葡萄酒（下页图）。

其他因素

所以，好的酒总是来源于种植在排水良好、适度肥沃的土壤上的葡萄树，就是这么简单！在波尔多的波美侯（Pomerol）和圣埃米利永（St-Émilion）产区，一些世界著名葡萄园的土质都是黏土——一种凉爽、潮湿的土壤，很适合不需要从土壤中获取温暖的葡萄品种的生长。这里，早熟品种美乐生长得很好，比赤霞珠好很多。在德国的摩泽尔河区域，酿造顶级葡萄酒的葡萄生长在几乎都是砾石覆盖的土壤中，这种土壤排水效果良好（鉴于猛烈的冬季降雨），保温效果也不错：土壤中的石片白天吸收阳光中的热量，在凉爽的晚上将热量释放出来，保证了葡萄园温度的适宜。因此，好的土壤对顶级葡萄酒的酿造也起到了很重要的作用。很明显，这只是所有影响因素中的一部分。

栽培模式

栽培准备

种植葡萄树无非是在质量和数量中找到合适的平衡。一个新的葡萄园的选址依赖于它的terroir——我们在上文讨论的所有因素的一个融合：区域的气候，葡萄园的方位和土壤。酿酒师已经有了他（她）想酿造的酒的风格的理念，从而选择相应品种的葡萄栽培。实际上，葡萄树的栽培模式也决定了酿造的酒的风格，甚至可能会更重要，深深地影响着酒的品质。

为了尽可能地酿造出最好品质的葡萄酒，酿酒师从土地上通过计算丈量出最适宜尺寸的土地作为葡萄园，计算出将要栽培的葡萄树的数量：种植太密，会导致葡萄果实和低层的叶子接受不到阳光的照射；种植太稀疏，就无法收获足够的葡萄用于酿造。行距的宽度很大程度上取决于酿酒师想怎样管理葡萄园。如果酿酒师想手工修剪和采摘，那么行与行之间就要更密一点；如果想用机械管理葡萄树，那行与行之间的间隙就要宽些。

葡萄树的朝向

也许比葡萄栽培密度更重要的是葡萄树的朝向。我们已经知道，树叶和葡萄果实都需要吸收足够的阳光才能获得理想的成熟度。因此，酿酒师栽种葡萄的朝向需要满足一个重要的要求：那就

是随着白天太阳的移动，葡萄园中所有的葡萄树都能够公平地分享到阳光。

栽培葡萄树前，酿酒师也需要决定采用什么样的修剪模式和架式。再者，酿酒师要将“terroir”纳入考虑的范围。在气候温暖的种植区域应该采用“高脚杯”的架式，这种架式的葡萄树呈低矮的灌木状，可以为葡萄果实遮挡过多的阳光照射；在土壤肥沃鼓励种植的地方，酿酒师则采用的是“高宽垂”的

艰苦条件下的葡萄树

在法国朗格多克地区干燥的白垩土壤中，行距排列紧密的葡萄树在生长中必须争相吸取土壤中的水分和营养成分。这样葡萄园的产量将会降低，因此收获的葡萄果实将具有更加浓郁的风味（上图）。

修剪整齐

来自南非帕尔（Paarl）地区Perdeberg合作社的品乐塔吉（Pinotage）（译者注：南非自己培育的、让南非骄傲的、独特的酿酒葡萄品种）葡萄树采用的是密集的“高脚杯”型架式，这种模式让葡萄树的各个方向都能接受到阳光的照射，同时，正午时这种多叶的模式还可以防止葡萄果实被阳光灼伤（上页图）。

“高宽垂”架式

在加利福尼亚的费尔斯通（Firestone）葡萄园中，葡萄树的枝条都向上生长，葡萄蔓像小瀑布一样悬挂在葡萄架的上方，形成了“高宽”的垂挂架式，这种架式使大多数葡萄最大限度地曝露在阳光中（下图）。

架式，这种架式引导葡萄枝条向上生长，形成一个水平的遮棚，这就意味着每棵葡萄树上有更多的葡萄能够成熟。

计算产量

所有内行的葡萄酿酒师都知道他们葡萄园中的每棵葡萄树需要留多少枝条。每棵葡萄树留的枝条越少，酿造出酒的结构感就越复杂越强。在凉爽区域，少留枝条变得尤为重要，因为凉爽气候会减缓葡萄果实的成熟进程。为了每年都能酿造出一致的高品质葡萄酒，酿酒师不能高估每棵葡萄树从成熟到收获的实际产量；他收获的葡萄越少，酿造的葡萄酒就越贵，这样才能支付他的支出。在温暖的区域很少有气候缺陷，成熟葡萄的大丰收可以酿造出每年口味都一致的高品质葡萄酒，生产出的葡萄酒在价格上有更大的竞争性。因此，欧洲的葡萄园中平均每棵葡萄树有5个枝，而澳大利亚的却有10个枝，对这种现象无须讶异。

在生长季节，酿酒师需要对葡萄树修剪多次，每棵树才能达到枝条数量合适。早春时候再修剪新芽。更令人心碎的是，在夏天要剪掉葡萄的整个枝条，这样葡萄树才能为剩下的枝条积累更多的能量。这个阶段，需要很谨慎。如果你刚修剪完多余的枝条就遇到了猛烈的暴风，这样会失去更多必须保留的枝芽；或者在刚剪掉整个枝条的时候，强烈的冰雹席卷了半个葡萄园。因此，栽种葡萄是生活中一种很有压力的工作。

当然，人工修剪也是一项高强度的劳动，因此人工修剪要比机器修剪昂贵，这就增加了酒的成本。然而在一些地区，尤其是从河谷往上的河

适当的修剪

手工修剪葡萄树是一项缓慢、高劳动强度的工作，但却是限制葡萄产量必需的。每棵葡萄树有很多潜在的枝芽，为了保证产量，每棵树只留2～3个枝芽就足够了。

警报系统

对温暖地区密集栽培的葡萄树来说，霜霉病是一项很危险的病害。种植在周围的玫瑰花丛会首先对这种病菌作出反应，让酿酒师能够及时地对这种病菌做出防御。

网罩

一株多节瘤的古老葡萄茎不会吸引饥饿的哺乳动物的视线，但是那些“年轻”的葡萄树在开始长果实或者成熟的时候却需要加一个网状的“袖子”保护，省得遭受啮齿动物或野兔的啃咬（下页图）。

岸地带地形太陡峭，机器无法行动自如，因此只能采用人工修剪，有代表性的是德国的莱茵河谷或者法国的罗讷河谷地区。

保护葡萄树

葡萄树疾病控制是酿酒师的另一个当务之急。葡萄树很容易感染很多种害虫和疾病，包括细菌、真菌和饥饿的草食动物。酿酒师还要受到其他动物的骚扰，如意大利的野猪、美国加利福尼亚的浣熊、澳大利亚的袋鼠。气候温暖的时候，潮湿的天气会引起白腐病，干燥的天气会引起白粉病，这两种病都是由霉菌引起的疾病，可以通过喷洒杀菌剂来控制。玫瑰丛更容易感染这些疾病，酿酒师经常在葡萄树行的首尾种上玫瑰；在病菌侵染下玫瑰比葡萄树更容易死亡，所以玫瑰可以作为酿酒师栽培葡萄的预警系统。

昆虫可以携带病菌引起直接的破坏，在世界范围内，化学杀虫剂逐渐被合适的生物控制方法所代替。鸟类是另一个主要的害虫，尤其是会啄食葡萄的花苞和新芽。夏布利的酿酒师通常在花苞开放的寒冷晚上使用直升机将水喷洒在他们的葡萄树上。这些水滴结冰，在每个花苞上形成小的“圆顶小屋”，保护这些花苞不受饥饿的飞鸟的啄食。

灌溉还是不灌溉

一株植物压力的主要诱因之一就是缺水；在另一方面，太多的水也会生成松软的葡萄果实。直到最近，欧洲国家才开始禁止灌溉葡萄园，可能是因为缺少降水一向不是这些区域存在的问题，而且葡萄酒质量控制法让人明白葡萄酒的质量比产量更重要。在新世界国家灌溉很流行，在那里酿酒师不会受到旧世界国家酿酒传统和规则的困扰。如果在澳大利亚、新西兰或者美国的加利福尼亚，葡萄园需要额外的水，酿酒师就会给予灌溉，但要在严格的控制下。最常用的灌溉方法是滴灌，一条管道沿着葡萄树行的方向铺设，管道上的小洞将水输送给每一棵葡萄树。每棵树的灌溉量是受到逐滴控制的，可随时检测葡萄园中土壤的湿度，保证葡萄树没有过度灌溉。见证了新世界国家这种灌溉方法的成功，欧洲一些炎热地区（例如西班牙的部分地区、意大 利和葡萄牙的杜罗河谷）的酿酒师成功地争取到了灌溉葡萄园的权利，但是只能在格外炎热的年份，为了满足葡萄园中葡萄成熟需要才可以灌溉。

机械采摘

用机械修剪葡萄树和采摘葡萄果实可能不够精细，但看起来却对葡萄树的健康生长没有影响。坏的天气预报条件下拖拉机是很实惠的，速度也是采摘必需的。

手工采摘

在很多地区用这些明亮鲜艳的塑料筐（下页图）代替采摘者独特的篮子，但是在葡萄收获季节，仍然是季节性工作者和学生临时工充当劳力，随着地区迁徙收割，这个传统至今不变。

"酿酒师具有准确判断葡萄栽培量的能力，产量太高意味着酿造的葡萄酒品质比较低。"

收获季节要考虑的因素

当然，酿酒师所有的辛苦努力目的都是为了在收获季节获得高品质的葡萄果实。在葡萄的最佳成熟期采摘是酿酒师最难把握的事情之一。成熟期太冷，生长成熟进程会因此减缓，酿造的酒可能太酸；成熟期太热，可能导致葡萄过熟，酿造的酒软弱无力，缺乏结构感。最坏的情形是在采摘期间下雨，运送到葡萄酒厂的葡萄带有水分，从而稀释了破碎后葡萄汁的浓度。

在修剪的时候，酿酒师就会计划好将来葡萄果实是人工采摘还是机械采摘。如果葡萄栽培在陡峭的斜坡上，那么除了手工采摘酿酒师不会有其他的选择，在平地的葡萄园他们也可以选择这种采摘方式。机械采摘速度快且再三地碰撞葡萄树，因此葡萄果实、浆果甚至整个枝条都有可能被采摘到机械中。但是这种方法不能像人工采摘那样挑选出葡萄园中最好的葡萄。这个等式很简单：机械提供了速度（因此风险小）、成本低，但没有质量保证，而人工提供了很好的质量控制，却具有采摘时间长等潜在的风险、成本高。

酿造方法

酿酒师的艺术

一旦新鲜采摘的葡萄到达葡萄酒厂，酿酒师就开始按照他个人的想法进行操作。当然，在酿酒师心中已经为选出的葡萄酿造酒的特殊风格做出了定位，气候和土壤为葡萄内部风味呈现起到了权威的作用，因此可以根据产地的气候、土壤条件对葡萄酒风格做出定位。但是在葡萄酒厂葡萄酒的风格会受到更多的影响：葡萄果实的破碎力度、葡萄发酵温度、是否用橡木桶作为发酵容器等，可选择的方法多而杂，酿酒师是最终的决策者。

葡萄酒本质上就是发酵的葡萄汁。葡萄果实中含有果糖和葡萄糖，葡萄破碎后果皮分离，果汁进入发酵状态，这些糖分开始转化为酒精。发酵是一个由微真菌酵母引发的完全的自然过程。酵母通过分解糖分释放能量得以生存，就像我们人类需要消化食品维持生命一样，主要的不同是酵母代谢的副产品是酒精。空气中也有很多酵母，有的酿酒师利用这些天然的酵母作为葡萄酒发酵的主要动力；然而大多数的酿酒师利用的是特殊培育的酵母菌，这些酵母的代谢具有更大的可预见性，并且酿造的葡萄酒的风格具有更大的一致性。

去梗破碎

现今很少有酿酒的葡萄是用脚踩碎的。酿造红酒的大多数葡萄在带皮进入罐中之前都是经过了机械轻微除梗破碎的。

现代的葡萄酒厂

带有完整温控系统的大型的、易于清洗的不锈钢罐对于生产清凉爽口的白葡萄酒十分理想。葡萄酒厂的卫生要求是很苛刻的，如果有害的微生物进入到葡萄酒中，整罐酒就会被毁掉（下页图）。

"我在加利福尼亚品尝到了具有丰富美国橡木味道的霞多丽，在夏布利品尝到具有明显不锈钢罐特征的夏布利酒。"

Stags' Leap的霞多丽酒（左图左侧）Domaine Laroche的夏布利酒（左图右侧）

从葡萄园到葡萄酒厂

把采摘的葡萄从葡萄园运送到葡萄酒厂就是一个与时间赛跑的过程。如果葡萄装载在一个超大的盒子里，底部的果实可能因上面其他果实的重压而破碎。对红酒来说这可能不是一个很重要的问题，如果是白葡萄酒在到达酒厂之前果皮已经破裂了很久，必要的香气物质将会损失，酿造出的酒的风格特征也就不再明显。

在葡萄酒厂，葡萄经过去梗（去除茎）破碎后形成果肉状混合物，称为“未发酵的葡萄汁”；接

发酵罐

就像在勃艮第路易亚都世家酒厂一样，橡木桶是葡萄酒发酵的传统容器。然而，现在很多酿酒师用不锈钢罐作为发酵罐。

橡木桶中成熟过程

大多数葡萄酒都是在橡木桶中陈酿，桶的体积越小越好。这改善了酒的复杂特性，增加了酒的香草香味和顺滑的口感（下页图）。

下来通常采取快速的巴氏杀菌抑制葡萄中干扰发酵的野生酵母和其他微生物的生长。然后，葡萄酒的发酵过程就可以开始了。

发酵过程

按照惯例，对于白葡萄酒来说，果肉与果皮、种子分开，只有果肉进入发酵罐进行发酵；对于红酒来说，果皮、种子和果肉一起进入发酵罐参与发酵。红葡萄的果皮上浮到葡萄汁的上方，形成一个个“小帽”。将酵母菌添加到果汁中，可能需要对发酵罐进行升温以加快糖分向酒精的转化，这个过程需要5～15天的时间。在红酒发酵过程中，一般需要从发酵罐底部将果汁抽出然后再由皮帽上方泵入。这样就增加了果汁和果皮的接触，使果皮中的颜色、香气和单宁最大限度地提取出来。大多数的桃红葡萄酒采用与红酒相同的方法：红葡萄经过轻微破碎，达到需要的颜色之后，必须马上进行皮渣分离。

温度是发酵过程的另一个重要因素。对于红酒来说，低温发酵意味着一个较长的发酵过程，会生产出具有新鲜水果香气的精致活泼而不失复杂的葡萄酒；而较高的温度增加了颜色和单宁的提取，则生产出颜色深、口感丰富的葡萄酒。一般情况下，红酒的发酵温度控制在25℃～30℃之间；白酒的发酵温度控制在10℃～17℃之间。

一些酿酒师选用了一个可选择的发酵方法，称为二氧化碳浸渍法，生产酒体清淡、果味明显的红葡萄酒。葡萄整串加入到罐中然后泵入二氧化碳气体进行浸渍处理，这样整个发酵过程就可以在无氧条件下进行。然后再将葡萄破碎，按照正常的发酵方法彻底完成糖分向酒精的转化。这个方法酿造出具有清新水果香气、酒体单薄的红葡萄酒，这款酒有着隐约的梨子糖果味。

完成发酵之后，将葡萄酒抽到干净的钢罐或者橡木桶中静置，等待酒从“酒糟”中分离出来，酒糟是指死酵母菌细胞的沉淀物，在红酒中还包括果皮和种子。酿造红葡萄酒或者一些风格丰满的白葡萄酒时，酿酒师会采用另一种发酵方法，称为二次发酵或者苹果乳酸发酵，葡萄酒中添加的苹果酸转化成柔软的乳酸（存在于牛奶中），乳酸为葡萄酒提供了一种软润、丰满的口感。尤其是在白葡萄酒中，给予了酒一种滑腻的特性。酿造清爽口感白葡萄酒时，酿酒师则需要防止苹果乳酸发酵的启动，并且还要保持较低的发酵温度。

桶储和瓶储

一些酒在发酵结束后马上装瓶，另一些则要根据预先设计，使用钢罐或者新旧不一的橡木桶的陈酿。大多数优良的葡萄酒都经过了橡木桶的陈酿，为其增加了额外的复杂口感。橡木桶为葡萄酒提供了香草和焙烤的香气。酿酒师可以通过指定制作橡木桶的橡树来源和控制橡木桶“烘烤”程度来控制这些香气成分。橡木桶做好后，橡木内部经过加热或烘烤激活了其中的香气物质，陈酿过程中这些香气物质浸润到葡萄酒中，从而使其具有了香草和焙烤的香气。酿酒师根据葡萄酒需要具有多少橡木特征来决定橡木桶烘烤的不同程度。

装瓶之前葡萄酒需要经历调和（两种以上品种葡萄酿造的葡萄酒混合到一起）、过滤（除去沉淀）、稳定化处理（加入二氧化硫预防残留酵母菌和细菌的生长）。

“我喜欢强化葡萄酒独特迷人的香气，每款葡萄酒都有着强烈和甜美复杂融合的完美平衡。”

强化葡萄酒

强化葡萄酒如雪莉酒、波特酒、马德拉酒与佐餐酒的酿造方法几乎完全相同，但比佐餐酒含有更多的酒精。通常是在强化葡萄酒的发酵过程或者发酵结束后加入白兰地，使其酒精含量达到14%～23%。强化酒的颜色有白色、琥珀色、亮红色或者暗红色。桶储和瓶储对大多数强化葡萄酒丰满特征的形成都起到了至关重要的作用。在马德拉，著名的马德拉酒在热储过程中形成了一种独特的焦糖风味。

起泡葡萄酒

起泡葡萄酒通常是白色的，也可能是红色或者桃红色，酒精含量与佐餐酒差不多。为了有足够“性感”的气泡，酿酒师故意让酿造的酒富含高酸，这在无泡葡萄酒中是会让人产生很不愉快的感觉。起泡葡萄酒的酿造方法与无泡葡萄酒基本相同，只有一点不同，在葡萄汁发酵过程中，二氧化碳的释放是发酵的副产物；无泡酒发酵过程中产生的二氧化碳直接释放到大气中，但是在起泡葡萄酒中则要保持产生“吱吱”声的必要气体的存在。所以，发酵过程必须发生在一个密闭的空间里，并时刻保持气体溶解在酒中。

大多数的葡萄酒先采用正常的发酵方法产生无泡葡萄酒，然后在瓶中启动二次发酵，发酵结束后或者直接出售，这叫méthode champenoise（译者注：传统香槟酿造方法，也叫méthode traditionelle，在南非称为cap classique方法）；或者在密闭罐中二次发酵，之后在高压条件下装瓶，这叫槽酿，即tank method 或者cuve close。

méthode champe-noise就是将葡萄酒和少量糖和酵母的混合物一起加到瓶中，启动在瓶中的二次发酵。二次发酵过程中不仅产生了起泡葡萄酒需要的二氧化碳气泡，而且增加了葡萄酒的酒精含量。在葡萄酒后熟陈酿时期，死酵母菌细胞（酒糟）为酒提供了特有的香味，葡萄酒与酒糟接触的时间越久（15个月到7年时间不等），酒的品质越好。采用吐渣或过筛的方法将瓶中的酵母菌沉淀除去。在除渣的过程中，人工或机器慢慢地转动至瓶塞朝下，使瓶中的酵母沉淀慢慢地滑落到瓶颈的塑料盖中，接着用金属瓶盖代替。然后通过冷冻除渣的方法除去沉淀——冷冻葡萄酒瓶颈处的沉淀继而将其除去，最后加塞密封之后便大功告成了。

生产线的最后一步

葡萄酒装瓶加塞之后，即为瓶颈加上瓶帽——金属或者塑料护套，现在很多葡萄酒厂用可生物降解的蜡盘代替。

香槟架子

在这些称为pupitre（下页图）的传统架子上，倒置的水晶香槟的瓶都是手工完成倒瓶的，因此酵母沉淀能够逐渐积累到瓶口处。

从葡萄树到葡萄酒

一名酿酒师的工作永远没有结束的时候。无论春夏秋冬，不论是户外的葡萄园还是户内的酒厂，甚至是地下酒窖，总是有大量的工作需要做。现今，虽然有了新的材料和机械，酿酒技术也发生了很大的变革，好的酿酒师仍然把葡萄树和葡萄酒当成自己的孩子一样照顾。早春葡萄树开花的时候，酿酒师熬夜在葡萄园燃起火炉预防突如其来的霜降；一旦葡萄采摘破碎后，酿酒师就需要在葡萄酒厂随时守在时钟周围，时刻关注着整个发酵过程。葡萄酒酿造好之后，酿酒师就会自豪地邀请朋友品尝他新酿的葡萄酒，希望酿造的新酒能够完美无瑕并得到大家的喜爱。

酿酒师的一年

从葡萄果实到酒的装瓶

一个酿酒师的生活由他（她）的葡萄园和葡萄酒厂两个方面支配。在葡萄树的12个月的生活周期中，酿酒师要保证其生长所需营养，并小心加以保护，同时他（她）必须利用他（她）在酿酒厂之前时间里的经验来创造和提高他（她）的葡萄酒品质。接下来的内容描述了传统欧洲酿酒师酿酒活动的典型模式。对南半球的酿酒师来讲，这种模式在6个月中也发生了类似的变化，当然也受到全世界不同的气候条件的有力影响，甚至在同一个地区不同年份之间的不同气候条件也会对这种模式产生影响。像其他以土地为生的人一样，酿酒师需要随时警惕和作好不同生态条件下的应对准备，这就需要有预见或以其他方式，对他们来说，他们尽最大的努力酿造最好的葡萄酒。

添桶

橡木桶中的葡萄酒会蒸发，空气间隙需要添满，否则葡萄酒就可能发生氧化。橡木桶的其他空间需要用塞子塞上保证橡木桶是满的，没有任何间隙。

收集修剪的枝条

成捆的葡萄树修剪下来的枝条可以用来作为防御霜降时点燃篝火的燃料（下页图）。

冬季末期的葡萄园

在1月份（在南半球是7月份），北半球的大多数葡萄树都进入了休眠状态。在冬季末期，葡萄树是光秃秃的，除非酿酒师故意在树上留有葡萄，这样是为了感染贵腐菌或者经历霜降、风雪形成冰葡萄，因此可以用来酿造冰酒（见23页）。2月份（南半球的8月份），生命的第一迹象开始出现；当土壤开始变暖、苏醒，葡萄树的根部又开始吸收水分了，树液开始向上运输，收获之后修剪的刀口也开始“流泪”了。这些现象是在提醒酿酒师修剪葡萄树，为其春天的生长作好准备。春天修剪的时候，酿酒师要面对的问题就是新修剪的葡萄树对霜降的抵抗力很弱。但是，如果酿酒师直到完全躲过了霜降的危险才修剪葡萄树，可能要延迟到5月中旬，葡萄树的生长会受到严重的妨碍，秋天葡萄果实的成熟也会推迟，因此葡萄果实在收获季节可能遭受到10月早霜的危害。

冬季末期的葡萄酒厂

冬季昏暗的天气条件下，葡萄酒厂主要的工作就是集中精力保持橡木桶中储存的上一年份的酒溢满到橡木桶塞处，从而防止酒的氧化。2月份（南半球的8月份），酿酒师开始压榨皮渣完成新酿酒与皮渣的分离（见51页），并将压榨后的酒转移到干净的罐子或者橡木桶中完成后熟。接近3月份时，准备过滤第一批不需要经过陈酿的新酒，接下来可能需要不同酒的混合调配，最后，完成装瓶。这个冬季剩下的工作时间都用在将陈酿酒装瓶、贴标、包装上，为国内外顾客的需求作好发货准备。

春天的葡萄园

在3月或4月（南半球的9月或10月），葡萄树上的花骨朵开始开放。不同葡萄品种花朵开放的时间也不同，这有赖于葡萄是早熟还是晚熟品种，同一品种不同年份开放时间的不同还取决于当年的气候条件。葡萄种植的土壤类型也影响了葡萄树的花期，凉爽不能保存热量的黏土型土壤会推迟花期，相反，温暖的沙质土壤会将花期提前。

3月份修剪要继续，并且要耕作两行葡萄树之间的土地，达到松散土壤的目的。对于酿酒师来讲这是最困难的几个月，因为这几个月随时都有可能发生霜降。在晚上酿酒师们经常在葡萄园点燃修剪下来的葡萄枝，努力保持葡萄树周围空气的温度，从而保护新开的花苞。花苞也会受到害虫和病毒的危害，所以在每年的这个时候都可以预先喷洒农药来预防。葡萄园的土壤化冻之后，可以植入新的葡萄苗代替那些已经刨走的老葡萄苗。

春天的葡萄酒厂

在葡萄酒厂，去年酿造酒的酒糟分离，转移到新橡木桶的工作必须在进入第二阶段苹果乳酸发酵启动之前全部完成（见43页）。很多酿酒师浪漫地认为葡萄酒厂外面的葡萄树与厂内的葡萄酒有着神秘的联系，葡萄树的树液开始向上运输的时候正是上一年酿造葡萄酒开始启动苹果乳酸发酵的时候。

新酒的酒糟分离标志着葡萄酒厂中一个相对安静时间的开始，然而，随着温度的升高，必须要随时观察橡木桶及时进行添桶。5%的葡萄酒会透过橡木桶而蒸发，通过这种方式消失的这一部分酒被浪漫地称为“天使之共享”。

其他剩余的时间就用来为陈酿酒灌装。从一个酒厂到另一个酒厂，每个酒厂的灌装线都有很大的不同，有的酒厂有很简单的灌装设备，还需要人工进行贴标，同时，其他的酒厂有高科技的机械化设备，因此就需要很少的人工。

生命再次开始

伴随着树液的连续向上输送，在长满瘤节的最老的葡萄树上，沿着这个树茎长满了新芽、新的花苞（上页图）。

犁地

葡萄树之间的耕作松散了土壤，有助于土壤的化冻，并且可以除去葡萄园中即将发芽的春草。

压榨新酒

将上一年份的酒小心地从完成酒精发酵的橡木桶中转移到干净的桶中，完成酒的酒糟分离。

春夏之交的葡萄园

5月和6月（南半球的11月和12月）可能是酿酒师压力最大的两个月，因为这两个月是葡萄树开花的季节，部分决定了这一年份酒的质量。葡萄树的开花时间可以持续十几天，此时明媚的阳光和温柔吹拂的微风是最理想的，保证花朵很好地完成授粉、发生受精、果实开始形成。如果在这个时候遭遇到暴雨、强霜降、大风甚至更恶劣的冰雹，葡萄树会损失很多新开的花朵和刚长出胚芽的枝条，最终导致减产或产生毁灭性的破坏。每年这个时候酿酒师一整晚都要待在葡萄园内，全身心关注着天气的变化，点燃起火盆防御霜降的侵袭。在格外寒冷的夜晚，富裕的酿酒师让直升机盘旋在葡萄园的上空。除了保证当地人的警觉外，还可以保持空气的流动，从而使葡萄园的霜降不利于形成。不幸的是，还没有人能够拿出有效的措施来抵抗其他的不利因素。葡萄树开花之后，剪掉一些新芽，留下最好的芽，将其绑在铁丝上。对葡萄树周围的土进行翻新，除掉野生的杂草，酿酒师可以喷洒防治真菌孢子或类似的侵染玫瑰的粉霉菌疾病的农药，这些病菌很容易侵染葡萄树的叶子和新芽。

春夏之交的葡萄酒厂

葡萄园中所有这些忙碌的活动并不能说明葡萄酒厂就是清闲的，以前酿造的酒在完成苹果乳酸发酵之后还需要进行压榨分离。希望至少这一天的天气是温暖的，然而这也意味着酒厂橡木桶或罐中酒的蒸发速度要加快，所以更要随时警惕保证橡木桶中的酒是添满的。一些老的橡木桶两块板之间缝隙会出现酒渗出的现象，这样的话橡木桶需要及时修复。

“绿色”修剪

葡萄树是一种生长茂盛的植物，如果任其自然生长将会长出一堆混乱的新芽和枝条。酿酒师必须修剪不需要的枝条，从而集中整棵树的能量来供给剩下枝条上果实的生长需要。

葡萄花

将这些细小的“绒球”很恰当地理解成可以长成葡萄果实的“胚芽枝”，这些“绒球”的数量也有助于酿酒师了解这一年葡萄园的大概产量。

为葡萄树喷洒农药

这个时间预防性的农药喷洒可以帮助减少粉霉菌生长的危险。在炎热干燥的天气条件下，像粉孢子一样有名的真菌疾病也很容易发生（下页图）。

夏天的葡萄园

在7月（南半球的1月）的开始，葡萄果实的受精产生阶段完全结束，每个细小的浆果都开始膨胀成明显的葡萄果实。现在这个时候酿酒师才可以真正评估葡萄果实可能的收成产量。修剪芽枝和叶子加强空气的流通，预防病菌的滋生，并且使葡萄果实最大限度地接受阳光的照射。在8月份（南半球的2月），红葡萄品种的果实开始变颜色（法国称其为“转色期”），可能一些葡萄树（白葡萄品种和红葡萄品种）的整枝连带葡萄果实需要一起剪除。这就是所谓的“绿色收获”，这样做减少了果实的数量，不过有助于从剩余的枝条上收获到更好品质的葡萄果实。每年这个时候，这些新长出的葡萄果实对饥饿的鸟类有很大的诱惑力，酿酒师可以用拉网的方法阻止鸟类接近葡萄树。

很多酿酒师利用这段时间除去葡萄树行间的杂草，使整个葡萄园看起来干净整齐。另一些酿酒师让这些杂草任意生长，然后让其割掉经过耕作之后将杂草埋到土中。这种方式可以疏松葡萄树附近的土壤，而且这些埋在土中的杂草腐烂后会为土壤增加额外的营养。

红色葡萄品种此时开始由绿色转为红色，这是让酿酒师作好收获准备的暗示：他（她）必须要检查所有用得到的器械，保证其工作状态良

好，必须确保有足够的劳动力随时待命，保证采摘的顺利进行。许多酿酒师雇用当地固定的葡萄采摘队伍，有的每年雇用年复一年地巡回流动的葡萄采摘队伍。

夏天的葡萄酒厂

在夏天的几个月中，葡萄酒厂和酒窖必须尽量保持凉爽以保护成熟的葡萄酒。为此，在热浪袭来的时候，酒窖的门要关闭，葡萄酒的蒸发是最主要的危害，酿酒师需要额外警惕，必须保证桶里的酒是满溢的，从而防止葡萄酒的氧化。这是繁忙葡萄园中的一个相对空闲的时间，也是酿酒师将仍然存放在桶中的之前年份的酒继续装瓶的一个好时机。在新的收获季节来临之前，洗涤葡萄酒厂的地板，清洁整个酒厂。现在，之前酿造的年份酒需要转移到“第二年酒窖”加入到陈酿酒的行列，直到酿酒师决定用来作为调配酒的一部分或者直接装瓶时，才将酒从橡木桶中取出。

网罩

鸟类和酿酒师一样，都知道处于成熟阶段的葡萄果实变得香甜可口，为了防止鸟类的啄食，需要在葡萄树的上方加网（上页图）。

转变颜色

转色，这种现象说明葡萄果实正处于成熟阶段，葡萄果实内部发生着一定的化学反应，从而增加了葡萄果实内部糖的含量。

收获时间

在9月中下旬（南半球3月中下旬），葡萄果实继续成熟完成转色，通常在这个时候就应该作好采摘准备，然而每年收获时间的不同依赖于天气的不同。这个时候，需要食品和住处的流动临时采摘者开始进入酒厂准备采摘葡萄。白葡萄品种比红葡萄品种收获得早，因此具有较高的酸；整个收获过程需要花费一个月的时间。在10月份（南半球4月份）所有的葡萄果实采摘之后，酿酒师通常用皮渣分离后的葡萄皮渣为葡萄园施肥，然后犁地耕作。

葡萄园的疯狂活动与这一年这个时间的葡萄酒厂活动一致。压榨机、不锈钢发酵罐、橡木发酵桶、地板和墙壁必须经过擦洗、消毒、漂洗，为这一年份首批葡萄的到来作好准备。到达酒厂后首先把葡萄平铺在桌子或传送带上，将其按品质高低进行拣选，少量的茎、叶、梗、发育不良的葡萄浆果、腐烂的葡萄甚至是酿酒师不喜欢其长相的葡萄都要筛选出去。然后将葡萄放入破碎机中准备破碎，这样酿酒工作就真正开始了。在发酵过程中，主要的酿酒工人手边需要准备一个睡袋，因为在这段时间里，他们要随时监控整个发酵过程，不论白天还是黑夜。

果实的运输

红葡萄要在葡萄酒厂破碎，所以运送处理方式可以很粗糙；为了保证白葡萄果实的完整性，要将其放置在采摘用的柳条筐里来运送（上页图）。

葡萄果实的拣选

在葡萄到达酒厂时，手指敏捷的酒厂工人开始对葡萄果实进行拣选，用微小的剪刀将感染病菌或发育不良的果实从果穗上剪掉。

冬季的葡萄园

经历了收获季节的喧闹和骚动后，葡萄园的11月（南半球的5月）是一个很安静的月份。随着温度下降，日照时间变短，葡萄树液停止流动，葡萄树开始进入休眠状态。如果所有的葡萄果实都被采摘掉，酿酒师就会修剪掉这些生长果实的茎枝，并将土地再耕作一次，将土壤盖在葡萄树的根部，保护其不受霜降的侵袭，这种方式就是所谓的“埋土防寒”。一些酿酒师将葡萄果实完整地保留在葡萄树上度过寒冷的12月（南半球的6月），目的是为了酿造甜酒。树液停止流动，留在树上的葡萄果实开始脱水，因此果实中糖的浓度得到浓缩。一些气候条件优越区域的酿酒师，希望葡萄果实上出现葡萄孢属或者贵腐菌（见22～23页），这种葡萄可以用来酿造口感感觉复杂的甜酒。

冬天的葡萄酒厂

在葡萄酒厂，所有的酒包括当年收获的最大的红葡萄酒，通常都会在圣诞节前完成第一次发酵，几乎所有的酿酒师都会偷偷邀请几个好友预先品尝一下这一款新酒。注定是提早品尝的新酒装瓶之前需要作好“澄清”准备，澄清后将酒转移到一个干净的罐中。澄清有时需要加入澄清介质，传统上用的是搅拌过的鸡蛋蛋白，鸡蛋蛋白带着葡萄酒中的其他物质形成沉淀一起沉到罐的底部，这样可以使澄清干净的新酒很容易地被分离出来。

来自于橡木桶的体验

在酒精发酵结束之后，酿酒师开始为他（她）的新酒或其陈酿的潜能勾画出明确的前景。

葡萄园里安静的一切

在仲冬期间，葡萄树进入休眠阶段，叶子全部凋零，树液运输停止，使整个植物可以不受寒冷的侵袭（下页图）。

寻找你的风格

一个酿酒师做的每一件事情——葡萄园的选址、栽培葡萄品种的选择、酿酒方法的选择，都是为了确定最终他（她）酿造酒的风格。当你购买葡萄酒的时候，琳琅满目的品牌和生产商会让你感觉很混乱，无从做出选择，这就是确定你喜欢的葡萄酒风格的原因，并且把这个作为你学习更多葡萄酒知识和开阔视野的开端。不论你的喜好是什么，一般都会受到场合的影响——在海边野餐的时候，你可能会喜欢一款来自于澳大利亚的雷司令干酒；同样，如果是在冬夜火堆旁边品尝野味，一款口感厚实、醇厚的加利福尼亚赤霞珠葡萄酒将是最合适的配酒。每个人都不能预知将花费多少时间来找到适合自己喜好风格的葡萄酒，这与个人的品位、经历等有关。最重要的是，这个探索的过程是很有趣的。

解读葡萄酒酒标

选择的世界

在过去的20年里，国际葡萄酒贸易活动得到了兴旺的发展，从理论上讲，购买一款好的葡萄酒一直都不是一件容易的事。如果你有一个宽敞的地下室，一名私人葡萄酒顾问就可以帮助你建一个大的酒窖；还有大量的书籍、杂志、网页和葡萄酒俱乐部可以指导你如何购买到一款好的葡萄酒。然而，不可避免的是，我们仍然处在这样一个常见的场景下——盯着葡萄酒专卖店的墙壁，为选择什么样的酒而为难。解读一款酒的酒标也不是一项容易的工作，因为酒标的类型和给出的信息量有太多的不同。

年份酒

“年份”葡萄酒是一款品质出众的酒，在酒瓶酒标上标有年份的葡萄酒的品质“一定很出众”，这种说法是对“年份”酒的一个普遍的误解。酒标

值得收藏的葡萄酒

在收藏一款葡萄酒之前，需征求专家建议；波尔多的苏恩特白葡萄酒和著名的红酒博得了高价。

“有时候，酒标上酿酒师想告诉我们的信息越多，就会越混乱！你需要知道什么样的信息是你想要的。”

上“年份”只是简单地表明了酿酒的葡萄的采摘年份，而没有透露出任何与葡萄酒品质相关的信息。世界上的某些地区，在某些特殊年份具有葡萄生长成熟需要的特别适宜的气候条件，从而生产高品质葡萄酒，这几个年份就成为这些地区的好年份。而在世界上的部分地区，如澳大利亚和智利每年都具有差不多一致的、可预知的气候条件，年份对整个葡萄酒品质的影响不大；然而，在别的地方，天气能够对葡萄酒的质量产生巨大的影响。当购买价格较高的酒时，根据当年酿酒的品质从而对不同区域年份进行专业分级的资料和专家的建议，会为你提供有用的指导。虽然有了这些指导，消费者在购买葡萄酒时还是要谨慎一些，局部的大冰雹会给河谷一边的葡萄园带来毁灭性的破坏，而另一边却毫发无损。即使是在“坏”的年份，一个好的酿酒师也能够酿造出优良的葡萄酒，而一个坏的酿酒师却能够毁掉一个“好”年份。

一般来说，关键是寻找一个有名望的酿酒师酿造的酒。但这并非意味着我们在为晚宴选择合适葡萄酒时，按照往常一样就行了。总是坚持选择我们熟知和信任品牌的葡萄酒可能会阻挡我们发现新的，甚至可能是更令人愉快的上好葡萄

酒。酒瓶上的酒标，能告诉我们与瓶中葡萄酒质量相关的别的哪些信息？

酒标中包含了什么信息

许多葡萄酒爱好者喜欢认为或假装认为他了解他所购买葡萄酒的所有信息，但是现在市场上有如此多的葡萄酒，甚至对葡萄酒专家来讲了解酒标背后信息都是很困难的，一些葡萄酒生产商和销售商逐渐变得很擅长在酒标混乱的市场条件下推销他们的葡萄酒。例如，很多人喜欢霞多丽，你可能就会受到一款澳大利亚的“鸽笼白霞多丽”的诱惑。但是这款勾兑酒中鸽笼白葡萄占80%，所以这款酒品尝起来具有相当中性的风味特征，不太像典型的霞多丽酒。

目前还没有葡萄酒品质的全球分级制度。但是在许多国家的很多村庄或地区人们意识到正直、诚实对葡萄酒的长期销售很重要，因此详细叙述了什么样的信息可以、什么样的不可以出现

这个年份暗示了葡萄收获的时间。对品质杰出的葡萄酒来讲，一份专业的年份表会告诉你这一款酒的这一年是不是好年份。

酒的原产地，法律规定酒标必须包含的信息之一，这瓶酒出产自法国。

这瓶酒以勃艮第产地的村庄命名：在法国，还以原产地命名。

Les Embrazées是夏瑟尼-蒙哈谢（勃艮第地区搏讷丘的村庄级AOC）的法定区域，1erCru是指一级酒庄（见64页）。下面的文字是说明这个村庄有自己的命名规则，并且这里生产的酒都要满足这些要求。

在生产商上方的名字说明这瓶酒是在生产的酒庄内装瓶的，这是一款出色的酒的标志。

按体积百分数计算的酒精含量。

解读葡萄酒标

一般来讲，葡萄酒标会包含葡萄酒厂或酿酒师的名字、原产地国家或地区、葡萄酒的风格、葡萄酒酒精含量和灌装的细节等。还可能包括葡萄园的名称、酿造这款酒的葡萄品种、年份的详细信息（葡萄栽种年份）。有的还包含质量分级信息和政府赋予的原产地信息。

在酒标上的规则的建立得到了大家的重视。没有比法国更重视酒标信息的国家了。

法国

在法国葡萄酒质量等级分类中，等级最高的是原产地控制命名（AOC或AC）的葡萄酒。这种酒占了法国酒产量的40%。如果你看到一款酒的酒标上有AOC或AC字样，表示这款酒是在一个特殊命名地区生产的，要严格遵守当地制定的葡萄酒质量标准。根据生产区域不同，不同的AOC葡萄酒的酒标上可以增加不同的其他设计信息：例如，勃艮第的葡萄酒可以在酒标上加上“特级酒庄”和“一级酒庄”的字样，分别反映这款酒的最高或次高品质，波尔多的酒具有自己地区独特的分级规则。

第二等级是优良地区酒（上好品质指定酒）（VDQS），这款酒只占法国葡萄酒产量的1%，这一级别酒的大部分都用于法国国内的消费。通常认为这一级别的酒有野心争夺AOC酒的地位。

第三等级是地区餐酒（VdP），这一级别的酒占整个法国葡萄酒产量的25%。为了承认法国地区性葡萄酒酿酒师对葡萄酒品质的改善，法国原产地名称管理委员会于1968年制定这种分级制度。这种分级制度允许酿酒师将葡萄酒的信息展现在酒标上，如葡萄的原产地、酿酒用的葡萄品种等。每个等级葡萄园占有的面积是可变的：有时候是一片很大的区域，例如地区餐酒命名的葡萄园占了法国的4个行政区；有时候又是很小的一片。地区餐酒很适合天天饮用，这一级别的酒中有几款还是相当优秀的。留心那些由澳大利亚或新世界其他国家充满热情的酿酒师酿造的这一等级酒，他们采用现代技术为法国葡萄园中古老经典的葡萄酒注入了新的生命，尤其是在朗格多克-鲁西永（译者注：法国行政区，其下有数个省级行政区，葡萄酒产区，位于南部靠近地中海）地区。最低级别是日常餐酒（VdT），这一级别的酒占整个法国葡萄酒产量的28%，这一级别的酒几乎全部在法国国内消费。作为众所周知的普通葡萄酒，这一级别的酒不适合收藏，并且这款酒特有的粗犷特征注定其通常需要兑水饮用。

毫无疑问，波尔多周围的葡萄酒产区生产出几

法国地区餐酒

地区餐酒可能是一款简单的适合每天饮用的葡萄酒，也可能是一款口味复杂，原产地在地域上处于法国高质量产区的葡萄酒。“美乐”是一个朗朗上口的名字，同时给你带来了更多葡萄酒的风格信息和期望的风味。

波尔多的等级庄园

“Grand Cru Classé en 1855”这个短语表示，这是一款圣爱斯坦福地区（译者注：波尔多的村庄名，亦是AOC）的顶级葡萄酒，是波尔多原产地分级的明星之一。

年份香槟酒

最好的酿酒师只有在好年份才会将年份显示在酒标上，年份香槟酒极少，因此会比没有年份表示的香槟酒更贵。当品尝同一家庭提供的不同款无年份标志的酒时，具有相同的感觉：将不同年份的无年份表示的香槟酒勾兑到一起，可能会达到高级香槟的感觉。

波尔多的马勒酒庄

位于苏特恩内的马勒酒庄可以生产以酒庄命名的甜白葡萄酒。这个酒庄的干红和干白葡萄酒被归入广泛的格拉夫区命名范围内。

款世界著名的葡萄酒。目前还没有为波尔多57个获得称号的葡萄园的葡萄酒进行分级的单独体系，对于相似品质的葡萄酒，不同的酿酒师采用不同的规则。1855年通过了著名的波尔多红酒分级制度，这一制度适用于很多地区，尤其是梅多克地区。在梅多克地区，分级制度将葡萄园分为5个质量等级，叫做“crus”或“growths”，级别最高的是顶级葡萄园（premiers crus），接下来是二级葡萄园（deuxièmes crus）等。在这些之后的级别统称为中级葡萄园，就像名字透露出来的一样，这类酒与贵族化无缘，但却是不寻常的著名葡萄酒，人们会从其中挑选出最好的命名为优质葡萄酒（superieur），或真正的明星——杰出的葡萄酒（exceptionel）。伟大的波尔多白葡萄酒分为3个等级：最顶级白葡萄酒庄、一级白葡萄酒庄、二级白葡萄酒庄。随着所有权的变化，除了一些必要的变化之外，酒庄保住了其在联盟中的地位直至今天，其在联盟中的地位给予了他们极大的声望和价值。

在整个法国，开始使用像“cru classé”和“grand cru classé”一样的术语来描述葡萄酒，虽然很不确切，但却代表了这个区域最好的葡萄酒。

法国的等级体系是对葡萄酒品质的一个合理的指导。但是，与AOC葡萄酒相比，你可能更喜欢许多的地区餐酒和日常餐酒，所以在选择酒的时候不能太势利。我的建议是，先确定你喜欢的佐餐酒的风格，然后求助于质量等级体系，看你是否喜

托斯卡纳区葡萄园

这是属于基安蒂红葡萄酒保证法定地区餐酒等级的葡萄种植区，生长于托斯卡纳区分级中心区域的葡萄一般用来酿造最顶级的葡萄酒。

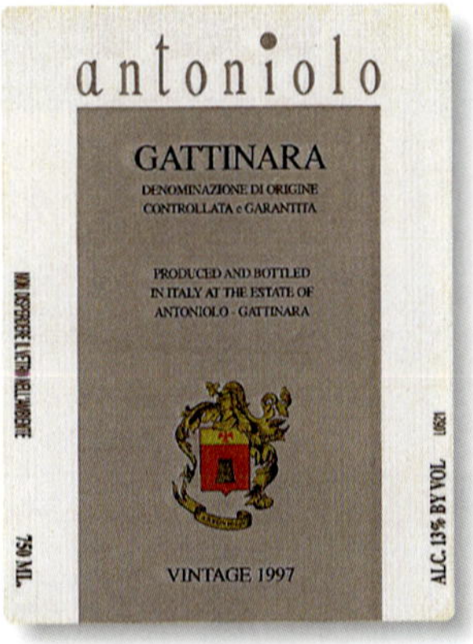

意大利保证法定地区餐酒（DOCG）

酒标上的字样表示这是一款销往意大利国外的葡萄酒，说明这款酒达到DOCG规定的品质要求，使这款酒的风格品质一目了然。

意大利法定地区餐酒（DOC）

佛兰斯卡蒂白葡萄甜酒（译者注：产于意大利中部Frascati镇）是一款DOC酒，这款酒的品质不一。相对于葡萄酒本身，酿酒师更多地利用了它的声望。

西班牙DOCA

DOCA级别的里奥哈葡萄酒可能是红酒也可能是白酒，不论是白酒还是红酒都需要经过陈酿，其酒标上都有可能加上“cianza”或“reserva”字样。

雪莉酒

就像香槟一样，雪莉酒也是一个强烈受保护的名称，是一款很适合出口的酒。“Fino”指的是酒的风格（轻柔），而不是“优良、杰出”的意思。

欢，或者更进一步辨别几款酒的不同之处。

意大利

与法国的葡萄酒相同，起初意大利的葡萄酒也根据原产地（或命名）进行分级。基安蒂红葡萄酒（Chianti）来自于托斯卡纳区，巴罗洛葡萄酒（Barolo）和巴巴莱斯科葡萄酒（Barbaresco）来自于皮尔蒙特区，苏瓦韦（Soave）、安莫罗尼（Amarone）、瓦尔波利塞拉（Valpolicella）和巴多利诺酒（Bardolino）来自于意大利北部的威尼托区等。与法国相同，意大利的葡萄酒按质量进行分级，最低的等级是日常用酒（VdT），该葡萄酒酒标上是不需要任何产地说明的。下一个级别是地方餐酒（IGT，与法国葡萄酒的地区餐酒级别相当）。更高的级别是法定地区餐酒（DOC）或者保证法定地区餐酒（DOCG），这个级别的酒与法国AOC的质量标准类似。处于这个级别的葡萄酒也可以在酒标上加上葡萄园和酿酒师的名字，甚至是两者都具备。以相同原产地命名的葡萄酒在品质上也可能有巨大的不同。我的建议是，寻找好的酿酒师而不是过于相信酒标信息。

西班牙

一款酒标上标有产地命名DO的西班牙葡萄酒质量等级相当于法国的AOC，来自于获得称号命名的葡萄酒产区，每种DO酒都要受到一个独立标准委员会的监督和控制。值得留意的两款DO酒标设计是：DOC，这个级别酒的顶级酒必须来自于里奥哈或者Priorat产区；DO Pago是一些优秀的单一酒庄命名的表示方法。地区葡萄酒（Vino de la Tierra）指一些好产区的葡萄酒（葡萄酒质量级别相当于法国的VdP），Vino de Mesa 比Vino de la Tierra还要低一等级，是最基本的佐餐酒。西班牙的葡萄酒还可以根据陈酿时间的长短进行分级：最年轻的称为joven，这一类酒完全不需要橡木桶陈酿并且需要在一年内饮用；白或桃红crianza葡萄酒在上市销售之前必须至少陈酿一年，至少6个月的陈酿需要在橡木桶中完成；Crianza红葡萄酒在上市销售之前至少需要陈酿两年，一年桶储，一年瓶储；Reserva白葡萄酒在上市之前至少要陈

新世界的黑比诺

葡萄酒商Saintsbury和葡萄品种名称通常使这款酒位于酒标的前列，Carneros是加利福尼亚盛产黑比诺葡萄酒的纳帕山谷最重要的一部分，所以在酒标上也有明显的标注。

产区酒

酒标上有“Wine of Origin Stellenbosch”字样的南非葡萄酒必须是由生长在斯泰伦博斯（Stellenbosch）产区的葡萄酿造而成。

一个酒庄装瓶的。这些字样的使用很随便，离真正的质量认证还很远。

北美

美国有自己自主的命名体系。每个单独的州都可以作为葡萄酒的产地命名，甚至州里的每个城镇名也可以。所以，虽然葡萄酒标签会注明产地名称，但是并不能保证这个命名的产区能否说明葡萄酒的质量如何。必须满足的一个要求是，瓶中至少85%的酒来自于酒标上所标注的产地。美国法律规定葡萄酒厂的名字和住址也应该标在酒标上。一般来说，品牌名和风格或者葡萄品种是酒标上最突出的文字。品质稍高点的葡萄酒标签上会注明年份，但是如果酒标上的“vintage”比这一年份晚，则“vintage”指的就是装瓶的年份。如果“Reserve”出现在酒标上，那就意味着这是这个葡萄园中最好的一款酒。然而，我建议不要太信任这些信息，有时这些信息只是粗心大意的葡萄酒商参与市场竞争的工具而不是真正的葡萄高质量的暗示。许多葡萄酒标签上还有“Estate”或“Estate bottled”字样，这表示葡萄生长、葡萄酒的酿造、灌装都是在同一个酒庄完成，而不是将葡萄或者葡萄酒运送很长的距离甚至穿越整个国家进行酿造或灌装。

澳大利亚

澳大利亚2001年颁布的命名体系（GIs），仅仅详细界定了地理标志的建立。每个州都分为几个区域，这些产区再进一步地分为几个次级产区。澳大利亚也有自己简单直接的“标签完整程序”，这个程序规定，如果标签上注明阿德莱德山的霞多丽葡萄，那就表明这瓶酒中至少85%的酒必须是由生长在GIs详细说明的阿德莱德山的霞多丽葡萄酿造而成。

澳大利亚的葡萄酒标上，葡萄园的名字和葡萄品种名字占据主要位置，有时候会加上葡萄酒的年份，但不总是这样。在酒瓶背面的酒标上也有很多有用的信息，比如葡萄园的准确位置、葡萄酒是否经过橡木桶陈酿，有时候甚至有酒的风格特征。

南非

南非的酒标采用与澳大利亚和美国相似的设计模式。南非没有严格的命名体系，这里葡萄酒工业还相对年轻，不太发达，葡萄酒酿造的新的地理区域还有待开发。葡萄园名称，葡萄品种、产区、年份都需要体现在酒标上，但是要成功地选择一款好的南非葡萄酒，对酿酒师或葡萄园相关信息的了解就显得尤为重要。

库查瓜山谷葡萄园，智利

南美的酿酒师通常喜欢让葡萄品种占据酒标的主要位置，这一点与新世界国家的酿酒师相似，但是阿根廷和智利也有自己主要的命名体系。

新世界的超级明星

美乐曾经只是波尔多混合品种葡萄酒中的一种成分，但是随着这个品种及其葡萄酒的流行，它以自己的品质获得了世界级的声望（下页图）。

训练你的味觉

品尝的四个原则

每种葡萄酒中能感受到的风味物质范围是很广泛的，并且这些风味物质的口感差别也是很大的，很难用足够丰富的词来描述这种感觉。无论如何，从酸度、果味、酒精、红酒中的单宁这四个因素之间平衡的角度来分析一款酒的口感，是品尝的基本原则。

酸是葡萄酒酒体结构的脊柱，尤其是在白葡萄酒中。依赖于葡萄品种和葡萄生长环境气候的不同，酸在葡萄酒中或多或少都会存在，对葡萄酒的风格产生一定的影响。红酒中的酸度不是很明显，但酸是陈酿红酒所必需的，单宁平衡了红酒中的酸，使酒的冲击力不太强。

酒中的果味强度为酒提供了复杂的风格特征和质感。不能将果味和甜度搞混：果味物质使酒具有甜味和成熟的热带水果香气，但是属于干酒——发酵过程中葡萄中的糖都转化成了酒精。红葡萄皮和葡萄酒陈酿的橡木桶中的单宁为葡萄酒提供了干爽的质感。单宁是红葡萄酒陈酿必需的，成熟优雅的单宁为口感厚重的葡萄酒提供了至关重要的平衡感。

酒中的酒精含量必须与其果味感和结构形成很好的平衡。具有完美平衡感的葡萄酒，酒精物质为葡萄酒带来了滑腻的触感，在口感上产生黏稠圆润的感觉。

你可以用一个简单的练习来训练自己对这四种风味的区分能力（见下图）。在4个玻璃杯中加入静止的水，然后向一个杯中挤入榨出的柠檬汁，在第二个杯子中加入一匙糖，在第三个杯子中加入一包袋装茶，第四个杯子中注入一定量的纯净的白酒，例如伏特加。然后每次品尝一个，依次呷一小口，用舌头搅动这些液体使其充满整个口腔，试着分辨出舌头的哪个部位能够感受哪种口味。最后，喝一杯葡萄酒，寻找与练习感受相同的风味。

酸味
舌头的边缘感受到的酸度为葡萄酒提供了一种清新的感觉。过多的酸会使葡萄酒呈现尖锐的灼烧感，几乎要燃烧；太少的酸会令葡萄酒口感软弱缺乏结构感、令人厌烦。

甜味
舌尖能够感受到甜味。干酒可能具有香甜的水果香气，甜酒中，甜味来自于发酵过程之后的残留糖分。

苦味
舌头的根部能够感受到苦味。这种苦味来自于发酵和陈酿过程中变得成熟柔和的单宁、葡萄皮和橡木桶中的收敛物质。

酒精
酒精会在咽喉根部产生一种温暖的感觉。太多的酒精会让葡萄酒感觉像“波特酒”，太少的酒精会使葡萄酒口感淡而稀薄。

品尝葡萄酒

葡萄酒品尝的艺术

任何人都可以饮用享受葡萄酒，但是葡萄酒品尝是一门艺术。为了充分地鉴赏葡萄酒独特复杂的风味和质感，品尝者需要具有一定的经验和一点技术知识。

基本上，葡萄酒是一种与口感有关的物质，你不喜欢的酒并不一定就意味着它的品质不好，这样的判断是主观的。在颜色、香气、口感的基础上系统地研究葡萄酒是很有必要的，判断是不是一款好酒——酸度、果味、单宁（红酒）、酒精达到了完美的平衡（见72页），是不是这种风格酒中最优秀的代表。正确评价葡萄酒——回忆、对比和口感香气归类的能力随着经验的增长而增加。现在开始用一个系统的品尝方法对葡萄酒品质进行评价。

分析葡萄酒香气

葡萄酒的“酒香”字面意思理解为葡萄酒所有风味物质的整体，要想将这些物质分离区分开来需要花费很长一段时间。

啜饮和品尝

轻柔的“啜食”，吸入一口新鲜空气，使其与口中的葡萄酒充分的混合，在口中“感觉”酒体质感和结构感的同时进一步释放出香气。

我总是选用清晰透亮、薄壁的高脚玻璃酒杯，在品尝完一款酒更换酒之前，要用清水彻底冲洗酒杯。我建议你将品尝的葡萄酒限定在一种风格或一个区域范围内，这有助于你的感觉调整。品酒时最好远离吸烟区或厨房等气味浓重区域，在光线好的明亮空间中进行品尝。我一般喜欢在早上味蕾还没有感觉到疲倦的时候品尝，并且我总是在葡萄酒的最佳温度条件下品尝（见308页）。

观察酒的颜色

好的自然光使葡萄酒精确的展现出它的颜色，白色的背景（例如一张餐巾纸）可以排除其他干扰（下页图）。

CAT颂歌（译者注：CAT是颜色、香气、口感的英文缩写）

我的葡萄酒品尝颂歌是“颜色、香气、口感”（CAT）。在轻嗅和品尝之前，葡萄酒的颜色给了你相当多的信息。找一个白色的背景，一张白纸或餐巾纸，从杯壁边缘和杯子上方观察酒的颜色。第二步

PARIENTE

是让酒在杯中打转，让杯中的葡萄酒与空气充分接触，释放出香气，现在你可以闻杯中的酒了。将鼻子放在酒杯的边缘，深呼吸，判断释放出来的香气。慢慢饮入少量的酒，让酒在口中停留一段时间，吸入少量新鲜空气，通过口腔的升温和氧化使酒的香气得到进一步的加强。最后，如果你同时品尝几款酒，在品尝另一款酒之前将口中的酒吐到一个桶里。详细地记录下你对所选的每一款葡萄酒的颜色、香气、口感的认识。

颜色

品质优良的葡萄酒的颜色应当是明亮、清澈、充满活力的。颜色可以告诉你酒的结构特性——颜色越浅，葡萄酒的结构感就越弱。具有金色色调的白葡萄酒通常预示着这是一款来自于温暖产区的陈酿甜酒。红葡萄酒的颜色分布从石榴红色到暗宝石红色；最丰富、最结实的葡萄酒可能偏重紫色甚至是不透明的墨黑色调。

酒杯边缘的葡萄酒颜色说明了葡萄酒的酒龄。年轻的白葡萄酒有一个银色或绿色的边缘，而陈酿酒更偏重于金色。年轻的红酒具有宝石红或紫色光圈，而陈酿酒更偏重于砖红色。衰退的橙色光圈说明这是一款珍贵的酒，可能是好的也可能是坏的。观察葡萄酒的边缘你会发现一些细微的起泡，这在一些无泡葡萄酒中是可以接受

"我们都把玫瑰红酒归类为'粉红'葡萄酒，实际上，粉红酒不是真正的粉红色。观察一下，它们的颜色从带粉红色调的蓝色向橙粉色过渡。"

的，如葡萄牙青酒和密斯卡得酒，因为它们的酿造方法不同，但在其他葡萄酒中还未发现这种现象。让酒在杯中打转，从上方观察，葡萄酒的挂杯现象可以让你了解葡萄酒的黏性或“旋涡状酒流”。黏滞性是葡萄果实中糖分转化成酒精的结果；通常酒流越厚，酒的酒精度就越高。当然这也与葡萄酒的温度、酒杯的擦洗方式有关。

香气

一款好酒的香气最重要的是要清爽洁净。一款有霉味的葡萄酒通常是用塞子塞住的，酒中的霉味是由塞子上的霉菌引起的（见316页）。不同品种的葡萄、水分、气候和酿造工艺能够产生大量不同的葡萄酒香气，这些香气成分中极少一部分与葡萄有关。一些香气成分很容易就能辨认出来，另一些可能就需要你浪费点脑细胞仔细分辨了。回忆在记下一些气味方面起着重要的作用，比如新的骑马钉、甘草味或一个特别喜爱的叔叔的雪茄盒内的味道。试着将葡萄酒中的香气进行分类——水果味、蔬菜味、香料味、熏烤味、花香、橡木味、矿物味和动物味，将每一类香气都装在你心中的分类“盒”中。这样你就可以轻松地打开每一个盒子将与之最匹配的那种拿出来。

口感

大多数葡萄酒品尝工作在你真正将酒饮入口中之前就已经开始了。这是一个鲜为人知的事实，实际上我们是用鼻子“品尝”的。但感冒的时候鼻子堵塞，你就失去了品尝的感觉；我们的舌头能感觉得到的味道是酸、甜、苦、咸和酒精味。所以，你饮用葡萄酒时要吸入空气，把香气带到鼻腔中去才能感受得到“风味”，同时，你的口腔分析这款酒的质感和“口腔感觉”：酸的清爽，果味的成熟醇厚，酒精的重感和温暖，在红酒中还有单宁的干爽（见72页）。然后再返回来确定最重要的因素：所有的这些因素是否平衡？即使是最便宜的酒，只要是具有很好的平衡感，饮用起来的感觉还是很愉快的。如果将酒咽下之后还能够在口中产生令人愉悦的风味和平衡感，那就说明这是一款品质不错的酒。然而不平衡的酒，或者是酿造得不好，或者是还不到时候饮用，或者是已经过了饮用的最佳时期。

杯壁边缘的颜色

这款酒杯壁边缘呈现温暖的色调，说明这是一款陈酿酒。打旋之后杯壁上向下流动的液滴就是“旋涡状酒流”：这些液滴流动得越慢，这款酒的黏滞性就越强（上页图）。

青草香

青草确实有一股香气，想象一下夏天花园中的黎明，太阳刚刚升起的时候，带着露珠的草坪散发出一股清新的青草香气。

红色的夏季水果

你可以练习辨别无核软皮水果的独特风味，将每一种水果都做成水果泥，然后蒙着眼睛一个一个品尝。听起来很简单？那就试一试吧！

依照风格特征为葡萄酒分类

酒的特性

在我做酒侍工作的时候，我发现按葡萄品种或国别为葡萄简单地分类是没用的，除非是为一桌葡萄酒专家服务。当我为一个客户推荐了一款与他所选食品搭配完美的葡萄酒时，我突然意识到为顾客推荐葡萄酒时应当选择他喜欢的风格而不是按葡萄品种来进行推荐。如果你选择了鱼，你喜欢搭配轻柔精致的白葡萄酒吗？如果你正在吃牛肉你愿意搭配一款柔顺圆润的红酒吗？或者你更喜欢口感丰满、厚重的风格？

当我听到人们说他们“不喜欢霞多丽”时，我感到很烦恼。在这种轻视的态度下，你要怎样对待自己收集的大量不同风格的葡萄酒？我希望这本书能够成功地让人们了解同一个品种的葡萄可以酿造出很多款风格不同的葡萄酒，这主要依赖于葡萄的生长环境和酿造技术的不同。所以，简单地了解一款酒由哪个品种的葡萄酿造而成并不代表这款酒品尝起来就像葡萄果实一样。

探索的一种激励

按葡萄酒的风格对其进行分类，这种分类方

轻柔清爽的白葡萄酒

纯净清爽的风味是这类风格酒的重要特征。这一类酒轻柔干爽、风格多变，与清淡的菜品搭配或单独饮用一样受欢迎。

充满活力的芳香白葡萄酒

这一类酒具有令人垂涎的风格特征。结构感中等，具有柑橘香、花香、青草香和甜味水果的风味，尽管如此这仍然是一款干酒。

醇厚丰满的白葡萄酒

我喜欢这款酒奢侈安乐的风格，结构厚实，口感丰满悠长，这是一类风味丰富、诱人的芳香葡萄酒。但是这类酒成功地保持了适当的酸度，获得了很好的平衡感。

法是基于它们风味、质感和结构的不同而不是品种和产区，我相信这样的分类会让葡萄酒世界更容易被理解。我将白葡萄酒分为三类（上页图）：轻柔清爽的白葡萄酒；充满活力的芳香白葡萄酒；醇厚丰满的白葡萄酒。红酒分为果香味明显的、充满活力的红葡萄酒；成熟、柔滑的红葡萄酒；饱满、醇厚的红葡萄酒三类（见下图）。剩下的还有桃红葡萄酒、起泡酒、甜酒和强化酒，这些酒自身独立成为一类。

我希望你体会和品尝世界各地不同风格葡萄酒时，这种风格分类的方法能够增强你探索的信心。如果你曾经品尝过一款酒并且喜欢它的风格，以桑塞尔白葡萄酒为例，本书将带领你将桑塞尔白葡萄酒与它所属组的所有具有相似风格的葡萄酒一起加以对比。

甜酒和起泡酒

甜酒和强化酒的世界充满着甜美、热情强烈的体验。起泡酒，不论是干酒还是甜酒，白色、粉红色，甚至是红色，都是自成一类。

果香味明显的、充满活力的红葡萄酒

具有芳香优雅或充满令人愉悦的甜水果风味，这类轻柔、活泼的红酒适合在任何场合饮用，不论是夏天的自助餐还是一次盛大的晚宴。

成熟、柔滑的红葡萄酒

这一类酒是红酒世界中的外交官，口感顺滑和谐，没有尖锐的刺激感，但是这款酒只做单品种酒永远不调配，这一类酒囊括了真正独特产区杰出的经典作品。

饱满、醇厚的红葡萄酒

深入钻研这类酒丰富强烈的香气和风味的多维复杂感，这类酒能够提供的风格特征具有多样性，既包括贵族酒的温柔优雅，又有广受欢迎的葡萄酒的广阔、温暖。

第二章
世界葡萄酒

品尝之旅

找到你的风格

在接下来的章节中，我将介绍世界上上百款风格不同的葡萄酒。因为我相信首先在品尝者心中留下身份特性的是酒的风格，而不是酒的产地。在这本书中打破了按国家介绍酒的惯例，我将酒按风格特征进行分类（见78~79页）。例如将“果香味明显的、充满活力的红葡萄酒”、“轻柔清爽的白葡萄酒”放在一起介绍。在相同风格的酒中，我还是按国家进行介绍，作为一个法国人，我每次都由合适的法国酒开始介绍这一类酒，对此我没什么需要解释的。如此一来，从旧世界国家开始扩展到新世界国家的路线就变得比较有条理性。这种方法最大的优点是，在接下来的任何一页，你可以阅读了解来自于奥地利、意大利和美国加利福尼亚的不同葡萄酒，相同主题下的这些酒可能会有很多差异。这些酒共有的主题是它们的风格，不管是完美丰满的白葡萄酒还是丰富坚实的红酒，原产地和酿造方法的不同之处造就了葡萄酒令人兴奋的特性。

采用风格分类的方法，我希望能够给你带来一次成功的品尝之旅，不仅能够开阔品尝的视野，还可以为你介绍几款新酒。从这本书中找到一款你已经知道自己喜欢的葡萄酒，然后探索与之风格相似的其他几款酒，找到它们的相似之处，并且寻找它们在香气、风味和质感等风格特征上的细微差别，这些差别可以反映酒的产地和酿造方法。现在开始带领你出发，在每个部分我都介绍了2～3款风格相似的葡萄酒，并且进行了对比品尝，在品尝训练中，我系统分析了每类风格葡萄酒独特的方面，如橡木桶陈酿对成熟柔顺的红酒的影响。选取品尝的每一款独特的酒都给出了相应的图片，当然我推荐的其他酒也可以做很好的替代品。

我对每一款酒的品尝记录

对我来讲，一款酒的根本是它看起来、闻起来、尝起来感觉怎样？因此在接下来每一款酒的介绍中，我都采用了我的CAT颂歌——色泽、香气、口感——给出我认为你发现一款高品质葡萄酒后可能会问的所有问题的解答，不论它的价格等级是什么。购买葡萄酒时，我列出了一些（但不是全部的）我喜欢的葡萄酒商，有一些可能是你已经品尝过的，你对这些名字可能很熟悉，也有一些比较独特，是不常见的，那你可能就需要花费点精力才能得到了。至于佐餐方面，我给出了少量的建议，在318～333页，你可以发现更多食品和酒的搭配方案。最后，在扩展内容里面，介绍了其他可以品尝的葡萄酒，希望可以开阔你的品尝体验，同时为你展现了几款充满魅力的可以对比品尝的葡萄酒，带领你发现更多自己喜爱的葡萄酒。

轻柔清爽的白葡萄酒

法国的夏布利、意大利的灰比诺和南非的白诗南都是酿造轻柔清爽白葡萄酒的极佳品种。喜好是一个个人口味的问题，可能会因为一款酒给你留下不好的记忆和情绪而影响到你以后的喜好。这种酒口感清新刺激，如果你喜欢甜味口感、具有橡木香气的葡萄酒（例如一些霞多丽酒）或者具有丰富口感的酒（例如：醇厚的红酒），你可能就不会喜欢这种酒。它们的颜色较为苍白无力，颜色深浅从柠檬色到亮金色，如果这款酒酒龄比较年轻，可能会出现绿色色调。这种酒具有优美的香气，它们具有苹果香、柑橘类水果香、香草香等香气，具有矿物质的坚实感和干爽清新的口感，适当平衡的酸为葡萄酒提供了清新爽口而又不太尖锐的口感。评价一款轻柔清爽白葡萄酒品质的有效方法是看其余味是否纯净悠长。

轻柔清爽白葡萄酒的风格特征

完美环境

一款好的轻柔清爽白葡萄酒最重要的是要有足够酸的存在为酒提供清新爽口的感觉，但又不能太多，否则会产生锐利的刺激感。用来酿造这款酒的葡萄（阿里高特、霞多丽、密斯卡得和灰比诺）果实一般都是皮薄、果大，成熟得比其他品种要早，所以含有较高的天然酸。

“清新干爽的白葡萄酒年轻有活力，很适合在炎热的夏季与朋友聚会时饮用。”

当葡萄生长在凉爽的气候条件下（例如北欧），或者温暖气候的山上（例如意大利、葡萄牙和新世界的大多数地方），最重要的是让葡萄果实在遭受霜降破坏之前尽可能早地成熟。为了保证葡萄果实在降霜之前成熟就必须为葡萄树保暖，法国夏布利葡萄酒区土壤中的燧石能够保持来自于太阳的宝贵热量，从而达到了为葡萄树保暖的目的。葡萄果实也需要尽可能地接受到阳光的照射，相反，最好、最贵的夏布利酒来自于栽培在西南向斜坡上的一级和特级葡萄园。

坚强的葡萄树

酿造丰富口感白葡萄酒的著名万能品种霞多丽可以在凉爽的葡萄酒地区生存，在那里霞多丽葡萄可以用来酿造具有柑橘香气，口感清新、干爽、柔和的白葡萄酒；在法国则用来酿造伟大的经典白葡萄酒——夏布利酒。

主要的口感

酿造轻柔清爽的白葡萄酒倾向于采用现代酿造技术和不锈钢罐容器，从而尽量保持酒清新爽口的水果口感。酿酒师、地区气候、葡萄园土壤和酒年份的不同，酿造酒的风格特征就会有所不同。最好最昂贵的葡萄酒给人一种眼前一亮的清新感，这种酒中的酸、酒精和果味达到了完美的平衡。这种酒具有柑橘类水果香、苹果香以及矿物质的质感，余味芬芳、清新、悠长，从而形成了一种独特的复杂口感特征。稍便宜一点的酒具有微弱的花香和梨香，香味持续时间中等，可以搭配香气浓郁的可口食品饮用。

坚强的葡萄品种（COOL CUSTOMER）

密斯卡得（译者注：卢瓦尔河区的AOC）地区著名的勃艮第香瓜葡萄是一种能够很好地抵抗霜降天气的早熟品种。在法国的卢瓦尔区域这个品种适合酿造轻柔纤细、令人振奋的密斯卡得葡萄酒。

轻柔清爽白葡萄酒的整体风格是中性、干爽的，但这并不意味着它是乏味的。当我们饮用这款酒的时候，首先刺激到味蕾的是清爽感，清爽的口感是一种从口腔上颚开始蔓延的舒服感觉，而不是令人反感的刺痛感。

饮用还是储藏

轻柔清爽白葡萄酒是用来饮用（而不是珍藏）的：尽可能买酒龄小的酒并且在6～12个月内饮用。不要购买最便宜的轻柔白葡萄酒，在发酵过程中这种酒经常加入过多的二氧化硫（储藏葡萄酒必需的），可能会使饮用者头疼。

品尝足迹

比较便宜的轻柔、清新的白葡萄酒经常缺乏独特个性，但是，如果你能仔细挑选，有可能会挑到一款清新纯净且有微弱花香和梨香的葡萄酒，这种酒通常具有明显的酸味特征，但却不是太刺激。作为这一款酒的品尝推荐，可以选择卢瓦尔区域的**密斯卡得**酒、勃艮第的**阿里高特**（勃艮第地区的白葡萄）酒或者意大利的**灰比诺**葡萄酒。如果你愿意花更高的价钱，可以试试南非的**白诗南**酒，这款酒具有丰富的柑橘和苹果香气。价格最高的是**夏布利**酒，这款酒具有干爽、坚实的口感并具有明显的青苹果和葡萄果实的特征香气。

佐餐 建议饮用轻柔清新白葡萄酒前将其放入冰箱中12个小时以上，使其得到很好的冷冻。清淡的食品是这款酒的理想配餐，尤其是在配菜包含海鲜的情况下，与这款酒最理想的搭配为首菜是肉类制品。**密斯卡得**和**夏布利**酒最好的配餐是鱼类和猪肉的熟食制品，同时意大利风格的**奥维亚图**酒和**佛兰斯卡蒂**酒最好的配餐是口味清淡的比萨。

法国
夏布利
（CHABLIS）

我喜欢冬季郊外多霜的早晨。只有夏布利酒才可以用这种冬天纯净得令人神清气爽的空气来形容。总是那么纯净、清新，夏布利酒是勃艮第地区最值得购买的葡萄酒之一。

令人震惊的是具有特定的天然坚实感的夏布利酒是由100%的霞多丽葡萄酿造而成的。具有浓郁奶油硬糖味的霞多丽葡萄在南半球的葡萄酒区域内大量种植，世界范围内的超级市场酒柜上的霞多丽葡萄酒大多来自于南半球。与此不同的是，酿造具有特殊石头坚实感的夏布利酒的霞多丽葡萄出自富含化石和石灰石的土壤中，生长在贫瘠艰苦的气候条件下。法国中北部的阳光是相当有限的，早春的霜降可能会使一整年的劳动付之一炬。这种逆境赋予了这款酒令人振奋的闪光特质。

夏布利酒有4个等级。覆盖了夏布利镇的整个赛纳河（译者注：流经巴黎的河流，其支流流经香槟区）流域的大多数的夏布利酒都命名为普通等级的夏布利。次级夏布利来自于普通等级产区周围的更高更冷的区域。一级酒庄的夏布利生长在条件更优越的南向斜坡上，包括山顶，如多内尔坡（Montée de Tonnerre）酒庄和韦龙（Vaillons）酒庄。

“夏布利葡萄酒真实的坚实感和矿物感风格的形成，使其与其他的霞多丽葡萄酒有所不同。”

最后，7个特级夏布利酒庄的分布从一个斜坡一直延伸到镇的东北部，所有的葡萄树都是面向东或南，接收到充足的阳光照射。虽然沃德日瓦（Vaudés）酒庄的夏布利酒最有魅力，瓦勒米尔（Valmur）酒庄的夏布利酒最经典、最独特，但我个人认为Les Clos酒庄生产的夏布利酒是顶级酒庄中最好的。

普通级和次级的夏布利葡萄酒最好在未经陈酿或陈酿5年之间饮用，而好的一级或特级夏布利酒需要至少5年的陈酿时间才能更好地表现自己的特质，最佳饮用期最久的可延长至20年。

色泽 很淡的麦秆黄色、清澈、明亮、光亮的透明度。

香气 花香、青草香和矿物香；还具有清淡的青苹果香味。

口感 苹果、柑橘类水果的口感、矿物质的坚实感，还伴有明显的燧石或钢铁的特质。

购买指南 最有名的大生产商包括：Domaine Laroche, Domaine William Fèvre和Domaine Jean-Marc Brocard。还有值得尝试的小酒厂包括：Vincent Dauvissat和Raceneau。

佐餐 夏布利酒最完美的配餐是牡蛎或者简单的白肉鱼类。这款酒的饮用温度不能太低，11℃最理想。

另外 与南美或者澳大利亚的优良霞多丽酒相比，夏布利酒具有更清新爽口的口感。与新世界的霞多丽酒相比，夏布利酒具有较弱的热带水果香气。

密斯卡得（MUSCADET）

密斯卡得位于法国的西北部，这里是卢瓦尔河进入大西洋的入海口。我是在这个地方长大的，我知道密斯卡得最好的酒来自于赛维曼尼（Sèvre-et-Maine）（译者注：卢瓦尔河谷的AOC地区，在酒标上可以找到这个名称）。

作为密斯卡得酒的一个优秀的代表，可以品尝一下Mescadet Sèvre-et-Maine Sur Lie（译者注：酒泥陈酿法）这款顶级品质的酒。Sur Lie这两个词很好地描述了这款酒采用的酿造技术，新酿造的酒在发酵罐中放置几个月，充分吸收了酒泥（天然酵母菌的沉淀）里的风味和香气。听起来这款酒好像没有太大的诱惑力，但结果确实令人刮目相看。密斯卡得酒具有的少许气泡，增加了这款酒的干爽、清脆、单纯的口感和田园水果的香气。

大部分密斯卡得酒是清爽活跃的，应当在年轻的时候饮用；我曾经品尝过几款优秀的陈酿密斯卡得酒，这几款酒具有诱人的鲜花和菠萝香气。

密斯卡得 Château du Cléray酒庄

色泽 清澈明亮、淡淡的柠檬黄色中有少许的绿色色调。

香气 清新的柠檬、梨、苹果香气；伴随有淡淡的酸橙和矿物香气。

口感 清爽优雅，酸甜平衡、略热、有淡淡的气泡感。

购买指南 许多上市的密斯卡得酒都装在一个与众不同的细长瓶颈酒瓶中，因此很容易辨认出来。购买以下厂商或酒庄最近年份的酒：Château du Cléray、Château la Perrière、Château de Geuline和伟大的Domaine de l' Ecu。

佐餐 冷冻的密斯卡得酒最合适的配餐是清蒸海鲜，如加洋葱汁烹饪的口味清淡的贝类、牡蛎或者烤沙丁鱼。

另外 具有精致香气和清爽结构的密斯卡得酒与来自于瑞士的夏瑟拉酒和来自于勃艮第的阿里高特酒相比，三者都具有精致的清新感。

在密斯卡得的岁月：从打工谋生到以葡萄酒作为终生事业

密斯卡得对我来讲是一个很有意义的地方。我在南特（译者注：法国西部港口）受教育期间，曾以采摘勃艮第香瓜葡萄作为短工来赚取生活费用。至今，每当我品尝这款酒时，这种愉悦刺激、清爽的口感总是让我感觉回到了过去的葡萄园中。让我很羞愧的是最近几年密斯卡得的名声不太好，由于一些酒商的粗心导致密斯卡得酒生产过剩，但这恰巧有点赶时髦的意味。现今购买者普遍对勃艮第的明星霞多丽葡萄酒感兴趣，如果不购买密斯卡得酒，他们将错过一个罕见的降价。最好的生产商如Château de Geuline和Châteaudu Cléray正在生产精致的时髦密斯卡得酒。我的建议是在价钱开始上涨之前赶紧购买。

法国

阿里高特（ALIGOTÉ）

如果不太喜欢密斯卡得或夏布利酒，你可以尝试一下阿里高特酒。阿里高特具有卓越的品质，变得越来越受欢迎。我认为勃艮第地区，尤其是夏隆内（译者注：勃艮第的次产区）的Bouzeron（译者注：勃艮第地区村庄名，也是AOC名称）的阿里高特酒最好，但阿里高特葡萄在东欧和美国加利福尼亚州也有栽种。顶级酒具有爽口、酒体瘦弱、清新活泼的特性。

色泽 具有银色光圈的淡柠檬黄到淡麦秆黄之间的色泽。

香气 清新的柠檬、青果香气，例如醋栗，并伴有淡淡的坚果味。

口感 干爽洁净，清新活泼，伴随柑橘类的香气；结构简单，很适合饮用品尝，容易辨别。

购买指南 Domaine Goisot和Domaine Guy Roulot是阿里高特酒的顶级生产商，这两个酒庄的酒值得多花费一点。我还要推荐Domaine Borgeot和最新获得知名度的St Bris酒庄，因高品质的阿里高特而获得一定的名望。

佐餐 阿里高特酒作为一款开胃酒开始盛行起来。可以与Crème de Cassis一款黑醋栗利口酒混合勾兑形成一款勃艮第干白葡萄酒。

另外 如果你喜欢这款酒，你可以尝试一下Mâcon-Villages或法国的次级夏布利，这两款酒都具有干爽的口感和矿物特性。

阿里高特
Domaine Borgeot酒庄

西万尼（SYLVANER）

对我来说，这款酒与密斯卡得很相似，西万尼葡萄在阿尔萨斯凉爽的气候条件下茁壮成长，因此具有了比密斯卡得更多的风味。这款酒的大多数都是在当地消费的，在最近几年开始变得更加受欢迎。西万尼葡萄酒具有清新的果味香气，缺乏雷司令酒的优雅和复杂，但仍具有某些与雷司令相似的特性。

色泽 明亮的淡黄色，伴随有微弱的绿色。

香气 浓郁的梨、柠檬和苹果香气，有淡淡的香草和蜂蜡味道。

口感 酒体结构简单，能给人带来明显的清新愉悦感，伴随悠长的柑橘余味。

购买指南 买几款阿尔萨斯西万尼酒，但不要购买太昂贵的酒。不要将这些酒作为珍品收藏，适合年轻时饮用。可以尝试一下Domaine Schaetzel和Domaine Ostertag这两个酒庄的西万尼酒。

佐餐 这款酒适合年轻时饮用，尽情地享用它令人愉悦的清新口感。开胃酒，冷冻饮用更佳，可搭配任何一种烤鱼饮用。

另外 西万尼葡萄酒与缪勒瑟高葡萄酒或Sèvre-et-maine的密斯卡得葡萄酒相比，它们都具有相同的干爽、瘦弱骨架的特性，有相同的燧石坚实感和柑橘的香味。

白比诺（PINOT BLANC）

白比诺葡萄酒通常被认为是“穷人的霞多丽葡萄酒”，白比诺葡萄酒实际上是世界最有名的白葡萄酒。就像名字表示出的一样，白比诺葡萄与灰比诺葡萄有着亲密的血缘关系。白比诺葡萄酒有一种完全来自于品种自身的文雅吸引力。来自阿尔萨斯的白比诺葡萄酒具有轻微的烟熏特征。这款酒具有清新、洁净、浓郁花香、余味顺滑的特性。这款酒口感柔软，酸甜平衡、果味浓郁。

白比诺
Domaine Marcel Deiss酒庄

色泽 淡淡的麦秆黄色，清澈透亮，诱人的色泽。

香气 清淡的香气，舒服的梨香、桃香和花香。

口感 清新活跃、淡淡的水果香味和矿物质余味。

购买指南 留意酒标上的grand cru，special cuvée字样，这些字样表示这是一款顶级酒。在所有的酒商中，我最喜欢Domaine Marcel Deiss和Domaine Schaetzel。

佐餐 白比诺葡萄酒是一款很理想的开胃酒，我喜欢搭配洋葱馅饼饮用，这也是阿尔萨斯的经典搭配。这款酒还可以与鱼类制品很好地搭配，例如梭子鱼或者鳟鱼。

另外 尝试与一款好的密斯卡得酒或者花香浓郁的瑞士夏瑟拉葡萄酒一起品尝。这几款酒都具有酒体纤细瘦弱的特性，但是具有明显的不同风味。

波尔多干白葡萄酒（BORDEAUX BLANC SEC）

在很长一段时间内，波尔多白葡萄酒大多都是半甜的，并且缺乏特性。新的技术改变了这些酒的品质，现在部分酒为酒商积累了大量的资金。品尝一款清新的昂特尔德梅尔（意为两海之间）长相思干白，或者品尝一下贝尔热拉克AOC干白，这个地区通常生产甜酒，但这里干白的发展趋势越来越好。

色泽 淡金色，伴随诱人的银色光圈，颜色强度中等。

香气 清新精细的梨香、温柏香、桃香和花香。

口感 清淡和谐、清新爽口的酸度和很好的余味。

购买指南 清淡和谐、清新爽口的酸度和很好的余味。

佐餐 可以与很多种食品搭配，从海产品到白肉，甚至柑橘，冷冻饮用效果更佳。

另外 波尔多干白葡萄酒与其他的长相思葡萄酒一起品尝对比：波尔多干白葡萄酒口感比桑塞尔白葡萄酒丰富，但不如新西兰长相思葡萄酒。

皮克葡－宾纳（PICPOUL DE PINET）

皮克葡白葡萄生长在法国南部的朗格多克地区。法文Pique-poul是皮克葡葡萄最常见的拼写，在当地方言中有“扎嘴的小刺”的意思，这与葡萄酒中饱满的酸有关。在20世纪早期，皮克葡葡萄用来酿造强劲、香气浓郁的味美思葡萄酒；现今，宾纳这个法定命名授予了具有吸收足够阳光的柠檬和巴旦杏的清新口感的干白葡萄酒。

色泽 明亮透明，淡淡的柠檬黄色，伴随诱人的银色光圈。

香气 干净清新的青果、桃子和坚果香味。

口感 令人愉悦的很好的清新特征，伴随有舒适的余味。

购买指南 最好在度假时亲自到酒厂去购买这款酒。海洋对这个地区的影响很大，年份的好坏与很多因素都相关。

佐餐 皮克葡葡萄酒可以与烟熏的鲑鱼或尼斯沙拉搭配。也可以与烘烤的素材和辛辣的食品搭配。

另外 皮克葡白葡萄酒可与意大利的灰比诺一起品尝。这两款酒都具有清脆、洁净的质地，但果味风味不同，后者的桃味香气浓郁。另一款相似的酒是意大利的苏瓦韦。

“皮克葡葡萄酿造出清新活泼的白葡萄酒；我坚信，在未来几年里这种葡萄品种的种植会变得流行起来。”

意大利
苏瓦韦（SOAVE）

苏瓦韦白葡萄酒是意大利最普通的一款干白。这款酒来自于维罗纳东北部的一个相同名字的小镇。发音为“swah-vey”，这个名字与“温和”（suave）这个词一点关系都没有，这款酒太清新爽口。大多数的苏瓦韦都是由加格奈拉和棠比尼罗葡萄混合酿造而成，这款酒具有朴实粗糙的口感。如果再加上霞多丽葡萄，这款酒的口感会更柔和。

色泽 麦秆黄色，有时还伴有淡淡的绿色色调。

香气 新鲜的青果和柑橘类水果香气，并伴随淡淡的杏仁香。

口感 精细轻柔的口感，有淡淡的坚果香，余味有少许苦味。

购买指南 如果酒标上标有classico这个词，则表示这款酒来自于这个区域的中心地带，通常具有最好的质量品质。顶级的生产商包括皮尔罗潘（Pieropan）和安塞米（Anselmi）。

佐餐 我喜欢苏瓦韦白葡萄酒与hors d'oeuvre（译者注：举行正式招待会或在正式的晚餐前，主人会用一些小点心来款待大家。这种小点心就称为hors d'oeuvre）搭配。苏瓦韦作为一款开胃酒可以与法式芝士面包片搭配。苏瓦韦白葡萄酒还可以与清淡的pasta（译者注：加盐、牛奶制成的干面食）匹配。还可以尝试一下与海鲜意大利面搭配。

另外 最好的苏瓦韦白葡萄酒可以与一级酒庄的夏布利酒相媲美。如果你觉得苏瓦韦更具有诱惑力，你可以再尝试一下其他的精细葡萄酒，例如维蒂奇诺酒（Verdicchio）或马孔村庄酒（Mâcon-villages，勃艮第地区的AOC），甚至南非的长相思。

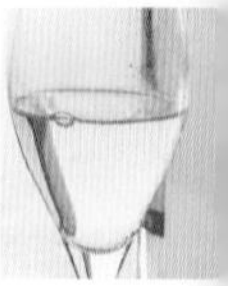

品尝训练：酸

品尝一下这三种风格的白葡萄酒，探索酒中酸的重要性

❶ ❷ ❸

❶**赛维曼尼的密斯卡得酒**是一款来自于法国卢瓦尔河谷地区南特市（城市名，Loire-Atlantique省省府，位于卢瓦尔河入海口处）周围葡萄园的一款极干的白酒。寻找酒标上有sur字样的密斯卡得酒，这就表示这款酒是最好的，确认饮用前经过了很好的冷冻。**推荐酒商：**Châteaudu Cléray、Domaine deL' Ecu、Pierre Luneau-Papin、Château de la Ragotière。

❷**阿尔萨斯的麝香葡萄酒**是一款来自于法国东北部具有浓郁香味的干酒，合适酸的存在使葡萄酒获得了很好的平衡口感。阿尔萨斯因其凉爽的气候，成为了密斯卡得干酒的主要产区。**推荐酒商：**René Muré、Domaine Marcel Dess、Maison Trimbach、Dopff au Moulin、Zind-Humbrecht、Hugel & Fils.

❸**赛美蓉**葡萄栽种在澳大利亚，可以酿造一款清新、优雅具有丰富滑腻质感的葡萄酒。从澳大利亚东部的玛格丽特河地区或者新南威尔士的猎人谷地区可以找到一款很好的赛美蓉葡萄酒，这些区域出产高品质的赛美蓉葡萄酒，可以放心地购买。**推荐酒商：**Fermoy Estate、Vasse Felix、Brokenwood、McGuigan、Tyrell's。

"轻柔清爽白葡萄酒的清新感主要依赖于酒中果味和酸的完美平衡。"

葡萄酒中的酸不应该太粗糙刺激或造成苦味感，也不能掩盖葡萄酒的果味品质，可以把酸想象成葡萄酒的**脊柱**。葡萄酒中酸的含量很大程度上依赖于**葡萄品种**，葡萄树的生长环境也会带来一定影响：生长在**温暖气候**条件下，葡萄中酸的含量**较低**，生长在**凉爽**环境下，酸的含量就**较高**。

品尝的第一款酒是**赛维曼尼的密斯卡得酒**，这也是**最干**的一款酒。密斯卡得葡萄对凉爽气候具有很好的抵抗能力，这款酒**颜色很浅**也说明了其来自于**气候凉爽**地区。首先，以香气为例，这款酒具有丰富的**柑橘**类青果和**黄柠檬**的香气，会使你产生很**清新爽口**的味觉。然后是口感，你将发现实际上**酸支配着你的感觉**，这是这款酒风格形成的主要因素，但这种酸度既不强烈刺激也不掩盖所有其他香味，有**明显的柠檬香味**传出。

接下来再品尝一下**阿尔萨斯的麝香葡萄酒**。麝香葡萄是一个酿造干酒的葡萄品种，这种葡萄**天然酸的含量很低**，因此需要栽种在气候凉爽的区域达到积累酸的目的。与密斯卡得酒相比，这款酒具有特殊的**花香**，味觉上还能感觉到**蜂蜜和杏味存在的迹象**。虽然这款酒酸的**含量很低**，但饮用者还是可以明显地感觉到酸与特殊花香的共存，这款酒具有**干爽的余味**。

赛美蓉是另一个需要在凉爽生长环境下**积累**天然酸水平的葡萄品种。与密斯卡得酒或麝香酒相比，赛美蓉酒具有**更丰富的滑腻口感**，因此可以经过**橡木桶陈酿**而不怕掩盖住酒的果味风格。首先，观察一下酒的颜色，经过橡木桶陈酿的赛美蓉葡萄酒具有比其他两款酒**更深的金色色泽**。口感上，具有**干爽、强硬的酸感**，使葡萄酒中的**滑腻质感**得到完美的平衡。

意大利
灰比诺
(PINOT GRIGIO)

灰比诺葡萄酒到处都有，这是一款新的霞多丽酒。灰比诺在很多国家如德国（写成Grauburgunder）、法国（写成Pinot Gris）、新西兰、美国和很多其他国家都有栽种。意大利从特兰托穿过威尼托区到弗洛里区整个东北部是灰比诺葡萄最优良的产区。

好的灰比诺葡萄酒具有轻柔、活泼、清新等特点，在最近几年间，这些特征引发了葡萄酒流行的革命（灰比诺引起了美国葡萄酒进口的发展）。当然，现在葡萄酒价格更高了，但我并不能确定葡萄酒的质量更高了。很多酿酒师酿造出来的酒既不让人讨厌，但也不能令人感到兴奋。真正的意大利灰比诺葡萄酒应当具有清新爽口的口感和令人愉悦的水果香气。

灰比诺
Mezzacorona酒商

色泽 淡淡的柠檬黄色并伴随有银灰色的光圈。

香气 年轻清新的感觉、青果香、花香和淡淡的矿物香气。

口感 优雅轻柔的丰满口感，质感精细且余味有淡淡的柠檬香。

购买指南 购买当年的灰比诺葡萄酒并且在两年内饮用。可供推荐的酒商：Mezzacorona Beltrame和Lis Neris。

佐餐 灰比诺葡萄酒饮用前要经过很好的冷冻。最理想的配餐是白鱼肉。我喜欢搭配涂有白奶油的烤鳕鱼。

另外 意大利灰比诺和法国灰比诺不仅仅是相同葡萄品种的两种不同的拼写，这是葡萄风格的综述。比较一下意大利灰比诺和完美丰富的阿尔萨斯灰比诺果实的质感和重量。

灰比诺：必然坚持到最后的新时尚

葡萄酒与其他事物一样，也需要追赶潮流，有的葡萄酒流行了几年之后，就开始脱离时尚了。20年前，人人都喜欢密斯卡得酒，后来在澳大利亚下独立盛行的时候，密斯卡得开始变得黯然失色。现在人们又在寻找新的可用品种，灰比诺逐渐受到酿酒师的青睐。大多数的灰比诺葡萄酒适合日常饮用，但如果你愿意稍稍多花费一点的话，有很多的灰比诺酒还是很不错的，在品质特征上可以与夏布利酒相媲美。我们家在英国汉普郡河流上曾经有一艘快艇，我最喜欢玩的是把灰比诺瓶悬挂在船的一边长达一个小时，然后我会拿一盘牡蛎坐在船尾享受这瓶酒，现在这个习惯仍然没有改变。

棠比内洛（TREBBIANO）

棠比内洛葡萄是很多意大利勾兑干白的一个组成成分；品种本身风味适中，可以酿造出一款优秀的单品种葡萄酒。由于这个原因，在法国（在法国这种葡萄品种称为白玉霓）用来作为混合品种葡萄酒的混合品种之一。最好的白玉霓葡萄来自于意大利的中心产区。同时品尝一下棠比内洛、托斯卡诺、罗马尼奥、苏瓦韦和黄棠比内洛（Giallo）这几款葡萄酒，清新爽口的阿布鲁佐棠比内洛葡萄酒可能是最让人喜欢的一款。

色泽 带有明显的银色光圈的亮柠檬黄色。

香气 具有细致的青果香气，还有淡淡的杏仁香和花香。

口感 干爽清新的口感，具有明显的酸味感和很好的酒精平衡感。

购买指南 Valentini和Thaulero是最可靠的两个酒商。不论是哪个酒商生产的酒，我都推荐你购买最近年份的酒。陈酿会使酒失去原有的风味。

佐餐 饮用前经过很好的冷冻，搭配添加香料的意大利调味饭或其他烟熏食品试试，太美味了！还可以尝试搭配海鲜甚至是烘烤山羊、干酪等食品。

另外 如果你喜欢这款棠比内洛酒，那你还可以尝试一下鸽笼白、轻柔的里奥哈维尤拉（Rioja Viura）或简单的密斯卡得，所有这些酒都具有轻柔细致的口感。

奥维多白葡萄酒(ORVIETO)

19世纪意大利诗人Gabriele d'Annunzio对这款酒的描述是“意大利瓶中的太阳”。这个比喻之外，现代的奥维多白葡萄酒受到很多人的好评，但也有人认为这款酒很令人失望，口碑好坏比例各占一半。我个人很喜欢这款酒的风格，但我的一部分顾客却持相反意见，这使我很难决定是否推荐这款酒。

奥维多白葡萄酒是一款以棠比内洛为基础的混合品种酒，是西南部翁布里亚(意大利中部)最重要的白葡萄酒。在中世纪，这款酒受到了罗马教皇的青睐。教皇格列高利十六世，公开声明要求在埋葬自己之前要用奥维多白葡萄酒清洗身体。（这个教皇明显很喜欢上帝赐予的礼物：他还是很有竞争力的佛兰斯卡蒂甜白葡萄酒的拥护者！）

购买奥维多白葡萄酒时一定要注意酒标上的信息。为了给葡萄酒带来活力，一些酿酒师给最重要的干酒补充少许半干半甜酒、中等甜酒、甜酒的特征。很值得为这种来自于优良产区风格突出的奥维多白葡萄酒多花费一点。购买时要留意酒标上是否有“classico”字样。

奥维多白葡萄酒
Castello della Sala
酒商

色泽 中等强度的麦秆黄色，并伴随有淡淡的绿色色调。

香气 精细舒服的水果香和烘烤的杏仁香。

口感 清新优雅的口感，酸度适中，有淡淡柠檬香味，中等酒精度，余味适中。

购买指南 这款酒越年轻越好。推荐酒商：Castello della Sala、Luigi Bigi和Barberani。

佐餐 作为一款佐餐酒，饮用前最好经过很好的冷冻，还可以与简单的pasta搭配，我喜欢搭配意大利烤面包片。

另外 将具有轻柔简单风格的奥维多白葡萄酒和临近的佛兰斯卡蒂葡萄酒对比品尝；你也可以选择风格复杂、特征突出的维蒂奇诺酒对比品尝。

佛兰斯卡蒂(FRASCATI)

佛兰斯卡蒂葡萄酒来自于罗马风景中最漂亮的阿尔卑斯火山山脉。佛兰斯卡蒂葡萄酒是一款流行的适合平时饮用的世界闻名的葡萄酒。这款酒是古罗马人的最爱，后来在意大利的教堂得到了进一步的发展。佛兰斯卡蒂是一款由玛尔维萨和普遍存在的棠比内洛两种葡萄酿造的混合品种葡萄酒，这款酒很适合在夏天时饮用。

色泽 麦秆黄色，并伴随有淡淡的绿色色调。

香气 柑橘类水果香和花香，还有少许成熟梨子的香味。

口感 口感精细，柑橘水果香味与酸度有很好的平衡。

购买指南 这款酒具有多样的风格：干酒、半干酒和甜酒，甚至可以做成起泡酒。值得推荐的酒商：Colli di Catone和加拿大的Fontana。

弗拉斯卡蒂
Colli di Catone
酒商

佐餐 这款酒可以与清淡的餐点菜品搭配饮用，冷冻的沙丁鱼也是这款酒很理想的一个配餐，与新鲜的米兰芦笋搭配会更理想。

另外 将具有“稀奇古怪”风格的白葡萄酒与优雅的苏瓦韦酒、维蒂奇诺酒、次级夏布利相比，这几款酒都具有相似的清新结构和不同的水果香气特征。

“奥维多白葡萄酒：具有果香、花香和焙烤杏仁香。它像夏布利一样清爽优雅，具有多汁的丰富质感。”

意大利
维蒂奇诺（VEREICCHIO）

维蒂奇诺葡萄园遍布意大利中心东部的亚得里亚整个海岸。最好的维蒂奇诺葡萄酒是命名为Verdicchio dei Castelli di Jesi的葡萄酒。这款酒具有明显的柠檬和酸橙的酸感，并伴随有微弱的白垩特征，有点类似夏布利葡萄酒。来自名气不大的小产区的Verdicchio di Matelica比Verdicchio dei Castelli di Jesi葡萄酒具有更强的结构感，这款酒具有舒服的质感，并具有很强的瓜类香气。

色泽　淡淡的金色，并伴随有闪亮的银色光环，明亮清澈。

香气　清新、轻柔的青苹果和柠檬香气，还伴随有梨和瓜类淡淡的香气。

口感　洁净的口感，具有杏仁、梨的香气，余味适中。

购买指南　注意酒标上的“classico”和“superiore”字样，表示是高品质的维蒂奇诺葡萄酒。推荐酒商：Monte Schiavo、Umani Ronchi和Bucchi。

佐餐　这款酒可以与白肉或者用鞑靼沙司烹制的鱼搭配，沙拉也是维蒂奇诺葡萄酒的一个理想的配餐，在夏天可以搭配朝鲜蓟装饰的柠檬饮用。

另外　将维蒂奇诺和优良的翁不里亚奥维多葡萄酒或者皮埃蒙特的嘉维葡萄酒一起对比品尝。这几款酒都具有清爽、坚实的风格，但是这几款酒都是不同品种葡萄酿造而成的。

维蒂奇诺
Monte Schiavo酒商

希腊
阿西尔提可（ASSYRTIKO）

这是最好的希腊白葡萄酒！阿西尔提可酒风格突出，具有令人兴奋的柑橘香气。爱琴海的海岛上，尤其是圣托里尼岛盛产阿西尔提可葡萄。阿西尔提可葡萄已经在圣托里尼岛上扎根3000年了，这个岛上的火山土会给我们的葡萄果实带来烟熏和燧石风味。现在，希腊好多其他葡萄种植区都有种植阿西尔提可葡萄。请留意这款酒。

阿西尔提可
Boutari酒庄

色泽　通常是黄绿色，具有中等颜色强度。

香气　精细的风味，有明显的柠檬、青苹果、金银花和矿物香味。

口感　适度平衡的口感伴随淡淡的柠檬酸，余味清新。

购买指南　圣托里尼岛的阿西尔提可葡萄酒是最好的一款酒。值得推荐的最好酒商：圣托里尼岛的Boutari酒庄、Hatzidakis。

佐餐　给自己增添点希腊风格的体验：阿西尔提可与涂有丰满羊乳酪的樱桃、西红柿和清脆新鲜的黄瓜搭配饮用，太美味了！

另外　可选用法国或意大利干白代替这款酒，这款酒的风格介于阿尔萨斯雷司令和意大利灰比诺之间。

罗迪提斯（RHODITIS）

虽然罗迪提斯名字的拼写与罗德斯岛有点相似，但罗迪提斯这个葡萄品种的原产地并不是罗德斯岛而是伯罗奔尼撒半岛。就算是种植在炎热的希腊大陆南部地区，这个品种的葡萄也具有天然的清爽酸感。历史上，酿酒师酿造的罗迪提斯葡萄酒主要是满足国内市场需求，新技术的应用改善了葡萄酒的品质，使其变得更适合向世界上每个人推荐。

色泽　明亮的淡黄色，伴随金色和麦秆黄色色调。

香气　复杂的柠檬香、新割的青草香、菠萝香和胡桃香。

口感　精细、平衡、微妙的口感；余味悠长，伴随淡淡的树脂香。

购买指南　像其他的轻柔白葡萄酒一样，需要购买最近年份的罗迪提斯葡萄酒。值得推荐的可靠酒商：Tsantalis和Boutari。

佐餐　我喜欢搭配鱼，尤其是烤海鲤鱼类或添加柠檬橄榄油调料的胭脂鱼饮用。

另外　将这款极干葡萄酒与意大利维蒂奇诺或苏瓦韦白葡萄酒一起对比品尝，这三款酒余味都具有明显的杏仁香，让人产生它们来自于一个家族的错觉。

葡萄牙
青酒（VINHO VERDE）

葡萄牙是波特酒的故乡，向来都不是因白葡萄酒而闻名，但是优秀的青酒却是个例外。葡萄牙北部产区的酿酒师一般都会提前采摘这个品种的葡萄果实，以避免大西洋带来的秋雨对收获的影响，所以这款酒具有丰富的果味、清新感和低的酒精度。

Vinho Verde这个名字的意思是“绿酒”，但是“绿酒”是指葡萄酒的年份年轻而不是颜色。最受欢迎的青酒是由阿瓦里诺（Alvarinho）葡萄酿造而成。这款酒的价钱要比这个产区的其他葡萄酒稍稍贵点，这款酒具有欢快的果味香气、清新的活力和清爽的品质。

色泽 明亮、明显的淡柠檬黄色伴随淡淡的绿色色调。

香气 年轻、清新、精细的青果香气、花香和淡淡的梨香。

口感 干爽清新的口感，一股淡淡的活力感在舌尖流淌，余味适中。

购买指南 这款酒越年轻饮用越好，但在过了夏天之后，任何年份的酒都很适合饮用。推荐酒商：Montea Champalimaud、Quinta da Aveleda和Quita da Tamariz。

佐餐 尖锐的清新感、冰冻饮料的清爽活力和低酒精度的特性，使这款酒很适合搭配泰国鱼汤和柠檬鸡饮用。

另外 如果你喜欢这款酒，你就可以试一下西班牙的Rias Baixas或者法国的密斯卡得酒。这三款葡萄酒都具有圆滑、凉爽、清新的特性。

PREMIER CRU
DE TONNERRE

品尝训练：余味

葡萄酒品尝学中“余味”是什么意思

❶ ❷ ❸ ❹

❶**灰比诺葡萄酒**是意大利北部白葡萄酒中的明星，这是一款适合平时饮用的轻柔葡萄酒，具有风格洁净、明显的柠檬香、口感清新的特性。优秀的灰比诺葡萄酒出产自威尼托区或者特伦蒂诺区。**推荐酒商**：Mezzacorona、Livio Felluga、Beltrame。

❷**赛维曼尼的密斯卡得酒**是一款来自于卢瓦尔河谷的优秀的干白葡萄酒。**推荐酒商**：Sauvion、Château la Perrière、Château de Rag-otière、Domaine de l' Ecu。购买酒时确定标签上具有“sur”字样。

❸**来自南非的白诗南葡萄酒**是一款清新、直观的白葡萄酒。以产区命名的葡萄酒是质量优秀的葡萄酒。顶级的斯白诗南葡萄酒出产自斯泰伦博斯产区和帕尔产区。**推荐酒商**：Simonsig、Kanu、De Trafford、Ken Forrester、Villiera、Fairview。

❹**夏布利葡萄酒**是一款具有坚实风格的法国干酒，完全由霞多丽葡萄酿造而成的单品种葡萄酒。**推荐酒商**：Domaine Laroche、Jean Durup或者其他的一级酒庄酒，例如Montée de Tonnerre。

“余味是决定一款优秀品质葡萄酒风格的最重要元素之一。”

品尝葡萄酒的时候有三个方面需要注意：颜色、香气和口感，口感方面又可分为三个阶段。最初的阶段是**第一印象**，是刚把葡萄酒喝入口中所感受的风格香气；然后是葡萄酒在口中产生的伴随**第一印象之后的第二感觉**；最后一个阶段就是**余味**的感受，这是将葡萄酒咽下之后，**逗留在口中**的风格香气。所有风格的葡萄酒都有产生**美好余味**的潜能，这些酒不一定都具有芬芳的香气和丰富的口感，但必须是由**高品质的葡萄果实**酿造而成。

灰比诺葡萄酒是我们品尝的第一款酒。这款酒闻起来很**轻柔**，**清新爽口**的风格特征说明它来自气候凉爽的产区。味觉上产生很**干爽**的感觉，余味逗留的**时间很短**。

赛维曼尼的密斯卡得酒闻起来极为**干爽**，这款酒具有干净、简单直接的风格特征，**清新的柑橘风味和干爽的余味**。品尝的第一款灰比诺酒最后的口感有点单薄软弱，酒的风味物质一个接一个地逐渐消逝，虽然余味**消逝得也很快**，但与灰比诺相比密斯卡得酒具有**坚实刚强的清爽余味**。

品尝的第三款酒是**白诗南葡萄酒**，这是一款能够产生**奇异**味觉的葡萄酒，这款酒具有**桃子**和**杏**的香气风味。虽然这款酒的**余味**不够立体，**更接近一维的感觉**，但那种感觉是很**美妙**的；这款酒的风格与灰比诺葡萄酒的差别不大，但是白诗南的**余味更悠长**一点。

最后品尝的是**夏布利葡萄酒**。这款酒能够产生**清新柑橘类水果**的全新味觉。这款酒具有的**燧石气味**和**矿物香气**暴露了其来源。刚毅的口感使这款酒在**味觉上得到强化**，甚至使其**美妙的余味**达到**浓缩**。这款酒的余味长达20秒，口中残留的风味在**柑橘香气**到**矿物香气**之间转变并保持很长一段时间。

西班牙
维尤拉（VIURA）

大多数的人都认为里奥哈的红葡萄酒更有名，但这个区域也生产白葡萄酒，并且白葡萄酒开始受到大家的欢迎，逐渐获得好的口碑和声誉。白葡萄酒的成功部分是由于维尤拉葡萄品种的选择，很有名的还有马卡贝奥（Macabeo），现在这个品种在里奥哈区域广泛种植。维尤拉葡萄酿造出有趣的、果味浓郁、富含柑橘香气的葡萄酒。顶级的维尤拉葡萄酒具有清新爽口的口感、强烈的花香特征和明显的坚果香气。

色泽 与众不同的淡黄绿色，伴随有银色色调。

香气 微弱、精致的轻柔花香、酸橙香和淡淡的坚果香。

口感 干爽清新的酸度，平衡的酒度，余味适中。

购买指南 在酒标上寻找葡萄品种名称，有时维尤拉只是葡萄酒混合品种的一种。在所有的葡萄酒商中，我推荐：Marqués de Monistrol和Marqués de Riscal。

佐餐 这是一款有趣的葡萄酒，在酒龄短的时候饮用可以享受到它的清新刺激的风格。经过很好的冷冻之后，可以与以下菜品形成理想的搭配：餐前小吃、海鲜肉菜饭或者烤肉野餐。

另外 如果这款酒有限的柠檬特征可以对你产生吸引力，你可以再品尝一下波尔多的白葡萄酒或者罗瓦尔河都兰（法国西部一个地区）产区的长相思。

德国
米勒（MÜLLER-THURGAU）

精力充沛的米勒葡萄在最冷的葡萄种植区也可以生存。但是大量的米勒葡萄酿造形成了大量没有风格特征的德国商业化葡萄酒，例如圣母酒（译者注：一种莱茵区白葡萄酒）和尼尔斯坦纳白葡萄酒。这是一个悲剧，因为这是一个具有酿造令人兴奋、酒体轻柔的顶级葡萄酒潜能的葡萄品种，这款顶级酒具有精细的口感和芬芳的香气，并且具有平衡良好的清爽酸度。不要让酒的坏名声阻止你尝试品尝这款酒。

色泽 通常是麦秆黄色，有时还伴随有微弱的绿色色调。

香气 清新的青果和柑橘水果香、花香和杏仁香。

口感 口感精致轻柔，有时还伴随有淡淡的坚果香，余味略有苦味。

购买指南 这款酒的饮用也遵循酒龄越年轻越好的规律。可以尝试购买个别葡萄园酿造的具有独特个性酒。Meersburger和Rudolf Fürst是两个最顶级的酒商。

佐餐 我推荐米勒葡萄酒可以搭配德国风格的清淡午餐饮用。可以尝试与肉类凉菜或果馅卷开胃菜搭配，番茄沙拉也是一个不错的选择。

另外 米勒葡萄酒爱好者应当品尝下卢森堡的瑞凡娜白葡萄酒（Rivaner）或一杯西万尼白葡萄酒，这三款酒的风格特征极为相似。

夏瑟拉
Rouvinez酒商

瑞士
夏瑟拉（CHASSELAS）

瑞士的夏瑟拉葡萄酒在不同葡萄种植区有不同的名字，比如，Fendant（译者注：瑞士西南部产区，世界上公认的夏瑟拉葡萄酒的名称）、Dorin（产地沃州）、Gutedel和Perlan。不论叫什么名字，这个品种葡萄酿造的酒都具有口感清新、果味浓郁、低酸、高酒精度的特性。最优雅、精致的葡萄酒大部分来自于Lavaux（译者注：位于洛桑东部湖边上）或Chablais（译者注：隆河流入日内瓦湖上游区域）产区，这两个产区都位于靠近日内瓦湖的沃州地区。

色泽 淡黄色，微弱的闪光，并伴随有诱人的银色光圈。

香气 年轻、清新、精致的香气，不断地散发出轻柔的柠檬香。

口感 口感干爽，令人印象深刻的质感，适度平衡，余味迷人悠长。

购买指南 购买最近年份的酒来饮用，看酒标上是否有“Lavaux”或“Chablais”区域字样。值得推荐的两个顶级酒商：Rouvinez和Hammel。

佐餐 玩完滑雪之后，来一杯夏瑟拉葡萄酒，真是太完美了！夏瑟拉葡萄酒还可以作为开胃酒。在夏天，选用夏瑟拉葡萄酒搭配野餐烧烤对虾作为完美的午餐。

另外 将这款酒与常见的夏布利酒或者白比诺葡萄酒一起对比品尝。这三款酒都具有苹果香和柑橘香明显、口感坚实的特征。

南非
白诗南（CHENIN BLANC）

作为南非种植最为广泛的白葡萄品种，白诗南在当地的名字称为“Steen”。这是一个格外万能的品种，可以酿造大量风格不同的葡萄酒。

很多酿酒师建议采用新的橡木桶作为发酵或成熟容器，从而可以产生深黄的颜色、丰富的乳脂和坚果香气。但这不是白诗南葡萄酿造的经典工艺，我个人认为这种方式完全不适合这款酒。优秀的南非白诗南酒应该具有清新、轻柔的口感和果味浓郁的风格特征。但是普通的南非白诗南酒体都比较瘦弱、单薄，所以要从特殊产区如好望角地区寻找更加丰富浓缩的葡萄酒，这些产区包括斯泰伦博斯和帕尔。

色泽 明亮的淡柠檬黄色，并伴随淡淡的绿色色调。

香气 年轻、舒适的青果香和甜瓜香。

口感 口感干爽清新，结构感很强，适度平衡，余味有淡淡的花香。

购买指南 作为南非的旗舰品种，很多款品种不同的风格葡萄酒，一些可能比另一些更精致。我个人推荐的酒商：Kau、Simonsig、Mulderbosch和Ken Forrester。

佐餐 一款伟大的派对用酒，这款酒可以与淡水鱼形成完美的搭配，例如春天蔬菜烹饪的鲑鱼。

另外 将具有浓郁果味特征和坚实结构感的优秀南非白诗南酒与品质优良的法国卢瓦尔河谷的白诗南，尤其是简朴的Savennières、Vouvray Sec一起对比品尝。

充满活力的芳香白葡萄酒

富含水果香气、具有明显个性、充满活力的芳香白葡萄酒包含范围极广，从具有新鲜干草味的长相思到具有浓烈荔枝香气的麝香葡萄酒都属于这一风格类型。这些酒的颜色分别从柠檬色到淡金色，这主要取决于葡萄酒的酿造技术和选用的葡萄品种。与轻柔清爽的白葡萄酒相比，这一类酒具有稍微厚重的黏性。当你品尝这类酒时，它可以让你回想起成熟饱满的桃子，可口清新、充满活力，酸度和果味达到了完美的平衡，余味舒适悠长。这一类生机勃勃的酒有一个很全面的平衡感，大量热带水果香气的存在和活跃的特性给品尝者带来多汁的口感。虽然你可能很快就找到了你的最爱，但我还是极力主张你继续探究这一类酒的风格——这里有太多东西值得去发现。

充满活力的芳香白葡萄酒的风格特征

成熟但很干

关于充满活力的芳香白葡萄酒需要记住的最重要的一点是，“juicy”这个词并不是指这一类型酒是甜的。这一风格酒中有一些具有甜味香气，但这是酿造酒的葡萄果实成熟的体现，而不是葡萄酒甜度的一个评价。充满活力的芳香白葡萄酒是一款干酒，它们风格的不同就像同一个家庭不同成员性格特征不同一样。它们具有相同的约定，但每个个体又是独立的。这些不同是因为酿酒葡萄品种不同，还有葡萄生长的土壤、气候环境和葡萄栽培技术的不同，都对葡萄酒风格的形成产生影响。例如，麝香葡萄酒具有天然香气，而其他品种葡萄酒，比如，意大利的加韦（Gavi dei Gavi）葡萄酒的香气是发酵过程产生的。

“这些酒的秘密是，它们具有的勃勃生机——充满生机的果味、精致的柠檬酸和奇妙的余味相搭配形成了很好的平衡口感。”

产生轻柔口感的不锈钢罐

与很多的轻柔清爽的白葡萄酒一样，为了保持果实原有的果味香气，芳香活跃的白葡萄酒必须在低温条件下发酵，通常为了保持葡萄酒的清新口感，选用不锈钢罐作为发酵容器。

充满活力的芳香白葡萄酒是凉爽气候条件下葡萄酒的典型代表。口感清新纯净又不失刺激丰富的风味是这款酒的理想状态。最顶级的酒来自于凉爽葡萄种植区，在那里，悠长的成熟季节为葡萄果实果味特征的形成提供了足够的机会。法国东北部的阿尔萨斯、新西兰的南岛、西班牙的鲁达（Rueda）山脉这些葡萄酒产区都为优良葡萄酒的生产提供了完美的气候条件。

有特殊风格的风味物质

普通价格的活泼芳香白葡萄酒会相当轻柔，但应该具有很多的风格特征和很强的表现力。风味和香气可能不是很强烈甚至不明显，这款酒一般具有柠檬香和花香，具有中等长度的舒适余味。你花费的钱越多，购买到的葡萄酒的表现力就越强。好的葡萄酒重感中等，具有纯净活跃的

质地；它们的风味物质是清新而丰富的特征，酒的酸度和酒精达到了完美的平衡。这些酒的香味是复杂的、强烈的、丰富的，有非凡的表现力。当你品尝到这样一款好酒时，你的感觉会像是在奇妙的香水店闲逛一样。

饮用还是储藏

充满活力的芳香白葡萄酒是一款多功能的葡萄酒：中等价格的酒一般是很可靠的，它们清新的果味特征适合大多数人的口味。除了在整个世界都获得证明具有陈酿的潜能的雷司令之外，其他的通常都不经过陈酿，最好在2～5年内饮用。

长相思

从酿造一流桑塞尔（Sancerre）和普伊芙美（Pouilly Fumé）葡萄酒的法国卢瓦尔产区到新西兰的Mrlborough产区和澳大利亚、南非的部分产区，这是一个世界上普遍用来酿造优良葡萄酒的经典葡萄品种。

品尝足迹

在这一类型酒中有两款经典酒：长相思和雷司令。品尝一下卢瓦尔产区的**长相思**，接着是通过澳大利亚和南非，然后到达新西兰，尤其是Mrlborough产区，品尝一下各地最芳香的长相思葡萄酒。**雷司令**是来自于阿尔萨斯、德国和奥地利的一个有特色的果味葡萄品种，最近几年在澳大利亚和新西兰也有种植。还有其他由以下葡萄酿造而成的出众葡萄酒：**阿巴罗娜（ALBARIÑO）**（西班牙）、顶级的**绿维特丽娜（GRÜNER VELTLINER）**（奥地利）和最香的葡萄品种——**麝香葡萄**。

佐餐 对充满活力的芳香白葡萄酒的喜爱依赖于它们的果味特征。饮用前冷冻是必要的；酒越冷它的果味特征就越突出。海鲜与所有的活泼芳香白葡萄酒搭配都是完美的。略干一点的葡萄酒，比如法国或新西兰的长相思与鱼或沙拉可以很好地搭配；口感更丰富充实的葡萄酒，比如澳大利亚或阿尔萨斯的雷司令与亚洲食品可以形成完美的搭配。可以尝试以葡萄酒原产地的特色食品与芳香白葡萄酒搭配，比如，山羊干酪与赛塞维曼尼酒搭配就是一个无与伦比的完美搭配。

法国
桑塞尔/普伊芙美葡萄酒（SANCERRE/POUILLY FUMÉ）

让我们向卢瓦尔河谷的王后致敬吧！如果你喜欢芳香、清新爽口的白葡萄酒，那么这就是你要找的地方。坐落在卢瓦尔河谷顶端的桑塞尔虽然也出产桃红葡萄酒和清淡的红葡萄酒，但那里真正有名的是白葡萄酒。桑塞尔酒的风格和品质相当不统一，哪怕是相邻的两个酒厂生产的酒都有很大的差别。我认为最好的桑塞尔葡萄酒来自于布埃（Bué）、夏维诺尔（Chavignol）、默纳图（Ménétréol）和威尔帝讷（Verdigny）村庄而不是桑塞尔村庄本身。所以，购买桑塞尔酒时，要从酒标上寻找这些村庄的名字。

穿过卢瓦尔河就是桑塞尔的亲密邻居——普伊芙美。具有独特烟熏和矿物香味的普伊芙美葡萄酒很值得购买。桑塞尔葡萄酒和普伊芙美葡萄酒都是由长相思葡

"这款经典酒是典型的需要在酒龄很短时饮用的，这样才能充分体味那种无与伦比的清新爽口的独特风味。"

萄酿造而成，长相思葡萄酒因其特有的辛辣香气，出产后很快就获得了认可。对这个明显的香气的描述从醋栗、荨麻味到猫尿味有很多不同的形容。最好的长相思酒总是很清新爽口、充满活力。桑塞尔被称为长相思之都，这一说法在南半球的一些葡萄酒产区引起了争议。即使如此，在我的心目中桑塞尔仍然是最好的，当然我可能带有偏见，因为我是在卢瓦尔河谷区域长大的。

色泽　颜色分布从亮柠檬黄色到浅麦秆黄色，伴随淡淡的绿色色调。

香气　年轻芬芳的青果香、陈花香、柑橘香和青草香。

口感　口感强烈，具有清新持久的酸度和悠长清爽的余味。

购买指南　一些酿酒师利用产区的好名声大量生产品质一般的葡萄酒。当然这里也有真正的明星，例如Domaine J.C.Chatelain、Domaine Henri Bourgeois、Domaine Didier Dagueneau、Domaine Alphonde Mellot和Château de Tracy。

佐餐　试着与不脱脂的山羊干酪或者用山羊干酪填充烤红柿子椒搭配饮用。

另外　值得与新西兰和南非的长相思葡萄酒一起品尝。新世界国家的长相思葡萄酒一般具有更丰富的（甚至是热带）水果香气、更强的结构感和重质感，而法国的长相思具有更多的矿物香味，更清澈明晰，普遍具有清新的口感。

普伊芙美
Château de Tracy
酒商

阿尔萨斯灰比诺葡萄酒（PINOT GRIS）

这款酒采用与轻柔清爽的意大利灰比诺葡萄酒相同品种的葡萄，但是这两款酒只有这一个相似之处。阿尔萨斯灰比诺葡萄酒口感丰富醇厚、口味香甜芬芳，这些优秀的品质使其可与勃艮第的皮里尼相媲美（见132页）。阿尔萨斯的灰比诺葡萄酒做到了真正的东山再起。这款酒可以保存5～8年，经过陈酿葡萄酒变得更加醇香，获得辛辣和烟熏味的丰富口感。

阿尔萨斯灰比诺葡萄酒
Marc Kreydenweiss

色泽　明亮的金黄色，伴随明显的绿色色调。

香气　复杂、干爽、优雅的蜜饯水果香、杏香和葡萄干香。

口感　口感辛辣强烈，各项因素达到了很好的平衡，淡淡的橡木香和悠长的余味。

购买指南　确保酒标上没有“vendange tardive”或者“sélection de grain nobles”字样，这是甜酒的表示。这款酒的世界顶级酒商：Marc Kreydenweiss和Domaine Zind-Humbrecht。

佐餐　灰比诺是鱼类或白肉的完美配酒。这款酒可以与鮟鱇或温暖的块菌鱼搭配。我也喜欢搭配肥鹅肝酱和烤奶油糕点。

另外　如果你喜欢这款酒，我建议你可以品尝一下新西兰的灰比诺或者未经橡木桶陈酿的澳大利亚霞多丽酒。酒中含有的丰富水果香味确实很美味。

阿尔萨斯雷司令葡萄酒（RIESLING）

雷司令是阿尔萨斯产区最优雅的葡萄品种。然而这款酒包括昂贵的世界级顶级酒庄的酒、很普通的酒等级别不等的酒。风格也有口感极为干爽、结构坚实和口感丰富醇厚、结构饱满之分。即使如此，顶级的雷司令酒也很少经过橡木通陈酿。这款酒一般都在瓶中陈酿，在那里可以增强酒的酸度，产生燧石香气和强烈的果味香气。

色泽　明亮的黄色，伴随银色色调，颜色强度从微弱到中等不等。

香气　很有表现力，有很强烈的柑橘香、热带水果香和矿物香。

口感　平衡清爽的口感，具有复杂的香气风味和质地。

购买指南　这款酒的价格很公道，很值得购买。但是，我发现便宜的阿尔萨斯雷司令可能引起头疼，这是因为酿酒厂在酒中添加了太多的二氧化硫。在所有的葡萄酒生产商中，我最喜欢Domaine Ostertag和Maison Trimbach。

佐餐　饮用前经过很好的冷冻，这样可以加强酒刺激的酸感、辛辣味和果味。这款酒可以与鲜美的食品和添加香料的烹饪食品搭配。

另外　将这款酒与武弗雷干白或卢瓦尔河谷的萨韦涅尔一起对比品尝。这几款酒的果味风格可能不同，但你可以发现它们具有相同的矿物香味和突出的酸感。

法国

阿尔萨斯麝香葡萄酒（MUACAT）（译者注：麝香葡萄是拥有麝香味的白葡萄的统称）

麝香葡萄很适合酿造具有热带水果香气和风格的甜葡萄酒。事实上，很多来自于法国南部和澳大利亚的顶级甜酒都是选用这种葡萄。阿尔萨斯产区也用这个品种酿造干白，因为那里气候凉爽、阳光充足，酿造的葡萄酒酒精含量和酸度都不高。

色泽 浅麦秆黄或者金黄色，伴随明显的绿色色调。

香气 很有表现力很丰富的花香、热带水果香和麝香味。

口感 干爽、轻柔的质感，精致纤细的结构，突出的柠檬酸味。

购买指南 这款酒的纯洁度要求葡萄园和酒窖中有特别的护理。对我来讲Domaine Weinbach和Do-maine Rolly-Gassman是最好的。

佐餐 这个品种最好用来酿造甜酒，阿尔萨斯的麝香干白葡萄酒是一款伟大的开胃酒，很适合夏天饮用。

另外 麝香葡萄酒典型的异域风情在琼瑶浆（Gewürztraminer）葡萄酒或罗讷河谷的维奥涅尔葡萄酒中也有发现。

“不要被欺骗了——阿尔萨斯的麝香葡萄酒不是一款甜酒。这一款干酒，干爽清新、结构醇厚、风味独特，口感刺激诱人。”

萨瓦鲁塞特葡萄酒（SAVOIE ROUSSETTE）（译者注：萨瓦是罗讷河-阿尔卑斯地区一省；鲁塞特是罗讷河地区的一个白葡萄品种）

如果你曾经游览过阿尔卑斯山脉，那么你一定要品尝一下这款酒，这可能是萨瓦最顶级的白葡萄酒。产品的品质受到产地和气候的影响，不管怎样大多数的萨瓦酒都是在当地消费的。看酒标上“Roussette”后面是否还有其他的村庄名字，如果没有，那么这款酒就有可能由各占50%的霞多丽葡萄和鲁塞特葡萄混合酿造而成 。

维克-比勒-帕歇汉克
Château d' Aydie
酒商

色泽 浅金黄色，伴随银色色调。

香气 强烈的杏干香、桃香、梨香和焙烤的杏仁香。

口感 复杂干爽、丰满的清新质感和矿物触感。

购买指南 只有顶级的酒商生产的酒才具有令人感兴趣的品种特性。我喜欢的酒商有：PrieuréStChristophe和Domaine Louis Magnin。

佐餐 与芝士酥或奶酪蛋奶酥形成完美的搭配，与涂有伯爵乳酪的烤面包片搭配也很不错。

另外 如果你喜欢萨瓦酒的纤细，你可以品尝一下轻柔质感的鲁兰德（Ruländer）葡萄酒或皮克葡-宾纳（Picpoul de Pinet）。

朱朗松干白/维克-比勒-帕歇汉克（JURANÇON SEC/PACHERENC DU VIC-BILH）（译者注：维克-比勒-帕歇汉克是法国西南产区的AOC）

这两款具有异国情调来自于法国西南部的葡萄酒具有肥硕的质地和烟熏香、矿物香的风格特征。我是朱朗松干白的忠实拥护者，这款酒由当地三个品种葡萄混合酿造而成：大满胜(Gros Manseng)、小满胜（Petit Manseng）、库尔布（Courbu）。维克-比勒-帕歇汉克用与朱朗松干白一样的葡萄品种，再加上赛美蓉和索味浓葡萄。为了加深印象，不得不品尝这两款酒。

色泽 颜色很浅，经过陈酿的酒颜色加深，金色伴随有绿色色调。

香气 桃香、菠萝香、柑橘香、杏仁香、花香和矿物香。

口感 醇厚坚实，有明显的柠檬酸味，余味持久。

购买指南 Château d' Aydie（Laplace）、Do-maine Cauhapé和Château Castera都是顶级的葡萄酒商。选择葡萄酒的时候，留意酒标上“Jurançon”后面如果没有“sec”字样说明这是一款甜酒。

佐餐 在上市的2～3年内饮用这两款酒，饮用前稍稍冷冻一下。这两款酒可以与任何鱼类或白肉搭配，或在你家花园搭配一碗橄榄汁饮用。

另外 这两款酒独特的香气和风味来自于葡萄品种本身。澳大利亚的雷司令和澳大利亚猎人谷的赛美蓉葡萄酒也具有相似的特征。

加亚克葡萄酒（GAILLAC）（译者注：法国西南产区的村庄名，AOC）

法国西南部获得产地命名的加亚克是法国最早的葡萄酒产区，在过去的10年里加亚克又焕发出新的活力。现在加亚克葡萄酒的产量几乎是以前的两倍，但大部分被当地行家们消费掉了。酿造这款干酒主要选用的葡萄品种是达得勒依（Len de L'Elh）（加科斯涅方言称为“loin de l'oeil”，意思是“远离风景”）葡萄和莫扎克葡萄。加亚克葡萄酒很值得购买。

色泽 微弱或中等强度的金黄色和淡淡的绿色色调。

香气 精致的木瓜香、橘皮香、新鲜的干草香、菠萝香、花香和香料味。

口感 优雅、纤细的顺滑口感，具有清新爽口酸度的复杂风味。

购买指南 Domaine Rotier、Domainedes Tres Cantous和Domaine de Causse-Marines都是顶级的葡萄酒商。购买加亚克干白葡萄酒时应注意，这个产区也生产甜酒。

佐餐 在上市的2～3年内饮用加亚克葡萄酒。这款酒可以与黑线鳕鱼沙拉或鳕鱼藏红花调味饭搭配。

另外 将加亚克葡萄酒与侏罗纪的索味浓葡萄酒、桑塞尔的密斯卡得葡萄酒或卢瓦尔河谷的白安茹葡萄酒（Anjou Blanc）一起对比品尝。这几款酒都属于干酒，都具有矿物香和坚果香。

加亚克葡萄酒
Domaine Rotier酒商

朗多克维格尼尔葡萄酒（LANGUEDOC VIOGNIER）

维格尼尔葡萄具有一种醇厚浓烈的花香味。维格尼尔的传统故乡是法国北部的罗讷河谷地区，但是现在在一些新世界产区尤其是澳大利亚也比较流行。法国南部的朗格多克-鲁西永（译者注：法国行政区，其下属有数个省级行政区，葡萄酒产区，位于南部靠地中海）产区也生产维格尼尔葡萄酒，但是风格却与罗讷河谷区和澳大利亚不同。这款酒更干爽、更清新，质感更轻柔、更富有柑橘香气，但其香气强度和结构与其他两款酒相似。

色泽 明亮清澈，颜色分布从黄色到淡金色。

香气 强烈的柚子香、桃香、杏香和石头味。

口感 浮华丰满的口感，酒精和酸度达到了完美的平衡，余味干净悠长。

购买指南 Les Perles de Méditerranée和Vugberins des Trois Terroirs都是不错的葡萄酒商。最近几年法国南部的协会联盟组织真正地改善了他们的技术，提高了葡萄酒的质量。

佐餐 这款酒在饮用前最好经过适当的冷冻，尽量在酒龄短的时候饮用，18个月后清爽刺激的香气和风味物质将逐渐消失。

另外 这款酒具有强烈的风格特征。可以品尝一下具有相同丰满口感的琼瑶浆葡萄酒或麝香葡萄酒，除此之外这两款酒还具有自身独特的风格特性。

贝莱葡萄酒（BELLET）（译者注：普罗旺斯的AOC）

贝莱葡萄酒来自于法国漂亮的里维埃拉中心的尼斯附近的山丘地带。这款酒具有清新的口感和浓郁的果味香气。具有明显花香味和天然柑橘类酸味的侯尔（Rolle）葡萄（译者注：侯尔是普罗旺斯对维蒙蒂诺Vermentino葡萄品种的统称）是当地最主要的葡萄种植品种。然而，这款酒的产量是很有限的，甚至在尼斯机场都没有销售！这就意味着这款酒比较贵，就像这个地方的其他任何事物一样。

色泽 浅柠檬黄色，伴随淡淡的绿色色调。

香气 强烈的白花香、成熟的白水果香和桃子香。

口感 圆润精致的口感，淡淡的柠檬酸味使口感达到了很好的平衡，余味协调。

购买指南 Close St Vincent和Château Bellet是两个最有名的葡萄酒商。虽然这款酒不太容易买得到，但我不会收藏太久，最多不会超过3年。

佐餐 如果你足够幸运，能够买到一瓶贝莱葡萄酒，可以与螃蟹或对虾搭配，与意式吞拿鱼色拉搭配也是不错的。

另外 将这款酒与意大利的韦尔芒题诺葡萄酒对比品尝。还可以与朗格多克的维格尼尔葡萄酒或澳大利亚的长相思一起对比品尝，这些酒通常都有丰满圆润的口感质地。

RESERVE DU MARQUIS DE MAUPAS
MENETOU-SALON

品尝训练：果味

四款葡萄酒，四个葡萄品种，四种不同的果味风格

❶ ❷ ❸ ❹

❶**长相思**葡萄酿造的酒充满了柑橘香、醋栗香，具有极好的表现力和丰硕口感。**推荐酒商：**Château de Maupas, Gorfes Chavet, Domaine de Loye, Domaine Henry Pellé，或任何一个卢瓦尔河区域的长相思葡萄酒商。

❷**韦尔德贺，又名青葡萄酒**，是西班牙的一个葡萄品种，有时候这个品种酿造的伟大葡萄酒经常以鲁达（Rueda）产地命名。**推荐酒商：**José Pariente、Aldor、Marqués deRiscal、FrutosVillar、Agricoda Castellana、Con Class de Cuevas de Castilla。

❸**维格尼尔**是一款具有香甜风味的酒，在饮用前一定要经过适当的冷冻。推荐酒商：加利福尼亚的贝莱或Fetzer酒庄，法国孔德里约代理商代理的维格尼尔酒。**推荐酒商：**Domaine Chèze、Yves Cuilleron。

❹在澳大利亚发现了新的**雷司令**葡萄故乡，那里出产极好的口感活泼的雷司令白葡萄酒，尤其是在卡莱尔和伊登山谷两个产区。**推荐酒商：**Pewsey Vle、Henschke、O' Leary Walker、Knappstein。

"对我来讲，一款'活泼'芳香的白葡萄酒富有明显的水果特征，从字面意思来看，可以产生一种多汁的口感。"

这里酒的特征可能会**很强烈**，当你饮入第一口酒的时候会感受到强烈的冲击力，就像被重锤敲了一下，或者酒的风格会**很淡雅**，当你品尝饮用的时候，为你展现一系列**复杂的果味香气**。这一类酒极少有橡木香味，水果味是最主要也是最重要的特征香气，**余味清新干爽**，产生多汁的口感，让你迫切地想喝第二口。

长相思葡萄酒淡淡的柠檬颜色，给人一种富含**柠檬**和**新割青草香**的感觉。尝一口看看，这款酒酒体比较**瘦弱**，产生**刺激直率**的口感，具有不太复杂但很丰富的**柠檬、青水果香**和**干爽清新**的口感。

来自于西班牙的**韦尔德贺**是一个**更芬芳**的葡萄品种，这个品种的葡萄具有香甜优雅芬芳的**桃子香、杏香**和**葡萄果实香**。这款酒与介绍的第一款酒具有不同水平的口感强度，果味很"**害羞**"，伴随多层次的**复杂**口感一点一点慢慢释放出来，但是具有与长相思一样的可口的**柑橘香**和**清爽、多汁**的余味。

维格尼尔葡萄酒是今天品尝的第三款酒，这一个很**难栽培的葡萄品种**，因为它很容易过熟失去酿酒需要的**酸**。但是一款好的维格尼尔葡萄酒，具有迷人**复杂的水果香气：桃子香、荔枝香、白花香**和淡淡**香料香**。这款酒具有比韦尔德贺**更强烈的果味香气**，质感更加**丰满**，还具有适量的满足产生**干爽余味**的基本需要。

最后，将**雷司令白葡萄酒**倒入你的杯中，将酒杯举起来迎着光亮观察酒的颜色。酒颜色中**微弱的金色**预示这款酒**丰硕**的果味特征。这款酒具有**芳香的味道**，这一点与长相思葡萄酒很相似，但是香气的复杂程度和品种的特征香气不同。这些香气包括**石灰和燧石味、燃烧的汽油味和成熟菠萝**微弱的**香甜味**。这款酒的口感是**清新、令人垂涎**的，活跃渴望的，但是余味仍然是**干爽、洁净**的。

西班牙
鲁达葡萄酒（RUEDA）

大多数的人只知道西班牙盛产红葡萄酒。然而，马德里西北部的鲁达小镇因生产优良的白葡萄酒而获得产地命名。大部分葡萄酒都是由当地的韦尔德贺葡萄酿造而成。鲁达的葡萄酒必须在酒龄短的时候饮用，这个时候它活跃的香气是其最大的特色。

直到20世纪70年代，杜罗河河谷周边的葡萄酒厂都只注重生产甜酒和类似雪莉酒。随着新设备的引进（主要是不锈钢罐），酿酒师发现当地的韦尔德贺葡萄具有酿造优良干白葡萄酒的潜力。我喜欢这款酒清新的特征，与桑塞尔葡萄酒或灰比诺葡萄酒相比，我经常优先推荐鲁达葡萄酒。马上采购吧！

色泽 明亮的浅麦秆黄色，有时伴随有淡淡的绿色色调。

香气 强烈的花香、新割青草香和柠檬香。

口感 口感清爽洁净，具有清新的质感和悠长的余味。

购买指南 购买最近几年的卢埃达酒，并且在酒龄短时饮用。在鲁达最好的酒商中，我推荐：Alvarez y Diez，Castilla la Vieja和José Pariente。

佐餐 单独饮用或者搭配鱼类。我建议搭配铁扒比目鱼或用茴香和绿色蔬菜装饰的油煎鲈鱼。如此搭配看看！

另外 将这款酒与桑塞尔一起品尝。比较一下两者的“青绿”香气和洁净清爽的酸感。

加利西亚葡萄酒（GALICIA）

位于西班牙遥远的西北角与葡萄牙交界的加利西亚是远离市区的葡萄酒产区。大西洋气候的影响使这个地方有两个名称España Varde（西班牙在本国语言中的说法）或“绿色西班牙”。加利西亚葡萄酒是由当地的阿巴罗娜（Albariño）葡萄酿造而成，阿巴罗娜葡萄是葡萄牙青酒主要原料——阿瓦里诺（Alva-rinho）葡萄的变种。阿巴罗娜酿造的最好的葡萄酒具有优良的果味平衡口感，这些特征可以在瓶中得到改善（与青酒不同）。

加西利亚
Martín Códax
酒商

在加利西亚，获得命名的产区——下海湾产区（Rías Baixas），河岸产区（Ribeiro）和萨克拉河岸产区（Ribeira Sacra）生产的葡萄酒特别的可口、芳香。我个人最喜欢的是来自于下海湾产区的葡萄酒。这款酒的产量是有限的，但是这些葡萄园酿造的加利西亚葡萄酒品质最惊人，是最受欢迎的（因此也是最贵的）葡萄酒。Rías Baixas产区下面又分为三个部分：萨尔内斯峡谷（Val de Salnes）（译者注：位于坎巴多斯周围的海岸地区），罗萨尔（Rosal）（译者注：位于西葡海岸边界的一角）和而特亚伯爵领地（Conda do do Tea，音译为“孔达多-德特亚”）（译者注：位于米尼奥河沿岸的内陆地区）。在这些产区之中，我认为靠近西海岸的Val de Salnes产区的葡萄酒是阿巴罗娜酿造的最纯净的酒。事实上，我感觉加利西亚是充满活力的芳香白葡萄酒的典型代表。这款酒总会让我震惊！

色泽 明亮的麦秆黄色，伴随有银色色调。

香气 强烈的柑橘香、草本植物香、青苹果香和燧石香。

口感 丰满的特征，清新的酸度和悠长的柠檬余味。

购买指南 购买最近几年的加利西亚酒，并且在酒龄短时饮用。在所有的酒商中，最顶级的是Martín Códax，我还推荐Pazo de Senorans和Palacio de Fe›nanes。

佐餐 加利西亚葡萄酒饮用前最好经过适当冷冻，可以搭配鱼类或者简单的方便海产品：对虾、贻贝、牡蛎、海鲈鱼、鳕鱼或螃蟹。

另外 将加利西亚轻柔清新的天然特征与临近的葡萄牙青酒对比品尝，也可以尝试与好的密斯卡得酒一起品尝。

“你可以在微弱的海风中品尝加利西亚的阿巴罗娜葡萄酒！这是一款可以与具有青草香的卢瓦尔河谷的长相思相媲美的葡萄酒。”

拉曼查葡萄酒（LA MANCHA）

拉曼查是欧洲最大的葡萄酒种植区，但是这是一个沉睡的巨人。酿造拉曼查葡萄酒的原料——阿依伦（Airén）葡萄尤其适合在西班牙中部的炎热干燥气候条件下生长。为了获得清爽的酸度和新鲜的水果香味，这个产区新的葡萄酒厂开始尽可能早地采摘这种葡萄。采用现代不锈钢罐低温发酵技术，可以保留酒的香气特征。

色泽 明亮的柠檬黄色，伴随有绿色色调，颜色强度不强。

香气 美味的梨香、柠檬香、矿物香、蜂蜜香、花香和柚子香。

口感 口感清爽，具有适当的酸度和中等酒精度，还有苹果香的余味。

购买指南 购买最近几年的拉曼查酒，并且在酒龄短时饮用，最好在6个月之内饮用当年的酒，6个月后酒的清爽感就会逐渐消失。在所有的酒商中，最顶级的是Finca Antigua和Señora del Rosario。

佐餐 拉曼查葡萄酒是一款简单经济的葡萄酒，很适合与朋友一起野餐或烧烤时饮用。或者可以与一盘餐前小吃或各种添加香料的食品搭配饮用。

另外 如果你喜欢这款干酒的清爽口感，那你一定也会喜欢意大利的维蒂奇诺酒或奥维多白葡萄酒，甚至是法国卢瓦尔河谷的桑塞尔密斯卡得酒。

意大利 阿内斯葡萄酒（ARNEIS）

作为意大利东北部著名红葡萄酒的补充，对白葡萄酒的需求使阿内斯葡萄（Arneis）得以存活——这种葡萄在20世纪70年代几乎完全消失。现在作为当地品种葡萄，阿内斯开始成为酿造顶级葡萄酒的原料。阿内斯葡萄酒与夏布利酒极为相似，同样具有优雅清爽风格和独特的浓郁果味香气。阿内斯葡萄酒还具有草本植物香和坚果香，但是我个人觉得这款酒的酸度偏低一点。

为了缓和葡萄酒中的单宁和酸度，在酿造伟大的巴罗洛葡萄酒时经常在强大的内比奥罗葡萄中混入适量的阿内斯葡萄。因此，阿内斯葡萄获得了巴罗洛–比安科（Barolo Bianco）的绰号，意思是“白色的巴罗洛”。

在获得产区命名的罗埃洛（Roero）产区寻找顶级的阿内斯葡萄酒，罗埃洛位于皮埃蒙特产区阿尔巴山脉北部。这个葡萄品种开始在澳大利亚葡萄酒产区种植，因此，我们可以很快获得广泛的欢迎。

色泽　麦秆黄色，伴随有绿色或微弱的琥珀色光圈。

香气　草本植物香、苹果香、柠檬香、梨香、桃子香和杏仁香。

口感　口感干爽优雅，淡淡的柠檬酸味、持久悠长的余味。

购买指南　阿内斯葡萄酒最好在酒龄短时饮用，这款酒不需要通过陈酿获得矿物和酸，好的葡萄酒上包括Prunotto、Bruno Giacosa和Carlo Deltetto。

佐餐　这是一款很适合夏天饮用的葡萄酒，我认为适当冷冻的阿内斯葡萄酒可以与配有新鲜土豆和嫩葱的烤海鲈鱼形成完美的搭配。

另外　阿内斯葡萄酒精致迷人的特性不是很明显，如果你喜欢这款酒瘦弱的纤细特性，我建议你可以品尝一下加韦酒或维蒂奇诺酒。

由难对付的小无赖成长为优胜者

一个葡萄酒供应商朋友让我盲品一款阿内斯葡萄酒，这是第一次接触这款优雅的葡萄酒。当时我立即就道出这是一款欧洲“旧世界葡萄酒”，我对这款酒的描述是优雅、丰满、干爽的口感，具有很强的矿物特征、柑橘香和苹果香。我第一感觉这是一款夏布利葡萄酒，可能是顶级酒庄的佳酿。但我的判断是错误的，这是一款阿内斯葡萄酒！从那以后，我成了这款酒的坚定拥护者。阿内斯意思是“难对付的小无赖”，事实上是指这个品种的葡萄很不好利用，因为这个品种葡萄的果皮很薄，并且葡萄树的枝条很容易折断。在我看来阿内斯是一个可能赶超灰比诺的流行程度的葡萄品种。

维蒙蒂诺白葡萄酒（VERMENTINO）

维蒙蒂诺葡萄与好的长相思葡萄很相似，维蒙蒂诺葡萄酒的口感可能更丰满，但复杂感却很低。最著名的维蒙蒂诺来自于撒丁岛（译者注：地中海中仅次于西西里的第二大岛，属意大利），那里的葡萄采摘比较早，目的是为了保证酒的足够清新酸感。最顶级的维蒙蒂诺葡萄酒是加卢拉维蒙蒂诺葡萄酒（Vermentino di Gallura）和阿尔盖罗维蒙蒂诺葡萄酒（vermentino di Alghero）。你会发现法国科西嘉岛也有种植这种葡萄。

色泽　明亮的麦秆黄色，伴随有绿色色调。

香气　精致芳香的花香、明显的迷迭香和鼠尾草香。

口感　口感强烈，淡淡的柠檬酸味和清新的冲击力。

购买指南　品质多变的维蒙蒂诺葡萄酒大多被来撒丁岛避寒的游客消费掉。我最喜欢的两个酒商是Cantina Gallura 和Contini。

佐餐　经过很好冷冻并搭配烤蔬菜饮用的维蒙蒂诺葡萄酒是最完美的。千万不要搭配复杂口味的食品饮用。

另外　维蒙蒂诺酒诱人的香气可以与麝香葡萄酒或维格尼尔葡萄酒相媲美。来自卢瓦尔河谷都兰产区的长相思或来自于西班牙鲁达（Rueda）产区的韦尔德贺酒也很诱人。

加韦葡萄酒（GAVI Del GAVI）

我喜欢这款酒。这款酒使用的葡萄原料是加韦产区当地白葡萄品种——考特斯（Cortese）。加韦离热那亚湾（Genoa）和意大利的里维埃拉（Riviera）不远。“Gavi dei Gavi”这个名字说明这款酒出产于加韦城附近，在这个产区的东南部。这款白葡萄酒赢得了皮埃蒙特产区最好的葡萄酒之一的好名声，这不是一项简单的壮举，因为在意大利的皮埃蒙特区，葡萄酒和美食几乎成了一种宗教信仰。

加韦葡萄酒具有独特的风味、强烈的刺激感和清爽的口感等风格特征。加韦葡萄酒还有另外一个名字——Cortese di Gavi，这款酒也出产于加韦产区，但这是一款结构更单薄，口感相当结实的葡萄酒。

在意大利，加韦葡萄酒变得很受欢迎，因此对于很多葡萄酒生产商来说，葡萄酒产量开始变得比质量更为重要。随着新的酿酒技术的引进，酿酒师发现生产出大量的具有简单清新口感但缺乏真正特征和结构却能卖个好价钱的葡萄酒开始变得简单起来。所以，在选择加韦葡萄酒时要仔细挑选。

加韦葡萄酒
Broglia “La Meirana”酒商

色泽　明亮的柠檬黄色，伴随有明显的绿色色调。

香气　中等强度，明显的梨香、金苹果香、柑橘香和烤杏仁香。

口感　丰硕的口感，成熟的桃子香，和谐、悠长干净的余味。

购买指南　我建议你坚持选择推荐的酒商，相对于盲目追求产量来说他们更注重葡萄酒的品质。我最喜欢的有Broglia “La Meirana”、Fontanafredda和Nicola Bergaglio。

佐餐　不要在这款酒酒龄短的时候饮用，往往经过2～3年的陈酿，加韦葡萄酒的品质会更好——口感更醇厚、更结实并具有更加浓郁的矿物香味。这款酒是海产品的天然搭档，所以可以尝试搭配金枪鱼片饮用。我喜欢经过适当冷冻后搭配新鲜的番茄色拉、羊乳酪、罗勒子饮用，相当美味！

另外　如果你喜欢加韦酒的果味特征和高酸的风格特征，我推荐你品尝一下与加韦临近的阿内斯葡萄酒或维蒂奇诺酒。

“加韦葡萄酒很低调却很受欢迎，这款酒风味独特，具有刺激清爽的口感，我完全被征服了，深深地喜欢上了它们。”

卢森堡
瑞凡娜葡萄酒（RIVANER）

如果你喜欢夏布利酒的香气特征，那你真的应该尝一尝瑞凡娜葡萄酒。这款酒品尝起来感觉是酒的清新口感、矿物香气和醇厚质感与很多复杂香气的完美结合体。这个品种的葡萄是雷司令葡萄和西万尼葡萄的杂交品种，在德国就像米勒一样有名。在卢森堡几乎所有的瑞凡娜葡萄酒都被当地消费掉了，并且这款酒的产量一直处于下降的状态，因此你需要仔细搜索才能找到一瓶瑞凡娜酒。

色泽　明亮清新的柠檬黄色，伴随有淡淡的银色色调。

香气　洁净的香气，主要是梨、柑橘香、青水果（苹果香）和矿物香。

口感　很好的结构感，优雅精致的口感伴随醇香的触感。

购买指南　没有太多的酒厂酿造这款酒，最好的两个酒商是Domaine Mathis Bastian和Domaine Wormeldange。一些合作组织酿造的瑞凡娜葡萄酒也很不错，但一定要品尝之后再购买！

瑞凡娜葡萄酒
Domaine Mathis Bastian酒商

佐餐　顶级的瑞凡娜葡萄酒风味独特、口感精致，与任何一款海产品都可以形成很好的搭配。最为一种独特的搭配，可以尝试一些将等级瑞凡娜葡萄酒与野生的苏格兰三文鱼搭配。

另外　一款好的瑞凡娜葡萄酒可以与清爽的绿维特丽娜或具有矿物质感的夏布利酒相媲美。如果你喜欢这款酒的风格，我建议你尝试一下澳大利亚或德国（摩泽尔河谷）的雷司令葡萄酒。

❶　　　❷　　　❸

❶来自于卢瓦尔河谷的**桑塞尔葡萄酒**是由100%的长相思葡萄酿造而成的，这款酒具有精致优雅、纯净清爽的口感和明显的矿物香气。如果可能的话，选来自于布埃（Bué）或夏维诺尔（Chavignol）村庄的桑塞尔酒。**推荐酒商：**Jean-Max Roger、Vincent Pinard、Lucien Crochet。

❷南非的**长相思葡萄酒**浓郁的果味香气和清新的酸感形成了完美的平衡。购买来自康斯坦夏（Constantia）或帕尔（Paarl）的葡萄酒。**推荐酒商：**Buitenverwachting、Vondeling、Springfield Estate、Klein Constantia Estate、Plaisir de Merie。

❸来自于马尔堡（Marlborough）产区的**新西兰长相思葡萄酒**诱人的风格来自于长相思葡萄果实——充满了热带水果的香气，这个世界著名品种独特的柑橘酸与这种香气形成了完美的平衡。**推荐酒商：**Blue Ridge（来自于West Brook酒厂）、Wither Hill、Jackson Eatate、Cloudy Bay、Oyster Bay、Isabel Eastate。

品尝训练：气候

揭示气候对同一个葡萄品种酿造的三款不同葡萄酒的影响

南非康斯坦夏（Constantia）的长相思葡萄树

“不论葡萄酒的风格是干净清爽还是醇厚独特，气候都对其产生了相当大的影响。”

长相思是一个在世界上普遍种植的葡萄品种。这个葡萄品种适合生长在**凉爽的气候**条件下，可以酿造具有**清爽**、**活泼口感**的白葡萄酒，但是似乎在**温暖气候**条件下生长的长相思品质也不错，那里的阳光能够给葡萄果实带来独特的热带水果香气。用来品尝的三款葡萄酒都是用长相思葡萄酿造的，看起来极为相似——清澈透亮的浅麦秆黄色，伴随有绿色色调。这三款酒都是**芳香**、**充满活力**的，具有清新的酸感。就香气而言，长相思葡萄是**善变**的，这个与葡萄生长的区域有关，每款葡萄酒都展现出不同的香气和口感特征。

品尝的第一款酒是**桑塞尔葡萄酒**，由生长在卢瓦尔河谷的长相思葡萄酿造而成。这款酒具有明显的**柠檬香气**和淡淡的**青水果香味**。在口感上产生柠檬的清新感和**矿物质的坚实感**，然而这是一款充满**纤细果味**香气的相当**精巧含蓄**的葡萄酒。这款酒的口感是**单薄而直接**的，反映了葡萄生长区域气候的**凉爽**。

没有证据证明南非康斯坦夏（Constantia）具有比桑塞尔更温暖的气候，但品尝起**南非长相思**来，这种气候特征却显得比较明显。这款酒很**芬芳**，口感上产生浓郁的**柑橘香味**和**菠萝香味**。这款酒还具有**清爽**、**清新**的酸感，这种风格特征是由康斯坦夏海湾凉爽的海风带来的。这种酸感给葡萄酒带来**很好的结构感**，但是这款酒具有比桑塞尔白葡萄酒**更奇特**的果味风格特征。

品尝的第三款酒是来自于南岛马尔堡（Marlborough）产区的**新西兰长相思葡萄酒**。那里的天气比桑塞尔产区温暖，比康斯坦夏（Constantia）产区**稍稍温暖**一点，但是这里有**凉爽的陆上微风**，给这款酒带来了很好的平衡酸度。这款酒具有**柑橘**和**菠萝**的香味，也有**明显**的热带水果香味，例如**杧果**和**瓜香**。还有淡淡的**荔枝香**和**桃子香**。

这次的品尝很明显揭示了**格外温暖**的气候给葡萄酒带来奇特的热带水果香味。但尤其是对长相思这个品种葡萄来讲，**凉爽**的气候很重要，可以很好地**保护酒的酸度水平**。

德国
雷司令（RIESLING）

德国的雷司令葡萄酒是世界上最好的干白之一，真的！最好的产地是摩泽尔-萨尔-鲁韦尔河（Mosel-Saar-Ruwer），这里的葡萄酒口感精致，具有多汁的水果香味和活泼的酸感。这款酒还有烟熏香，很适合陈酿，并且陈酿后会产生类似汽油香味。

历史悠久的莱茵高（Rheingau）产区出产的雷司令葡萄酒质感醇厚，具有丰富的深邃感和结构感。临近的纳厄（Nahe）产区出产的顶级雷司令口感纯净清爽，具有热带水果香味、番石榴香、杏香和矿物香。最后，来自漂亮的法尔茨（Pfalz）产区的雷司令葡萄酒口感干爽、结构感丰富，具有期待的矿物质感。

色泽 清澈明亮清新的淡麦秆黄色泛着些许绿意。

香气 强烈复杂的梨香、菠萝香、柑橘香、燧石香和烟熏香。

口感 入口顺滑，优雅细致，口感深邃，整体和谐，余味有些许矿物味。年轻的雷司令具有愉悦刺激的口感。

购买指南 德国有很多出产佳酿的葡萄酒厂。购买时，需找酒标上特定的鹰的图案代表VDP——顶级酿酒师联盟。我最喜欢的有：Fritz Haag、Dr Loosen、Dönnhoff、Franz Künstler和Bassermann-Jordan。

佐餐 适当冷冻的德国雷司令可以与简单的猪肉、鸡肉和海产品搭配。我认为搭配泰国菜饮用也不错。

另外 为了认识雷司令品质的多样性，可以将德国雷司令的果味特征和重质感与澳大利亚、新西兰、南非和法国阿尔萨斯顶级的雷司令葡萄酒对比一下。

“德国雷司令葡萄酒一直被低估，这真令人伤感，其实这是一款很值得购买的低价葡萄酒，哪怕是在最好的售酒商店里！”

德国
灰比诺葡萄酒（RULANDER）

与德国的其他品种葡萄酒相比，灰比诺葡萄酒的质感更加丰硕，但结构感不够丰富。经过2～3年的瓶储之后，这款酒能够产生热带水果香和燧石风味。灰比诺葡萄酒的主要产区有法尔茨（Pfalz）和巴登（Baden）产区（德国温暖的西南部），为了获得复杂丰满的香味，灰比诺葡萄的生长需要深厚的土壤。我建议你尝试一下这款酒，你可能会获得令人愉悦的震惊。

色泽　淡麦秆黄色，具有明显柠檬黄色光圈。

香气　强烈丰富的洋槐和小苍兰花的花香。

口感　入口顺滑，口感和谐，后味有明显的香料香。

购买指南　一批新兴的葡萄酒厂开始努力提升这个品种的形象。值得购买的注重品质的顶级酒商有：R.und C.Scheider和Weinhaus Heger。

佐餐　我喜欢用适当冷冻的德国灰比诺搭配清淡的菜品，例如烤龙虾、简单的金枪鱼色拉或尼斯色拉饮用。

另外　如果你喜欢这款酒的香气和结构，你可以品尝一下阿尔萨斯的灰比诺、一款顶级的意大利灰比诺，甚至是科西嘉（Corsica）产区的维蒙蒂诺葡萄酒（Vermentino）。

福明特葡萄酒
Crown Estates酒商

匈牙利
福明特葡萄酒（FUMINT）

福明特是一个因托卡依甜酒（见289页）而闻名的葡萄品种，也可酿造具有浓郁芳香强有力的干酒，这款干酒具有浓郁的苹果香、柑橘香和烟熏香。福明特葡萄酒明显的特征是具有高酒精度和高酸，这使其具有很大的陈酿潜能。经历了独特的两年小桶后熟之后，这款酒产生了明显的香料香和微弱的酸感。

色泽　强烈的金麦色，透出些许绿意。

香气　芳香的柚子皮香、矿物香和热面包香。

口感　口感紧密结实却不失和谐，具有明显的酸感。

购买指南　Crown Estates和Chapel Hill是最顶级的两个酒商。当然，也有不错的福明特葡萄酒出产自奥地利边境的布尔兰（Burgenland）产区。

佐餐　可以尝试搭配烤鲑鱼饮用福明特葡萄酒。搭配烤鸡肉或烤猪排，甚至意式蘑菇烩饭也是很不错的选择。

另外　这款干酒可以与来自卢瓦尔河谷的白诗南干白相媲美，例如萨韦涅尔（Sacennières）干白或者索米尔（Saumur）干白。还可以与法国汝拉（Jura）产区的萨瓦涅（Savagnin）对比品尝。

保加利亚
迪米亚特葡萄酒（DIMIAT）

迪米亚特葡萄可以用来酿造甜酒也可以酿造干酒。这款干酒的结构感不是很复杂，如果酿造得好的话，这款酒会具有芳香、清新的特点，还具有很多香料的独特风味。保加利亚出口的葡萄酒大多都是用国际葡萄品种酿造，如霞多丽、美乐和赤霞珠；但迪米亚特葡萄酒也不是完全由国内消费的。具有黄铜颜色的迪米亚特葡萄主要生长在保加利亚沿着黑海海岸的东部和南部地区。

色泽　明亮的深金色，在葡萄酒的边缘伴随银色光圈。

香气　强烈精致、芳香的梨香、花香、香料香和瓜香。

口感　纤细的口感，酒精、果味、酸度之间形成了完美的平衡，余味纯净。

购买指南　Boyar酒庄的Blueridge酒厂，以及Lambol和Suhindol都是可靠的葡萄酒商，他们致力于提高这款酒（一般是指保加利亚迪米亚特葡萄酒）在世界舞台上的地位。

佐餐　饮用葡萄收获期两年后的迪米亚特酒，可以代替意大利或希腊干白与烤鱼或色拉搭配。

另外　将这款酒与一款酒龄短而便宜的意大利灰比诺酒一起对比品尝。这两款酒都不存在虚假因素，并且都具有清新的口感。

迪米亚特葡萄酒
Boyar Estates酒商

奥地利
绿维特丽娜葡萄酒（GRUNER VELTLINER）

这个葡萄品种是奥地利葡萄酒舞台上的明星，这款酒在世界葡萄酒舞台上真正引起了轰动。绿维特丽娜成熟期比较晚，所以不适合生长在欧洲北部的凉爽区域。这个品种在欧洲中部种植较多，那里的夏季时间比较长，并且冬季的气候更温和。这个品种的葡萄在奥地利东部的土地上繁荣发展，并且这个品种的种植面积超过了整个国家葡萄园面积的1/3。

万菲尔特（Weinviertel）产区是最大的葡萄种植区，也是第一个促进新的国家命名体系建立的产区。因此，你可以从酒标上看到DAC字样，代表奥地利产区命名控制体系的意思，但是这个体系比较新，可能不能给你足够多的想从酒标上了解到的信息。

在葡萄酒贸易中，我们中的大多数人都认为最好的葡萄酒来自于瓦豪河谷（Wachau）产区、坎普谷（Kamptal）产区和克雷姆斯谷（Kremstal），这些产区位于维也纳（Vienna）西部的多瑙河岸。在20世界90年代后期，看起来好像很多顶级的葡萄酒厂都致力于以强劲有力、口感结实的葡萄酒给世界留下深刻印象。好在这个阶段已经过去了，现在绿维特丽娜葡萄酒才可以再次以其与生俱来的优雅性感的形象出现。最好的绿维特丽娜葡萄酒是洁净、清爽、明亮、新鲜的，在我看来至少是迷人的。

绿维特丽娜在酒龄短的时候是最好的，因为经过瓶储后的酒不再具有清爽刺激的酸感。现代奥地利的绿维特丽娜葡萄酒获得了极好的名声，受到世界范围内的普遍欢迎。一些世界顶级的酒店将这款酒加到了他们的酒单上，所以这真正是一款很值得你品尝的葡萄酒。

色泽 浅麦秆黄色或浅绿色，可能还伴随有明亮的银色光圈。

香气 复杂而精致的柑橘香、花香和燧石香。

口感 干爽精致的口感，完美的平衡感，余味中有持久的胡椒香。

购买指南 这里有很多令人欣喜的葡萄酒商。我建议你寻找以下酒商生产的绿维特丽娜葡萄酒：Rainer Wess、Bründlmayer、Donabaum、Hirtzberger、Bernhard Ott和Prager，我希望我能有更大的空间！可能有一些酒会比较贵，但我要告诉你这是值得购买的。

佐餐 我喜欢适当冷藏的绿维特丽娜酒单独饮用，也可以与清淡的菜品或白鱼形成很好的搭配，这款酒会成为晚宴派对上的一个亮点。

另外 绿维特丽娜是奥地利的一个特产，与其他酒的相似之处可能不明显；但绿维特丽娜与新鲜的德国法尔兹（Pfalz）产区的雷司令干白很相似。当然，你还可以品尝一下相似的勃艮第干白，例如Puligny-Montrachet.

英格兰
巴克斯（BACCHUS）

没有什么比罗马酒神名字更好的葡萄名了！巴克斯是德国葡萄雷司令和西万尼的杂交品种。这个品种成熟得很早，因此就算是在凉爽的气候条件下也能酿造出高品质的葡萄酒。好的巴克斯葡萄酒是清爽、刺激、芬芳的。

色泽 明亮的浅柠檬黄色，伴随明显的绿色光圈。

香气 年轻、强烈、明显的醋栗香、青苹果香和花香。

口感 酒体瘦弱却不失精致，清新明显的酸感，适度的酒精度。

购买指南 尝试一下Chapel Dow或New Wave的巴克斯葡萄酒。看一下酒标，“English”字样是指由生长在英格兰的葡萄酿造而成；”British”表示是由进口的葡萄汁酿造而成的，这样酒的品质就很难监控了。

佐餐 我喜欢搭配海产品饮用这款酒，尤其是螃蟹或乳酪鱼蛋糕，烟熏的鲑鱼也是不错的选择。

另外 好的巴克斯葡萄酒可以与桑塞尔（Sancerre）和普伊芙美（Pouilly Fumé）葡萄酒相媲美。你可以尝试一下加利西亚下海湾产区（Rías Baixas）的干白。

希腊
罗柏拉葡萄酒（ROBOLA）

来自于希腊凯法利尼亚岛（Cephalonia）的罗柏拉葡萄酒在产量和质量两个方面获得了很大的成功。现在这个葡萄品种名声在希腊之上，因为它具有酿造高品质芳香葡萄酒的潜力。最好的罗柏拉葡萄酒具有活跃的酸感、明显的桃子和柠檬香气特征。

罗柏拉葡萄酒
Gentilini酒商

色泽 柔和而明亮的金色，透出些许绿意。

香气 复杂的花香、蜂蜜香、柠檬皮香和桃子香。

口感 适度丰满的口感，余味中有明显的矿物香味。

购买指南 很多酒商酿造的罗柏拉酒都在当地消费了，有一点类似雪莉酒的氧化味。Gentilini、Ktima Mercouri和Kefalonian葡萄酒联盟都致力于开拓国外市场，这几款酒都有纯洁清新的口感。

佐餐 应该在酒龄短的时候饮用罗柏拉葡萄酒，当然这款酒也可以收藏4年。经过适当的冷冻，可以搭配鱿鱼或章鱼饮用，希腊沙拉也是不错的选择。

另外 如果你喜欢这款酒，那你应该也会喜欢意大利的维蒙蒂诺酒、西班牙的韦尔德贺酒或法国的维格尼尔葡萄酒。

“绿维特丽娜简单地写作GV，在美国获得了‘时髦’的称号，可以与勃艮第最好的霞多丽酒媲美。”

澳大利亚
雷司令（RIESLING）

雷司令葡萄酒
Pewsey Vale
Vineyard酒商

我有些朋友不喜欢购买雷司令葡萄酒，那是因为他们不知道这款酒有多迷人。不可否认，在大量的只注重产量的商业葡萄酒（例如甜酒和乏味的德国莱茵白葡萄酒，实际上这款酒并不是由雷司令酿造的）充斥市场时，雷司令的名声受到了影响。现在是确立南半球新世界国家的雷司令葡萄酒可信度的理想时间。

这些酒具有强有力的表现力和明显的灵活性，来自于澳大利亚的雷司令葡萄酒展现出惊人的潜力。我尤其喜欢克莱尔河谷（Clare）雷司令酒的活泼风格。坐落在南澳大利亚的阿德莱德（Adelaide）北部的克莱尔河谷具有酿造顶级葡萄酒的资源，吸引大批的德国葡萄酒爱好者和澳大利亚本地人蜂拥而至。历史可追溯到1851年，受宗教和政治迫害的天主教耶稣会会士逃亡来到澳大利亚，在克莱尔河谷建立起了最早的葡萄园Sevenhill Cellars，酿造他们自己改造的葡萄酒。

今天，克莱尔河谷的葡萄酒厂酿造出澳大利亚最好的雷司令葡萄酒；这款酒活跃的酸橙风味在你口中释放出来。在克莱尔城（克莱尔产区的最北边）周围温暖的气候条件下，酿造的葡萄酒具有丰满的酒体和圆润的口感。在更南的沃特韦尔（Watervale）周围凉爽区域出产的葡萄酒口感清爽、刺激而不失精致。

最好的克莱尔雷司令是相当芳香新鲜的。这款酒很适合陈酿，可以储存5年以上，不过很难等那么长的时间，如果你够幸运，你可以找到

一款具有丰富酸橙果汁和烤面包风味的好酒。

雷司令的另一个伟大的产区是与克莱尔临近的伊登（Eden）河谷。克莱尔河谷的雷司令葡萄酒具有丰富的酸橙风味，而伊登的雷司令则具有芳香圆滑的口感。所以张开你的嘴巴（空出你的酒杯）迎接伟大的澳大利亚雷司令，你不会失望的。

色泽 浅麦秆黄色，伴随绿色和银色光圈。

香气 强烈精致的酸橙香、桃子香、菠萝香和淡淡的烟熏香。

口感 结实丰富的口感，突出的柑橘香和强硬的酸感，悠长的余味。

购买指南 澳大利亚的雷司令之王是Jeffrey Grosset。我推荐的酒商还有：Lwasingham、Tim Adams、Knappstein、Pewsey Vale和新的O'Leary Walker。

佐餐 品尝澳大利亚雷司令葡萄酒的风味，可以搭配装饰有一串小甜瓜的烤对虾饮用。雷司令与螃蟹或其他的海产品也可以形成很好的搭配，熏肉或鸡肉做成的清淡的色拉也是不错的选择。

另外 将这款酒清爽的酸感和酸橙桃子风味与新西兰、南非的雷司令比较品尝。你还以品尝一下来自临近奥地利的雷司令，这款酒具有明显的矿物香气，后面有证实。

长相思（SAUVIGNON BLANC）

当我想到最好的长相思产区时，澳大利亚不是第一个出现在我脑海里的国家，它甚至要屈居在我偏爱的卢瓦尔河谷之后，但这里是长相思葡萄的发源地。一般来讲，澳大利亚的长相思葡萄酒富含多层次的热带水果香气，这是这款酒最突出的风味，有时甚至掩盖了果实本身的新鲜清新感。这是因为葡萄种植在高温的环境下。只要葡萄的生长环境温度过高，长相思葡萄就会过熟，酿造的酒通常具有油腻的厚重感。

唯一的一个例外是来自于南澳大利亚阿德莱德（Adelaide）东部的阿德莱德山产区，那里具有这个州所有葡萄种植区最寒冷的气候条件。在阿德莱德山上大多数的葡萄酒产区海拔高度都在400米以上。这里是整个南澳大利亚降雨最多的地方，并且具有强烈凉爽的南风。所有的这些条件给葡萄带来了长的成熟期，使葡萄一直挂在树上，从而获得足够的刺激清新感——这是长相思葡萄的“真正”特点。高品质的长相思葡萄酒展现出明显的青草香、柑橘水果香和丰富的丰满清爽风味。总的来说，南澳大利亚的阿德莱德山产区是一个独特的产区。除了阿德莱德山产区之外，新南威尔士的奥林奇（Orange）产区也很适合种植长相思葡萄。此外，澳大利亚西部还出产高品质的索味浓、赛美蓉混合酿造的葡萄酒。这些葡萄酒虽然不是澳大利亚葡萄酒故事的主旋律，但至少是故事中最有趣的一个部分。

长相思
Shaw and Smith
酒商

色泽 明亮的麦秆黄色，伴随有银色光圈。

香气 新鲜芳香的青草香、醋栗香、热带水果香和梨香。

口感 丰满复杂的风味，悠长清爽的余味。

购买指南 在世界市场上，能称得上满足基本品质的澳大利亚长相思葡萄酒的数量是有限的，我推荐的酒商Shaw and Smith、Nepenthe、Stafford Ridge。尽量在酒年轻的时候购买和饮用。

佐餐 我喜欢单独饮用适度冷冻的澳大利亚长相思葡萄酒，当然，这也是清淡菜品最好的搭档，这些菜品可以是烤白鱼、鳄梨沙拉或炝炒蔬菜。

另外 与朋友相聚畅谈的夜晚，可以选择一款长相思酒来品尝。将一款好的澳洲长相思与来自于新西兰、南非、智利，当然还有法国卢瓦尔河谷的长相思一起比较品尝。如果你能发现一款施蒂里亚州（Styria）产区的长相思，你也可以做一个很好的比较。

品尝训练：芳香型白葡萄酒

寻找果味、芳香型葡萄酒和真正的甜酒之间的区别

❶ ❷ ❸

❶**阿巴罗娜**是西班牙的一种新的葡萄品种，这种葡萄适用于酿造口味清爽、清新的芳香型葡萄酒。在最佳状态的时候，这款酒可以与来自于Loire山谷优美的索味浓葡萄酒相媲美。**推荐酒商：**Casal Caeiro、Pazo de Señorans、Pazo Pondal、Pazo de Barrantes、Palacio de Fefiñanes。

❷新西兰的**长相思**是一款具有典型水果特征的干白葡萄酒。最好的酒来自于新西兰南岛最北边的莫尔伯勒（Marlborough），该款酒清爽感极佳，加强了酒的果味特征。**推荐酒商：**Wither Hills、Oyste Bay、Jackson Estate。如果喜欢的话，你也可以饮用南非或者智利的长相思。

❸德国的**精选雷司令**是一款很可口的甜酒，雷司令葡萄天然的酸性使酒的口味得到适当的平衡。我喜欢德国西南普法尔茨（Pfalz）地区生产的几款酒。这款酒甚至可以替代法国的餐后甜酒，例如Monbazillac和Barsac。**推荐酒商：**Freuherr Heyl Zu Herrnsteln、Dr Loosen、J. L. Wolf、Donnhoff、Drdeinhard、Reichsrat von Buhl。

“果味芳香型干酒中的甜味感来自葡萄果实本身而不是糖。”

好几次当我为顾客推荐一款**出色的果味芳香型酒**时，顾客会告诉我**不喜欢“甜酒”**。事实上，没有任何一款果味芳香型酒是真正的甜酒。这种酒中可能**有很多成熟水果的香气**，但是它们属于**干酒**，在发酵过程中，葡萄中的所有糖都转**化为酒精**，不像甜酒，它们已**没有残留糖**。

我选择**阿巴罗娜**作为这次品尝的第一款酒，因为这是**果味干酒**最好的一个代表。这款酒有**柠檬的清新香气和青苹果的清爽**感觉。酿造这种酒的葡萄生长在高海拔地区，比较寒冷的气候条件使这种酒具有了**高酸**但有**丰富水果香味**的典型口感。

现在品尝第二款酒，新西兰的**长相思**。它的香气会直接冲击嗅觉——很丰富的**成熟醋栗、甜瓜和猕猴桃**的香味。这款酒富含成熟多汁的水果味道，不是外来水果而是**新鲜水果**的味道，就像醋栗和猕猴桃。余味是**纯净清凉**的，除此之外，就是它是**干酒**。

与前两款酒相比，用来品尝的第三款酒是来自德国的**精选雷司令**，一款**真正的甜酒**。德国葡萄酒标签上的精选的意思是指，用来酿造这款酒的**部分甚至是全部葡萄**的收获时间比正常要晚，所以糖类物质得到了**很好的积累**，闻一闻这款酒就能明显感觉到发酵结束后残留糖的存在。这款酒有丰富的**橘子皮、葡萄干、蜂蜜和焦糖水果的香味**。雷司令葡萄具有**滑腻**的特质，而且这款酒有一种**糖浆**的质感包裹着整个舌头。同时，这款酒的余味也是**纯净**的，但它**不属于干酒**。

新西兰
长相思（SAUVIGNON BLANC）

新西兰的长相思酒在葡萄酒世界引起了轩然大波。它的丰满感充斥着口腔的每一个角落。引起这次新世界狂潮的是南岛上的莫尔伯勒（Marlborough）区。

莫尔伯勒地区的葡萄酒柔和纤巧，有明显的凉爽感和强烈的醋栗、柑橘、西番莲果和芳草香味。这款酒的风格与法国的桑塞尔白葡萄酒极为相似，但这款酒更粗犷多汁。

长相思已经成为那个地方葡萄酒界的标志，但是，价格和名声还是相匹配的。在便宜的酒中很难找到典型的好酒，所以还是值得为好酒多付点钱的。

长相思
Wither Hills酒商

色泽 明亮、鲜艳；淡淡的麦秆黄中带点微弱的绿色。

香气 有强烈的水果香气：柑橘、甜瓜、醋栗和菠萝。

口感 干爽、成熟的香气；明显、平衡的酸；余味纯净，悠长。

购买指南 我推荐的生产商的名单还有很多。我个人比较喜欢的包括以下几种：Wither Hills、Villa Maria和闻名世界的Cloudy Buy。要购买这几款酒的新酒，并且要尽快饮用。

佐餐 适当冷藏后适合做开胃酒，可试着与山羊奶酪沙拉或者烤鳟鱼搭配。

另外 将新西兰的索味浓酒与南非产区的优良酒做一下比较。将这两款酒就结构和矿物质含量两个方面与桑塞尔白葡萄酒做一下对比。

凉爽气候产区葡萄酒是炎热夏季的理想饮品

新西兰的长相思与这个国家童话般的风景很相配，两者都有超凡脱俗的气质。这种葡萄生长在相当凉爽的气候条件下，延长了葡萄的成熟期，增加了酒体的复杂感。记得我在北岛中心的霍克斯湾（Hawkes Bay）品尝过一款长相思，虽然也不错，但温暖的气候使酒体显得稍稍有点瘦弱。在南岛北部的莫尔伯勒（Marlborough）区的南部，凉爽的气候、微弱的海风、山丘组成了很适合葡萄生长的生态环境。这种优良的气候环境使这款酒含有丰富的柠檬酸，但又不会有尖锐的口感。

灰比诺（PINOT GRIS）

新西兰的灰比诺是当代一款可选择的白葡萄酒。灰比诺葡萄皮中色素成分丰富，所以酿造的酒颜色呈现诱人的金黄色，并且具有强烈的香气。新西兰的灰比诺既具有果香的柔顺感，又具有矿物质的坚实感，从而造就了其与众不同的特性。新西兰的灰比诺与阿尔萨斯的灰比诺相同的是，两者具有同样的黏稠感，不同的是前者比后者的口感更清新。

色泽 诱人的金黄色，这也是葡萄的主要颜色。

香气 蜂蜜、苹果、柠檬、梨子、桃子、花和矿物质的香味。

口感 浑厚、肥硕、复杂；质感成熟，芬芳悠长，余味纯净。

购买指南 不要自寻烦恼地去寻找成熟的年份酒，因为这款酒在大多数的零售商和酒店的菜单上都是比较新的。其中最突出的两款酒是Seresin 和Matakana。

佐餐 新西兰的灰比诺是一款适合夏季饮用的葡萄酒。它的出色不仅仅是因为其品质，当它与清淡的菜品搭配会更出彩，例如薄荷番茄意大利面。这款酒与寿司的搭配也是不错的。

另外 如果你已经品尝过并且很欣赏这款葡萄酒，我建议你再试一下法国阿尔萨斯的灰比诺、加利福尼亚的维格尼尔（Viognier）或者来自南非未经橡木桶处理的霞多丽。

南非
长相思（SAUVIGNON BLANC）

南非的长相思葡萄酒非常受欢迎。与法国长相思相比，它们更饱满、浓厚，但比新世界其他地方的酒要薄：南非的长相思是介于这两者之间的一种类型。长相思在帕尔（Paarl）和康斯坦夏（Constantia）地区生长旺盛，由于受到大西洋冷凉气候的影响，这些地区生产的葡萄酒质量很好，因此能很好地表现出长相思的特点。

色泽 浅柠檬黄，略带一点怡人的绿色。

香气 优雅且富有表现力；有醋栗、青椒、菠萝和西番莲果的香气。

口感 清爽、平衡。酒体轻巧而略带涩感。

购买指南 Buitenverwachting、Klein Constantia Estate和Vergelegen酒厂生产顶级的长相思，值得购买。但是这些著名的葡萄酒要在两年之内饮用。

佐餐 这些酒适合作为开胃酒，也可以搭配蔬菜沙拉、各种鱼类、海鲜和辛辣的食物享用。

另外 如果以上推荐的酒正合你意，那么你可以再尝试一下世界其他地区的长相思酒。感受一下与新西兰或者是法国桑塞尔的索味浓有何区别。

长相思
Buitenverwachting酒商

阿根廷
妥伦特斯（TORRONTES）

妥伦特斯来自西班牙文，它的意思是“洪流”。这个名字与该品种契合得天衣无缝——葡萄果实、荔枝和花的香气喧闹着奔涌而出。这种酒的香味能使人想起麝香或者是琼瑶浆葡萄酿制的酒，但是它的风味却能让人联想到长相思。这是多么完美的结合啊！

妥伦特斯能很好地适应阿根廷干燥的气候，它的酒体比较单纯不复杂，有清爽的酸味。不过，该品种需要经过在酒厂仔细地处理才能保持它的新鲜、美味。还要避免葡萄过度地暴露在空气中，因为氧气会破坏它美好的品质。

妥伦特斯似乎是从西班牙西北部的加利西亚省传到阿根廷的，尽管没有官方的证据证明二者之间有什么联系。然而它的确来到了阿根廷，妥伦特斯已经在葡萄酒的世界里开拓出属于自己的一片天地，它将会为阿根廷白葡萄酒赢得荣誉，就像马尔贝克为国家的红酒所作出的贡献一样。妥伦特斯清爽而活跃的特点，会是一个令任何人都兴奋的发现，试一试吧。

妥伦特斯
Etchart 酒商

色泽 优雅的金黄色，略带苍白。

香气 花香和胡椒味，新鲜的葡萄、荔枝和花的香气混杂其中。

口感 让人产生很高的兴致，充满了情趣，很有特点，有口感清爽的酸度。

购买指南 妥伦特斯在其最活跃的年轻时期最适合饮用，所以尽量买能找到的最近年份的酒。在妥伦特斯的生产商中，我推荐Etchart、Santa Julia和La Nature。

佐餐 适当的冷藏之后，妥伦特斯作为夏季用酒很完美。试着配合新鲜蔬菜色拉饮用，或者是在有烤鸡的清淡午餐时享用。

另外 妥伦特斯复杂的香气能很自然地引导你去尝试南美和新西兰的琼瑶浆。

“清爽带有胡椒味，有麝香葡萄的香气和长相思的口感，妥伦特斯酒就是一股水果、荔枝和花香的‘洪流’！”

醇厚丰满的白葡萄酒

这类酒具有结实丰满的结构感、纤细的质感、强烈表现力的果味香气等风格特征，吸引了成千上万的葡萄酒爱好者。伟大的勃艮第白葡萄酒是这类酒的顶级佳酿的化身。新世界国家的这一风格也比较“流行”，例如霞多丽葡萄酒和维格尼尔葡萄酒（Viognier）。这些酒都具有如此复杂的质感，你几乎可以“吃”了。这一类酒的佳酿，具有干净清新的余味，一旦将酒咽下后不会产生毫无生机满嘴油腻的感觉。这款酒的颜色分布从浅金黄色到麦秆黄色不等，还有的酒呈现深蜂蜜黄色——诱惑你将这杯酒举到嘴边。它往往具有精致明显的香气，包括成熟的苹果香、杏子香、桃子香或菠萝和香瓜的香味，有时还伴随有淡淡的烟熏香、烤面包香和香草香。这款酒口感顺滑强烈，精致而干爽，很适合与食品搭配饮用。

醇厚丰满
白葡萄酒的风格特征

"丰满口感的白葡萄酒味道极佳，如果你钱包充足的话，就可以给自己买到天堂的味道。"

世界级葡萄酒

一款上等的丰满口感的葡萄酒集精细和平衡感于一身。余味中产生的巨大、复杂、强烈的风味标志了这款酒口感上的级别。这一类醇厚丰满的白葡萄酒可能包含了一些世界著名的葡萄酒，例如最好的勃艮第干白中的一些——夏瑟尼-蒙哈谢干白（Chassagne-Montrachet）（译者注：勃艮第地区博讷区的村庄级AOC）、皮里尼-蒙哈谢干白（Puligny-Montrachet）（译者注：勃艮第地区博讷区的村庄级AOC）、默尔索干白葡萄酒（Meursault）和相似的霞多丽葡萄酿造的葡萄酒。来自于南非或加利福尼亚等新世界国家的霞多丽葡萄酒现在与最有名的勃艮第干白形成了激烈的竞争，这确实是很让法国头疼的一件事情。其他几款著名的醇厚丰满的白葡萄酒还包括来自于澳大利亚西部或猎人谷的赛美蓉葡萄酒、阿尔萨斯的琼瑶浆、美国的维格尼尔（Viognier）葡萄酒、卢瓦尔河谷（例如萨韦涅尔产区Savennières）简朴的白诗南葡萄酒和罗讷河谷的马沙内葡萄酒（Marsanne）（译者注：勃艮第地区的村庄名，也是AOC）。

充满着阳光

作为法国罗讷河谷的传统葡萄品种，维格尼尔（Viognier）葡萄在加利福尼亚的栽种面积在不断增加，在热带水果风味醇厚程度方面，这个品种酿造的葡萄酒可以与伟大的霞多丽葡萄酒相媲美。

丰满浓郁的风味

丰满口感的白葡萄酒的典型风格是结实的结构感、顺滑的口感，这些感觉可能来自于酿酒用的葡萄果实本身——尤其是马沙内葡萄和赛美蓉葡萄，或者来自于橡木桶陈酿过程。用来酿造这款丰满干白葡萄酒的葡萄包括霞多丽、赛美蓉、维格尼尔等，品种果实都相当小，且皮很厚。与其他品种相比，这些品种葡萄的产量比较低，得到的葡萄汁产量也很低，但是酿造的葡萄酒却具有天然丰满醇厚的口感。一般对于丰满醇厚的白葡萄酒来讲，颜色越深，这款酒的口感就越丰满。

丰满口感的白葡萄酒起源于温暖气候区域：澳大利亚西部、加利福尼亚和法国中南部或温暖的小气候区域。丰满醇厚的白葡萄酒的典型特征是它们的酒体结构、活力、质感以及果味和酸度的平衡程度，这一切一起决定了葡萄酒的和谐程度。丰满口

纳帕谷的黄金

在这个顶级霞多丽种植地、葡萄酒业主的真正故乡，加利福尼亚长时间的日照强化了成熟过程中葡萄的风味。

感的白葡萄酒通常是在橡木桶中发酵的。与旧橡木桶相比，新的橡木桶给葡萄酒带来更加醇厚的口感，烘烤的橡木味是葡萄酒余味中最丰富的味道，有时显得太过浓郁了反倒不好。一般来讲，橡木烘烤程度越大，葡萄酒中的橡木风味就越浓，但这种风味不能掩盖了葡萄酒的其他精致香味。

饮用还是储藏

通常来讲，一些丰满口感的白葡萄酒很适合陈酿。高品质（但很昂贵）的蒙哈谢干白（Montrachet）和默尔索干白（Meursault）在饮用前陈酿10年或者更久才好。对于琼瑶浆和维格尼尔葡萄酒来讲，果味香气和纤细的质感最为重要，与醇厚的霞多丽、赛美蓉和马沙内葡萄酒相比，这两款酒更适合酒龄短时饮用。

品尝足迹

丰满醇厚的白葡萄酒的典型特征是它们的酒体结构、活力、质感以及果味和酸度的平衡程度。这一类型的酒大都需要经过橡木桶陈酿，但这不是绝对的。酿造醇厚丰满白葡萄酒的经典葡萄品种有**霞多丽葡萄**、**维格尼尔葡萄**（法国出产的这两个品种酒的典型特征是口感复杂，而新世界国家的这两款酒却具有明显的果味风格特征）以及澳大利亚的**赛美蓉葡萄**。还有一些芳香品种，例如来自阿尔萨斯和新西兰的**琼瑶浆葡萄**。

佐餐 丰满口感的白葡萄酒经常需要一点时间来“讲话”——为了与空气充分地接触并释放出它们的香气。让葡萄酒在一个大的酒杯中打转或者将其倒入一个醒酒器中使其获得充分的氧化，如果你愿意，你可以把它再倒回瓶中。品尝温度不要太低，10℃～12℃之间可以很好地保持酒的清新感。这一类型的白葡萄酒可以与美味可口的食品形成完美的搭配，例如鱼或其他海产品，尤其是龙虾和海鲈鱼。与清淡的肉类搭配也是不错的，例如鸡肉。或者不搭配任何菜品单独饮用，也是不错的选择。

法国
博讷产区葡萄酒（CÔTE DE BEAUNE）

如果要挑选出世界上最好的霞多丽葡萄酒产区甚至是最好的白葡萄酒产区，我认为博讷产区当之无愧。这个小产区位于勃艮第区域中心的博讷城（译者注：勃艮第地区重要的产酒城市，每年都有重要的酒节在此举行，亦是AOC名称）的周围，在这里有很多获得命名的白葡萄酒产区：皮里尼-蒙哈谢（Puligny-Montracher）、夏瑟尼-蒙哈谢（Chassagne Montrachet）、默尔索（Meursault）和阿里克斯-科尔登（Aloxe Corton）。

皮里尼-蒙哈谢生产的葡萄酒是纯金色的，具有明显的矿物香气、非常强烈复杂的香气，混合了柑橘香、苹果香、杏仁糖香和蜂蜜香。夏瑟尼-蒙哈谢附近出产的具有平衡、复杂口感的白葡萄酒具有强烈的果园水果香、金银花香和刚强的刺激感。默尔索的葡萄酒具有醇厚丰满的口感和悠长而复杂的伴有水果香的余味。这款酒的最佳饮用期是陈酿15年以上。伟大的科尔登-

查理曼(Corton-Charlemagne)——阿里克斯-科尔登顶级葡萄酒具有浓郁的烤苹果香、坚果香、黄油香、柑橘水果香、菠萝香和蜂蜜香。这款酒的最佳饮用期要在5年以上，还有一些需要陈酿25年以上。

色泽 或浅或深的麦秆黄色，并伴随绿色和金色色调。

香气 精致的苹果香、桃子香、面包香、榛子香、蜂蜜香和矿物香等风味。

口感 口感圆润优雅、平衡，持久清新的余味。

购买指南 我最喜欢的酒商有Bernard Morey、CocheDury、Chartron et Trébuchet和J.M.Pillot。

佐餐 这款酒丰满的风格可以与海产品形成极好的搭配，例如装饰好的龙虾或扇贝。与法国乳酪搭配也是不错的选择。

另外 将这款酒的果味特征和突出的结构感与世界任何其他地方的霞多丽比较一下，难怪这里被称为霞多丽酒品质的标尺了。

孔得里约葡萄酒（CONDRIEL）

在我看来这是罗讷河谷最好的白葡萄酒。由维格尼尔葡萄酿造而成，具有强烈油滑的口感、清新平衡的酸感和适度的酒精度。它是一款具有丰满醇厚酒体的葡萄酒，最好在年轻的时候饮用。

色泽 或浅或深的麦秆黄色，并伴随绿色和银色光圈。

香气 独特的玫瑰香、杏香、香瓜香、荔枝香、桃子香和榛子香等风味。

口感 口感复杂优雅、成熟的水果风味伴随着清新的酸感，持久的余味。

购买指南 Domaine Georges Vernay和Domaine Cheze是最顶级的酒商。

佐餐 经过适度的冷冻和澄清后，这款酒可以与海产品或鸡肉形成很好的搭配。

另外 孔得里约葡萄酒纤细丰满的质感可以与长相思葡萄酒相媲美。一起品尝一下！

埃米塔日/克罗兹-埃米塔日白葡萄酒（HERMITAGE/CROZES-HERMITAGE）

埃米塔日是罗讷河东岸的一座山；克罗兹是这个高原周围的一个村庄。这个产区的葡萄酒是由醇厚的马沙内葡萄和瑚姗葡萄（Roussanne）混合酿造而成，形成纤细和芬芳的风格特征。马沙内葡萄酿造醇厚口感的葡萄酒，具有丰满的酒体、质感以及矿物风味。一些埃米塔日白葡萄酒很适合陈酿，但我建议你选择酒龄短的埃米塔日/克罗兹-埃米塔日葡萄酒饮用。

色泽 金黄色，并伴随明显的绿色和银色光圈；颜色强度强或适度。

香气 成熟醇厚的异域风味，矿物香、蜜汁香、花香、松柏香和榛子香。

口感 纯净醇厚的口感，多汁爽口、优雅的余味和明显的香料香和梨香风味。

购买指南 Domaine Alain Graillot和Domaine Jean-Louis Chave是获得命名产区中最有名和最受尊敬的两个酒商。

佐餐 可以尝试搭配烤鱼或者白肉饮用埃米塔日/克罗兹-埃米塔日白葡萄酒，如果这款酒是一款瓶储了一段时间（储藏了几年）的酒，可以尝试搭配切达干酪或孔德干酪饮用。

另外 口感复杂丰满的埃米塔日/克罗兹-埃米塔日白葡萄酒与澳大利亚猎人谷产区产的赛美蓉和法国帕普（教皇）新堡白葡萄酒有着相似的纯净口感。

具有高品质和风格的传统葡萄酒拍卖会

对于博讷区，我有很多有趣的回忆，但我最喜欢的是在博讷济贫院召开的葡萄酒拍卖会。这个制度的开展可以追溯到1443年，刚开始只是救济城镇病弱、贫困居民的一个慈善活动。从1859年，这里成了主要的葡萄酒拍卖会的中心，出售一些世界上最顶级的葡萄酒。在我看来，这里的葡萄酒都有点贵，但我喜欢这个传统，我喜欢这个活动是为了帮助居民而开始。博讷济贫院的拍卖产品都是迷人的AOC产品，如果你支付得起，你可以得到全部的拍卖产品，这样在你的酒窖里便拥有了各种不同口感和风格的葡萄酒。

品尝训练：质感

对醇厚丰富白葡萄酒质感的描述是什么

❶ ❷ ❸ ❹

❶**萨韦涅尔白葡萄酒**是来自于法国卢瓦尔河谷安茹产区的一款口感强烈却相当含蓄的葡萄酒。**推荐酒商**：Clos de la Marche, Domaine du Closel（Clos du Papillon），Domaine des Baumard，Coulée de Serrant，Château Pierre Bise。

❷来自澳大利亚猎人谷和新南威尔士产区的**赛美蓉白葡萄酒**因其强烈复杂的香气而闻名。**推荐酒商**：Broken-woood，Arrowfield，Allan-dale，Towe Estate，Tyrell's，Chalkers Crossing。

❸来自于加利福尼亚的**马尔萨讷白葡萄酒**是一款口感丰富风格独特的葡萄酒。生产这款酒的葡萄酒商很少，因此可能要找到这样一款酒存在一定的困难。**推荐酒商**：Qupé和来自于法国罗讷河谷的马尔萨讷葡萄酒。例如Hermitage。

❹来自斯泰伦博斯(Stellen-bosch)产区的**南非霞多丽白葡萄酒**是一款世界级的葡萄酒，并且可以与伟大的勃艮第葡萄酒相媲美。**推荐酒商**：Waterford Estate，Rus-tenberg，Meerlust，Bouc-hard-Finlayson，Hamilton Russell。

“丰富的质感可以被想象成丰富顺滑的口感，有时候程度是极度的，甚至几乎是过度的。”

橡木桶陈酿可以导致部分丰富口感的产生，但是酿酒师能做的也只有这么多而已。白葡萄酒的丰满酒体多是由**葡萄品种**带来的。

品尝的第一款酒是我们加以对比的品质基准**萨韦涅尔白葡萄酒**，这款酒是由**白诗南**葡萄酿造而成。首先举起你的杯子，品尝这款酒的香气风味。你可以品尝到**温柏香**、**青苹果香**和**矿物坚实的质感**。然后，再呷一口，这款酒的口感是**强劲紧凑**的而不是丰满的，但是确实相当**有力**。温柏香产生的丰满口感受到了葡萄果实酸的**抑制**。

接下来，我们要品尝的是**澳大利亚的赛美蓉白葡萄酒**。与白诗南葡萄酒相比，赛美蓉葡萄酿造的酒可以产生更加**复杂的口感**。这款酒经历了橡木桶的陈酿，产生了恰到好处的**芳香橡木香**，甚至更**明显的水果香气**。很好的结构感在口感上产生了**干爽却不失强劲**的感觉，并伴随**多汁的菠萝香、梨香、桃子香和杏香**，与萨韦涅尔葡萄酒相比这款酒的口感更为丰满。

接下来，我们再品尝一下**马尔萨讷白葡萄酒**。这款酒的香气端庄精致而不失复杂——**蜂蜜和杏仁香**并伴随有**微弱的花香**和**轻微的焦糖香**。这款酒在口感上产生**极干**的感觉。这也是一款经过橡木桶陈酿的葡萄酒，富含清新却不失**强劲的水果香气**还伴随有增加葡萄酒丰满度和强度的**油腻感**。

这次品尝的最后一款酒——**南非霞多丽白葡萄酒**的金黄颜色说明了这款酒风格的强烈。这款酒具有开放、**显著的味觉**，虽然不如马尔萨讷葡萄酒芬芳，却更为滑腻，并伴随明显的**焙烤榛子香**、**热带水果香**和微弱的**青苹果香**。除了以上提到的水果香，这款酒还具有**橡木香和黄油的焙烤香**，在口感上产生**纯净清新的余味**。这款酒的水果味和橡木味得到了**完美平衡**，任何一种香气都不能凌驾于另一种之上，这款酒的质感**滑腻却不失清新**，最后产生丰满醇厚的口感。

法国

帕普（教皇）新堡干白葡萄酒（CHÂTEAUNEUF-DU-PAPE BLANC）

当谈论起罗讷河谷葡萄酒时，人们往往会提及红葡萄酒的高贵。然而，广大的葡萄酒产区出产的葡萄酒具有一系列不同的风格和质量，在这些酒中不乏有品质优良的白葡萄酒。法国帕普（教皇）新堡是罗讷河谷南部的明星产区，这个产区也因其独特的红酒而闻名世界，这里还出产少量的新堡干白，我建议你品尝一下这款酒。

法国人已经饮用新堡干白很多年了，但是，这些葡萄酒在最近几年才获得了世界其他地方的真正认可。具有迷人品质的新堡干白葡萄酒具有强劲丰富的口感，和独特的风格特征，这种风格的形成与布满葡萄园的碎石有密不可分的关系。在产生霜降的日期里，白天这些石头吸收太阳的热量，晚上释放出来，为葡萄树保暖。这个过程加速了葡萄果实的成熟。这些石头也有助于葡萄园土壤的保湿。

新堡干白葡萄酒
Château de Beaucastel酒商

色泽 明亮的浅金黄色，并伴随明显的绿色色调。

香气 热带水果风味，洋槐香、蜂蜜香、柑橘香、杏仁香和蜂蜡香。

口感 圆润顺滑的口感，强劲的和谐感、深邃感和悠长的余味。

购买指南 饮用年轻的或陈酿了3～4年的帕普（教皇）新堡干白葡萄酒。我最喜欢Château de la Gardine和Château de Beaucastel两个酒商生产的葡萄酒。这些酒不便宜，但是却很值得购买。

佐餐 饮用这款葡萄酒之前要经过适当的冷冻，饮用温度选择8℃左右，可以搭配鹅肝、龙虾或者羊乳干酪饮用。

另外 将这款酒与来自于加利福尼亚的瑚珊葡萄酒（Roussanne）或澳大利亚的马尔萨纳葡萄酒（Marsanne）一起品尝，对比一下这三款酒丰富的质感和一系列不同的果味特征。同样，也可以选择维格尼尔葡萄酒（Viognier）一起品尝。

“这款优雅的白葡萄酒，品质最好的时候，当地人喜欢将其留下来自己享用！如果你从顶级的葡萄酒商处看到一款好的帕普（教皇）新堡干白葡萄酒，我建议你将其收藏起来——这是势在必得的一款酒。”

阿尔萨斯琼瑶浆白葡萄酒（ALSACE GEWÜRZTRA-MINER）

琼瑶浆是法国阿尔萨斯产区最伟大的葡萄品种之一。因具有桃红的果实和强烈的花香、果香和香料香因而很容易辨认。这款酒具有圆润醇厚的口感和相对较低的酸度。高品质的琼瑶浆白葡萄酒在你口中散发出强烈的香味，并且产生悠长、清爽而干净的余味。选用年轻的酒来饮用；一旦你品尝到这款酒，将产生令你难忘的感觉。

色泽 浅金色到琥珀色，并伴随有绿色色调。

香气 荔枝香、菠萝香、姜香、白胡椒香、焙烤杏仁香和花香。

口感 强大丰满的口感，强劲猛烈的风味、悠长干净的酸感。

购买指南 选择指定的独特葡萄园出产的琼瑶浆葡萄酒，那里的葡萄酒很值得购买。Leon Beyer、Chateau d'Orschwihr和Domaine Zind Humbrecht都是值得信任的酒商。

佐餐 琼瑶浆葡萄酒是辛辣亚洲食品的完美拍档。可以搭配卷入姜丝和猪肉的香草米饭饮用，阿尔萨斯味道刺激的Munster乳酪也是不错的选择。

另外 任何一款芳香的琼瑶浆葡萄酒都具有与维格尼尔葡萄酒相似的风格。麝香葡萄酒也具有相似的风格，但是芳香的长相思的风格不同，在口感上具有更加明显的酸感。

汝拉萨瓦涅白葡萄酒（JURA SAVAGNIN）

萨瓦涅葡萄主要生在在法国东部多山的汝拉产区，这个产区因出产“vin jaune”（字面意思为“黄酒”）而闻名，这是一款与雪莉酒极为相似的强化酒。但是萨瓦涅葡萄也可以酿造具有传统的新鲜迷人风格的干白葡萄酒，这款酒具有明显的坚果香、柠檬香、梨香和干净的余味。作为葡萄酒骨架的酸感的存在，使萨瓦涅白葡萄酒具有长久的生命力。

色泽 浅黄色，经过瓶储的酒的颜色更接近金色。

香气 清新、强烈和丰富的柑橘香、蜂蜜香和干坚果香。

口感 紧致的口感和明显的酸度，适度的酒精度，余味中伴随明显的坚果香。

购买指南 特殊年份的葡萄酒具有独特的复杂口感和精致感。我推荐的酒商有Jacques Puffeney、Henri Maire和Domaine Aviet。

佐餐 作为一款开胃酒，饮用前最好经过适当的冷冻或者搭配橄榄饮用补充其风味。晚餐后搭配烤鸡或涂抹乳酪的蘑菇色拉一起饮用。

另外 如果你是汝拉葡萄酒的爱好者，卢瓦尔河谷的萨韦涅尔葡萄酒和轻柔的雪莉葡萄酒都是不错的选择。真正可以与之媲美的是麝香葡萄酒。

萨韦涅尔白葡萄酒（SAVENNIÈRES）

萨韦涅尔白葡萄酒是一款口感复杂的葡萄酒，来自于卢瓦尔河谷中部安茹产区。这是一个离我家乡很近的村庄，也许我会带有偏见，但是在我看来这款酒具有令人赞叹的惊艳品质，是世界顶级的白葡萄酒之一。如果你喜欢具有坚实口感、未经陈酿的霞多丽酒或顶级雷司令干白葡萄酒，我想你应该会同意我的意见的。

白诗南葡萄是这个地方的葡萄品种之王。来自遥远大西洋微风的吹拂和当地的风水共同促进了葡萄酒中水果风味、独特风格和优良品质的形成。白诗南葡萄果实中含量极高的天然糖转化成了酒精，形成了萨韦涅尔葡萄酒的丰满口感；同时，白诗南葡萄果实中还富含酸，因此酿造的萨韦涅尔葡萄酒最好经历7年以上的陈酿。高品质长时间陈酿的萨韦涅尔白葡萄酒同时具有丝绒般的柔顺感和花岗岩般的坚实感，因为这款酒兼有极为干爽的特征和丰满的风味，你应该试试这款酒。

色泽 浅柠檬黄色，经过陈酿的萨韦涅尔白葡萄酒的颜色是很深的金色，这款酒还具有很好的颜色强度。

香气 持久而精致的温柏香、柑橘香、烟熏香和矿物香。

口感 复杂有力的口感和清新的酸度，令人难以忘怀的余味。

购买指南 卢瓦尔河谷产区的年份好坏具有不一致性，所以你应该听取葡萄酒批发商的建议。我推荐你品尝一下以下酒商的白葡萄酒：Domaine du Closel（Clos du Papillon）、Pierre Bise和Nicolas Joly。

佐餐 山羊奶酪是这款酒最好的搭档，简单烹饪的河鱼、烟熏鳗鱼或鲭鱼也是不错的选择。

另外 将这款酒与统一产区的索米尔干白或者安茹干白一起对比品尝一下。好的索米尔干白和安茹干白具有与萨韦涅尔白葡萄酒相似的矿物质感，但是这两款酒的清爽感会更加明显。

这款酒的品质应该被列入明星的行列

在我就读于卢瓦尔河谷学院的时候，我被指派完成葡萄酒简单生产过程研究的项目，因此我拜会了Coulée de Serrant葡萄园的主人，这是萨韦涅尔产区最好的葡萄酒商之一。他很耐心地一步步地按照我的步调进行讲解。他为我展现了他所有的藏书和葡萄园所有的记录，并向我讲解太阳、月亮的影响，以及他夜晚在葡萄园的工作。他带领我参观了葡萄树，并告诉我在土壤中渗入一层层的有机肥是为了满足葡萄树的生长需求。他坚决反对农药的使用，我曾一度认为他的想法很愚蠢。事实上，他是最早采用“有机培养”的酒商之一，现在他酿造的萨韦涅尔白葡萄酒具有迷人的复杂口感，是世界上最好的白诗南葡萄酒之一。

奥地利
枝分都白葡萄酒（ZIERFANDLER）

具有酿造优雅复杂葡萄酒潜力的枝分都葡萄是奥地利最著名的白葡萄品种之一。这种葡萄（在有些地区被称为Spätrot）果实具有很高的天然酸，所以酿造的葡萄酒很适合陈酿。然而，枝分都葡萄经常与另一种著名的白葡萄品种红基夫娜（Rotgipfler）混合酿造葡萄酒，酿造的酒具有丰满的特征和活力。

色泽 深柠檬黄色，具有明显的金色光圈。

香气 独特醇厚的菠萝香、香料香、胡桃香和苹果香。

口感 结实有力的口感、适当的酸度、和谐的酒精度和富含香料香的余味。

购买指南 少量的葡萄酒商生产真正优良的葡萄酒。我个人喜欢的酒商包括Weingut Stadlmann、Franz Kurz和G.Schellmann。也可以从酒标上寻找次级产区的名字，这种命名说明这是一款高质量的葡萄酒。

佐餐 为枝分都葡萄酒搭配肉感的鱼饮用，例如金枪鱼和青枪鱼或其他的白肉。更为健康的搭配是野生蘑菇色拉和绿色蔬菜。

另外 将枝分都葡萄酒与赛美蓉白葡萄酒、雷司令白葡萄酒或者白诗南白葡萄酒一起对比品尝一下。这几款酒都有相似的坚实强烈口感，但是优雅度却不同。

枝分都白葡萄酒
Weingut Stadlmann酒商

西班牙里
奥哈皮/尼迪斯白葡萄酒（RIOJA/PENEDES）

西班牙最著名的葡萄酒大多是红葡萄酒，当然也有不错的白葡萄酒，尤其是由歌海娜白葡萄（Garnacha Blanca）酿造而成的葡萄酒。这个品种葡萄通常是里奥哈皮白葡萄酒的一个成分，同时在西班牙东北部皮尼迪斯产区生产的白葡萄酒中占更大的比率。这些酒的口感丰满而优雅，具有强烈的香料香、坚果香、菠萝香和梨子香以及令人兴奋的柠檬余味。

色泽 柔美的浅金黄色，具有淡淡的麦秆黄色光圈。

香气 纯净的菠萝香、柠檬香、柚子香、胡桃香和淡淡的橡木香料香。

口感 醇厚丰满的口感、和谐的酸度和酒精度及富含坚果香的余味。

购买指南 在这个产区只有最好的葡萄酒商才可以站得住脚，我最喜欢的几个酒商包括López de Heredia、Bàrbara Forés和Torres。

佐餐 尝试搭配白肉如鸡肉、猪肉或小牛肉饮用，清淡的添加香料的菜品或者咸乳酪如波弗特乳酪也是不错的选择。

另外 这些酒是与精致的维格尼尔相对的一款酒，不过这两款酒都是口感强劲、果味十足的葡萄酒。我认为最好的比较是精致的埃米塔日白葡萄酒或朴实传统的默尔索干白葡萄酒。

托福格来克白葡萄酒
Mastroberardino酒商

意大利
托福格来克白葡萄酒（GRECO DI TUFO）

托福格来克白葡萄酒是一款酒体丰满、口感干爽的白葡萄酒，这款酒出产于意大利南部坎帕尼亚产区（Capania）托福镇附近的葡萄园。葡萄酒名中的格来克就是葡萄的品种名，这是一个全能的（也可以用来酿造甜酒）起源于希腊的品种。为了保证其精致复杂的香气存在，这款酒要采用低温发酵。这是一款名气不大却很值得购买的葡萄酒。

色泽 明亮的浅橘、麦秆黄色，陈酿的酒具有金色的光圈。

香气 精致明显的柑橘香、桃子香、蜂蜜香、香料香、榛子香和矿物香。

口感 明显突出的酸感，和谐平衡的酒精度和坚实的结构，以及纯净悠长的余味。

购买指南 Mastroberardino、Terredora和D'Antiche Terra Vega是这里的明星生产商。不要妄想买到老年份的酒，因为这款酒在零售商和酒店的菜单上都算是新品。

佐餐 托福格来克白葡萄酒可以与辛辣的中国食品或地中海式菜品搭配饮用。作为对坎帕尼亚地区的忠诚，可以尝试搭配海鲜意大利面，实际上烤金枪鱼片和烤蔬菜也是不错的选择。

另外 这些酒与卢瓦尔河谷的白诗南葡萄酒极为相似，但是这款酒的柑橘香味和矿物香味比较不明显。

阿巴那白葡萄酒（ALBANA）

阿巴那是一款很有潜力的白葡萄酒，最好的阿巴那白葡萄来自于意大利北部艾米利亚–罗马涅产区（Emilia–Romagna）弗尔利（Forlì）镇附近的葡萄园。最好的阿巴那白葡萄酒顺滑而不失清爽，并具有淡淡的坚果香。这款酒具有很长的普及历史，据说公元435年，罗马皇帝西奥多西一世的女儿在当地的一个称为贝尔蒂诺罗（Bertinoro）的小镇品尝到了阿巴那白葡萄酒并声称“这款酒应当盛在金壶中饮用”！贝尔蒂诺罗因此而得名，意思是“在金壶中饮用”。

色泽　麦秆黄色，伴随银色光圈，中等或丰富的颜色强度。

香气　精致优雅的水果香、蒿子香、花香、杏仁香和青苹果香。

口感　瘦弱干爽的结构，丰富的口感，明显突出的酸度，和谐适度的酒精度以及富含香料香的余味。

购买指南　Fattoria Paradiso、Commune Zerbina和Commune di Faenza都是不错的酒商。查看酒瓶背部的标签看看这瓶酒是否经过了橡木桶后熟，这对风格的影响很大。

佐餐　饮用前经过适当的冷冻。我尤其喜欢搭配餐前小吃或者鹰嘴豆沙和面包饮用。

另外　并不是颠覆法国的地位，我认为法国端庄的夏瑟尼–蒙哈谢白葡萄酒风格上与这款酒极为相似，一款好的加利福尼亚马沙内白葡萄酒也是如此。

美国

维格尼尔/琼瑶浆白葡萄酒（VIOGNIER/GEWURZTRAMINER）

维格尼尔葡萄最近几年才出现在加州的葡萄园里。虽然如此，维格尼尔葡萄在很短的时间内还是取得了巨大的进步：其复杂深邃的特性已经可以与当地优良的霞多丽葡萄相媲美了。维格尼尔葡萄酿造的葡萄酒结构丰满醇厚，具有芬芳的花香、香料香、杏香、苹果香和桃子香。

顶级品质的维格尼尔葡萄酒中果味和酸度达到了完美的平衡。一些酒是在不锈钢罐中完成发酵的，这种发酵技术可以产生醇厚的桃子和杏的风味。另外一些酒可能要在橡木桶中陈酿，这种技术可以增加酒中的香草香和香料香。我认为很多加州维格尼尔葡萄酒都会让人想到同时在加州取得成功的琼瑶浆葡萄酒。在加利福尼亚温暖的产区生产的维格尼尔或琼瑶浆葡萄酒都具有精致香甜的口感，而在一些凉爽的区域这两款酒却具有清新活跃富含柑橘风味的口感，这些凉爽的区域还包括一些不太有名的产区，例如门多西诺产区（Mendocino）和蒙特雷产区（Monterey）。

维格尼尔 Kendall-Jackson酒商

色泽　中等强度的麦秆黄色，伴随着银色光圈。

香气　芬芳年轻的桃子香、杏香、杧果香、花香和香草香。

口感　精致、和谐、平衡的口感，清新丰富的风味和完美的余味。

购买指南　有名的酒商包括Kendall Jackson、JosephPhelps、Navarro、Calera和Chalone。

佐餐　琼瑶浆和维格尼尔葡萄酒都可以与亚洲辛辣食品形成很好的搭配。牛肉或者添加芳香黑豆沙司的富有肉感的鱼也是不错的选择。

另外　与南美品质优良的琼瑶浆/维格尼尔葡萄酒比较下。

从一瓶葡萄酒获得的童年回忆

还是实习生的时候，我犯了一个很大的错误，我问一个顶级的琼瑶浆葡萄酒生产商他的维格尼尔葡萄种在哪里，他很惊奇地告诉我，在这个产区几乎从来就没种过维格尼尔葡萄！这两种酒很容易混淆，因为它们的风格极为相似，但是酿酒采用的葡萄品种和葡萄生长的周边环境不同。这两款酒把我带回到了12岁时的童年时光，那时我为了攒钱而去摘桃子。桃子的香味和早上凉爽的微风拂过脸庞的感觉、夏日早晨的香味等都可以从这两款酒的香味和口感中感觉得到。如果是在家中饮用维格尼尔酒或琼瑶浆葡萄酒，最好先倒入醒酒器中，让它们与氧气充分地接触并释放出丰富的果味香气，饮用前，最好经过适当地冷冻！

❶**卡内若斯霞多丽葡萄酒（CARNEROS CHARDONNAY）**来自于横跨索诺马（Sonoma）南部顶端和纳帕谷（Napa）的整个产区。那里具有温暖的阳光，因其受到太平洋海风的调和，所以气候冷暖恰到好处。**推荐酒商：**Ramey、Kistler、Beaulieu Vineyard（“BV”）、Cuvaison、Saintsbury、Acacia。每年加利福尼亚气候变化不大，所以购买任何年份的酒都是无风险的。

❷**圣诞芭芭拉霞多丽葡萄酒**来自于加利福尼亚中海岸的温暖产区。这款醇厚丰满、品质一流的霞多丽酒和灰比诺葡萄酒可能是这个产区最成功的两款酒。**推荐酒商：**Au Bon Climat、Cambria、Andrew Murray Vineyards、Firestong Vineyard、Fess Parker、Sage Road Cellars。

❸**纳帕谷的霞多丽葡萄酒**来自于加州最肥沃的中心产区，这个产区气候温暖，在地理位置上位于从卡利斯托加（Calistoga）一直延伸到纳帕受荫蔽的谷底，这是我最喜欢的酒之一。**推荐酒商：**Frog’s Leap、Shafer、Beringer、Chalone Vineyard、Clos du Val、Stags’ Leap Winery、ZD Wines。

品尝训练：微气候

微气候对来自于加利福尼亚的三款葡萄酒的影响

清晨薄雾笼罩的纳帕谷葡萄园

“同样来自于加利福尼亚产区，由相同品种酿造的三款葡萄酒品尝起来感觉怎样？这三者之间都有哪些不同？”

加利福尼亚是美国的第三大州，面积比整个德国都要大。尽管它的面积比较大，但是整个州的气候是相当**一致**的，但是不同产区的葡萄酒之间会有些许**区域差异**。这次品尝的三款酒选自加利福尼亚三个重要的**葡萄酒产区**，这些酒之间**果味特征**的细微不同是由产区当地的**微气候**引起的。

品尝的第一款酒是**卡内若斯霞多丽葡萄酒**。这个产区的温度一向都要比圣诞芭芭拉产区和纳帕谷的其他产区低。因此，那里的葡萄就具有一个**悠长而凉爽的成熟期**，并且成熟的葡萄会具有**较高水平的酸**。葡萄的这些特征都会在酒中体现出来，这款酒具有**干爽的橡木**风格，但不是特别的明显，会让人想起欧洲橡木桶发酵的霞多丽葡萄酒。在口感上会产生**极干的酸感**，但是这种酸感与优雅而不失**强烈的柠檬等柑橘类水果**果味形成了**很好的平衡感**。**微弱**的橡木风味又使这款酒具有一定的欧洲风情，除此之外，这款酒还具有新世界国家葡萄酒产区典型的**成熟**风味。

当你品尝**圣诞芭芭拉霞多丽葡萄酒**时，首先冲击你嗅觉的是一股强烈的**美国新橡木**味，在口感上**醇厚黄油般的香气**也会释放出来。虽然这里的气候会**受到海风的调和**，但与卡内若斯相比，这里的气候**更温暖**更稳定，这里的霞多丽葡萄酒的**果味**特征**更丰富**，而**酸度**水平却要略微**低点**。这款酒还具有可爱的**成熟的热带水果**特征，在**厚重**橡木味的掩盖下还透露出淡淡的**干净清爽的酸感**。

在味觉上**纳帕谷的霞多丽酒**与前两者相比又有所不同，这款酒具有更加深邃强烈的果味特征。纳帕谷最有名的**晨雾**在太阳升起的时候蒸发掉，为葡萄的成熟提供了**温暖、阳光明媚的天气**。在这样的气候条件下，葡萄果实中的糖度快速**增加**，同时**凉爽的夜晚**又保证了酸的积累。这款酒一旦与橡木结合，就会产生比其他两款酒**更加深邃的复杂感**。这款酒具有大量的**成熟桃子般**的水果香，在口感上产生**黄油般的质感**和**干净清爽的酸感**——所有这一切的感觉都来自于同一个酒杯。

美国
加利福尼亚霞多丽葡萄酒（CALIFORNIA CHARDONNAY）

在过去几个世纪里，霞多丽葡萄一直是酿造口感坚实和富含矿物质感的夏布利和勃艮第科多尔（Côte d'Or）产区干酒的资源。然而，至少可以追溯到两代以上，葡萄酒饮用者开始将这个品种与新世界国家尤其是澳大利亚和加利福尼亚口感舒适、果味丰富香甜可口的葡萄酒联系在一起。到目前为止，霞多丽是加利福尼亚最重要的白葡萄品种。现在加利福尼亚有无数的霞多丽葡萄酒生产商和大量不同风格的霞多丽葡萄酒。一些酒具有清爽新鲜的风格，另一些则具有醇厚的咸味奶油硬糖的味道和新橡木桶陈酿产生的香草味，当然，这些酒也有一些相似性。

你可能认为作为一个法国人，我很有可能会对这些酒抱有消极的态度。恰恰相反，我很喜欢这些酒的品质。我喜欢这些来自于加利福尼亚北海岸产区口感丰富的葡萄酒，尤其是索诺马郡（Sonoma）的亚历山大谷（Alexander Valley）产区、俄罗斯河谷（Russian River Valley）产区和白垩山（Chalk Hill）产区。这些酒让我想起品质优良的默尔索干白葡萄酒（见132页）。

当然，其他的产区引起了我的关注，卡内若斯产区是其中之一。这个产区横跨了所诺马郡和纳帕谷，那里雾气包裹的凉爽气候使这款酒比其他加利福尼亚霞多丽酒口感更精致、柠檬酸感更强。优雅、精致的口感和浓郁的风味的完美结合造就了这款酒独特的风格，我觉得这款酒可以与勃艮第著名的皮里尼-蒙哈谢白葡萄酒（见132页）相媲美。

另一个不错的产区是位于三藩市南部的蒙特里（Monterey）产区。吹拂整个山谷的凉爽海风造就了具有强大表现力、光芒四射的葡萄酒。实际上，很多顶级的酒厂位于更著名的产区，例如纳帕谷，具有来自于蒙特里产区长期的葡萄资源，因为那里葡萄品质出众。

色泽 明亮的金黄色，伴随着银色光圈。

香气 精致优雅而复杂的烤苹果香、菠萝香、桃子香和榛子香。

口感 丰满优雅的口感，完美平衡的柠檬酸感和悠长强烈的余味。

购买指南 加利福尼亚的很多葡萄酒产区都具有相对一致的好气候，所以与其他产区相比年份差异不是这个产区考虑的问题。我尤其喜欢索诺马产区的加洛葡萄酒。推荐酒商：Kistler、Marimar Torres、Morgan、Peter Michael和Sonoma-Cutrer。

佐餐 加利福尼亚葡萄酒几乎适合在任何场合饮用。一杯冷冻的加利福尼亚酒是很不错的开胃酒。很多酒可以与新鲜的螃蟹和鲑鱼或者鸡肉和嫩羊肉形成可口的搭配。小胡瓜馅饼也是不错的选择。

另外 将品质优良的加利福尼亚霞多丽葡萄酒的果味风味和结构与俄勒冈产区（Oregon），尤其是威拉梅特谷（Willamette Valley）和华盛顿的霞多丽葡萄酒加以比较。在美国之外，澳大利亚西部产区的霞多丽葡萄酒也可以与之相匹敌。

华盛顿霞多丽葡萄酒（WASHINGTON CHARDONNAY）

除了加利福尼亚，在美国大西洋西北海岸也有很多优良的霞多丽葡萄产区，尤其是在华盛顿州。巨大的哥伦比亚谷（Columbia Valley）的沙漠气候，白天阳光明媚，晚上却异常凉爽，在葡萄成熟过程中昼夜温差变化如此剧烈可以给葡萄果实带来活跃的酸。这种葡萄可以酿造口感丰满而优雅的葡萄酒。这里大多数霞多丽葡萄酒都是物有所值的。

色泽 金黄色，伴随绿色光圈。

香气 复杂强烈的杧果香、红苹果香，经过橡木桶陈酿的还有焙烤香和香草香。

口感 丰满醇厚的口感，复杂的风味与黄油般的质感之间达到了完美的平衡，拥有纯净的余味。

购买指南 我最喜欢的加利福尼亚霞多丽葡萄酒包括以下几种：Château Ste Michelle、Clumbia Crest和Clumbia Winery。

佐餐 可以在社交场合单独饮用或者作为一款开胃酒。这款酒是海鲜和鱼类的最好搭档，当然清淡的素菜也是不错的选择。

另外 如果你喜欢这款酒丰满的质感，你可以品尝一下圣欧班村（St Aubin）、默尔索（Meursault）或西澳大利亚马加列河（Margaret）的霞多丽葡萄酒，甚至来自于南非斯泰伦博斯（Stellenbosch）产区品质更优良的霞多丽葡萄酒。

智利
霞多丽葡萄酒（CHILE CHARDONNAY）

购买智利霞多丽的选择永远都不会错。智利为霞多丽葡萄生长提供了完美的生长环境，尤其是中央谷（Central Valley）产区。那里为葡萄的成熟提供了足够的阳光，同时来自海洋和山脉凉爽的风在谷底相遇有利于葡萄独特风味的形成和酸的积累。成品酒中丰满醇厚的口感和清爽的感觉和谐共存。

霞多丽葡萄酒
Errazuriz酒商

色泽 独特丰富的黄绿色，伴随金色光圈。

香气 柑橘香、苹果香、热带水果（例如菠萝）香、黄油香和香草香。

口感 果味丰富，果味、酸度和酒精度三者之间达到了完美的平衡。

购买指南 风味的复杂程度与酿酒师和产区环境有很大的关系。可以从以下酒商（厂家）寻找品质优良，口感强烈的霞多丽酒：Errazuriz、Casa Lapostolle、Santa Rita和卡萨布兰卡（Casablanca）产区。

佐餐 这款酒可以作为一款开胃酒单独饮用，或者搭配清淡的菜品如色拉、烤鱼或其他白肉等。不要搭配任何口感油腻或烟熏的食品，那样会破坏葡萄酒原有的口感！

另外 如果你是智利霞多丽的拥护者，我建议你还可以品尝一下澳大利亚东南部产区和南非同等价位的霞多丽葡萄酒。

澳大利亚
赛美蓉葡萄酒
（SEMILLON）

澳大利亚的赛美蓉葡萄一般被用做混合品种葡萄酒原料的一部分。在澳大利亚一般选用霞多丽与其一起混合酿造，而在澳大利亚西部的马加列河产区选用长相思代替霞多丽葡萄。那里酷热的骄阳和凉爽的海风相结合，为这两种葡萄的成熟提供了强烈的水果风味。成品酒口感醇厚丰满，具有很好的平衡感。这款赛美蓉-长相思葡萄酒具有与波尔多干白相似的干爽、清新、刺激口感和香草香味。

在澳大利亚另一边的新南威尔士猎人谷（Hunter Valley）产区，酿酒师开发出一些新的独特的（不用混合酿造）赛美蓉品种。在葡萄生长过程中，猎人谷具有与马加列河相似的炎热气候。但是猎人谷产区空气湿度会更高一些，在下午天空中会出现很多云朵，因为这些云朵会阻止葡萄树中水分的蒸发，保证了葡萄果实中风味的积累和香甜口感的形成。猎人谷赛美蓉葡萄酒一般不需要橡木桶陈酿，这

“猎人谷赛美蓉是新世界国家最好的葡萄酒之一。”

是这款酒的另一个典型特征。随着时间的推移，采用新橡木桶发酵和后熟技术酿造这款酒，在这个过程中可以产生丰满复杂的口感。

猎人谷最好的赛美蓉葡萄酒需要陈酿10～20年，陈酿过程中可以产生丰富的融化黄油香味、蜂蜜香和坚果香等风味。如果你喜欢一鸣惊人的霞多丽葡萄酒，那你可能会喜欢陈酿的猎人谷霞多丽葡萄酒，这将是一款很不错的替代品。

色泽　浅金色到柠檬黄色，伴随明显的绿色色调；颜色强度适中或强烈。

香气　显著迷人的菠萝香、苹果香、新鲜烤面包香和蜂蜜香。

口感　强劲丰富的口感、令人惊奇的复杂程度和持久悠长的酸度。

购买指南　品质最好的是陈酿的赛美蓉葡萄酒，年轻的葡萄酒最好放置半年以上再饮用。我喜欢的酒商有Brokenwood、Cullen、Peter Lehmann和Voyager Estate。还一款不得不试的品牌——Tyrell尤其是“Vat 1”。

佐餐　赛美蓉葡萄酒是所有白肉的完美搭档，还可以搭配由青翠新鲜蔬菜垫底的蜜汁鸡肉或者装饰有苹果并撒有鼠尾草香料的烤猪肉饮用。

另外　混合酿造赛美蓉葡萄酒的拥护者一定也会喜欢波尔多干白，而猎人谷赛美蓉葡萄酒的重质感和果味特征则与加利福尼亚的霞多丽葡萄酒极为相似。

西南部产区霞多丽葡萄酒（SOUTHEAST AUSTRALIA CHARDONNAY）

澳大利亚的霞多丽葡萄酒引起了全世界的轰动。大多数的澳大利亚霞多丽葡萄酒都是由来自南澳、维多利亚和新南威尔士不同品种的葡萄酿造的高品质的混合葡萄酒。我个人认为，澳大利亚最好的霞多丽葡萄酒来自于维多利亚。与其他的霞多丽酒相比，这些酒具有更强烈坚实的酸感。并且，这款酒还成功地保持了与其他品质优良的霞多丽酒相似的复杂、精致、优雅风格。

色泽　明亮的麦秆黄色，伴随明显的绿色光圈。

香气　显著的热带水果风味，甜瓜香、菠萝香、新鲜烤面包香和温柏香。

口感　丰满厚重的口感、柠檬酸的存在使整个口感达到完美的平衡，口感持续长度适中。

购买指南　寻找维多利亚的次级产区莫宁顿半岛（Mornington Peninsula）和亚拉谷（Yaarra）的霞多丽葡萄酒。我最喜欢的两个酒商：Coldstr-eam 和Yarra Yering。

佐餐　澳大利亚东南部的葡萄酒一般都很具有吸引力并且很“懒散”，可以在很多场合与很多食品搭配饮用。

另外　将这款酒与来自于澳大利亚西部马加列河产区口感更加丰满的霞多丽葡萄酒一起对比品尝。你也可以选择一款加利福尼亚霞多丽一起品尝，你可以发现这些酒的口感分量是不同的。

西部产区霞多丽葡萄酒（WESTERN AUSTRALIA CHARDONNAY）

南半球另一个顶级的霞多丽葡萄酒产区是澳大利亚西部产区，尤其是马加列河产区。这个产区的霞多丽葡萄酒的酒精度比较高，但是酒精度、成熟的果味、清爽的酸形成了完美的平衡。有的酒在需要在法国橡木桶（一种特殊材料的橡木桶）放置12个月完成后熟，使酒中明显的焙烤香和香草香等风味更完美。

澳大利亚西部产区霞多丽
Leeuwin Estate酒商

色泽　金黄色，伴随银色光圈。

香气　强烈而不失精致的苹果香、桃子香、杏香、柑橘香和香草香。

口感　圆润和谐的口感和强烈复杂的余味。

购买指南　仔细观察酒标上的次级产区是马加列河还是法国的产区。在所有的酒商中，我喜欢的酒商有Leeuwin Estate、Cullen、Vasse Felix和Cape Mentelle。

佐餐　这些酒可以与龙虾、螃蟹、对虾、烤鸡肉和辣香肠搭配饮用。这个产区最好的是陈酿2～5年的霞多丽葡萄酒，便宜的酒最好在一年内饮用。

另外　我很喜欢这款酒的复杂口感，这让我想起默尔索干白葡萄酒和普里尼-蒙哈谢白葡萄酒。这款酒的口感特殊（只要足够贵），很值得品尝一下。

橡木桶对白葡萄酒口感有多大影响

❶ ❷ ❸

❶没有经过橡木桶陈酿的**澳大利亚霞多丽葡萄酒**与橡木桶陈酿的葡萄酒相比，口感更加清新纯净。购买这款酒时，一定要仔细看看前后酒标是否有“unoaked”或“unwooded”字样。**推荐酒商：**Zepenthe、Yalumba、Redbank、Weighbridge（Peter Lehmann）、Chapel Hill、Geoff Merrill。

❷**琼瑶浆葡萄**是法国东北部的阿尔萨斯产区的明星葡萄品种。这款酒很少经过橡木桶陈酿，具有厚重丰满的质感和来自葡萄果实的丰富果味风味。**推荐酒商：**Château d'Orschwihr、Hugel & Fils、René Muré、Domaine Marcel Deiss、Dopff au Moulin、Domaine Schaetzel、Domaine Zind-Himbrecht、Maison Trim-bach。

❸**加利福尼亚霞多丽葡萄酒**因具有强劲的橡木桶陈酿风味而获得好的名声。加利福尼亚葡萄酒有不经陈酿和橡木桶陈酿两种，购买时一定要选清楚，不过，这次品尝需要选口感丰富充满美国焙烤风味的葡萄酒，最好是最近年份的，这款酒的橡木风味比前面两款酒更强劲。**推荐酒商：**Beringer Au Bon Climat、Bell。

“橡木桶陈酿可以增加葡萄酒额外的深邃感和复杂感，但是不破坏葡萄酒的平衡感才好。”

橡木香气既可以来自于**橡木桶**发酵阶段又可以来自于发酵后的橡木桶陈酿阶段或者这两个阶段。因为很多酿酒师都用这种方法处理霞多丽葡萄酒，所以很多人都误认为所有的霞多丽葡萄酒都具有**橡木香味**。如果没什么例外的话，品尝后证明不是所有的霞多丽都具有橡木味！

这次品尝的第一款酒是未经陈酿的**澳大利亚霞多丽葡萄酒**。这款酒是在**不锈钢罐**发酵的，因此不具有橡木风味。这款酒的颜色呈现**浅黄色**并伴随**绿色色调**——这是未经陈酿的迹象。这款酒具有清新、**相当精致**的口感，复杂丰富的**成熟桃子香**和淡淡的**青苹果香、梨香**，味觉上纯净清新，并伴随有**成熟的热带水果香**，例如**菠萝香**和霞多丽葡萄的特征**乳酪香**。

品尝的第二款酒是来自阿尔萨斯的未经陈酿的**琼瑶浆葡萄酒**。这个品种的葡萄具有**丰满油滑**的特性和**芬芳的**香气，所以这种葡萄酿造的葡萄酒即使从不经过橡木桶陈酿也有**丰满而醇厚**的特性。这款酒具有**很深、很强烈的金色**，至少第一眼看上去就有经过了橡木桶陈酿感觉。这款酒充满了**成熟的香蕉和杏的丰富香气**，在口感上产生丰满醇厚的感觉并伴随有显著的**水果香和白花风味**。

品尝的第三款酒是**加利福尼亚霞多丽葡萄酒**，这款酒的**深金色**是橡木桶陈酿的第一证据，当你闻到这款酒的时候就证明你的判断是正确的。这款酒充满了**坚果香、烤面包香**等丰富香气，这是在法国橡木桶中陈酿了30个月的结果。在味觉上产生丰富的**成熟桃子香和热带水果香**，经过橡木桶陈酿的酒增加最明显的是**黄油烤面包的焙烤香**。与前两款未经陈酿的酒相比，这款酒具有**更加复杂**的口感及**更加丰富顺滑**的质感。

澳大利亚
马沙内白葡萄酒（MARSANNE）

澳大利亚维多利亚州的古尔本谷（Goulburn Valley）地区包含了很多马沙内葡萄最古老最大的葡萄种植区。最顶级的葡萄酒商是Mitchelton和Château Tahbilk，这里的每一款酒都有独特的产区特性。Mitchelton的马沙内葡萄酒具有厚重的橡木风味、明显的柠檬香、顺滑丰富的口感，在陈酿之后这些特征尤为突出。Tahbilk的马沙内葡萄酒未经橡木桶陈酿，年轻的时候具有精致的口感，储存一段时间会产生金银花的花香。这两款酒都很值得品尝。

马沙内白葡萄酒
Château Tahbilk酒商

色泽　诱人的深金色，伴随明显的银色光圈。

香气　独特丰富的风味特征，柠檬香、烟熏香、矿物香、榛子香、温柏香和无花果香。

口感　坚实顺滑的质感，酸度适中，复杂优雅而悠长的口感。

购买指南　寻找莫宁顿半岛（Mornington Peninsula）或古尔本谷（Goulburn Valley）产区的马沙内白葡萄酒。这款酒酒龄越老，坚果香气和顺滑质感越明显，这就是这款酒陈酿的特性。

佐餐　这款酒最完美的配餐是白肉或者富有肉感的鱼，例如鮟鱇鱼、金枪鱼，甚至是熟猪肉。饮用前最后倒入醒酒器中，让其与空气充分接触并释放出丰富的香气。

另外　与马沙内葡萄酒相似的酒包括来自法国的口感丰满、成熟的埃米塔日白葡萄酒或者帕普（教皇）新堡干白和澳大利亚猎人谷产区的赛美蓉白葡萄酒。

新西兰
霞多丽白葡萄酒（CHARDONNAY）

新西兰整个国家葡萄酒产区的气候是不同的，所以在这里有很多不同风格的霞多丽白葡萄酒。我的建议是首先品尝来自于不同产区的多款葡萄酒。一旦发现你喜欢的产区之后，再针对这个产区不同酒商的酒进行品尝，找出你最喜欢的一款酒。

岛屿北部的两个温暖的葡萄酒产区奥克兰（Auckland）和北地（Northland）出产的霞多丽葡萄酒具有丰富、成熟、显著的风格特征。东部吉斯本（Gisborne）产区的霞多丽葡萄酒口感舒适而甜美，具有丰富的杏香和甜瓜风味。吉斯本南部的霍克斯湾（Hawke's Bay）是我最喜欢的新西兰霞多丽葡萄酒产区。这款酒具有很好的平衡感、复杂紧实的口感、丰富的桃子和菠萝风味。岛屿南部的霞多丽葡萄酒具有更多的柑橘风味。例如，马尔堡（Marlborough）产区热情高涨的霞多丽葡萄酒具有很好的酸感，与当地世界闻名的索味浓葡萄酒极为相似。中部的奥塔哥（Otago）产区的霞多丽葡萄酒具有丰富的青水果和燧石风味特征。

色泽　浅麦秆黄色，伴随绿色色调。

香气　显著的成熟热带水果香、香草香、奶油面包香和桃子香。

口感　丰满圆润的口感、柠檬酸感与清爽的风味形成很好的平衡。

购买指南　新西兰霞多丽葡萄酒著名的品牌包括：Craggy Range、Kumeu River、Te Mata、Wither Hills和Chard Farm。

佐餐　新西兰霞多丽葡萄酒多变的风格特征注定这类酒可以搭配很多食品饮用。我喜欢搭配烤海鲜或者蔬菜色拉饮用。

另外　将南部岛屿果味丰富、酸度适中的霞多丽葡萄酒与来自于加利福尼亚和澳大利亚凉爽产区的霞多丽葡萄酒对比一下。

新西兰霞多丽葡萄酒能够打败最好白葡萄酒的证据

当你为有兴趣了解更多葡萄酒知识的顾客推荐酒时，这个工作就会变得很有挑战性，因为大多数人认为他们自己可以识别酒。多年之后，我发现几款品尝用酒比较特别，因为人们认为它们具有某种相同的特定的风格，而实际上它们的风格是完全不同的。这增加了品尝的乐趣！用来品尝的葡萄酒之一就是新西兰霞多丽葡萄酒。经过反复的品尝之后，人们还是非常肯定地认为这是一款法国博讷产区干白甚至是普里尼-蒙哈谢干白！实际上，这是一款由霞多丽葡萄酒酿造而成的白葡萄酒，即便是新西兰最好的霞多丽葡萄酒，它的价格也只有博讷产区干白的一半。

琼瑶浆白葡萄酒（GEWURZTRAMINER）

德国单词gewürz的意思是“芳香”，由琼瑶浆葡萄酿造而成的葡萄酒具有显著的芳香特征。新西兰凉爽的气候条件很适合琼瑶浆这个品种的葡萄生长，短的成熟期有助于葡萄酒中复杂果味香气的形成。新西兰大多数的琼瑶浆葡萄栽种在吉斯本产区、霍克斯湾产区和岛屿北部产区。在岛屿南部马尔堡产区生产少量华而不实的琼瑶浆葡萄酒，但这款酒具有很诱人的香气。

色泽 深金黄色到暗麦秆黄色或者浅琥珀色。

香气 独特的矿物香、花香、荔枝香、菠萝香、姜香、坚果香以及香料香。

口感 丰满圆润的口感、柠檬酸感与清爽的风味形成很好的平衡。

购买指南 最好购买最年轻的琼瑶浆葡萄酒，买到岛屿南部口感更复杂、更清新的产品那就更完美了。我最喜欢来自于Villa Maria酒庄和猎人谷产区的产品。

佐餐 搭配辛辣的亚洲食品或环太平洋地区食品饮用。我最喜欢的方式是将其作为一款开胃酒单独饮用。

另外 通常将新西兰琼瑶浆葡萄酒与阿尔萨斯琼瑶浆一起加以比较，这两款酒的结构完全不同，因为它们的酸度不同。你可以自己品尝一下看看。

南非
霞多丽葡萄酒（CHARDOMMAY）

我发现最成功的南非霞多丽既有新世界国家葡萄酒典型的重质感和强烈的果味特征，又有旧世界国家独特的复杂感和矿物香气。一般来讲南非霞多丽葡萄酒是所有低端产品中最值得购买的一款酒。购买一款南非霞多丽葡萄酒，好好品尝。

位于内陆的杰森·罗伯逊（Robertson）产区气候炎热干燥，出产口感粗犷的“澳大利亚风格”葡萄酒；然而，凉爽海岸产区例如康斯坦夏（Constantia）产区出产的葡萄酒风格与勃艮第霞多丽白葡萄酒极为相似。斯泰伦博斯（Stellenbosch）产区的气候条件冷热平衡刚刚好，这个产区位于开普敦（cape town）以东50千米处，是南非葡萄酒的明星产区。斯泰伦博斯（Stellenbosch）产区周围环绕的山脉和大海为葡萄园带来了凉爽的风，平衡了葡萄果实中的果味香气和活泼的酸。另一个著名的地区是奥弗贝格（Overberg）产区，尤其是艾尔金（Elgin）产区和沃克湾（Walker Bay）产区。这里温和的气候（和人们艰辛的努力）形成了霞多丽葡萄酒的经典特征。

霞多丽
Simonsig酒商

色泽 颜色强度不是很强，金色伴随淡淡的绿色。

香气 丰富复杂的蜂蜜香、柠檬香、酸橙香、烤苹果香、香草香和橡木桶的焙烤香。

口感 精致而复杂的口感，余味悠长持久并伴随有淡淡的酸味。

购买指南 南非顶级的霞多丽葡萄酒生产商包括：Bouchard Finlayson、Hamilton Russell、Meerlust、ulserbosch、Simonsig和Thelema。

佐餐 我喜欢把经过适当冷冻的南非霞多丽葡萄酒作为一款夏季开胃酒，当然这款酒与精致的鱼类菜品也可以形成很好的搭配。

另外 将来自海岸产区的高品质南非霞多丽葡萄酒与勃艮第博讷产区的霞多丽葡萄酒对比一下。

“高品质的葡萄酒。最好的产品来自于斯泰伦博斯（Stellenbosch）产区，兼有新世界国家和旧世界国家丰富的风格特征——果味丰富而不失复杂。品质卓越！”

120
Santa Rita
Rose
Sauvignon

桃红葡萄酒

桃红葡萄酒一向不受重视，在过去几十年里，为了市场需求大量生产质量一般的葡萄酒，这一生产理念使桃红葡萄酒的名声受到了极坏的影响。现在，葡萄酒爱好者的态度有了极大的转变，桃红葡萄酒重新找回了适合自己的位置。随着饮用者需求的多元化发展，桃红葡萄酒的品质得到了很大的改善。大多数的桃红葡萄酒都不是由特殊的桃红葡萄品种酿造而成的，而是红葡萄品种，如西拉、歌海娜和黑比诺。甚至颜色更为浓烈的内比奥洛和赤霞珠，也可以酿造新鲜的接近草莓颜色的桃红葡萄酒。提到桃红葡萄酒就会想到地中海周围的葡萄酒产区，最近部分新世界国家的葡萄酒产区自夸自己具有类似的地中海气候，因为拥有地中海气候的产区的葡萄酒很容易受到大家的欢迎。桃红葡萄酒很适合在夏天与朋友随意相聚的非正式场合饮用。

桃红葡萄酒的风格特征

从浅红到深宝石红

一些人认为桃红葡萄酒只是红酒和白葡萄酒简单的混合，极少用特殊的“桃红”葡萄酿造，其实这种观点是错误的！更确切地说，桃红葡萄酒是由红葡萄品种经过著名的“放血法”（译者注：流出葡萄汁以调整汁和皮的比例，流出的葡萄汁可以酿造桃红葡萄酒）特殊技术酿造而成的。这种技术条件下，葡萄汁与皮经过适当的浸渍混合，浸渍很短的时间只让少量的色素进入葡萄之中，这些葡萄汁可以酿造白葡萄酒。如果让皮汁混合时间更长一点，流出的汁颜色越深，酿造的葡萄酒的桃红颜色就会越深。一款好的桃红葡萄酒的颜色应该是明亮的浅或中度玫瑰花瓣颜色，接近浅宝石红色。桃红（尤其是被认为是“玫瑰红”色的）葡萄酒极少是浅桃红色。

地面热量

在法国南部的AOC产区塔维勒（Tavel），土壤中四散分布的大块平坦的石头在白天吸收热量，晚上释放出这些热量，所以这里葡萄的成熟就更加完全；这种生态因素使塔维勒桃红葡萄酒具有浓郁复杂的果味风味，这种风格使其拥有了相当高的价格。

“具有令人兴奋、受人欢迎的果味香气和清新口感的桃红酒为夏季野餐或花园派对增添了‘生活乐趣’。”

赏新悦目的红颜色水果

桃红葡萄酒不需要经历橡木桶后熟阶段，所以总是具有凉爽清新的质感。你还可以发现强烈、浓郁的红颜色水果香气，例如草莓香和悬钩子香，并且这些香气应当是清爽纤细的，并伴随有精致的紫罗兰香和香料香的痕迹。即使如此，桃红葡萄酒仍然被理解为风格轻柔的葡萄酒，只有顶级的佳酿才会展现复杂的风格。贯穿始终的风味特征是果味和清新感，伴随有平衡的柠檬酸味和中度的酒精度和适度的令人愉悦的余味。

并不是所有的桃红葡萄酒都具有轻柔的酒体。来自于法国南部尤其是塔维勒（Tavel）、科比埃（Corbières）（译者注：朗格多克-鲁西永的AOC），邦多勒（Bandol）（译者注：普罗旺斯的村庄名，亦是AOC）和普罗旺斯产区（Côte de Procence）的桃红葡萄酒的酒体就很丰满；其他产区还有意大利（桃红酒称为rosato）、西班牙（桃红酒称为rosado），新世界国家产区著名的有澳大

红葡萄果实，桃红葡萄酒

“红”葡萄的果肉也像白葡萄一样新鲜透明。短时间的与深颜色的果皮接触，使极少量的色素浸到果汁中，几乎没有单宁这个结构感的“脊梁”，因此桃红葡萄酒的口感很轻柔。

利亚、智利和阿根廷等。最轻柔的桃红葡萄酒来自于法国卢瓦尔河谷的桑塞尔产区和加利福尼亚，那里的桃红葡萄酒可能称为桃红葡萄酒。但这两款酒有很大的不同：桑塞尔的桃红酒很干爽、精致，有明显的红加仑香和花香，并且价格比较高。具有香甜口感的偏“白”或桃红增芳德（Zinfandel）是一款容易上口的经典桃红葡萄酒，可以与葡萄牙长盛不衰、令人愉悦的马特乌斯桃红酒（Mateus）和蓝圣斯（Lancers）葡萄酒相媲美。

品尝足迹

如果你喜欢口感轻柔、容易上口的桃红葡萄酒，那么你就应该购买法国卢瓦尔河谷出产的桃红葡萄酒，例如**安茹桃红（ROSÉ D'ANJOU）**。**桑塞尔**的桃红葡萄酒也具有轻柔的结构，但是这款酒的口感更干爽、更复杂。如果你喜欢丰富口感的桃红葡萄酒，你可以尝试一下来自于**西班牙拿瓦拉（NAVARRA）产区**强劲、展现宝石般光彩的**歌海娜**桃红葡萄酒、具有新鲜果味的智利**赤霞珠**桃红葡萄酒或者充满活力的澳大利亚巴罗萨（Barossa）河谷的**歌海娜**桃红葡萄酒。最顶级的一款是来自于法国**塔维勒**产区的具有惊人复杂口感的桃红葡萄酒。

佐餐 饮用前经过适当的冷冻，如果你在进餐的时候饮用，最好在整个用餐过程都保持酒的低温。桃红葡萄酒是一款夏季饮用的酒，很适合朋友相聚烧烤时饮用，也可以作为开胃酒，作为一餐清淡午餐的序幕。因为其不受重视的形象，挑选佐餐时，桃红葡萄酒往往被忽略。然而，顶级的桃红葡萄酒，例如塔维勒桃红酒可以与色拉、意大利面和比萨，甚至是添加咖喱或其他香料的食品形成完美的搭配。

饮用还是储藏

桃红葡萄酒一般都在年轻时饮用，通常越年轻越好。桃红葡萄酒的收藏期最好不要超过两三年，陈酿会让葡萄酒明亮的桃红颜色转化成不吸引人的洋葱褐色。不要试图购买陈酿的桃红葡萄酒，即使是看起来很便宜。

法国
普罗旺斯产区桃红葡萄酒（COTE DE PROCENCE）

普罗旺斯的桃红葡萄酒具有的一点乐趣——让我想起这个世界最美丽的地方阳光明媚的天气。普罗旺斯是法国南部产区面积最大的AOC产区，覆盖了地中海海岸的大片区域。

当地桃红葡萄酒的酿造首选歌海娜葡萄和神索（Cinsault）葡萄，并且这些酒具有干爽、轻柔和清新的口感。最好直接从葡萄园购买，至少也是在当地。普罗旺斯的桃红葡萄酒世界闻名，就算是便宜货也极少令人失望。较高品质的桃红葡萄酒稍稍有点贵，品尝一下来自普罗旺斯第二大AOC产区艾克斯区（Coteaux d' Aix en Provence）的桃红葡萄酒，这个产区只是一个小岛，位于普罗旺斯遥远的西部。当然瓦尔区（Coteaux du Varois）也是不错的选择。

色泽 从浅桃红色到橙红色不等，有时候甚至是浅橙色。

香气 丰富多彩的香气，通常具有香草（麝香草、莳萝）香、花香和红色水果香。

口感 干爽的果味口感，活泼欢快而凉爽。

购买指南 购买最近年份的普罗旺斯桃红葡萄酒，可以试一下以下酒商的产品：Clos St Magdeleine、Château de Pampelonne和St Roch les Vignes。

佐餐 饮用之前经过适当的冷冻，可以与传统的普罗旺斯菜品搭配，如加蒜和涂抹橄榄油的烤番茄、烤柿子椒。

另外 将这些酒充满活力的果味口感与法国南部其他产区的桃红葡萄酒比较一下。

邦多勒桃红葡萄酒

普罗旺斯好的桃红葡萄酒口感是相当丰满的。这款酒浓重的颜色来自于当地的品种慕合怀特（Mourvèdre）葡萄；添加歌海娜葡萄或神索葡萄混合酿造，给酒带来丰富的果味特征并且可以减弱酒的单宁感。

色泽 明快的颜色，分布从深桃红色到浅宝石红色不等。

香气 纤细令人愉悦的草莓香、干香草香和明显的香料香。

口感 口感坚实却不失优雅，具有清新的结构，悠长复杂的余味。

购买指南 尝试一下以下酒商的产品：Châteaux J.P. Gaussen、Pibarnon和Domaine du Pey Neuf。

佐餐 与邦多勒桃红葡萄酒搭配的理想菜品有海产品或普罗旺斯鱼汤。辛辣的食品和烤蔬菜也是不错的选择。

另外 可以将这款酒与贝尔热拉克（Bergerac）（译者注：西南产区AOC）桃红葡萄酒比较一下彼此的结构感或与智利的赤霞珠比较下果味强度。

塔维勒/利哈克桃红葡萄酒

塔维勒是地中海末端罗讷河谷地区的一个小AOC产区，离帕普（教皇）新堡（Châteauneuf-du-Pape）不远。这个产区热情的红酒占主导地位，而塔维勒产区只生产桃红葡萄酒。实际上，到20世纪中期，塔维勒就成了世界上最著名的桃红葡萄酒产区。塔维勒的桃红葡萄酒仍然是法国最好的。对除了塔维勒之外的其他桃红葡萄酒来说，好的葡萄酒都具有丰满的结构、浓郁的果味特征和悠长持久的余味，并伴随有清爽的质感。

塔维勒桃红葡萄酒的原料主要是歌海娜葡萄和神索葡萄，这款酒的口感是极干的。这款酒具有花香、果味香、香料香和坚果香。充满活力的颜色分布从明亮的桃红色到宝石红色甚至是陈酿的红棕色。独特的颜色、活跃的香气和果味风味，这些风味特征的产生都是采用二氧化碳浸渍技术的结果。这是一个葡萄酒酿造技术，葡萄的破碎是靠自重（而不是传统的压榨破碎），让每个葡萄果实都开始自己的发酵过程，就像一个微型的葡萄酒厂。

塔维勒一款最为顶级的桃红葡萄酒，价钱稍稍有点高。另一款可以替代的葡萄酒是塔维勒北部的利哈克AOC产区。利哈克产区的桃红葡萄酒也具有丰满的酒体，舒服的桃红色，浓郁的红颜色水果香气和杏仁香。如果你想尝试里哈克的桃红葡萄酒，不妨顺便品尝一下口感醇厚的红酒，只是一款相当值得购买的罗讷河谷南部有名的葡萄酒。

色泽 浅玫瑰红色，透露出些许丁香的紫意；陈酿的酒呈现红棕色。

香气 精细复杂的花香、蜂蜜香和红颜色水果的浓郁的清新感。

口感 很好的结构感，柔顺、清新、干爽的口感和令人愉悦的圆润余味。

购买指南 购买年轻的塔维勒或利哈克桃红葡萄酒，在所有的葡萄酒商中，我个人推荐：Châteaud'Aqueria、Domaine de la Mordorée和Domaine Pélawuié。

佐餐 我很喜欢搭配尼斯色拉或烤海产品肉串饮用经过适当冷冻的桃红葡萄酒。

另外 可以将塔维勒或利哈克桃红葡萄酒的果味风味和重质感以及口感与西班牙拿瓦拉产区的桃红葡萄酒对比一下。

少年时在塔维勒学到的关于气候、土壤和传统的知识

当我14岁的时候我就听说过塔维勒！那次的参观是由塔维勒产区的Confrèrie des Vins组织的葡萄酒培训课程的一部分。我记得观察了葡萄园土壤的干燥程度和白垩化程度，我们看到葡萄园里布满了很多大块的平坦石头，这些石头白天吸收热量，夜晚缓慢地释放出这些热量，这是葡萄酒独特风格特征形成必不可少的因素。在参观的最后，作为同行，我被邀请参加了一个在安危尼翁市（Avignon）举行的传统庆典。这次的参观教会我土壤和气候在影响葡萄酒风格上的重要性，传统习俗在保证葡萄酒尤其是一款伟大的类似塔维勒的葡萄酒品质和风格方面的重要性。

法国

安茹桃红葡萄酒（ROSÉ D'ANJOU）

安茹位于卢瓦尔河谷的西部，是两款不同风格桃红葡萄酒的故乡。第一款酒，安茹桃红，由几个品种葡萄混合酿造而成（包括佳美、品丽珠、赤霞珠），这款酒具有轻柔清新的口感；第二款酒，安茹解百纳，也很清新，但是与前者相比具有更浓郁更复杂的口感。由品丽珠和赤霞珠葡萄混合酿造而成，这款酒具有很好的平衡感，且透露出些许甜意。

色泽 诱人的浅桃红或中度桃红颜色，伴随明显的银色光圈。

香气 迷人芳香的破碎浆果香、花香和优美的香料香。

口感 果味优雅的口感，凉爽清新的酸感和悠长愉悦的余味。

购买指南 一定要仔细观察葡萄酒标签，这两款酒有很大的不同。对我个人而言以下酒商还是不错的：Langlois Château、Domaine Ogereau和Château de Fesles。

佐餐 安茹桃红酒可以与烧烤或任何猪肉制品形成完美的搭配。还可以搭配海产品、色拉或烟熏三文鱼。

另外 安茹桃红葡萄酒的风格与普罗旺斯产区的风格相似，将其与一些新世界国家的桃红葡萄酒一起对比品尝一下，与安茹桃红葡萄酒相比，这些酒具有更重的质感。

桑塞尔桃红葡萄酒（SANCERRE）

桑塞尔最有名的是选用长相思葡萄酿造而成，具有清爽口感的白葡萄酒。然而，桑塞尔桃红葡萄酒在法国也是相当有名的。这款酒由黑比诺葡萄酿造而成，具有轻柔凉爽的口感和浓郁的果味香气。桑塞尔的名气会使葡萄酒的价格比较高。仔细地观察酒标保证选择好的葡萄酒商；有时酒标上会有葡萄酒的品质信息。

色泽 浅桃橙色，伴随微弱的淡紫色调。

香气 强烈精致的红颜色水果香、香料香和明显的香草味、皮革味。

口感 清爽精致的口感，和谐的果味和酒精度，悠长复杂的余味。

购买指南 这里有大量的葡萄酒生产商，所以购买时你一定要仔细，这些酒不一定都是高品质酒。推荐酒商：Langlois Château、Domaine Ogereau、Chateau de Fesles-J.M.Roger、Lucien C和Vincent Pinard。

佐餐 不要搭配口味重的食品。你会发现这款酒与色拉、烤鱼，例如黑线鳕鱼，甚至是烤鸡都可以形成不错的搭配。

另外 桑塞尔桃红葡萄酒与其他的由歌海娜或西拉酿造而成的法国桃红酒不太一样，一般采用的是黑比诺葡萄。你可以将其与其他来自于汝拉或意大利的黑比诺桃红酒比较一下。

科比埃桃江葡萄酒
Château du Vieux Parc酒商

科比埃桃红葡萄酒（CORBIÈRES）

这个产区的桃红葡萄酒具有迷人的品质！位于法国南部朗格多克-鲁西永地区的一个地毯式的角落，那里的气候变化比较一致，栽种的红葡萄品种包括神索、佳丽酿（Carignan）和西拉。这个最大的次级产区最有名的是口感醇厚的红酒，并且这些葡萄酒的品质每年都有改善。当然，清爽果味十足的桃红葡萄酒也不容忽视。它们是葡萄酒杯里的夏天。

色泽 明亮的深粉红色到浅紫色，伴随银色光圈。

香气 年轻芬芳的风味，伴随草莓、悬钩子和乌板树浆果的味道。

口感 洁净清爽的口感，中度重感和适度的平衡酸感。

购买指南 不要试图寻找“精细品质”的任何酒，在这个荒凉的村庄没有很多高档的酒商。我个人很喜欢：Château du Vieux Parc和Domaine de Fontsainte。

佐餐 我喜欢搭配玉米糕饮用。黑橄榄油的法式橄榄酱或添加香料的香肠也是不错的选择。

另外 将科比埃桃红葡萄酒与鲁西永产区或菲图的桃红酒一起品尝，这些酒具有相似的风格特征。

朗格多克产区桃红葡萄酒（COTEAUX DE LANG-UEDOC）

这是法国最古老的葡萄种植区，也是当前几款很受欢迎的红酒生产基地。这里也是生产具有轻柔口感的桃红葡萄酒的重要产区，这里的桃红葡萄酒具有赚钱的潜力。在延伸下去的法国南部地区有很多次级产区，我尤其喜欢尼姆区（Costières de Nîmes）精致芬芳的桃红葡萄酒。就算是普通的酒标，朗格多克AOC产区的桃红葡萄酒极少令人失望。

色泽 深粉红色到浅紫色，与红赤土砖瓦颜色相比有细微差别。

香气 精致的风味，樱桃香、红果实香，伴随淡淡的花香味道。

口感 轻柔清新和令人愉悦的口感及悠长干净的余味。

购买指南 朗格多克是一个日渐重要的葡萄酒AOC产区，具有生产惊人品质葡萄酒的潜力。Château du Moujan和Château Creissan是最好的葡萄酒生产商，现在优良品质葡萄酒商的名单还在不断扩展。

佐餐 这些桃红葡萄酒具有轻柔和活泼的风格特征。饮用前经过适当的冷冻，并且在年轻时饮用。可以在野餐和比萨派对时饮用，炖肉和乳脂菜品也是不错的选择。

另外 如果你喜欢朗格多克的桃红葡萄酒，你可以选朗格多克产区附近其他AOC产区的桃红葡萄酒，这样就算选错了，也不会错得很离谱。

鲁西永产区桃红葡萄酒（CÔTES DU ROUSSIL-LON）

这个产区是一个真正的桃红葡萄酒优良产区的代表：这里的每一款桃红葡萄酒几乎都具有优良的品质。这里最好的桃红葡萄酒具有强烈、深邃的颜色和明显的芳香，它们是地中海阳光赋予的最好礼物。然而，你购买桃红葡萄酒时，注意不要购买酒标上标有鲁西永村庄的酒。这款酒很值得购买，但是你买到的往往是一款红酒。酒标上只有一字之差，葡萄酒却有很大的不同。

色泽 明亮、迷人的鲜粉红色，有时候会伴随有洋葱皮的色调。

香气 优雅、充足的风味，樱桃香、草莓香和覆盆子香。

口感 很好的结构感，清新干爽的酸感，强烈的果味香气和悠长持久的余味。

购买指南 寻找合作联盟组织生产的桃红葡萄酒。这些酒厂动力十足，能够生产出最迷人的桃红葡萄酒。当然Château du Jau和Château de la Caseove这两个酒庄的酒也是不错的。

佐餐 尝试搭配海产品或烤鱼饮用。它们丰满的结构决定了红肉也是不错的选择。在我看来与辛辣食品也会形成不错的搭配。

另外 如果你喜欢鲁西永产区深桃红颜色的葡萄酒，你也可以品尝一下新世界国家的赤霞珠桃红葡萄酒或者法国的邦多勒（Bandol）甚至是塔维勒（Tavel）桃红葡萄酒。

意大利

托斯卡纳桑娇维塞桃红葡萄酒（TUSCAN SANGIOVESE）

桑娇维塞葡萄酿造的桃红葡萄酒具有很好的柠檬酸框架。托斯卡纳产区的桃红葡萄酒基本上可以分为两种不同风格，这两种酒都是干酒。第一种风格，至少由85%的桑娇维塞葡萄酿造而成，典型代表是Cipresseto。这款酒具有清爽、领先而轻柔的风格。第二种风格，典型代表是位于托斯卡纳海岸上的博尔盖里（Bolgheri）桃红葡萄酒，这款酒是由桑娇维塞葡萄与赤霞珠葡萄、美乐葡萄混合酿造而成，风格上更为紧致和优雅。

托斯卡纳桑娇维塞桃红葡萄酒
Antinori酒商

色泽 明亮、迷人颜色，颜色分布从淡玫瑰红色到深粉红色不等。

香气 年轻的风味，大量的红果实香、甜香料香和明显的紫罗兰香。

口感 干爽平衡的结构感，和谐而令人愉快，明显的果味余味。

购买指南 这个产区生产桑娇维塞桃红葡萄酒的酒商很多，因此这种酒的品质也是多变的。找到好的酒商是至关重要的一件事情，我推荐Antinoti、Avignonesi和Guado al Tasso。

佐餐 两种风格的桑娇维塞酒都适合搭配清淡的食品饮用。比萨和意大利面就是不错的选择，尤其是葡萄酒经过适当的冷冻，这种搭配就更加完美了。

另外 尝试与来自意大利北部或西班牙里奥哈的桃红葡萄酒一起对比品尝，这几款酒具有相似的强烈果味香气。也可选择一款新世界国家的赤霞珠桃红葡萄酒对比品尝。

VIGNELAURE
Grand Vin
de Provence

品尝训练：葡萄品种

葡萄品种对桃红葡萄酒的口感有怎样的影响

❶ ❷ ❸

❶众所周知，**桑塞尔**是法国卢瓦尔河谷一个盛产著名白葡萄酒的产区，但是这个AOC产区也适合生产具有精致颜色和风格的桃红葡萄酒，这些酒是由黑比诺葡萄酿造而成的。要找到一款桑塞尔桃红葡萄酒非常不容易，但是这里好的葡萄酒商生产的桃红葡萄酒还是很值得去寻找的。**推荐酒商**：Jean-Max Roger、Vincent Pinard、HippolyteReverdy、Lucien Crochet、Henri Bourgeois。

❷法国南部靠近尼斯市的**普罗旺斯产区**，出产具有盛名、广受葡萄酒爱好者欢迎的桃红葡萄酒。这些酒通常是由歌海娜葡萄和西拉葡萄酿造而成的，通常装在一个具有独特光滑曲线的酒瓶中出售。在我推荐的酒商中不包括便宜的酒，为了购买到顶级酒商的酒，品尝到这个AOC产区的经典风味，多花费一点还是很值得的。**推荐酒商**：Château Vignelaure、St RochlesVignes、Domaines Ott、Château de la Roquefort、Domaine Richeaume。

❸**邦多勒**也是法国南部的产区，这里盛产口感丰满的桃红葡萄酒，这些酒一般都是由充满活力的慕合怀特（Mourvèdre）葡萄酿造而成，这些酒适合短期的陈酿。**推荐酒商**：Domaine de Terrebrune、Château de Pibarnon、Château Pradeaux、Domaine Tempier。

“我们选择葡萄酒时，颜色是备受青睐的一个因素，当你参观桃红葡萄酒酒架时，首先让你感到震撼的是各种不同的颜色。”

桃红葡萄酒的颜色和口感之间**没有直接的关系**。酿酒师**决定了葡萄酒的颜色**，颜色的深浅是由葡萄浸渍时间长短决定的，但是酒的风味取决于葡萄品种。大多数葡萄酒的**果味风味物质**存在于葡萄皮中，单宁和色素物质也是如此。选用红葡萄酿造桃红葡萄酒与酿造红酒相比，浸渍时**时间更短一些、温度更低一点**，所以产生的颜色是**桃红色而不是红色**，并且没有单宁浸提出来。

我们品尝的第一款酒是黑比诺葡萄酿制而成的**桑塞尔桃红葡萄酒**。这款酒具有淡淡的**水煮马哈鱼的肉桃红**颜色和清新的**蓝莓树浆果香和树莓香**。在口感上产生新鲜精致的**红色浆果的果味**香气，最重要的是，没有单宁味。大致上来讲，这是一款**余味干爽**，口感**轻柔**、**舒适**而不失**经典**的葡萄酒。

第二款酒是由经常用来酿造颜色深红的干红葡萄酒的**歌海娜**葡萄酿制而成的**普罗旺斯产区**桃红葡萄酒。为了酿造桃红葡萄酒，葡萄要在**低温**条件下浸渍，因而在发酵前获得适当的**果味特征**。歌海娜葡萄的颜色可以很容易浸渍出来，因而生产颜色**更深**的桃红葡萄酒，在颜色上呈现**树莓的桃红**颜色。与桑塞尔桃红葡萄酒相比，在味觉上歌海娜葡萄给这款酒带来了**成熟的草莓果酱味**，成熟的草莓香味和淡淡的**太妃糖和香草味**。

品尝的第三款酒是慕合怀特葡萄酿造的**邦多勒**桃红葡萄酒。**慕合怀特**葡萄的颜色**很深**，在法国经常用来酿造口感结实的干红葡萄酒。然而这款酒在酿造过程中浸渍时间更短，因而其颜色比普罗旺斯产区的酒**颜色更浅**。这款酒具有**太妃糖和红颜色果实**的香味，在口感上产生轻柔清新的感觉，并伴随有**树莓香**和**淡淡的香草香和胡椒香**，这两种香气都是这个品种葡萄的特征香气。

希腊

尼米亚桃红葡萄酒（NEMEA）

一般大多数人都不会选择希腊的桃红葡萄酒，但是年轻的酿酒师正在努力地创造具有真正优良品质的富含果味的桃红葡萄酒。尼米亚产区位于伯罗奔尼撒半岛（Peloponnese）山脉之间，尼米亚产区具有生产优雅个性桃红葡萄酒的潜力。这款酒主要是由希诺玛洛（Xynomavro）和阿吉欧吉提可（Agiorgitiko）两种葡萄酿造而成。这个产区最好的桃红葡萄酒具有清新、轻柔的口感特征，陈酿6～12个月后是最佳的饮用时间。

色泽 明亮的颜色，中等强度，从浅到深的橙桃红色。

香气 芬芳的草莓香、石榴香和森林野生水果的香味。

口感 清爽平衡的结构感；和谐而令人愉快，纯净的酸感和悠长的余味。

购买指南 我推荐你品尝一下以下酒商生产的酒：Ktima Kosta Lazaridi、Strofilia和Domaine Porto Carras。

佐餐 这款酒与希腊乳酪可以形成不错的搭配，在阳光明媚的阳台上搭配比萨饮用，效果会更好。

另外 尝试与安茹桃红葡萄酒、桑塞尔桃红葡萄酒或者意大利桃红葡萄酒对比饮用，这几款酒具有相似的重质感，比新世界国家的桃红葡萄酒要轻柔得多。

那瓦那桃红葡萄酒
Bodegas Ochoa酒商

西班牙

那瓦那桃红葡萄酒（NAVARRA）

喜欢桑格利亚酒（译者注：西班牙一种由果汁、葡萄酒等混合而成的甜饮料）的人一定也会喜欢这款酒。它具有很好的结构感和丰满的风味。在这个产区，歌海娜葡萄发酵产生很深的桃红颜色和清新干爽的风格。然而在临近的里奥哈产区繁荣昌盛的阴影笼罩下，这款酒要得到认可还是需要付出很大努力。这款酒风格强烈，具有淡淡的香甜风味和较高的酒精度。总的来说，是一款物超所值的酒。

色泽 深的宝石桃红色，并透露出些许洋葱皮的紫意。

香气 香味复杂醇厚而优雅，森林水果香、黑莓香、香草香和香料香。

口感 口感丰满醇厚却不失清爽；红果香和平衡的酸感，余味悠长。

购买指南 在所有的顶级酒商中，我向你推荐：Bodegas Ochoa、de Sarrla & Coopsan Roque、Lazaridi、Strofilia和Domaine Porto Carras。

佐餐 这款酒很适合在夏天的派对饮用，先由餐前小吃开始，随后是传统的西班牙炒饭（译者注：一种用藏花油加香料炒的鸡丝海味什锦炒饭，或猪、牛肉什锦炒饭）。鱼也是不错的选择，如鲻鱼、普罗旺斯鳕鱼。

另外 澳大利亚歌海娜桃红葡萄酒和智利解百纳桃红葡萄酒与这款酒有很多相似之处：丰富的果味特征和温和的香料香。

里奥哈桃红葡萄酒（RIOJA）

里奥哈一直是西班牙主要的葡萄酒产区，但是在最近几年，才获得了世界范围的认可。里奥哈的桃红葡萄酒主要是由歌海娜葡萄酿造而成的，这款酒具有丰满圆润的口感和丰富的果味特征。虽然具有醇厚的质地，这款酒仍然成功地保持了产生明显清新感的适度酸。如果你坚持购买顶级酒商的酒，你一定要确定这款酒风格和品质的一致性。

色泽 深邃明显的玫瑰红色，并透露出些许宝石红色。

香气 年轻精致的香气，明显的野生红果香、草莓香和樱桃香。

口感 新鲜丰满的风味，淡淡的质感，纯净悠长的余味。

购买指南 我向你推荐：Lopez de Herdia、Marques de Caceres和Valdemar。最好的合作机构也是很值得考虑的。

佐餐 适当冷冻之后在阳台搭配橄榄饮用是一个不错的搭配，与节日庆典上瘦肉干和炖肉搭配饮用也可以形成可口的搭配。

另外 将里奥哈桃红葡萄酒精致的果味香气与更芬芳清香的卢瓦尔河谷风格的葡萄酒代表——希农（Chinon）、安茹甚至是桑塞尔一起对比品尝下。

葡萄牙
桃红葡萄酒
(PORTUGUESE ROSÉ)

葡萄牙两款最有名的桃红葡萄酒是Mateus和Lancers。Mateus桃红葡萄酒出产自葡萄牙北部产区，主要是杜罗河（Douro）和百利达（Bairrada）产区。Mateus桃红葡萄酒是一款略有气泡的半甜葡萄酒，这款酒是由巴加葡萄（Baga）、杂交葡萄（Bastardo）和国产多瑞加（Touriga Nacional）葡萄混合酿造而成。Lancers桃红葡萄酒出产自相同的产区，选用与Mateus相同的葡萄混合酿造而成。这款酒具有少许的花香、红水果香和轻柔的酒体结构。

色泽 淡淡的桃红色（Mateus），深桃红色，并透露出些许橙红色调（Lancers）。

香气 有限的红果香伴随淡淡的花香、葡萄香和桃子香。

口感 轻微的气泡感，果味清新的口感，拥有不是太甜且迷人的余味。

购买指南 在最近几个世纪，这款酒开始向世界市场扩展。这个成功来自于对区域性口味的迎合：为了迎合国际上不同的市场酿造出不同甜度的葡萄酒。

佐餐 这是一款开胃酒，可以搭配辛辣的亚洲食品和墨西哥菜品饮用，烧烤和烤肉也是不错的选择。

另外 大量商业葡萄酒的生产是开发世界桃红葡萄酒的起点。如果你喜欢这款酒活跃的果味特征，我建议你品尝一下法国普罗旺斯产区的桃红葡萄酒。

葡萄牙桃红葡萄酒
Mateus

美国
西拉/歌海娜桃红葡萄酒
(SYRAN/GRENACHE)

西拉和歌海娜葡萄是法国罗讷河谷的葡萄品种，现在已经在加利福尼亚葡萄酒产区扎根生长了。这两个品种都能适应加州温暖干旱的气候，产生醇厚、美味的果味香气。大多成熟的葡萄都用来酿造酒体丰满的红酒，在过去10多年里，加州的红酒已经获得了世界的认可和追捧（喜欢这种风格的生产商和消费者称自己为“罗讷河谷的追随者”）。这些品种葡萄也可以酿造迷人、美味的桃红葡萄酒，这款酒的颜色强烈，富含一系列果酱的风味。

像红酒一样，这款桃红葡萄酒也具有丰满的酒体和相当高的酒精度，这使其可以与很多食品搭配，包括各种烤肉等。事实上，我认为这些品质优良、口感和谐平衡的桃红葡萄酒可以作为很多轻柔红酒的替代品。尽管功能多变，这些酒仍然可以与流行的增芳德白葡萄酒（见162页）相媲美。加利福尼亚桃红干酒的发展仍然处于成长期，但是它们的发展迅速，并且展现出令葡萄酒世界轰动的巨大潜力——所以请时刻关注它们的发展。

歌海娜桃红葡萄酒
McDowell酒商

色泽 优美清雅的深桃红色，伴随暗宝石红色的色调。

香气 强烈年轻的樱桃香、黑莓香和红色夏季水果香。

口感 很好的结构感和和谐的平衡感；醇厚丰富的风味和合适的余味。

购买指南 购买最近年份葡萄酒厂的酒来饮用，如Bonny Doon、Eberle、McDowell和Dehlinger。

佐餐 我认为这些桃红葡萄酒适当冷冻后可以搭配辛辣的亚洲菜品饮用，烤肉肠和清爽新鲜的蔬菜色拉也是不错的选择。

另外 尝试将这些活跃、充满风味的葡萄酒与来自于南美和澳大利亚年轻的桃红葡萄酒一起对比品尝。

“美国人做事从来都不会半途而废，他们酿造的西拉和歌海娜桃红葡萄酒也不例外——这些口感强烈的葡萄酒爆发出真正的力量！”

美国
白增芳德葡萄酒（WHITE ZINFANDEL）

在美国，增芳德这个伟大的红葡萄品种用来酿造命名为白增芳德的桃红葡萄酒或者“玫瑰红”葡萄酒，这些酒在20世纪80年代很流行。香甜并有少许气泡，这款酒的主要目的是占领年轻人的消费市场。这款酒的口感不太复杂，不适合行家饮用。然而，如果经过适当的冷冻，它可以其特有的方式将自身的迷人友善的特性完全展现出来。这款酒很适合喜好甜食的人饮用。

色泽 色彩明亮，颜色呈现极浅的桃红色，只有一点点“红”色。

香气 有限的桃子香、柠檬香和红色水果（树莓、草莓）果酱香。

口感 轻柔的气泡感在味觉上产生香甜的感觉；悠长并伴随有柠檬香的余味。

购买指南 极少葡萄酒商准备以这款酒为自己赚取名誉，但是仍然有一些顶级的名字，如Sutter Home、Buehleg Vineryards、Beringer（Stone Cellars）和Cutlercreek。

佐餐 这款酒很难搭配食品，因为它太甜了。我将为其搭配芳香的食品，但是味道不能太重。金枪鱼色拉也是不错的选择。

另外 如果你喜欢这款酒的香甜，那么我推荐你品尝一下葡萄牙的Mateus桃红葡萄酒。我更加倾向于为你选择普罗旺斯产区的桃红葡萄酒一起品尝。

阿根廷
桃红葡萄酒（ARGENTINIAN ROS）

分别由马尔贝克葡萄(Malbec)和托隆特斯葡萄（Torrontés）酿造而成的阿根廷著名的红酒和白葡萄酒，在世界范围内取得了很大的成功。但是红酒和白葡萄酒的成功反过来抑制了桃红葡萄酒的发展。除了满足当地的需求外，阿根廷的酿酒师一般对桃红葡萄酒的生产采取抵制的态度。

阿根廷桃红葡萄酒
Trapiche酒商

哪个品种适合酿造阿根廷桃红葡萄酒？赤霞珠酿造的新鲜的桃红葡萄酒具有清爽的酸感和许多成熟水果的风味。用于酿造阿根廷红葡萄酒的马尔贝克葡萄将来可能会用于酿造桃红葡萄酒。马尔贝克桃红葡萄酒的口感是强劲的而不是精致的，具有樱桃和树莓的水果香气。这款酒酒体丰满多汁，风格丰富而令人满意。阿根廷的酿酒师也尝试用美乐来酿造桃红葡萄酒，这款酒具有些许甜意。谁会想到桃红葡萄酒已经流行起来了！

色泽 颜色分布从丰富的深桃红色到浅宝石红色不等。

香气 芳香的樱桃香、树莓香和香料香。

口感 轻柔或适度的酒体，极为顺滑的余味。

购买指南 尽量在年轻的时候饮用这些桃红葡萄酒，收获一年之内是这些酒的最佳饮用期。需找以下酒商生产的桃红葡萄酒，如TrapIche和Catena。

佐餐 这些就很适合在夏季的晚上品尝，当然这些酒在野餐的时候也很受欢迎。

另外 将这些酒活跃的果味香气和风味与临近智利的桃红葡萄酒对比一下。

很值钱的门多萨（Mendoza）葡萄酒——在障碍上的新发展

阿根廷最好的葡萄酒产区是门多萨地区。当你参观门多萨的时候，你就会知道它有多特别了，这里平地的炎热和矗立在后方的安第斯（Andes）山脉的凉爽达到了完美的平衡。在20世纪90年代，阿根廷葡萄酒还鲜为人知，现在那里出产的伟大的高品质的红酒很值得购买。我参观过门多萨产区的一些小葡萄园，例如San Rafael和San Juan，那里的酿酒师开始用红葡萄品种（赤霞珠和美乐）酿造丰满的桃红葡萄酒。很高兴在为午餐的凉肉搭配轻柔红酒之前，我品尝到了这些桃红葡萄酒。

智利
赤霞珠桃红葡萄酒（CABERNET SAUVIGNON）

智利人用赤霞珠葡萄成功酿造了可口清新充满果味的桃红葡萄酒。这些酒具有轻柔的质感和丰满的结构及大量的清新浆果风味。饮用这些酒就像喝纯果汁一样！它们都具有优良的品质，都很值得购买。

色泽 丰富的深桃红色，具有明显的宝石红色光圈；颜色强度也很好。

香气 令人愉悦而年轻的红色水果香和柑橘类水果香。

口感 口感醇厚而圆润；清新和谐令人愉悦的口感，适度舒适的余味。

购买指南 这些酒都是值得购买的？我最喜欢的酒商有Santa Rita、Undurraga和Caliterra。

佐餐 这是一款放松午餐的有趣选择，也可以作为忙碌一整天后补充能量的饮料。这款酒与烧烤或烤肉类或炖鱼都可以形成很好的搭配。

另外 如果你喜欢这款桃红酒舒适的浆果香味，那你可以品尝一下任何一款新世界国家的赤霞珠桃红酒。

歌海娜桃红葡萄酒
Geoff Merrill酒商

澳大利亚
歌海娜桃红葡萄酒（GRENACHE）

澳大利亚炎热的气候很适合酿造果味丰富、口感活跃清新的桃红葡萄酒。最好的代表是来自于南澳巴罗萨谷（Barossa Valley）的歌海娜桃红葡萄酒 。这些酒在味觉上产生活泼的果味香气。这款酒风格之所以如此特别，那是因为酒中的酸度和酒精度达到了完美的平衡。

色泽 玫瑰花瓣的深桃红色，具有微弱的银色光圈。

香气 芬芳清新的草莓香、樱桃香和香草香。

口感 新鲜清新而强烈的口感和清爽的酸感和舒适的余味。

购买指南 可以尝试一下这些小品牌的酒：Geoff Merrill、Turkey Flat和Mount Hurtle。

佐餐 这些葡萄酒口感清新，可以单独饮用，也可以搭配烤虾和烤牛排饮用，简直是太美味了！

另外 将这款酒与来自于法国南部的歌海娜桃红酒一起对比品尝：这两款酒中果味和酒精度都达到了完美的平衡。

“一款不容错过的夏季葡萄酒！我喜欢在烤肉的时候搭配具有真正澳大利亚风格的歌海娜桃红葡萄酒饮用。”

内比奥洛桃红葡萄酒（NEBBIOLO）

内比奥洛是来源于意大利东北部产区的葡萄品种，在那里可以用来酿造强劲而充满活力的巴罗洛红葡萄酒（Barolo）（见234页）。澳大利亚的气候为酿造轻柔葡萄酒的内比奥洛葡萄创造了极好的生长环境，然而，内比奥洛葡萄酿造的桃红葡萄酒却具有丰满的口感。澳大利亚的内比奥洛桃红葡萄酒获得了极大的成功。这款酒的结构比许多其他的桃红酒要丰满得多，因为酒中高的天然酸的存在，使其很适合作为佐餐酒。

色泽 比其他桃红酒颜色都要深，伴随紫色光圈。

香气 年轻清新的蓝莓浆果香、红颜色浆果香、干草香和香料香。

口感 丰满、和谐、清新的口感和清爽的余味。

购买指南 这款酒还是很值得购买的，所以你需要仔细地搜寻。顶级的酒商包括：Garry Critt Enden、Cobaw Ridge和ParlSh Hill。

佐餐 尝试搭配以番茄、橄榄油或大蒜作为辅料的菜品饮用，例如西西里通心粉（以番茄汁和蔬菜汁调味的意大利通心粉）或蒜味蛋黄鱼羹（以蒜作为调味品的炖鱼）。

另外 这款酒很好的结构、清新的果味和刺激的酸感让我想起了塔维勒（Tavel）产区或艾克斯区（Coteauxd’Alxen Provence）以西拉为基础的桃红葡萄酒。

内比奥罗桃红葡萄酒
Garry Crittenden酒商

果香味明显的、充满活力的红葡萄酒

在所有能让人感到十分愉悦舒服的葡萄酒中，消费者比较容易接受果香味明显的、充满活力的红酒，这一类型的酒在各种层次的葡萄酒中分布灵活，从一生中也许只能享受到一次的勃艮第顶级陈酿葡萄酒到平时的佐餐酒，再到烧烤沙龙都可以找到这种类型的红酒。例如，意大利的瓦尔波利切拉（Valpolicella）葡萄酒或者是来自澳大利亚的拥有树莓果香的特宁高（Tarrango）葡萄酒。黑比诺葡萄酿造的葡萄酒是这种类型葡萄酒的典型代表，用黑比诺葡萄酿造的红葡萄酒酒体复杂，但是充满了活力，果香味明显。除了黑比诺之外，佳美葡萄也是酿造这种类型酒的重要品种——这种葡萄很有名，由它酿造的著名的酒有勃艮第的博若莱（Beaujolai）新酒；兰布鲁斯（Lambrusco）、巴贝拉（Barbera）和多姿桃（Dolcetto）三个品种的葡萄也为意大利酿造了一些著名的红酒；还有种植在法国卢瓦尔（Loire）河谷的希农（Chinon）地区，整个波尔多（Bordeaux）地区以及新世界国家的品丽珠（Cabernet Franc）酿造的酒也属于这个类型；南非的品诺塔日（Pinotage）葡萄是黑比诺的变异品种，这种葡萄能酿造酒体轻盈、丰富多彩的南半球红酒。

果香味明显的、充满活力的红葡萄酒的风格特征

轻盈而丰富多彩

控制好单宁的含量是酿造果味特征明显的充满活力的红酒的关键点。这就是为什么很多用来酿造这种类型红酒的葡萄果粒大皮薄，葡萄的这一特点决定它对酒贡献了最大量的葡萄汁和最少量的单宁。气候凉爽的地区更趋向于酿制这种类型的葡萄酒，因为在这些地区葡萄成熟期相对比较缓慢，使这些果实有足够的时间与机会来提高自己独特的品种香。保持低单宁量的一个最基本的方法是在葡萄酒的酿造工艺程序中注意控制其浸入。很多清淡的红酒是使用一种叫做二氧化碳浸渍的特殊技术（见42~43页）酿造的，这种工艺能让葡萄中的风味物质被很好地提取到酒中，同时保持一个低水平的单宁含量。

威尼托区（VENETO）的葡萄树

这个凉爽的北方地区是瓦尔波利切拉的故乡，瓦尔波利切拉是一种意大利红酒。在连续耕作、土地变得贫瘠的平原上种植出的葡萄酿造的这种酒酒体单薄，它曾经因为这个原因而名誉扫地。这个位于峭壁上的古典的葡萄园，山坡上满是石砾，但却能酿造出真正有深度的酒体复杂的葡萄酒。

黑比诺

黑比诺葡萄是酿造这种果味味明显的、充满活力的红酒的明星品种，但是这种葡萄因种植难度大而出名，因而产量也比较低，但这一点也正是酿造高质量葡萄酒的基本条件。这种葡萄很典型，有得天独厚的优势来作为清淡而内涵丰富的法国勃艮第（黑比诺在这个地区可以生长得很好）葡萄酒的代表。在加利福尼亚、澳大利亚、南非、智利和新西兰也有用黑比诺酿造的葡萄酒。这些国家都是新世界国家，他们酿造的黑比诺酒比旧世界国家相应的葡萄酒更艳丽，其质量也要更高一筹。坦率地说，新世界的黑比诺葡萄酒就像一场风暴席卷了整个葡萄酒世界。

一般来说，基本上所有的果味特征明显充满活力的红酒（不考虑酿造的葡萄品种）都是一种明亮的宝石红色，而最高档酒的颜色应该是一种略微黑暗的宝石红色，并且具有饱满的花香感。这些葡萄酒的香气十分浓郁，香气特征以红色浆果那种年轻而新鲜的气味为主，有时候也会有香蕉的果香和香料的香气。这种类型的葡萄酒在口腔上腭

的感受比较明显，主要是新鲜的浆果味和青椒味。新橡木桶对果香味明显充满活力的葡萄酒没有显著地影响，所以最好的酒应该是清爽、有圆润流畅的层次感并且有绵长的余味（译者注：品酒词汇，指品尝者喝下葡萄酒或把它吐出来之后对葡萄酒的最后印象）。

饮用还是储藏

这一类型的葡萄酒的酿造工艺需要投入很多精力，这会使这种酒的价钱卖得很高，尽管这些葡萄酒比较清淡，也不像强劲的红葡萄酒那样充满戏剧性。然而，这种类型的酒大多数都应该在两年之内趁着它们还比较新鲜的时候饮用。黑比诺葡萄酿造的葡萄酒是这条法则中的例外，这种酒能储存30年。

环游世界的葡萄

优雅的黑比诺葡萄在比较凉爽的气候条件下能酿造出最瘦最柔滑的葡萄酒，它生长在像法国东北部的阿尔萨斯、新西兰的南岛（South Island）以及加拿大的不列颠哥伦比亚（British Columbia）一样偏远的地区。

品尝足迹

佳美葡萄能酿造出有完美果香味的**博若莱红葡萄酒**，这是开始探索果香味明显且充满活力的红葡萄酒的不错的起点。法国希农或者是索米尔（Saumur）地区酿造的品丽珠葡萄酒和南非的品诺塔日葡萄酒也很值得尝试一下。但是酿造这种类型的葡萄酒的最专业的品种还是黑比诺。尝试一下典型清爽型酒阿尔萨斯和桑塞尔的黑比诺葡萄酒，或者是尝试一下有令人称奇的强烈果香味的来自澳大利亚、新西兰、加利福尼亚的卡内罗斯（Carneros）和俄勒冈州的葡萄酒。从价格和酒体复杂程度上来讲，黑比诺葡萄酒中的顶级品是**勃艮第葡萄酒**。

佐餐 这些夏日饮用的葡萄酒最好在饮用之前稍微冷藏一下（大约是“地下酒窖的温度”）——建议在冰箱中冷藏30分钟或者是在冰水中放置10分钟。酒温越低，酒的果香味和复杂性越容易被品尝到。这一类型的酒既适合单独饮用，也可以配合浅色肉、猪肉、色拉和味浓的食物。西班牙的果香味明显，充满活力的红酒适合在餐前小吃时饮用；德国的这一类型葡萄酒适合配合烤猪肉来饮用；新世界国家的酒则适合在吃烤肉、鱼和素食的时候饮用。

法国
尼依酒区（CÔTE DE NUITS）

注意！这些酒可能会偷走你的心。就像具有魔力一样，我已经被它们吸引了很多年。勃艮第地区提供的酒的风格范围很广泛。葡萄酒的命名和分类方法有很多种，葡萄酒的生产者也多得数不清。在一个独立的葡萄园，六个不同的区域能给你提供质量和价格完全不同的葡萄酒。在数目众多的各式各样的葡萄酒中进行成功挑选的关键是寻找一个适合你自己的生产者，这就意味着你需要不断地品尝，品尝，再品尝。黑比诺葡萄落后于这里提到的所有的优质葡萄酒——甚至对于一个顶级的酿酒师，它都是一个充满了挑战的品种。

尼依酒区
Confuron-Cotetidot

最好年份采收的葡萄果实优雅、细致而复杂，还有如丝般柔滑的单宁，而比较差的年份生产的葡萄生产的酒口感尖酸，果香不足，香气被生青味掩盖。我认为，勃艮第最有名的也是最顶级的黑比诺葡萄酒来自于尼依酒区（译者注：勃艮第地区的次产区），这个地区位于科多尔（Cote d'Or）（或者叫“黄金坡”）的北端。这里能找到勃艮第所有红酒中最有深度、最具代表性的葡萄酒。这些好酒可以陈酿至少5年，在这5年里酒的品质会随着陈酿的进行而继续完善。这里最好年份的酒还可以继续陈酿35年之久。

尼依酒区有很多葡萄酒酿造者，大约有24家特级葡萄园（Grand Cru）。勃艮第最有名的红酒中有一些是来自热夫雷－尚贝坦（Gevery-Chambertin）地区，这些酒的颜色很深，随着时间的增长，酒的狂野和泥土味慢慢发展完善。尚博勒－穆西尼（Chambolle-Musigny）和莫雷－圣丹尼（Morey-St.-Denis）地区酿造的葡萄酒比较清淡，十分优雅且充满了内涵。武若（Vougeot）（译者注：勃艮第地区尼伊丘区的村庄级AOC，有一级葡萄园）的红葡萄酒年轻的时候以花香味为主，随着陈酿时间的增长会产生一些泥土味和块菌味。孚讷-罗马内（Vosne-Romanee）是公认的能生产世界顶级葡萄酒（也是最贵的）的地区之一。这个地区生产的葡萄酒十分浓烈，也非常细致，单宁感强，果香味重，酸度平衡感十分好。尼伊圣乔治（Nuits-St.-Georges）和相对不是很出名的马沙内（Marsa-nnay）以及菲克桑（Fixin）地区没有特级葡萄园，但是他们仍然能生产出一些优秀的全球闻名的葡萄酒。

我认为，最顶级的葡萄园有以下

几个：香贝丹（Chambertin）、夏贝尔-香贝丹（Chapelle-Cham-bertin）、吉优特-香贝丹（Griottes-Chambertin）、罗曼尼·康帝（La Romanee-Conti）、罗曼尼-圣维望（Romanee-St.-Vivant）、拉塔须（La Tache）、埃雪索（Echezea-ux）、邦马尔庄园（Bonnes-Mares）、大德庄园（Clos de Tart）、罗什庄园（Clos de la Roche）以及勒穆西妮（Le Musigny）。挑酒的时候从瓶子上找一下这些名字，但是不要告诉你的理财顾问哦。

色泽　明亮，深宝石红色到紫色，略带紫红色调。

香气　樱桃香、黑莓香、李子香、香料味、香草味、青椒味、泥土味、皮革味、无花果味。

口感　浓烈但很细致，柔滑，丰满，果香特征明显并且充满了活力。

购买指南　世界上没有任何一个地方比勃艮第更需要根据生产者来选购葡萄酒了。由于黑比诺葡萄的种植情况十分复杂难料，加上气候状况也变化无常，挑选一款好的酿酒师酿造的葡萄酒是唯一一个避免失望的方法。世界上有很多优秀的酿酒师，所以你可以从葡萄酒经销商那里寻找一些好的建议。我喜欢的酒有Sylvain Cathiard、Confuron-Cotetidot、Denis Mortet、Henri Gou-ges、Georges Roumier和Armand Rousseau。

佐餐　好酒是值得你不搭配任何食物单独享用的。也可以试一下用努伊山丘的红酒搭配野味或沙锅平菇。

另外　比较一下优质的勃艮第年轻红酒和新世界国家的黑比诺葡萄酒在口感的浓烈程度和香气上有什么差别。还可以尝试一下美国加利福尼亚的俄罗斯河谷（Russian River Valley）或者是俄勒冈州的威拉梅特谷（Willamette Valley）以及新西兰的奥塔中部地区（Central Otago）或马丁堡（Martinborough）地区的葡萄酒。

汝拉区的普萨（JURA POULSARD）

普萨不是一个普遍的红葡萄品种，它生长在法国东部的汝拉地区。这种葡萄的皮非常薄，因此色素量非常少，颜色很淡，可以比较方便地应用于白葡萄酒的酿造中。在市场上可以找到标有阿尔布瓦（Arbois）的酒，这种酒经常是用普萨和黑比诺或者是特鲁索(Trousseau)（译者注：特鲁索市汝拉地区的黑葡萄品种）勾兑而成。布杰（Bugey）是法国东部的另外一个地区，在这里这种酒有时候被称为Mescle。

色泽　从淡红色到橙红色变化多端。

香气　十分独特；樱桃香，树莓香，红醋栗香和香草香。

口感　非常细致，果香特征明显，清爽且后味绵长。

购买指南　在我看来，尽管在整个地区可以找到很多好的普萨的生产商，但Jacques Puffeney和Domaine Rolet是最好的。

佐餐　普萨红酒（也可以是玫瑰红酒）最好在经过轻微的冷藏之后饮用。这种酒很适合在夏季饮用，搭配一些面条、色拉或者是蔬菜色拉。家禽类的肉和普萨红酒一起享用也是很好的搭配。

另外　用这种酒开始你的私人品酒晚会，这将是一件令人愉悦的事情。作为对比，可尝试一下阿尔萨斯的黑比诺，或者是一款邦多尔（Bandol）的玫瑰红酒。

桑塞尔的红葡萄酒（SANCERRE ROUGE）

我很少对桑塞尔的红葡萄酒有印象，因为卢瓦尔河地区以长相思闻名遐迩（见106页）。然而，一些酿造者开始对红葡萄酒投入很多精力，就像他们对待白葡萄酒那样。他们开始酿造那种无论是在迷人度上还是在优雅度上都能与勃艮第的清淡型酒相媲美的葡萄酒。不同黑比诺葡萄酒的果香味非常相似，并且桑塞尔的红葡萄酒不是很适合陈酿。

桑塞尔的红葡萄酒
Jean-Max Roger酒商

色泽　与众不同的浅宝石红色，边缘带有橙色。

香气　香气精致，可以感受到红色浆果的香味，还有泥土味以及香料的香气。

口感　干且令人感觉很愉快，高酸，单宁感比较平衡，余味绵长。

购买指南　我推荐Jean-Max Roger和Domaine Henri Bourgeois的葡萄酒。不论你选择的是哪一款酒，务必要在两年之内饮用。

佐餐　稍微冷藏的Jean-Max Roger配合熟猪肉一起享用是最完美的杰作，但是我也喜欢在饮用这些葡萄酒的时候吃一些口味重的辛辣食物和西班牙肉菜饭，因为这种酒实在是太清爽了。

另外　尼伊圣乔治和热夫雷-尚贝坦将会是有趣的对比。尽管这两种酒是用同一品种的葡萄酿造的，它们的差别却是不可思议的。当你品尝到这些酒的时候你就会明白为什么勃艮第的黑比诺葡萄酒会全球闻名。

法国

弗隆东区（CÔTES DU FRONTONNAZS）

这个法国西南地区很有前途的名字真的引起了我的注意。这里有两种风格的产品：一个是传统型的——内涵丰富且单宁感强，酿造用的葡萄品种都是比较有名的波尔多葡萄，有赤霞珠、品丽珠和玛尔贝克，还有西拉。另一种风格是现代型的——酒体清淡，品种香起主导作用，主要用的是当地品种聂格列特葡萄。

色泽　明亮的宝石红色，带有一些明亮的桃红色调。

香气　浓郁的树莓香、樱桃香、丁香花香、新鲜的李子香、香料香以及甘草味。

口感　精细的水果味、泥土味，余味绵长。

购买指南　这可能是法国名气最小的酒中的一种，但是它在当地是以性价比高而闻名的。最好的酿造者包括Chateau Plaisance、Chateau le Roc和Chateau Baudare。

佐餐　想象一下你和很多朋友一起待在山里，一起享用一瓶上面提过的葡萄酒，配上烧烤午餐，还有一块软软的细腻的比利牛斯山干酪。天啊！这是一种让你感觉犹如置身天堂的享受。

另外　如果你喜欢这种风格的葡萄酒，你可以将品尝范围扩展到来自朗格多克（Languedoc）的美乐葡萄酒，或者是顶级的菲图（Fitou）（译者注：菲图是朗格多克-鲁西永区的村庄名，是AOC名称）酒、贝尔热拉克（Bergerac）红葡萄酒，又或者是来自阿根廷的马尔贝克葡萄酿造的年轻葡萄酒。

索米尔–尚皮尼/希农（SAUMUR-CHAMPIGNY/CHZNON）

安茹-索米尔（Anjou-Saumur）和都兰（Touraine）是两个相邻的地区，在那里绚丽的酒堡位于卢瓦尔河谷的中心位置，周围连绵起伏的葡萄园环绕在酒堡的周围，给人们呈现出了一个与众不同的迷人风景。在这两个地区接壤的地方，索米尔-尚皮尼（Sau-Mur-Champi-Gny）和希农（Chinon）（译者注：卢瓦尔河谷地区AOC）是当地最有名的红葡萄酒。这里是品丽珠葡萄的故乡，这里土壤是以石灰华闻名的火山爆发留下的白垩土，品丽珠在这种土壤上可以茁壮地生长。

希农Charles Joguet酒商

这种典型的品丽珠葡萄酒将甜的树莓味或者是红醋栗的风味和甜椒的特征综合到了一起，并且这种酒爽口，酸感清爽。要挑好酒通常的办法是找出最好的年份，因为在不好的年份这些酒很容易就有一种青草味和树叶味。

索米尔–尚皮尼和希农之中，我认为希农更有趣一些。尽管索米尔–尚皮尼的葡萄酒十分相似，在我看来它们还是有一点结构感不足的感觉。这两个地区的这些红酒跟博若莱的新酒有很多相似的地方，主要是因为它们都有浆果的香气。它们的结构感不是很强，但是我觉得它们有一定浓度的水果香和香料香，这一点真的很有吸引力。

色泽　从极深的深宝石红色到深红色，边缘紫色。

香气　浓郁，有树莓香，草莓香，深色水果香和天然香料香。

口感　柔滑，精细，香气十足，还有令人满意的余味。

购买指南　在卢瓦尔年份差别较大，所以你可以从葡萄酒经销商那里寻找一些好的建议。我尤其喜欢的葡萄酒酿造者是Charles Joguet和Bernard Baudry。

佐餐　一瓶年轻的索米尔–尚皮尼或者是希农葡萄酒十分适合在夏季野餐或者是野外烧烤时饮用，或者是在秋季吃烤得比较嫩的猪肉时饮用。

另外　比较一下这些酒在水果的香气和结构与来自勃艮第的博若莱新酒或者是来自意大利的瓦尔波利切拉葡萄酒之间有什么差别，另一种具有相似特征的葡萄酒是生长在美国西部海岸的品丽珠酿造的。

“这些来自卢瓦尔河谷的伟大红葡萄酒，主要是由品丽珠葡萄酿造的，它们骨架感比较弱，有一定浓度的水果香、香料香和花香。”

博若莱（BEAUJOLAIS）

博若莱地区的酒风味物质丰富，酒体轻盈而饱满，是葡萄酒世界的杰作。它容易上口的特性反映了佳美葡萄的特性，也反映了一种叫做二氧化碳浸渍发酵的葡萄酒酿造工艺的特点，这种酿造工艺能大大提高酒的柔和的果香风味。

博若莱是勃艮第地区的最南端，这里的酒都是根据不同的命名级别进行售卖的。最有名的是博若莱新酒，这种酒适合在葡萄采收酿造后的几个星期内饮用，但是我偏爱博若莱村庄级的酒，因为它们有较高的质量和相应的细腻度。这种顶级的葡萄酒一般是出自于一些分类等级比较高的（公认的命名级别），这些等级每一种都有自己独特的风格。朱里耶纳（Julienas）和风车磨坊（Moulin-à-Vent）酿造的酒层次感深，酒体浓郁复杂，这里的酒能使人联想起紫罗兰、黑醋栗和草莓的混合香气，挂杯也很好。弗勒里（Fleurie）葡萄酒很出名，因为它们有更加精致的花香特征，而谢纳（Chenas）葡萄酒有浓郁的果香和花香。我在莫尔贡（Morgon）采收过葡萄，我仍然喜欢它那像破碎了的浆果的多汁感和紧密的结构感相协调的感觉。

色泽　明亮的浅宝石红色，有时候是深红色，在这种等级的酒中色泽相对较深。

香气　非常迷人且充满活力；鲜嫩的红浆果香、胡椒粉味、紫丁香味，还有香蕉的香气。

口感　果味特征明显，单宁含量比较低，有绵长、清爽且饱满多汁的余味。

博若莱
Domaine de la Madone酒商

购买指南　顶级的博若莱葡萄酒都会进行陈酿，但是这些等级葡萄酒还是适合在年轻新鲜的时候饮用。Dom-aine de la Madone、Chateau des Jacpues和Georges Du-boeuf是可以信赖的酒商。

佐餐　博若莱的葡萄酒可以和大多数蔬菜和肉类配合得很好，但是在圣诞节吃火鸡的时候饮用尤其完美。这些浓度高的葡萄酒，例如朱里耶纳和风车磨坊十分适合在吃野味或者是吃红肉时享用。

另外　这些充满活力的、果香味浓重的葡萄酒跟意大利的瓦尔波利切拉及多姿桃葡萄酒相比有很大的相似性。作为娱乐，你也可以尝试一下澳大利亚的特宁高葡萄酒。

品尝训练：水果

品尝这三种酒来感受一下什么是“果香特征明显”和“充满活力”

❶ ❷ ❸

❶**希农**是法国卢瓦尔河谷地区一个非常大的AOC级别产区，这里主要用品丽珠葡萄酿酒。撇开它的规模大不谈，它用来酿酒所表现出来的品质就可以说这个品种是必不可少的。如果你不能从一个优秀的酿酒师那里找到一款希农葡萄酒，也可以在这个地方找到一款布尔格伊（Bourgueil）葡萄酒或者是索米尔-尚皮尼葡萄酒，这两种酒可以和希农等同。**推荐酒商：**Closdes Marronniers、Domainedu Roncee、Couly-Dutheil、Ch-arles Joguet和Bernard Baudry。酒的年份对于卢瓦尔河谷红酒是很重要的，选择一款年轻的葡萄酒，或者是向专业人士寻求一些建议。

❷**圣-罗兰**是奥地利人对法国勃艮第黑比诺葡萄酒的叫法，坦诚地说，这真的是最顶级的葡萄酒。但它在其土生土长的奥地利地区之外是很难找到的，它是可以让人放心购买的产品，因为在质量（或者是价钱）的每一个不同的级别里，你都可以找到这一类型的酒，它们有很棒的果香，酒体复杂。**推荐酒商：**Pittnauer、Umathum、Johann Gisperg和Gesellmann。

❸**多姿桃**酿造的葡萄酒相对较甜，酒体清淡，是伟大的皮德蒙特（Piedmont）、意大利的巴罗洛（Italy Barolo）和巴巴莱斯科（Barbaresco）之中的兄长，也是这三者里面结构感相对比较强的。当这几款酒和其他的酒相对比的时候，你会发现轻微的冷藏会使它们的果香特征得到加强。**推荐酒商：**Prunotto、Marchesi diGresy、En-zo Boglietti和Azienda AgricolaNegro。

“这些充满活力的葡萄酒都是与它们的果香风味有关的，这种果香味肆无忌惮地充满了整个口腔。”

要酿造一款以**果香味为主导**的优质葡萄酒的关键是确保用来对葡萄酒进行陈酿的橡木桶对酒的风味产生**最小的影响**，并且要保证酒中单宁的量得到**很好的控制**。这些措施能保证葡萄果实的**真实的特征**得到最全面的体现。

希农葡萄酒的根本是品丽珠葡萄，这种葡萄也被用来勾兑波尔多红酒。如果葡萄果实的成熟度不够，品丽珠葡萄酿造的酒会有很重的“**生青**”味，酒体十分单薄，给人感觉稀得像水一样。但是当葡萄原料成熟度很好的时候，品丽珠酿造的酒酒体**柔滑**，**充满活力**且给人的感觉像**饱满多汁的水果**。这种特别的葡萄酒是法国卢瓦尔河谷众多葡萄酒名称中的一种，这种命名方法是专门用于红葡萄酒而不是更有名的地区性白葡萄酒。这种酒**充满活力**，带有**香料香**、**黑莓香**的新鲜气味和**青椒**的口感，在它的**野李子**味中还能找到一点灌木篱墙的影子。这种酒适合稍微的冷藏之后饮用，这样可以使它的特征香气不会有任何损失，还可以将酒的**美好的果香**与**干的余味**很好地综合到一起。

圣-罗兰是一款来自奥地利的、可能很多人都不是很熟悉的葡萄酒。它是在**冷凉的气候**条件下酿造的以果香味为主导的葡萄酒。从本质上来说，这种酒是黑比诺风格的，但是它的**单宁感比较柔顺**且有独特的**浆果**的香气。这种酒有可爱而新鲜的**红浆果**的香气，还有很多的**柔软水果**的香气，以及**浆果风味**的口感、**协调的单宁感**、**干净的余味**。

多姿桃是这次品尝中的第三款葡萄酒。照字面意思它的名字是“**有点甜**”，这种酒产于皮埃蒙特，并且尽管它位于意大利的南部，但这个地区在葡萄成熟的季节气候**温暖**、**阳光充足**。这种酒有一种让人惊讶的**深樱桃红色**，还有完美的甜甜的红色果实的香味。在口感上，整个过程贯彻着成熟的**莫利洛黑樱桃味**，**甜甜的水果**似乎要在口腔中爆发出来的感觉。这款**酒的酒体结构柔软而自然流畅**。

西班牙

门西亚（MENCÍA）

门西亚葡萄主要生长在西班牙西北部的加利西亚自治区（Galicia）以及与其邻近的比埃尔索（Bierzo）地区。这个从来不被重视的品种能酿造出果香特征明显的优质红葡萄酒。比埃尔索地区的酒酒体饱满，香气浓郁，骨架感好。在加利西亚自治区境内东部的瓦尔德奥拉斯法定葡萄酒原产地（Valdeorras）与比埃尔索地区南部接壤，这里出产的葡萄酒在口味上和比埃尔索地区的葡萄酒十分相似。但是大西洋凉爽的微风使瓦尔德奥拉斯的葡萄酒保持了较低的酒精含量和合适的自然酸度。

色泽 深红色带紫色边缘，明亮度中等。

香气 能找到橡木和红色水果的香气感觉，明显的深色樱桃的香气。

口感 浓烈、有芳香的红色果实的香气，巧克力的香气。余味中具有矿物感。

购买指南 不要找年份久远的葡萄酒，应该把精力放在寻找像Bodegas C.A. del Bierzo和Perez Carames等酿酒商生产的年轻的新风格葡萄酒上。

佐餐 适合搭配西班牙餐前小吃或是烤肉来饮用。我最喜欢的搭配之一是喝着比埃尔索，享用着山羊头肉和山羊奶酪——一种真正的西班牙风味。

另外 和清淡风格的Rioja joven一起品尝，或者是和一款柔软、顺滑的意大利多姿桃酒一起品尝，感受一下它们之间的异同。

瓦尔德佩纳斯
Bodegas Los Llanos酒商

瓦尔德佩纳斯（VALDEPEÑAS）

添普兰尼洛（Tempranillo）葡萄，在当地被称为森希贝尔（Cencibel）葡萄，在高海拔的西班牙中心地区非常炎热的夏天生长旺盛，为瓦尔德佩纳斯地区的葡萄酒赋予了很棒的特性，使芳香成熟的果实和饱满柔软的结构得到了很好的平衡。更重要的是，在美洲橡木桶中进行陈酿为这款酒活跃的樱桃香气增添了迷人的烧烤香和香草香。这是一款可爱的、容易上口的葡萄酒。

色泽 适当的深红色，边缘带一点粉色，明亮度很好。

香气 新鲜成熟的浆果香，带一点皮革味和香草香。

口感 风味化合物含量丰富，协调性好，清爽，余味长。

购买指南 在佛朗哥在位时期这个地区被当做蒸馏用的便宜的基酒来源地，现在，这里有很多高质量的酿酒商，包括Felix Solis、Bodegas Los Llanos和Vina Zara。

佐餐 我喜欢在夏天吃烧烤的时候享用这些优质的葡萄酒。它们正直坦率的性格使其成为即兴晚会上颇受好评的大赢家。

另外 瓦尔德佩纳斯葡萄酒中甜甜的果味与里奥哈（Rioja）的克利安扎（crianza）酒或者纳瓦拉（Navarra）的葡萄酒，甚至是意大利的巴贝拉葡萄酒很相似。令人吃惊的是，你甚至可以在最好的瓦尔德佩纳斯葡萄酒和甘美的博讷区（Cote de Beaune）葡萄酒这二者之间找到相似之处。

索蒙塔诺（SOMONTANO）

索蒙塔诺的意思是“在山脚下”，它位于比利牛斯山(Pyrenees)的山脚下，介于珀涅德斯（Pene-dés）和纳瓦拉之间。这个地区出产的葡萄酒大部分是用莫利斯特尔（Moristel）葡萄酿造的，并且经常用添普兰尼洛葡萄进行勾兑。经过勾兑的葡萄酒如天鹅绒般柔软而轻盈，酒体饱满丰盈，有果香特征明显的风味，可以令人完全感受到那种真实可信的西班牙风情。

色泽 深而明亮的樱桃红色，有时候能看到一点紫罗兰的踪迹。

香气 成熟的红果类或黑果类的香气；香草香、巧克力香和香料的香气。

口感 跟博若莱葡萄酒相似的天鹅绒般的质感，酒体结构轻盈，果香特征明显，单宁柔和。

购买指南 在我看来，这个十分不被看好的地区真的值得引起高度的关注。优秀的生产者有Enate和Vinas del Vero。我推荐你去找一下年轻年份的酒，立即就享用它。

佐餐 将这款酒进行轻微的冷藏可以使它的果香特征得到加强。在一个温暖的傍晚享用，配上白肉（译者注：指禽类的胸部和翅膀等处的肉）、西班牙餐前小吃和烧烤美食。为什么不试试和梅尔盖兹五香香肠一起享用的感觉呢？

另外 比较一下索蒙塔诺葡萄酒和博若莱葡萄酒以及里奥哈葡萄酒之间有什么差别。如果它的风味和博若莱葡萄酒十分相像，那它可能是100%的莫利斯特尔（Moristel）葡萄酿造的；如果更像里奥哈葡萄酒一些，那它就是用添普兰尼洛葡萄进行了勾兑。

德国
斯贝博贡德（SPÄTBURGUNDER）

通常德国的红酒很难在德国以外的地方买到，但是当你偶然找到它们的时候，你需要在酒标上寻找的产地是巴登（Baden）和法耳次（Pfalz）。这些葡萄酒是用斯贝博贡德葡萄（更多时候是作为黑比诺被人们所知道）酿造的，这种葡萄可以酿造的葡萄酒的风格范围是从清淡的桃红风格葡萄酒到与法国勃艮第相似的但像是经过漂洗的版本的葡萄酒。斯贝博贡德酿造的葡萄酒一般比较芳香、清淡、优雅且如天鹅绒般柔滑，余味圆滑。

色泽　通常是红色，有的酒也可能是一种十分淡的粉色。

香气　绿油油且新鲜的感觉，有樱桃、香草、坚果以及松木的香气。

口感　黑莓香、香草香以及矿物质的口感，余味柔和顺滑。

购买指南　这种酒是一颗正在升起的新星，在很多优秀的酒厂中Berha-rd Huber和Friedrich Becker是十分突出的生产者。找一找QmP级别的葡萄酒或者是去找一款种植协会的VDP。

佐餐　尽管一般在吃野味和吃家禽肉的时候也可以喝这款酒，但与之最匹配的食物是烤猪肉或者是德式小香肠。它比较干的余味也适合搭配上等的蓝纹奶酪。

另外　德国的斯贝博贡德酿造的葡萄酒在风格上有很大差异，但是真正好的酒可以和顶级的勃艮第红酒相媲美，并且可以在勃艮第红酒面前保持抬头挺胸的姿态。

奥地利
圣-罗兰（ST-LAURENT）

圣-罗兰的名字来源于圣劳伦蒂乌斯纪念日（Saint Laurentius Day），8月的第二周，这种葡萄通常在这个时间开始成熟。圣-罗兰葡萄被认为是黑比诺葡萄的变异品种，因为它在葡萄园的生长状态，也因为它的香气、风味特征和黑比诺非常相似。因此，酿酒师通常用酿造黑比诺的方法来酿造圣-罗兰，酿造出来的酒果香特征明显，柔滑，有令人愉悦的感觉。

当圣-罗兰葡萄酿造的酒具有黑比诺风格的典型特征时，一些酿造者开始尝试着使酒体变得更加饱满，与强劲类型的酒更加接近，而改造的结果是酒更加饱满且如天鹅绒般柔滑，我认为这可能是酿造伟大葡萄酒的开始。已经出产了一些奥地利最好的红葡萄酒，而且将来可能会生产出更多好的红酒。

圣-罗兰
Umathum酒商

色泽　明亮的宝石红色，中等亮度。

香气　新鲜黑莓和草莓的香气显著而丰富。

口感　丰满且果香特征明显，协调的酸感和优雅的单宁感。

购买指南　找一找最近年份的酒，在它们年轻的时候享用。在所有的生产商中我推荐Umathum和Gesellmann。

佐餐　我喜欢夏天时将这种酒进行稍微的冷藏之后再饮用，但是这款酒是十分通用的类型，可以和烤羊羔肉、野味及意大利面搭配。

另外　和一些其他的奥地利红酒一起对比品尝。按照酒在口中的重量感和酒体结构，先品尝一下兹威格（Zweigelt）葡萄酒，然后紧接着品尝圣-罗兰葡萄酒，最后是蓝色佛朗克（Blaufrankisch）酿造的葡萄酒。

一个对其他酒漠不关心的法国男人的珍贵自白

在我第一次到英国之前，我认为像南美和新西兰这样的国家酿造不出顶级的葡萄酒，因为在法国当谈到葡萄酒的时候我们只是关注自己，对其他的国家都漠不关心。我甚至对奥地利的葡萄酒知之甚少，但是在我工作的第一家餐馆的菜单上列出了圣-罗兰葡萄酒。我还记得我问了一下：“圣-罗兰是什么？是个生产商么？是用什么品种的葡萄酿造的？奥地利做了什么？酿造了一款红酒？”现在，这种酒是我销量最好的酒之一，购买这种酒的人们喜欢在勃艮第葡萄酒和圣-罗兰葡萄酒之间加以选择。不得不承认，圣-罗兰葡萄酒很难找，一旦你看到哪里有提供，它很值得你去试一下，它的果香特征比较明显，充满活力，而且十分爽口。

瑞士
清淡的红葡萄酒（SWISS LIGHT REDS）

很少有人把瑞士看做是一个葡萄酒生产国，但事实上那是因为瑞士没有出口任何葡萄酒——瑞士人自己把酒全部喝光了！而且当人们真正接触到瑞士葡萄酒时，通常是他们所熟悉的白葡萄酒。但是瑞士确实出产了一些清爽且酒体清淡的红酒，这些红酒很有趣，令人感到兴奋，它们在瑞士喜欢喝酒的人群中迅速流行起来。

瑞士清淡的红葡萄酒
Simon Maye & Fils酒商

瑞士大多数生产葡萄酒的地区海拔都太高，以至于在这些地区葡萄都不是很容易成熟，这一点限制了这个小小的阿尔卑斯国家酿造葡萄酒的数量。大多数葡萄生长在最西边，更靠近法国。这里的小气候对葡萄树有很大的影响，因为这里的微风减慢了葡萄成熟的进程，给葡萄充分的时间去提高它的风味物质和复杂的内容物。

主要的葡萄酒产区有瓦莱州（Valais），位于罗讷河（Rhone River）的上游区域，还有瓦特州（Vaud），与瓦莱州西北部接壤。黑比诺（在这里也叫Klevner）在瑞士得到了繁荣发展，成为当地的主导红葡萄品种，佳美葡萄紧随其后。这两个葡萄品种可以互相进行勾兑，勾兑出来的葡萄酒叫做多尔（Dole，在瓦莱州）或者叫萨瓦格尼（Salvagnin，在瓦特州）。

瑞士的佳美葡萄酒在很多方面酷似年轻的博若莱红酒，芳香十足，柔滑，还有一点点香料的感觉。然而，佳美葡萄酒有的时候缺乏像勃艮第葡萄酒一样的深度——饱满的酒体和丰富的内涵。西拉葡萄和一些不常用的当地品种，例如红玉曼（Humagne Rouge）和可拿宁（Cornalin），可以用来进行勾兑，赋予葡萄酒一种特别的趣味。

瑞士说意大利语的地区是在提契诺州（Tici-no）附近，那里出产一种清淡风格的美乐葡萄酒，这种葡萄酒的风格受益于意大利湖的气候影响。

这种酒酒体很丰满，口感清爽，尤其是用新橡木桶进行陈酿的实验平息下来以后。

色泽 根据葡萄品种不同而有所差异，但经常会是一种很淡的颜色。

香气 欢快且充满了活力，有悬钩子的香气，越橘香以及薄荷香。

口感 一般来说，果香特征明显，口感十分清爽。

购买指南 如果你能找到瑞士的任何清淡型红酒，它们很有可能是来自普罗万（Provins）的合作（译者注：作者指很多品种勾兑而成）。尝试一些首席酿酒师酿造的葡萄酒。最好的生产商有Marie-Therese Chappaz、Daniel Gantenbein、Jean-Rene Germanier、Simon Maye&Fils以及Luigi Zanini。

佐餐 我真的十分喜欢在夏季用冷藏之后的瑞士清淡型红酒做开胃酒。还有更好的，那就是一边吃着新鲜的鲈鱼或者是任何清淡的鱼类食品，一边享用这款酒。

另外 比较一下优质的清淡新鲜风格的瑞士黑比诺葡萄酒和一些来自加拿大还有德国（在这些地方黑比诺也叫斯贝博贡德）风格相同的葡萄酒之间有什么差别。我建议你也去品尝一下瑞士的佳美葡萄酒和博若莱的葡萄酒，记下它们的区别。

意大利
巴贝拉（BARBERA）

巴贝拉是一款伟大的日常用酒。它在意大利西北部的皮德蒙特地区作为“人民的葡萄酒”而闻名于世，因为它是当地普通日常餐酒消费量的最伟大的代表，它的产量超过了当地红葡萄酒生产总产量的一半。用巴贝拉葡萄酿造的酒表现出很宽泛品种的风格特征，从强劲的红酒到叫做Verbesco的起泡酒。

巴贝拉一共有三个主产区：阿斯蒂（Asti）和阿尔巴（Alba）是两个最重要的产区，然后就是蒙费拉托（Monferrato）。阿斯蒂的葡萄酒性价比很高：迷人且酿造得很精细，真的带有吸引人的成熟果实的风味。事实上，如果明天博若莱的顶级葡萄酒停止销售了，我会直接转向阿斯蒂的巴贝拉葡萄酒。

产于巴贝拉阿斯蒂产区附近的葡萄酒酒体骨架感很好，有圆润的层次感。如果你喜欢现代风格的巴罗洛（Barolo）（见234页），你会发现巴贝拉不像巴罗洛那样给人口腔饱满诱人的感觉，但是你仍然会十分喜欢它。就像上面所说的那样，要对这种酒有耐心——我建议在贮藏至少三四年之后再饮用它。

我喜欢皮德蒙特的巴贝拉葡萄酒，总是给人意想不到的变化，每一款不同的酒都有它自己的风格，这种风格建立在它们自己独特产地来源的基础上。随着这些葡萄酒质量的持续提高，我开始因为它们复杂的酒体和优雅的气质而真正地兴奋起来，也开始享受它们那种勇往直前的追求。它们的酒体结构丰满，有成熟果实的风味，合适的酸度赋予了它们特殊的清爽感。

色泽 中等到很深的红色，边缘有宝石红色。

香气 丰富而芳香味十足；黑莓香、甘草香、香料香以及花香。

口感 成熟的果实的风味，清爽的酸，柔顺的单宁，余味悠长。

购买指南 大多数好的巴贝拉葡萄酒有高酸的骨架，这种酸感得益于瓶储3到4年，因此不要急于打开它。在最好的生产商中，我推荐Braida、Pio Cesare、Aldo Conterno和Vietti。

佐餐 我喜欢在午餐时间或者是夏天的一个温暖的傍晚坐在户外享用巴贝拉葡萄酒。这种酒是完全通用的，跟大多数意大利和地中海的食物都配合得完美无缺。

另外 品尝这种葡萄酒的时候顺便品尝一下皮德蒙特的另一个最爱——多姿桃葡萄酒。在品尝以前，这两款酒都需要稍微冷藏一下，在冰箱中放置30分钟就可以达到预期效果。

“最伟大的巴贝拉葡萄酒经过轻微的冷藏之后，是你在夏天一个温暖的日子里，和朋友坐在花园中吃着烤五香香肠时最享受的饮品。”

品尝训练：葡萄酒酿造方法

了解酒厂中不同的酿造技术对葡萄酒感官品质的影响

❶ ❷ ❸

❶**弗勒里**是博若莱地区最有名的村庄产区，因此酒的价位也很高。在挑选的时候要确保你选择的是一个优秀的酿酒商。**推荐酒商**：Georges Duboeuf-La Madone、Clos/Domaine de Quatre Vents和一款标签上标有“威望（Prestige）”的酒——这些酒都很棒。也要试一下Chateau de Fleurie和Domaine Luce Chevalier酿造的葡萄酒。

❷**新西兰的黑比诺**主要生长在从奥塔哥（Otago）中心到南岛（South Island）以南的地区，这些地方的气候可以说与勃艮第的气候条件有姻亲关系：这些远离海洋的减缓作用影响的内陆地区气候十分极端，夏天温暖冬天寒冷。无疑，它成了勃艮第最新的竞争者，而加上它迷人的果香特性，甚至可能要比勃艮第更加具有吸引力。**推荐酒商**：Amisfield、Carrick、FeltonRoad、Chard Farm和Rippom Vineyard。

❸**斯贝博贡德**是法国人对黑比诺的翻译——它的名字意为“勃艮第的黑色葡萄”，用它酿造的最好的葡萄酒（例如，来自法耳次地区的葡萄）品尝起来真的很像很酷的漂亮的勃艮第葡萄酒。**推荐酒商**：Meyer-Nakel、A.Christmann、DrBurklin-Wolf、Knipser和KoehlerRup-recht。

“葡萄酒酿造者根据葡萄品种和葡萄生长的气候条件决定用哪种酿造工艺。”

不同的酿造技术生产出来的葡萄酒的风格都不相同——果香风味为主导的酒，成熟但有所限制的，或者是冷凉而复杂的。

第一款酒**弗勒里**是用**二氧化碳浸渍法**酿造的。葡萄果实不经过破碎，被整串地放到**充满了二氧化碳**的发酵罐中，因此葡萄汁**很少接触到皮**，生产出来的葡萄酒果香特征明显且**没有单宁**。闻一下酒的香气：有**新鲜的**、**破碎的红浆果果实**的香气，这是二氧化碳浸渍法酿造的葡萄酒的典型香气，还有一点**黑醋栗**的香气。这种酒**口感清爽**，奔放且清淡，还能感觉到**红色浆果**和**紫罗兰**的香气。

新西兰的黑比诺用**低温发酵法**酿造而成。在温暖的气候条件下，葡萄通常都是在比较凉爽的**晚上进行采收**，在一个**低温**的环境下进行发酵。这一点延缓了发酵的进程，使尽可能多的葡萄果实得到浸提，使酒避免产生“煮过”或者是“烧过”的口感。这种酒有**成熟的红色樱桃**一样的颜色，有**黑樱桃**和**巧克力**的香气，比弗勒里葡萄酒的酒体更加**丰满**。在口感方面，酒精含量明显**不高**，这一点使**新鲜的樱桃果实**和**甜椒**的风味最先被感受到，**单宁感柔顺**，最后还有清爽的口感。

现在来品尝一下**斯贝博贡德**吧，同样是用黑比诺葡萄酿造的，但采用的酿造方法是**传统的带皮发酵方法**。为了浸提出最大量的果香风味和单宁，这些生长在比较凉爽的气候条件下的葡萄需要在一个更高的温度下进行长时间的浸渍。这种酒的颜色比黑比诺酒的颜色要**浅**，它的香气也是一系列比较复杂的香型：**火辣的红色浆果果实**的香气，还有轻微的**蔬菜味**、**农家庭院味**和**皮革味**。这种复杂性也完全体现在口感上，有同样的**皮革般的红色浆果味**，**单宁感协调**。

意大利
多姿桃（DOLCETTO）

多姿桃的字面意思为“有点甜”。这个名称既代表了采摘的葡萄很甜，也说明了一个事实，那就是皮埃蒙特（Piedmont）的人们把它看做其他红酒的甜甜的亲戚（事实上它是干的）。多姿桃比巴贝拉葡萄酒要更柔和，果香特征更明显，但是和巴贝拉含有一样清爽的高酸。

这种酒一共有七个命名，DOC级的产区都是在皮埃蒙特地区。最有名的，对我来说也是最好的酒是阿尔巴的多姿桃。多利亚尼（Dogliani）的多姿桃和阿尔巴迪亚诺（Diano）的多姿桃在这些主要产区上演了一场很好的三重奏。奥瓦达（Ovada）的多姿桃和其他的生产商生产的葡萄酒大部分都是十分简单的饱满多汁的葡萄酒，尽管一些标记有superiore（高级）的葡萄酒还是很有潜力的。多姿桃对产区的经济起到了重要作用，所以这些产区葡萄酒的风格已经得到了完善，风格范围扩大了很多。这些葡萄酒酿造厂近几年已经大大地提高了多姿桃葡萄酒的品质。

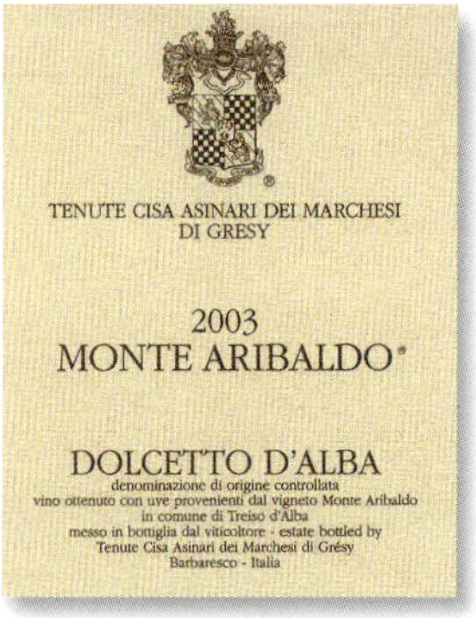

多姿桃
Marchesi di Grésy酒商

色泽　从深宝石红色到黑樱桃色，亮度很好。

香气　馥郁的香草香、粉碎的黑莓和悬钩子的香气，还有杏仁味。

口感　精致且富于果香味；内涵丰富且风味饱满，但是比较清淡；余味绵长。

购买指南　尽管最好的多姿桃可以保存5年左右，但我还是建议你买年轻的多姿桃，趁它仍然新鲜且果香味浓重的时候饮用。我最喜欢的酿造商中有Marchesi di Grésy、Prunotto和Enzo Boglietti。

佐餐　多姿桃是一款完美的通用红酒。它的通用性以及可靠性让你在吃任何意大利大餐的时候都可以放心地用它来佐餐。我尤其喜欢用它来搭配意大利调味饭、比萨饼，甚至是冷盘肉和面条。

另外　比较一下这些含有丰富果香味的活跃而有趣的红酒和来自意大利东北部优质的瓦尔波利切拉葡萄酒之间有什么差别，也比较一下它和来自法国博若莱的葡萄酒之间有什么差别。以上提到的酒在饮用之前都需要进行稍微的冷藏。

“如果你想要品尝一下意大利风味，你可以考虑一下这款葡萄酒，它一定不会让你失望的。它正是为了搭配从烤箱里直接取出来的滚烫的热比萨饼而酿造出来。”

勃纳达（BONARDA）

勃纳达葡萄零散地生长在皮埃蒙特和伦巴第（Lombardy）地区，但是实际上这个意大利品种在阿根廷地区种植得十分广泛。我钟爱这种葡萄酿造的酒，如果更多的人能喜欢这其中一款叫做Oltrepo Pavese的葡萄酒，我就可能会更加喜爱这款酒，这是件令人羞愧的事情。葡萄酒口感柔顺，很容易上口。当你想喝一款果香特征明显的红酒时，它们正是你合适的选择。

色泽　中等的宝石红色到紫色，边缘颜色变淡。

香气　很独特，有李子和黑樱桃的香气。

口感　轻盈且果香特征明显，樱桃香占主导地位，柔顺的层次感。

购买指南　像Alighieri和Loc Casa Ferrari这样的生产商对这种优秀的葡萄酒的酿造投入了很大精力，这个葡萄酒品种最近的成功应该归功于这些生产商的关心和重视。

佐餐　你可以在吃清淡食物的时候饮用这些葡萄酒，例如熟猪肉。但是我最喜欢搭配小贝壳形的意大利面、香肠、意大利干酪、意大利乳清干酪和土豆。

另外　如果你是这种酒的辛辣感的爱好者，你可以试一下阿根廷的马尔贝克葡萄酒、西班牙里奥哈的克利安扎（crianza）酒或者是托斯卡纳地区的桑娇维赛葡萄酒。

兰布鲁斯（LAMBRUSCO）

时代改变得真是快啊！兰布鲁斯是20世纪70年代世界上最有名的、销售最广泛的意大利葡萄酒。现在很多人完全把它忽略了。虽然市面上存在许多糟糕的兰布鲁斯葡萄酒，但真正的兰布鲁斯酒应该是很棒的。这种酒有明亮的红颜色，清淡的酒体，爽口的感觉和位于意大利东北部的兰布鲁斯的故乡艾米利亚-罗马格纳地区（Emilia-Romagna）的丰富的沙司以及肉类配合得实在是很好。

品尝一款优质的兰布鲁斯葡萄酒，我首先要从中寻找的东西是主要的香气成分——紫罗兰香。然后我看着它发出嘶嘶的声音——当这种酒倾倒出来时会发出嘶嘶声，但这种声音应该立刻就会消失掉，在杯子的杯壁处留下模糊的白色边缘。最好的兰布鲁斯酒有Lambr-usco di Sorbara、Lambrusco Salamino di Santa Croce和Lambrusco Gras-parossa di Castel-vetro。

兰布鲁斯
Umberto Cavicchioli & Figl酒商i

色泽 明亮的宝石红色，刚倒进杯子里的时候短时间有气泡产生。

香气 果香特征明显，果酱般的香味，有独特的紫罗兰的香气。

口感 十分清淡，活跃而爽口；浓烈的浆果风味。

购买指南 尽可能搞到最年轻的兰布鲁斯酒，然后立刻喝掉它！我推荐Umberto Cavicchioli&Figli、Giacobazzi和Chiarli&Figli。

佐餐 兰布鲁斯葡萄酒在饮用之前要进行稍微的冷藏，饮用的时候可以配合意大利风味的食物，如卵形意大利面、冷盘肉或者是烤香肠。

另外 这是一款能令你脸上充满笑容的葡萄酒。如果你喜欢它令人兴奋的特点，你可以试一下澳大利亚充满乐趣的古灵精怪的特宁高葡萄酒。

我认识到一瓶冷藏过的红葡萄酒真的可以是一种享受的日子

几年前的一个夏天，我和我的一个朋友去拜访他在意大利艾米利亚-罗马格纳地区的叔叔。在一个非常炎热的日子，我们旅行来到他远在郊区的大房子。主人给我们做了介绍之后，就给我们开了一瓶兰布鲁斯葡萄酒；由于我对法国和英国的兰布鲁斯葡萄酒有不愉快的经历，我想我可能对再品尝这款酒会有一点退缩。然而，我朋友的叔叔确切地知道他自己在干什么。他选了一款由一个当地优秀的酿酒商生产的兰布鲁斯酒，而且他已经把酒稍微地冷藏了一下。这款酒是值得让人产生敬畏的，十分清爽，有轻微的气泡产生，有新鲜浆果果实的风味。尝试一下兰布鲁斯葡萄酒（避免最便宜的酒），品尝之前在冰箱中冷藏大约30分钟，品尝一下看看你对这款酒感觉如何。

卡内奥洛（CANAIOLO）

卡内奥洛是用来勾兑著名的意大利勤地（Chianti）红葡萄酒（见P201）的一个虽小但很重要的部分。一些传统的勤地酒可能十分“生青”，或者是缺乏果香，但是卡内奥洛葡萄使酒变得柔软，使酒的迷人特性得以释放。这个品种在托斯卡纳（Tuscany）以外的地区也有种植，分别在翁布里亚（Umbria）和马尔凯斯（Marches）地区，最近在撒丁区（Sardinia）也有种植。

色泽 精致的浅宝石红，明亮的高光色。

香气 很丰富，芳香浓郁；新鲜的悬钩子和草莓香气。

口感 柔软清淡，所有的成分彼此配合得很协调，令人愉快。

购买指南 卡内奥洛葡萄一般很少单独用来酿酒，通常大部分都用来和其他品种勾兑，尤其是在勤地酒中。因此单品种的葡萄酒在意大利以外的地区可能找不到，下次你访问意大利的时候一定要收藏几瓶。

佐餐 这些酒适合搭配清淡的食物来饮用，口味重的和辛辣的食物会掩盖酒的风味。这种酒最好的配餐是香草烧羊肉、小牛肉和卷心菜，或者是猪腰肉配焦糖洋葱。

另外 如果你找不到卡内奥洛单品种酿造的酒，其他有意大利风味的、清淡的、果香特征明显的红葡萄酒有阿斯蒂的巴贝拉和相对柔和的阿尔巴的多姿桃葡萄酒。

意大利

瓦尔波利切拉葡萄酒（VALPOLICELLA）

瓦尔波利切拉葡萄酒位于意大利的东北部，在威尼托地区。这是一款产量很大的非常有名的酒，但是这其中包括了一些质量低下的产品，破坏了瓦尔波利切拉的形象。假装是葡萄酒内行的人看不起它，一个葡萄酒评论家甚至更离谱地称它是“平淡无味的工业垃圾”。公正地说，瓦尔波利切拉中让人失望的部分很少，它的质量真的得到了提高。

瓦尔波利切拉葡萄酒
Serègo Alighieri酒商

常规的瓦尔波利切拉酒酒体清淡，芳香浓郁且果香特征明显。它给人以迷人且容易上口的感觉，反映出占主导地位的科维纳（Corvina）葡萄的风格特征。瓦尔波利切拉葡萄酒的风格有很多种，但是这依赖于使用了多少质量稍差的龙地奈拉（Rondinella）和梦里那尔（Molinara）葡萄进行勾兑。最好的葡萄酒来自该地区多山的中心地区，一般会在瓶标上标注“classico”。如果你看到一款葡萄酒瓶标上标有“classico superiore”，买下来吧。你应该期待会有一款结构感更强、酒体结构更复杂的葡萄酒，但仍然是清淡且果实特征明显的风格。你也要找一下标有“ripasso”的酒，这种酒是利用酿造强力的阿马罗内瓦尔波利切拉葡萄酒（Amarone Della Valpolicella）剩余的葡萄皮渣和酒糟来给酒增加最大量的层次感和特性。

色泽　明亮，迷人，宝石红色以及很好的亮度。

香气　黑色和红色浆果的香气，干的香草味和花香。

口感　新鲜而精细，有樱桃和良好的单宁香气。

购买指南　购买年轻的classico和ripasso葡萄酒。好的生产商包括Allegrini、Serègo Alighieri和Tom-masi。

佐餐　我喝这款酒时搭配一些简单的意大利食物——意大利面、色拉、比萨饼或者只是单独饮用，在一个炎热的夏日稍微地进行冷藏之后再饮用。

另外　在品尝瓦尔波利切拉红葡萄酒时，搭配清淡的果香特征明显的红葡萄酒，包括它的邻区巴多利诺、皮德蒙特地区的多姿桃，来自法国的优质的博若莱葡萄酒甚至是一款来自澳大利亚的特宁高葡萄酒，你可以享受一个愉快的傍晚。

> ***“瓦尔波利切拉葡萄酒的质量和风格如此的变化多端——从清淡的果香特征明显的classico superi-ore到内涵丰富的ripasso葡萄酒——因此，务必要选择一款适合你自己口味的葡萄酒。”***

巴多利诺（BARDOLINO）

这是一款来自威尼托加尔达（Garda）湖湖岸地区的令人感到愉快的、容易上口的葡萄酒，就像与其相邻的瓦尔波利切拉，它的产量很大。巴多利诺是由三种当地的葡萄品种——科维纳（Corvina）、梦里那尔（Molinara）和龙地奈拉（Rondinella）——勾兑而成，它的风格特征是品种香占了主导地位，就像是一碗成熟的樱桃！巴多利诺葡萄酒也有一种像充满活力的博若莱新酒风格的，这种酒就是有名的巴多利诺新酒（Bardolino Novello）。

色泽　明亮的宝石红色，亮度从中等强度到暗淡。

香气　主要是浆果果实的香气，有杏仁和香料的味道。

口感　果香特征明显，协调的酸和单宁。

购买指南　令人悲哀的是，那里有很多平淡无味的巴多利诺葡萄酒，因此为了避免失望我建议你一定要追随推荐的生产商来选择葡萄酒。Guerrieri-Rizzardi和Lamberti是我最喜爱的生产商中的两个。

佐餐　巴多利诺葡萄酒要选择最近年份的来饮用，一年以内的是比较理想的。这种酒最好是单独享用，可以搭配简单的食物，例如什么都不加的比萨饼。

另外　如果你喜欢巴多利诺葡萄酒，你一定不会对瓦尔波利切拉的classico葡萄酒或者来自法国博若莱的柔软的布鲁伊（Brouilly）葡萄酒感到失望。在品尝巴多利诺时，也尝试一下来自南非的品诺塔日葡萄酒。品尝之后保证你心情愉快！

蒙泰法克的萨格兰蒂诺（SAGRANTINO DI MONTEFALCO）

翁布里亚（Umbria）地区的明星葡萄是蒙泰法克的萨格兰蒂诺（Sagrantino di Montefalco），这种葡萄主要生长在佩鲁贾(Perugia) 东南部小山顶的城镇周围。这个地区的一款叫做蒙泰法克帕西托（Sagrantino Passito）的甜酒更为有名，但是这个地区的干酒则更胜一筹。这些酒的代表性香气是浓郁的黑果类香气和柔和的花香。用桑娇维赛葡萄酿造而成的蒙泰法克罗素（Monte falco Rosso）是和蒙泰法克帕西托来自同一地区的另一种葡萄酒，但是不如蒙泰法克帕西托那么有名。

色泽　深宝石红色，亮度从中等强度到暗淡。

香气　主要是浆果果实的香气，有杏仁和香料的味道。

口感　干且圆润，果香特征明显，协调的单宁感，余味长度中等。

购买指南　你在一个零售店或者是餐馆的菜单上看到这种类型的葡萄酒不可能多于一款。但是如果你可以选择的话，我推荐Fratelli Adanti、Antonelli或者是Domenico Benincasa。

佐餐　我喜欢喝干的蒙泰法克萨格兰蒂诺葡萄酒，搭配清淡的肉类，冬天的时候还可以吃烤肉。真是太完美了！

另外　这款独特的葡萄酒很值得和温和的勤地经典葡萄酒或者是阿尔巴的多姿桃葡萄酒一起进行品尝。蒙泰法克酒更像是这两款酒的勾兑产品。

加拿大
黑比诺（PINOT NOIR）

当我推荐加拿大的红葡萄酒时，大多数人会感到吃惊，但是我推荐的酒是来自安大略湖（Ontario）青葱碧绿的尼亚加拉半岛（Niagara Peninsula）或者是英国哥伦比亚拥有半沙漠气候的奥肯那根山谷（Okanagan Valley），而不是加拿大的北极区！整体来讲，这种酒清淡爽口，有红果类浓郁的香气和充满活力的层次感。加拿大更多的以甜的冰酒著名（见293页），除此之外，还盛产干白和干红葡萄酒，也很值得一试。

黑比诺
Château des Charmes酒商

色泽　引人注目的宝石红色到樱桃红，色泽十分轻淡。

香气　优雅，有新鲜的红果类香气，泥土味和香料的香味。

口感　充满活力且果香特征明显，协调的酸感以及精细的单宁。

购买指南　要找质量最好的葡萄酒，我推荐你在瓶标上找一下VQA分类的标志。我最喜欢的三个生产商是Chateau des Charmes、Inniskillin和Mission Hill。

佐餐　尝试一下喝这种酒时搭配清淡的肉类或者是多肉的鱼类，例如黑鲈。一定不要与任何香气太浓郁或者口味十分重的食物共同饮用，搭配一些精致的食物吧。

另外　你应该了解，这款葡萄酒很像欧洲的风格，尽管这是一款新世界的葡萄酒。比较一下它和阿尔萨斯（Alsatian）红酒或者是意大利的黑比诺葡萄酒有什么差别。

美国
黑比诺（PINOT NOIR）

俄勒冈州到处都能找到黑比诺。这是世界上除了法国之外最好的生产这种葡萄酒的地方之一，优质的俄勒冈州葡萄酒集中了加利福尼亚的卡内罗斯地区葡萄酒的果香特征，还有勃艮第葡萄酒的泥土味和矿物质感。北部的威拉梅特谷（Willamette Valley）是黑比诺葡萄酒的生产中心，在这个地方有一小部分生产商能酿造顶级质量的葡萄酒。这里葡萄酒的价格也相对较高，但还是物有所值的。

色泽　明亮的深宝石红色，边缘呈浅的红宝石色。

香气　有樱桃香、草莓果酱的香气、新鲜的药草味、香料味和香草味。

口感　清爽、协调的酸感，果香复杂浓郁，丝滑柔顺的单宁，很好的余味。

购买指南　一些酿酒厂也为美国的葡萄酒乡村令人惊异的一角树起了旗帜。Domaine Drouhin、Argyle、Adelsheim和Elk Cove，这些是我的个人爱好。

佐餐　这些葡萄酒适合搭配沙锅羊肉或者是野味。作为备选方案，还可以搭配烤鲑鱼和季节性蔬菜。

另外　在我看来，这些葡萄酒可以和法国勃艮第最顶级的酒相匹敌。在饮用这些酒的同时尝试一下Vosne Romanee或者是来自尼依酒区的Chambolle-Musigny，看看你是否同意我的观点。

❶**热夫雷尚贝坦**是勃艮第尼依酒区最有名的名字之一，找一个优秀的生产商酿造的这款酒。**推荐酒商：**Domaine Trapet&Fils、Armand Rousseau、Denis Mortet、Domaine Harmand-Geoffroy、Bernard Dugat-Py和Dominique Laurent。

❷**俄勒冈州的黑比诺**很少会令人感到失望，它的质量和它所挣得的荣誉对得起它昂贵的价格了。你尤其要找一下威拉梅特谷地区的葡萄酒。**推荐酒商：**Domaine Drouhin、Adelsheim、King Estate、Patricia Green Cellars和Brick House。

❸来自**北海岸的黑比诺**是最清爽的黑比诺酒之一，充满了果香味。找一下卡内罗斯葡萄酒和俄罗斯河谷地区的葡萄酒，在南部与其接壤的圣塔芭芭拉（Santa Barbara）海岸地区能生产和它一样风格的葡萄酒。**推荐酒商：**Ramsry、Sanford、Au Bon Climat和ZD葡萄酒。

品尝训练：气候

从来自世界各地的三种黑比诺葡萄酒来看气候的影响

尼依酒区武若庄园的葡萄园

“温暖的阳光帮葡萄摆脱了抑制因素，显露出它们丰富的果香特征。”

这种口感的葡萄酒都是用同一个品种的葡萄——黑比诺葡萄——酿造的，这些葡萄酒来自三个气候稍微有差别的地区，这种气候能在整个世界创造出一些酿造顶级葡萄酒的葡萄。

作为一般规律，一款伟大的红葡萄酒的关键是要保持**果香**、**酸**、**单宁**和**酒精**之间的**协调平衡**。最顶级葡萄酒的这四个特性都相互**协调得非常完美**。在**凉爽的气候**条件下，黑比诺葡萄**成熟较慢**，这赋予了葡萄酒**复杂性和深度**。虽然是这样，这种葡萄仍然需要**一些光照**以使它的**果香**释放得更好。

第一款葡萄酒是来自尼依酒区的**热夫雷尚贝坦**。酿造这种酒的葡萄生长在尼依酒区**十分靠北**的部分，尼依酒区的气候**常年凉爽**。热夫雷尚贝坦酒香味浓郁，带有**青椒**味和一些**果梗味**。在口感上，有**红色浆果果实**的感觉，但也有**泥土的特征**以及强的单宁感，**尾味比较干**。用来酿酒的葡萄果实是成熟的但味道并**不甘美**，而且受到了**收敛感强的单宁**的抑制。

下一个要品尝的是**俄勒冈州的黑比诺葡萄酒**。像尼依酒区一样，**俄勒冈州**有温和的气候，这种气候对于黑比诺葡萄来说是完美的，但**俄勒冈州**比尼依酒区**更温暖**，**阳光**和**凉爽的微风**配合得很协调。这种葡萄酒有很**浓郁的香气**，充满了**甜樱桃**和**草莓**的香气，这些果实在口腔里被感受到，或许比尼依酒区的酒**更加精细**。这是一款非常**优等**的葡萄酒，在你第一次品尝的时候，它不会把它所有的内涵都展露给你。在这次品尝训练中，它是这三款酒中风格**最圆润**的，有**很好的深度**和**复杂度**。

最后，品尝一下来**自加利福尼亚北海岸的黑比诺**。这里的气候跟尼依酒区比起来是**可以预测的**，有**凉爽的大洋微风**，但也有**更多时间的光照**。你能从这款酒的香气中闻到阳光的味道么？这款酒比第一款酒要**开放**得多，有成熟的**红色和黑色浆果果实**的香气。它的香气不如俄勒冈州的葡萄酒浓郁，然而却反映了它相对稍微温和的气候特征。这款酒在口腔中的感受很**丰富**，有**甜甜的黑樱桃味**，一点**香草味**（来自橡木桶）和**草莓以及悬钩子**的味道。

美国
加利福尼亚的黑比诺（CALIFORNIA PINOT NOIR）

加利福尼亚生产黑比诺的能力足以让人感到吃惊，这里生产的黑比诺葡萄酒有复杂的风味和极好的协调感，酒体结构饱满多汁。不像拼凑而成的勃艮第葡萄酒那样史上有名的令人摸不清楚好坏，在挑选这款酒时，你只需要记住四个地区：俄罗斯河谷、北部的卡内罗斯、南部的圣塔伊尼兹山谷（Santa Ynez Valley）和圣塔玛丽亚谷（Santa Maria Valley）。

所有这四个地区都是依靠海上大雾凉爽的影响来延长生长季节。这使葡萄有足够的时间更慢地成熟，最终赋予了葡萄酒完美的特性和很好的协调感。令人讽刺的是，葡萄种植者曾经避免在这样的地方种植葡萄，因为大雾阻止了像加利福尼亚那种为使葡萄过熟而提供的热量。但是当葡萄酒需要更多欧洲式的优雅和协调感时，那种凉爽的大雾就成了一种福音。我喜欢加利福尼亚优质黑比诺葡萄酒质量的一致性，把这种酒收藏起来，等到特殊的场合再拿出来享用。

色泽　明亮的深宝石红色到樱桃红，相当澄清。

香气　浓郁，浆果香，樱桃香，皮革味，甜的香料味和香草味。

口感　强劲，丰满，给人以奢华的感觉，协调性很好。

购买指南　我喜欢的知名酒商有Saintsbury、Rochioli、Kistler、Sanford、Williams Selyem和Kendall-Jackson。

佐餐　这些酒体饱满的葡萄酒可以和烤羊肉以及野味搭配得天衣无缝。它们最先被感受到的果香也使单独享用它们成为一件愉快的事情。

加利福尼亚的黑比诺
Kendall-Jackson酒商

“成熟的黑樱桃味，有甜甜的、辛辣的橡木味。果香、酸和单宁三者之间协调得很好，给人以奢华的感觉。在它们最优质的时候，这些加利福尼亚葡萄酒是法国酒真正的竞争对手。”

另外　比较一下加利福尼亚的黑比诺葡萄酒和它们新世界国家的兄弟——来自新西兰的黑比诺葡萄酒——在果香方面和在口腔中的重感方面有什么差别。你也可以比较一下它们的结构感和勃艮第的优质红酒有什么差别。

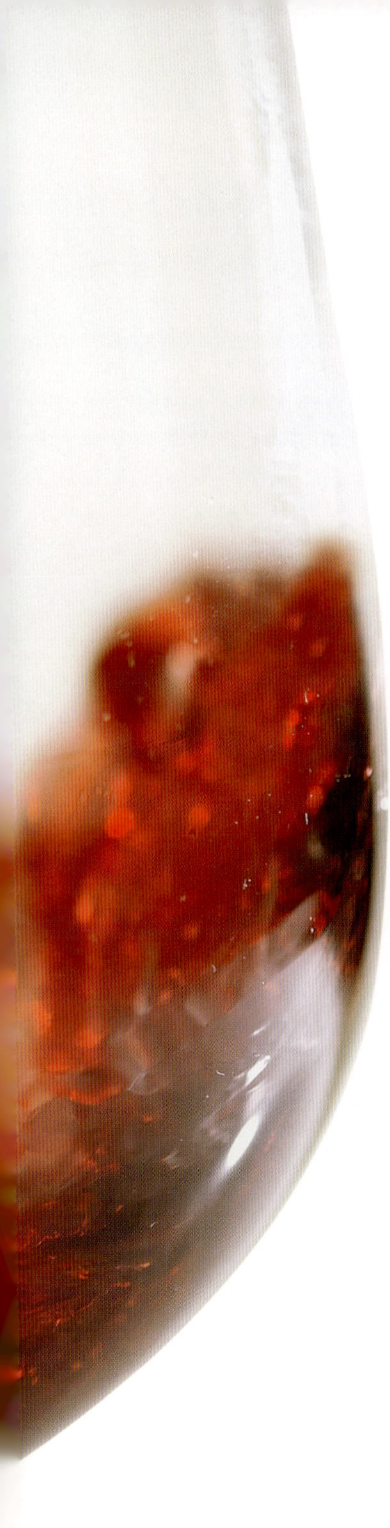

新西兰
黑比诺（PINOT NOIR）

人们（尤其是法国人）经常问我澳大利亚和新西兰的葡萄酒有什么不同，它们之中哪一个更好。我的回答是两个国家生产的葡萄酒都让人充满了想象。更全面地说，澳大利亚的气候更加温暖也更干一些，因此那里生产的葡萄酒更趋向于充满了强劲感，更无礼傲慢一些。

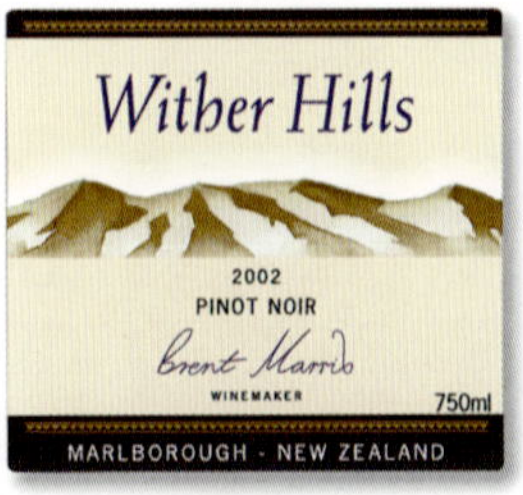

黑比诺
Wither Hills酒商

有敌对态度的感觉。新西兰的气候一般来说更加凉爽潮湿一些，这就使酒的风味更加受抑制一些，或许也更加精致一些。它们两种葡萄酒都很优秀，但它们是十分不同的。

新西兰在葡萄酒世界地位的上升开始于南岛的马尔伯勒（Marlborough）这个地区土壤、阳光和凉爽的海风完美地结合在一起，生产出了光彩照人的长相思葡萄。但是这个地区也生产十分清爽的黑比诺葡萄酒，这种酒浓郁的果香风味只在口腔里一下爆发出来。这就是我想要的葡萄酒类型！在市场上这种酒仍然是相对比较新兴的，但是它一定可以成为法国勃艮第一个真正的竞争对手。

南岛南部的奥塔哥中部地区（Central Otago）是世界上最靠南的葡萄园，但也是新西兰成长最快的葡萄酒地区。关于这个生产黑比诺的明星地区人们议论纷纷，众说纷纭。凉爽的气候使葡萄的生长季节延长，这是生产最优质黑比诺葡萄酒的一个重要因素。怀拉拉帕（Wairarapa）的马丁堡地区位于北岛的南端，这里也生产一些优质的黑比诺葡萄酒。这个地区有优质的土壤，较低的降雨量，长时间的光照，生产的葡萄酒果香特征明显且十分独特。事实上，马丁堡地区是新西兰黑比诺最原始的故乡，这里仍然是可以寻到这种葡萄酒的一个地区。

色泽 比大多数欧洲黑比诺葡萄酒更深的深宝石红色。

香气 悬钩子香，樱桃香，李子香，风味极佳的甘草香和橡木赋予的香料味。

口感 有红色浆果的感觉，带有烤面包似的橡木桶味和香草味，成熟，圆润且性感！

购买指南 有很多伟大的葡萄酒可供尝试，推荐Ata Rangi、Wither Hills、Craggy Range、Palliser Estate、Isabel Estate、Felton Road和Peregrine。我可以一个接一个地品尝。

佐餐 风味清爽的新西兰黑比诺葡萄酒最好趁年轻时饮用，我喜欢单独享用这款透亮的葡萄酒作为餐前的开胃酒，但是它也可以和风味精致的食物，如意大利蘑菇调味饭配合得很好。

另外 新西兰的黑比诺和来自俄勒冈州的优质葡萄酒表现出相同的深层次和果香特征。因为相同的理由，比较一下这些葡萄酒和来自澳大利亚雅拉谷（Yarra Valley）的黑比诺葡萄酒有什么差别。

南非
清淡的红酒（LIGHT REDS）

南非的长相思（见127页）和酒体饱满的西拉现在正沐浴在葡萄酒世界的赞扬中。但是故事不会因为这些有名的葡萄品种而就此结束，鲜为人知的红葡萄品种神索（Cinsault，或者也写作Cinsaut）从法国南部的朗格多克地区来到了南非，用它酿造的葡萄酒充满了活力且香气十足。

南非清淡的红酒
Backsberg酒商

另一个从法国进口的是黑比诺葡萄，但是它的成功比新西兰甚至是美国的俄勒冈州要难得多。南非的气候一般对于生产优质的黑比诺来说过于温暖，但是在沃克湾（Walker Bay）的南部中心海岸以及和观鲸城镇赫尔曼纳斯（Hermanus）相邻的赫默尔-阿尔德谷（Hemel-en-Aarde Valley）地区也有一些例外酿造出来。

神索和黑比诺葡萄的结合产生了南非十分有自己风格的品诺塔日葡萄，它们的结合完全是逐个葡萄树杂交创造出新东西的过程。一些人认为你会对这种红酒要么就是很喜爱要么就很讨厌，但我不认为会如此简单。这种酒的风格差别很大，这一点使了解这些葡萄酒变得很难。大体上来说，它们的感觉是清淡且多汁的。

色泽 深红色到紫色，边缘颜色从宝石红到砖红色。

香气 悬钩子香，樱桃香，李子香，风味极佳的甘草香和橡木赋予的香料味。

口感 协调且柔滑；高酸，带有果香的长的余味。

购买指南 有很多优秀的生产商。试一下Bouchard Finlayson、Hamilton Russell、Boekenhoutskloof、Charles Back、Meerlust和Backsberg。

佐餐 我认为品诺塔日十分适合搭配新鲜的鲑鱼来饮用，这种粗放的类型与烤肉、五香鱼也搭配得很完美。

另外 如果你喜欢品诺塔日酿造的葡萄酒，可以尝试一下法国朗格多克-鲁西永地区（LanguedocRoussillon）充满香料和红色水果香的葡萄酒，例如优质的乡村酒或地区餐酒（Vins de Pays）、菲图和科比埃（Corbieres）的葡萄酒。

“尽管风格和质量有很大的差别，但品诺塔日是南非红葡萄酒的旗舰酒。它的果香风味范围广阔，有肉和巧克力的风味。”

澳大利亚
黑比诺（PINOT NOIR）

澳大利亚大部分地区对生产优质的黑比诺葡萄来说过于炎热。然而，这片广袤的土地上还是有很多拥有巨大潜力的作品，还有很多酿造者是充满了渴望的黑比诺迷并且渴望找到生产好葡萄的地点，但是这里没有能让澳大利亚酿造者心爱的葡萄施展其迷人魔力的存储库。澳大利亚最确定的生产黑比诺的地区是位于与墨尔本（Melbourne）东北部接壤的维多利亚（Victoria）地区的一小块区域——雅拉谷，还有离开新南威尔士海岸的岛国塔斯马尼亚（Tasmania）。其他令人兴奋的地方还包括了莫宁顿半岛（Mornington Peninsula）和季隆（Geelong），这两个地区都在维多利亚，还有南澳大利亚的阿德莱德山（Adelaide Hills）。

雅拉谷有适度凉爽的气候以及合适的降雨量，这一点帮助它成为迄今为止发现的最适合澳大利亚黑比诺生长的地区之一。如果你喜欢黑比诺在口腔中爆发出来的直接、清爽且可口的果香味，那么我肯定你会喜欢这些葡萄酒。

很多年以来塔斯马尼亚作为“苹果岛”（Apple Isle）而著称于世，这可以作为这里冷凉气候的参考，这种气候使这个地区比起喜热的果园水果，例如生长在澳大利亚其他地区的桃子和橘子，更适合栽种苹果。但是最近关于冷凉气候能生产出优雅的黑比诺葡萄酒和香槟风格的优质起泡酒葡萄酒的研究使塔斯马尼亚在地图上奠定了稳固的地位。

塔斯马尼亚有很多新的葡萄园和酿酒厂，但是它们规模较小，生产的葡萄酒相对较贵。塔斯马尼亚的气候

实际上与香槟和勃艮第地区很相近。所以这里生产的葡萄酒酒体清爽，从清淡到中等。它们不会像你期待的来自澳大利亚主要地区的葡萄酒那样饱满，但是它显现出更复杂更精细的特性。它们的香气中经常有甘草和香料的香味，另外在雅拉谷的葡萄酒中还发现了樱桃和李子的风味。

如果你在找一款新世界既成熟又受限制的黑比诺葡萄酒，你可以试一些来自塔斯马尼亚的酒。如果你正在品尝这款酒，我想你也应该试一下岛上优秀的起泡葡萄酒（见269页）。

色泽　明亮且迷人；樱桃李的颜色。

香气　黑樱桃和李子的香气，还有法国橡木桶的香气。

口感　清爽，年轻，味道强，充满香料味且口味极棒，协调性很好。

购买指南　我建议购买最近年份的这种类型的葡萄酒，以便于你可以享受它们活跃的性格。在生产者之中，我推荐Dromana Estate、Coldstream Hills、Scotchman's Hill、Stonier，Bannockburn和Pipers Brook。

佐餐　我经常单独饮用雅拉谷或者是莫宁顿半岛的黑比诺葡萄酒，但它也能弥补一盘可爱的冷餐肉或者是生菜打底的奶酪的不足。十分完美！

另外　和活跃且果香特征明显的新西兰酒一起尝试一下澳大利亚这些伟大的黑比诺葡萄酒。也尝试比较一下它们和来自美国加利福尼亚州俄罗斯河谷的黑比诺葡萄酒有什么差别。它会为你营造一个迷人的品尝之夜。

特宁高（TARRANGO）

有很多葡萄酒使我不能完全严肃地对待，为了乐趣、刺激和充满生机的生活我仍然享受它们。喝特宁高的感觉就像吃新鲜的悬钩子！它清淡，充满活力，简单而不复杂，且十分清爽，它的这些特点是与法国博若莱葡萄酒共享的。我想它有容易上口的性格，我喜欢放一瓶在冰箱里冷藏，然后和朋友一起趁凉享用。

特宁高
Brown Brothers酒商

特宁高葡萄的名字来源于澳大利亚维多利亚的城镇，这个城镇是在1965年发展起来的。这个品种是一种港口葡萄国产多瑞加（Touriga Nacional）和有名的苏丹娜（Sultana）白葡萄杂交而成的。种植者的目的是创造一个能在澳大利亚气候条件下生长很好的品种，并且能酿造清淡且充满乐趣的红葡萄酒。他们成功了！

色泽　浅樱桃红色，中等亮度。

香气　新鲜，浓郁的红果味，令人愉悦且年轻的感觉。

口感　多汁，迷人且清爽的结构；果香特征明显，余味悠长。

购买指南　你应该购买尽可能年轻的特宁高葡萄酒，因为它清淡的酒体结构不适合长时间存放。还有，不用因为要找一系列的生产者而苦恼——Brown Brothers真的是唯一一个值得尝试一下的酿造者。

佐餐　在夏天傍晚的时候围坐在烧烤旁边饮用特宁高葡萄酒是十分完美的一件事情，特宁高葡萄酒也可以和清淡的食物以及冷盘肉搭配得很好。

另外　特宁高葡萄酒清淡、多汁的风格和来自法国博若莱一个cru级别的村庄的佳美葡萄酒很相似。那些来自弗勒里和布鲁伊的葡萄酒尤其好。

我第一次感受到特宁高的品酒会

如果你是一位葡萄酒专家，人们喜欢通过让你品尝一款葡萄酒并且告诉他们是什么酒来测试你。一些葡萄品种很容易辨别，但是总有一些会让你难以辨别。几年以前，我在澳大利亚的布朗兄弟酒厂品尝经典风格的葡萄酒，例如赤霞珠和霞多丽。然后有人给了我一瓶淡红色的、有浓郁的红色水果类香气的葡萄酒来品尝，我认为那可能是一款博若莱风格的酒，但是难道他们在维多利亚的这个地方种植佳美葡萄？这款酒多汁且清爽，有浓郁的悬钩子果香和悠长的余味，但是不是佳美葡萄酒？主人脸上露出的笑容促使我作出了一个个错误的判断，他们知道我被特宁高迷惑了。

成熟、柔滑的红葡萄酒

或许在所有类别的葡萄酒中，成熟柔滑的红葡萄酒是规模最大、种类最多的一类，它包括日常饮用酒，从随处可以买到的智利的美乐葡萄酒（Chilean Merlots），到享有名望的顶级葡萄酒。像来自圣埃米利永（St-Émilion）的grand cru classes级别的葡萄酒，也是用美乐葡萄酿造的。其他能引起人们特别注意的酿酒品种是桑娇维赛（Sangiovese），它是酿造意大利勤地葡萄酒时重要的勾兑品种；还有添普兰尼洛葡萄，西班牙的酒庄用它来酿造里奥哈葡萄酒和纳瓦拉葡萄酒。这种类型的葡萄酒包括了一些世界上最特别也最昂贵的葡萄酒，也包括了适合任何场合饮用的成熟、柔滑的红酒，有整年都可以饮用的也有适合正午之后的任何时候饮用的。它们可以和几乎所有类型的食物搭配得天衣无缝，但是不要因为这一点而妨碍你拿起酒杯来单独享受它完美的果香特征和丝滑的酒体结构。

风格特征
成熟、柔滑的红葡萄酒

“世界上最有名的葡萄酒——它们协调的性格意味着这里有为几乎每一个人准备的东西。”

柔顺的、多才多艺的葡萄酒

这个类型包括很多种类的葡萄酒，就像是给人们提供了一幅令人着迷的世界葡萄酒的剖面图。以前，这里提到的葡萄酒中有很多被认为酒体饱满，但是近几年浓烈饱满且酒体重的新世界葡萄酒的出现改变了人们的感觉，这其中的很多酒现在被认为是“中等强度”的红葡萄酒。这些葡萄酒不可避免地由酿造它们所用的葡萄品种决定了其性格特征，葡萄树生长的气候环境也对其酿造的葡萄酒的性格特征起到了决定作用。总体来说，这些酒比清淡型的红酒更成熟，酒体结构感更强，色泽更趋向于深暗，风味上更趋向于甘草味和香料味。很多这种类型的葡萄酒都在橡木桶中进行了陈酿——不一定必须是新桶，这道工序赋予了葡萄酒极佳的风味基础。它们酒体丰满，但不粗糙，我几乎可以肯定它会诱惑你再多喝几杯的！

里奥哈乡村

西班牙最伟大的葡萄品种添普兰尼洛生长在几个地区，它对里奥哈葡萄酒最有名的贡献是它的独特性——强烈的风味以及深的颜色。

一款不怎么昂贵的成熟柔滑的红酒应该是口味甘美，清爽，果香花香明显，层次不是很深也不很复杂。尽管这款酒品尝的重点在于其果香，它的口感应该是协调的，它的结构感应该是协调的，单宁也应该是精细的。一款昂贵的成熟柔滑的红酒会是复杂、精细且微妙的，酒体饱满，结构的协调性十分完美。支配这款葡萄酒的是风味而不是它的重感，并且它的单宁感优雅圆润。

圆润、充满果香的风味

成熟圆润的红酒种类包括了一个庞大的葡萄酒群体，从丰满的酒体到清淡的酒体应有尽有，但是总的来说，它们的酒体结构都应该是柔滑圆润的，有复杂的香气和饱满的风味。这些葡萄酒的中心部位是深红色到深的樱桃红色，尽管边缘可能是更浅的颜色——宝石红到砖红色。随着陈酿的进行，这些葡萄酒的颜色一般会越来越浅。这种类型葡萄酒的香气根据葡萄起源和生长国家的不同而各不相同，但是一般都比较浓郁，有黑果类香气、干草香、甜的香料和皮革味。这些葡萄酒应该会流露出成熟果实和单宁的协调性，酒精的平衡感很好。一般会有一个悠长的令人满意的余味，能持续大约6到8秒。

葡萄树上的美乐

大部分美乐与最优质且十分昂贵的波尔多葡萄酒显著地联系在一起，在法国南部和西南部的其他地区美乐酿造的葡萄酒相对没那么高贵，但是十分诱人，且如天鹅绒般柔软。

品尝足迹

美乐酿造的新世界葡萄酒柔滑，果香特征明显且可以信赖，为这种风格的葡萄酒创造了一个完美的起点。虽然**圣埃米利永**、**勤地**和**里奥哈**是欧洲的大品牌，也是这个地区有专业级风味的品牌，但我还是推荐去找一些生活在其出名的邻居阴影下而不被看重但很优秀的葡萄酒：优雅的**波尔多**，例如Cotes de Blaye和Canon-Fronsac；来自西班牙的新风格的**纳瓦拉**葡萄酒；还有甜而多汁的**蒙蒂普尔查诺高级红葡萄酒**或者是来自意大利的有持久黑樱桃和香料香的**多瑞诺**葡萄酒。

佐餐 一般适宜在室温下饮用，尽管有一些，像增芳德葡萄酒可在冷藏后饮用。没有必要轻轻倾倒这种成熟且柔滑的红酒，也不需要让其“呼吸”。可搭配不同系列的食物，如意大利面和比萨（尝试一下勤地葡萄酒或者是卡诺纽）；清淡的肉类（尝试用蒙蒂普尔查诺红葡萄酒搭配猪肉或家禽肉）；大部分蔬菜还有鱼类（尝试一下多菲德红葡萄酒）。

饮用还是储藏

智利的美乐葡萄酒例如里奥哈葡萄酒会成为你葡萄酒收藏中值得信赖的一款，不论是夏天还是冬天都适合日常饮用；你可能会理所当然地想收藏一些美乐葡萄酒，比如十分有名的为特殊场合准备的来自圣埃米利永的grand crus级别葡萄酒，又有谁能因此而责备你呢？只有最优质的葡萄酒和某个好年份的葡萄酒适合进行陈酿，因此，如果你在寻找成熟且柔滑的红酒来陈放，向葡萄酒零售商咨询一下意见。大多数来自新世界的这种类型的酒适合在年轻的时候饮用——3到5年之内。

法国
圣埃米利永/波美侯（ST-ÉMILION/POMEROL）

圣埃米利永和波美侯是两个著名的波尔多葡萄酒地区。每个地区都有它自己的特性，但是其一致的成功的关键是美乐葡萄加上它的晚辈搭档品丽珠。这里种植的美乐生产的葡萄酒颜色很深，有成熟的黑果类香气。酿酒技术为葡萄酒增添了一层烟熏、雪松和香草的味道。其酒体强烈而柔滑圆润，这些葡萄酒优雅而精细，可以在年轻时饮用，但最好还是瓶储5到10年，因此要有耐心啊！

圣埃米利永葡萄酒被分为三个级别：grand cru、grand cru classes和premier guand cru classe。grand cru级别的葡萄酒柔滑且令人愉悦，有活跃的果香味；grand cru classes级别的葡萄酒更丰满，酒体更复杂，通常是葡萄酒世界这一昂贵领域中相对来说性价比最高的酒；最高等的类别是premier guand cru classe级别，它又分为A级和B级，A级只包括世界闻名的白马（Cheval Blanc）和欧颂（Ausone）酒庄。

在这三个分类级别之外，还有很多允许在瓶标上使用圣埃米利永的“附

“美乐葡萄在圣埃米利永和波美侯地区生长旺盛，它酿造的葡萄酒真的十分精致高雅。也要注意根据其所属的级别来挑选一款性价比高的酒。”

属”品牌：Montagne StÉmilion、Puisseguin St-Émilion、Lussac St-Émilion和St-Georges St-Émilion。这些葡萄酒有经典的美乐风格，中等的酒体和带有香料味的余位。它们的性价比也很高。

更小的波美侯地区没有分类体系，但是葡萄酒自己会说话。这里的葡萄酒丰满而可口，有很高浓度的果香味。

色泽 深宝石红色，随着陈酿的进行变成黑樱桃的颜色，十分透亮。

香气 浓烈的果香和香料香，随着时间的推移还会有雪松、烟熏、香料和皮革的味道。

口感 十分完美的结构感；丰满，圆润，天鹅绒般柔滑，而且口感强烈饱满。

购买指南 在波尔多的这个角上葡萄酒的年份各不相同，因此向你的零售商寻求一些建议吧。这其中重要的酿酒商有Belair、Figeac、L’Eglise-Clinet、Petrus和Vieux-Chateau-Certan。我推荐你也试一下Huat Gravet。

佐餐 这些葡萄酒很适合搭配羊羔肉、春季时蔬、传统的烤牛肉和土豆，甚至是丰盛的炖肉。给它们提供一个大玻璃杯来散发它们让人难以置信的香气。

另外 圣埃米利永和波美侯葡萄酒的果香味和结构感与和它相邻的卡斯蒂永区的优质葡萄酒十分相似，但是后者的价位更具诱惑力。

卡斯蒂永（CÔTES DE CASTILLON）

卡斯蒂永区是波尔多地区令人兴奋的一角。很多年来这个地区一直受到投资不足的困扰，但是现在这个地区正忙碌地准备着许多活动。像圣埃米利永地区，主要的酿酒葡萄品种是美乐。卡斯蒂永区的葡萄酒性价比很高，在它仍然年轻的时候十分迷人优雅。它们也很有深度，酒体复杂，并且我认为它们应该被列在你们的购物清单上靠前的位置。

色泽 深的黑樱桃的颜色，边缘为深宝石红色。

香气 过熟的深色果实的香气；干的森林甘草的香气、皮革和黑巧克力的香气。

口感 醇厚且成熟，协调的单宁感；柔滑且余味悠长。

购买指南 我很喜欢这种类型的葡萄酒，尤其是2000年以后的。因此很多较小的酒堡在这方面比较突出。我最喜欢的有Château Brisson、Château la Grande Maye、Château Arthus和Château d’Yott。

佐餐 这种葡萄酒是很灵活的。可以搭配羊腿、烤马铃薯或清淡的肉类。葡萄收获酿酒的5年之内任何时候都可以饮用。

另外 比较一下卡斯蒂永区和布尔区或者是圣埃米利永地区“附属”品牌的葡萄酒之间有什么差别。它们像波美侯一样，有朴素的魅力和多汁的黑果类香气。

布尔（CÔTES DE BOURG）

布尔区是位于多尔多涅河(Dordogne river)和吉伦特河口(Gironde estuary)交汇处的一个很小的多山地区。最初这里是由罗马人在耕种，这里是波尔多cotes（山坡）命名中最主要的生产地区，而且最近它的质量也有所提高。这些葡萄酒主要是由美乐葡萄酿造的，果香特征尤其明显，其性价比也是比较高的。

色泽 中等到深的宝石红色，边缘带有粉红色。

香气 果香味为主导，香味精细；红浆果的香气、花香以及矿物质的香气。

口感 圆润，天鹅绒般柔滑，温和且有成熟的单宁感。

购买指南 酒堡中有一小部分真的会让你感到惊讶，这其中包括Château Falfas和Château Roc de Cambes。但是仍然有很多后来者居上！最近年份的葡萄酒也表现出有很大的提高。

佐餐 搭配烤子鸡和新鲜的意大利干面条饮用时你能最大限度地体会到这种葡萄酒的果香结构，给人以满足感。或者你可以尝试搭配美味的羊腿和烤马铃薯。

另外 品尝这种葡萄酒时也顺便尝试一下来自邻区的贝尔热拉克（Bergerac）红葡萄酒，或者是来自智利的卡蒙乃（Carmenere）葡萄酒。将它和其他的波尔多美乐基础葡萄酒—卡斯蒂永区、弗朗萨克区圣埃米利永地区以及其他的葡萄酒进行对比也是一种乐趣。

布尔
Château Falfas酒商

法国

布拉伊首酒区（PREMIÈRES CÔTES DE BLAYE）

布拉伊首酒区与布尔区的北面接壤。这里的葡萄酒主要是合作酿造的，但是一些私人酿酒师酿造的葡萄酒质量很高。布拉伊酒区实际上擅长酿造白葡萄酒，因此找到白葡萄酒是很容易的事，但是这个地区也有一些完美的红葡萄酒值得搜寻。它们的酒体结构完美而优雅，且性价比较高。

色泽 充满活力且有明亮的宝石红色，中等的亮度。

香气 樱桃和其他红色果实的香气，有烟草、香料和香草的香气。

口感 优雅、圆润且清爽，柔顺的单宁感，余味中等。

购买指南 酒标上“Premieres”这个词是至关重要的，因为布拉伊首酒区的名称只是对白葡萄酒来说的。Château les Bruelles和Château Charron真的是非常优秀的私人酿造者。

佐餐 这种红葡萄酒适合在酒温比较凉（“地下酒窖的温度”）的时候饮用。和红肉、烤子鸡或者是丰盛的意大利面大餐一起饮用时能使该酒更加光彩迷人。这种酒和爆炒类的食物搭配得也很好。

另外 如果你喜欢这款葡萄酒，你也应该去试一下酒体结构上与之十分相似的卡斯蒂永区的葡萄酒。

弗朗萨克区/卡农-弗朗萨克区（FRONSAC/CANON-FRONSAC）

弗朗萨克区位于吉伦特河（Gironde）的右岸，它是波尔多能令人很兴奋的地区之一。如果你喜欢圣埃米利永葡萄酒微妙的感觉和波美侯天鹅绒般的性格，那么这款酒肯定也合你意。它的风味复杂，强烈且精细，但是没有很大的重量感。卡农-弗朗萨克区是这个地区最好的部分，而且现在也是收藏它们的很好时机——在整个世界明白过来以及价格上涨之前。

色泽 深红色，边缘带宝石红色，亮度很好。

香气 精细；新鲜的红果类香气，有甘草味、烧烤味和香草味。

口感 精细且优雅，风味柔和而浓郁。

购买指南 越年轻的时候饮用越好，最多储存5年。几乎所有的酒商出产的葡萄酒都很好，但是一定要尝试一下Château de la Dauphine和Château Fontenil。

佐餐 在冰水浴中放置30分钟后，搭配烤大牛排、面包或干酪屑裹马铃薯以及新鲜的绿豆一起饮用。

另外 比较一下这种葡萄酒和上梅多克（Haut-Medoc）的葡萄酒，例如好年份的中级酒庄（cru bourgeois）葡萄酒有什么差别。这会将所谓的左岸葡萄酒和右岸葡萄酒之间的不同展示给你。

蒙得斯（MONDEUSE）

蒙得斯是一个来自法国东部萨瓦省（Savoie）的葡萄品种，通常它都是以萨瓦葡萄酒（Vin de Savoie）的形式来出售的。我认为，这款酒对于一个滑了一整天雪的人来说是再好不过的选择。它的位置应该是在来自博若莱地区的弗勒里葡萄酒和来自罗讷河谷（Rhone Valley）的克罗兹-埃米塔日（Crozes-Hermitage）葡萄酒之间，因为前者清爽且重量感好，后者果香特征明显且有香料的香气。

色泽 深的红色，酒体结构不透明。

香气 浓郁且复杂，有紫罗兰香、胡椒味、香料味、红果类香气以及甘草的味道。

口感 骨架感好且多汁；有清爽的酸，余味干净而悠长。

购买指南 在众多酿造商之中，我推荐Domaine Tardy和Domaine Quenard。尽管萨瓦葡萄酒有合适的陈酿潜力，我还是建议你在葡萄酒酿造后的2到3年内饮用。

佐餐 我喜欢一边喝萨瓦葡萄酒一边吃着小牛肝和土豆泥，一定不要搭配任何口味重的食物，因为它们会掩盖葡萄酒的口味。这种酒适合在酒温比较凉（“地下酒窖的温度”）的时候饮用，以增加其果香味的强度。

另外 饮用萨瓦葡萄酒时，也尝试一下一款博若莱酒和克罗兹-埃米塔日（Crozes-Hermitage）葡萄酒，注意一下它的风味是如何介于这两者之间的。作为一个有趣的对比，也可尝试一下奥地利的蓝色佛朗克葡萄酒。

“现代的波尔多葡萄酒很少令人失望——永恒不变的质量，不会掏空你的钱包。”

科比埃（CORBIÈRES）

从科比埃你能找到一些很棒的红葡萄酒，它是广阔的朗格多克-鲁西永地区（Languedoc-Roussillon）的旗舰品牌。令人兴奋的新兴酿造商和一些外部投资一起创造了比以前更加丰满复杂的葡萄酒。提高用于勾兑的西拉葡萄的量（减少那些令人失望的当地品种的量），使这些葡萄酒有最好的柔顺感和饱满的性格特征，且性价比不错。

色泽 深的宝石红色到深红色，边缘带粉色。

香气 有地中海阳光的感觉；黑莓、樱桃、香料、干草的香味。

口感 复杂的风味；丰满且浓郁，但余味悠长柔滑。

购买指南 这些葡萄酒很少会令人感到失望，除非你期望的是一些高度复杂且浓郁但是价位却很低的葡萄酒！我推荐Château Auris和Château la Voulte-Gasparets。

佐餐 这些葡萄酒适合尽早饮用。它们十分适合搭配烤鸡和绿豆，以及任何肉类或者是口味不很重的素食。

另外 比较一下科比埃和一款优质的美乐葡萄酒有什么差别。我品尝的感觉是这两款葡萄酒性格相似，尽管这个品牌的葡萄酒不允许用美乐来进行勾兑。

菲图（FITOU）

菲图是一幅野性且多山的风景画，它位于法国南部朗格多克和鲁西永交界的地方。菲图被公众承认拥有自己的品牌已将近60年，在法国很有名，但是仅是在最近它才在更广阔的地区获得了殊荣。这里的酿造者曾一度犯了重量不重质的错误，但是这个地区现在正在建立它的声望。

在菲图这个名称中，有两个十分不同的区域。内陆的山岭地区生产的葡萄酒颜色深，甘草味重，这与沿海地区的受凉爽海风影响的风味清淡的葡萄酒形成对比。所有的产品都受控于四个大合作商，并且当佳丽酿（Carignan）是主要的酿酒葡萄时，用来进行勾兑的新成员是歌海娜（Grenache）、幕尔伟德（Mourvedre）和西拉。这些葡萄酒的确展示了更浓的果香味和更好的协调性。我觉得近几年它的质量已经得到了全面的提高，但是仍然有提升的空间。不妨关注一下。

色泽 强烈的宝石红色，稍微有点砖红色。

香气 红色浆果的香气，胡椒香，李子香，烘烤味，巧克力味以及香草味。

口感 丰满且清爽；协调的单宁感，余味饱满。

购买指南 找一下Bertrand Berge的年轻年份的酒，或者是Mont Tauch合作商酒厂生产的顶级勾兑酒，例如Les Douze和L' Exception。

佐餐 尝试一下用优质的菲图酒搭配炖猪肉或熟猪肉。它也可以和烤蔬菜、意面大餐搭配得很好。

另外 比较一下优质年轻菲图红酒的果香特征和来自周边的科比埃葡萄酒以及来自更北边的米内瓦（Minervois）地区的葡萄酒有什么不同。

澳大利亚酿酒商的入侵

我坐在法国西南部一个偏远的农村公社的小咖啡馆，用英语跟我在英国的家人通电话，这时两个男人朝我走过来很大声地问候我："G' day mate!"这些家伙就是在这个地区用艺术级的产品和质量控制理念开厂酿酒的澳大利亚人。这些澳大利亚人不仅提高了朗格多克-鲁西永地区葡萄酒的声望，还激励了当地人酿造出更好、更协调的葡萄酒。这个在菲图地区酿造中占主导地位的大合作商现在把精力集中在提高质量而不是提高产量上。它的影响力超出了法国，尤其是在超市里。

品尝训练：酒体

确切地寻找一下是什么使红葡萄酒有一个清淡或者是饱满的酒体

❶ ❷ ❸

❶**加利福尼亚的黑比诺**在它绝对优质的时候可以和法国勃艮第媲美，它的酒体复杂精细，多汁且协调性好。**推荐酒商：**Ramsay North Coast（Kent Rasmussen）、Sebastiani Sonoma Coast、The Ojai Vineyard、Sanford、Saintsbury和David Bruce Chalone Vineyard。

❷来自法国南部的**米内瓦酒**是用歌海娜、西拉和幕尔伟德葡萄酿造的，和优质的罗讷河葡萄酒很相似，但是价钱只有罗讷河葡萄酒的一半。它曾一度被认为是一款优秀的廉价酒，但是现在就像这款葡萄酒所表现的那样，它真的是久经世故了。**推荐酒商：**Chateau du Donjon、Septombres和Chateau Gibalaux Bonnet。

❸**巴罗洛**是一款来自意大利皮德蒙特一个小区域的成熟、强劲、高贵且老熟较慢的葡萄酒。把它放在这次品尝的最后，因为其强劲的单宁会使你的口腔感觉迟钝。**推荐酒商：**Prunotto、Brezza、Massolino和Roc-che Costamagna Rocche dell'-Annunziata。对于这些葡萄酒来说，年份是很重要的，但是对巴罗洛来说一串比较好的年份意味着从1995到2001年的任何一个时候，这个时间段是一个安全的赌注。

“大部分成熟且柔滑的红葡萄酒可以被描述为‘中等酒体’，但是它的确切意思是什么呢？”

酒体是挑选一款红葡萄酒时的参考因素。当你考虑一款酒的酒体时，你在思考这款酒在口腔中是种**什么感觉——清淡而单薄**还是**充实而厚重**呢？在这次品尝中，你将会尝试一款清淡的酒，一款中等的酒，还有一款酒体饱满的酒。

你通常会从一款酒的**颜色**来谈论很多关于它酒体（或者是密度）的内容。比较典型的是，颜色越深，酒体越饱满。但是，就像第一款酒——**加利福尼亚的黑比诺**证实的那样，大部分事情都会有例外。这款深色的**葡萄酒酒体却很清淡**，但是有浓郁的果香味、**成熟果实**般的结构、**丝滑的单宁**感还有高酸。有一**点蔬菜**和**农场**的香气，但是口腔中的感觉却是果香占到了主体地位——浓郁的成熟**浆果和樱桃**的风味，还有一**点香料**和**皮革**的暗示。酒精和果香互相协调，实际上酒精感是**很强烈**的，但是一点都不突兀。单宁和果香的**协调性也很好**。

这次品尝的第二款酒——**米内瓦**，来自朗格多克-鲁西永地区，是用西拉、歌海娜和其他葡萄勾兑而成。它的特点是有独特的**胡椒味**，有**成熟的黑果**类香气以及来自橡木桶陈酿的**隐隐的香草味**。它的酒体比黑比诺葡萄酒**更饱满**，余味悠长，有**天鹅绒般的单宁**以及**丰满**成熟的口腔感受。这款葡萄酒十分丰满，你几乎可以感觉你是在“吃”这款葡萄酒。

来自意大利凉爽的东北部的**巴罗洛**葡萄酒是用内比奥罗葡萄酿造的，它的**骨架感**比前两款酒**更强**，它有**强烈的单宁感**，不用高酸就可以使口腔感觉到干。这款葡萄酒口感**重且干**，前面能感受到**木头和香料**的香味。鼻子感受不到果香且余味不是很长。这是一款十分**复杂**的葡萄酒，不像米内瓦那样平易近人，但是在口腔中**持续时间较长**，而且很**复杂**，**酒体十分饱满**。

法国

圣希尼昂（ST-CHINIAN）

我还真的从来没有认为圣希尼昂是朗格多克的一部分，即使这个地区恰好位于朗格多克的中心。圣希尼昂葡萄酒更能让我想起罗讷河谷的葡萄酒的风格。它们浓郁且丰满的酒体结构真的是太完美了，尤其是它们潜在的成熟果香的特征更是完美。购买圣希尼昂很值，但是也要关注一下它将来的发展状况，这是很重要的事情。

色泽　独特的深红色，有细微的宝石红或者橘红色。

香气　丰富而强烈；黑果类香气以及胡椒味，附带一点焦油味和皮革味。

口感　醇厚，圆润，成熟的单宁；酒体骨架感好，长而复杂。

购买指南　不只一个我认识的专业葡萄酒零售商告诉我这个地区正处于变动中。我推荐来自Château Viranel和Domaine Canet-Valette。

佐餐　这些葡萄酒能和任何红肉搭配得很完美，但是我最喜欢的搭配是有黑色小扁豆和小葱的野味，或者是迷迭香味烤全羊和烤马铃薯。

另外　圣希尼昂是这个地区强劲的葡萄酒之一。它的酒体结构和贝尔热拉克（Bergerac）地区的酒更相似，也和罗讷河谷村庄区（Cotes du Rhone Villages）葡萄酒的香料特征有一些相似。

米内瓦（MINERVOIS）

米内瓦就像是一个位于西朗格多克山上面向南方的巨大的圆形剧场。这个炎热且充满阳光的地区生产的葡萄酒酒体结构很好，很有个性。最近当地的合作商以及小规模种植者通过控制收获的产量和改进其酿酒的方法大大地完善了葡萄酒的质量。一些葡萄酒甚至改善了橡木桶的质量。改造的结果是这里的葡萄酒圆润而浓郁，性价比很高。

色泽　强烈的深红色，稍微带点宝石红到橘红色。

香气　丰满且复杂；黑莓香、温柏树香、杏仁味以及肉桂香。

口感　醇厚而丰满，有精细的感觉；余味长且充满了果香味。

购买指南　大多数米内瓦葡萄酒应该尽早饮用，但有些来自顶级酒庄的葡萄酒可以储存几年。这个类别里我推荐La Liviniere、Château du Donjon和Château Fabas。

佐餐　我喜欢午餐时搭配冷盘肉和鱼类制成的肉馅饼一起饮用这款葡萄酒。这款红酒也适合冬天里搭配可爱的沙锅类食物饮用。

另外　这款葡萄酒的风味使我想起了甜甜的水果，这种感觉在美乐葡萄酒中也有发现——可能是来自智利的美乐，但也要比较一下它和来自它邻居福热尔的葡萄酒有什么差别。

福热尔（FAUGÈRES）

想象一幅原始的、美丽的、高低不平的地中海风景。这就是福热尔，它酿造的葡萄酒是一种丰盛的勾兑品，用古老的佳丽酿和神索葡萄，搭配重感更强的幕尔伟德和西拉葡萄。福热尔有明显的性格特征，terroir（产区的风土条件）为这个地区的葡萄酒“严肃”的深色果实风味增添了丰满的特性。这个以前不被看重但很有前途的葡萄酒产区充满了潜力。

福热尔
Domaine du Météore酒商

色泽　真正深的黑莓色，边缘呈深宝石红色。

香气　过熟的深色果实的香气，有干的森林甘草的香味、皮革味以及黑巧克力味。

口感　醇厚；骨架感好，有成熟的风味和协调的单宁感。

购买指南　像圣希尼昂一样，这个地区正在得到葡萄酒专业零售商的好评。在众多生产者中我喜欢Domaine du Méteore和Domaine Deshenrys。

佐餐　这款葡萄酒美味而温和——它从来不会公开地表现强烈。它适合搭配焖炖类的食物、家禽、猪腰肉、烤香肠或者是烤鸡色拉一起饮用。

另外　将这款酒与来自罗讷河谷吉恭达斯（Gigondas）的葡萄酒进行对比。它们是用相同的葡萄作为基础进行勾兑的，但是严格来说它们的性格是不同的。

意大利
勤地（CHIANTI）

勤地的传统形象是一瓶放置在乡村酒馆角落里的一块棋盘格子的红色桌布上覆盖了稻草的葡萄酒。这种浪漫的场景反映了勤地持久的声望，但是因为产量过盛，它不再因为其质量而享受殊荣。当然，一些生产者酿造的基础勤地酒仍然有优质的浓度和十分协调的酒体，但是最优质的酒是来自位于锡耶纳（Siena）和佛罗伦萨（Florence）之间的classico级别的区域。我认为勤地经典葡萄酒（Chianti Classico）是唯一值得关注的勤地酒。

桑娇维赛是勾兑中的关键葡萄，它赋予了葡萄酒闪耀而活泼的果香风味。在比较好的classico级别的葡萄酒，这些酒通过陈酿增添了复杂而真实的性格特征。其余更小的勤地酒产区，我推荐鲁菲娜（Rufina）作为经典酒的替换选择。如果酿造得好，这些葡萄酒也能代表更好的价值。比勤地经典葡萄酒（Chianti Classico）高一级的是令人惊异的勤地经典珍藏葡萄酒（Chianti Classico Riserva），这种酒的酒体比常规的勤地经典葡萄酒稍微饱满一些，在拿出来售卖之前，它都经过了一段长时间的陈酿。

色泽 充满的活力，明亮的宝石红色，随着陈酿的进行，趋向于深红色。

香气 紫罗兰香、樱桃香、深色浆果的香气、李子香以及香料香，尤其是丁香味比较重。

口感 中等的酒体，年轻的时候单宁感比较重，陈酿之后柔软如天鹅绒般。

购买指南 质量的差别很大，因此推荐一些知名的品牌，例如Antinori、Felsina、Fonterutoli、Fontodi和Volpaia。

佐餐 除了传统的意大利食物，这些葡萄酒还适合搭配烤煮肉和很多蔬菜类食物一起饮用。

另外 好的勤地葡萄酒口感重，果香特征明显且口味绵长，这与来自蒙蒂普尔查诺红葡萄酒和蒙塔尔奇诺的葡萄酒十分相似。

“托斯卡纳区的明星！桑娇维赛和其他葡萄的勾兑品——勤地葡萄酒，柔软如天鹅绒般，有紫罗兰、李子、樱桃和香料的香气。”

意大利

蒙塔尔奇诺贵族葡萄酒（VINO NOBILE DI MONTEPU-LCIANO）

这款葡萄酒生活在它有名的邻居——勤地和布鲁内略·迪·蒙塔尔奇诺（Brunellodi Montalcino）的阴影中。这三种酒都是用相同品种的葡萄——桑娇维赛酿造而成的，但是它们的风格差别很大。贵族葡萄酒介于勤地和布鲁内略之间，比前者更丰满，果香味更重，但是不如后者丰满且浓度高。

蒙塔尔奇诺是托斯卡纳（Tuscany）山上的一个小城镇，离锡耶纳（Siena）比较近。这里的葡萄酒分为三个主要的类别——Rosso、Vino Noble和Vino Nobile Riserva。Rosso这个级别的葡萄酒，酒体是最清淡的，这意味着应该趁年轻饮用；Vino Noble级别的葡萄酒酒体中等，骨架感好，由于其酸和单宁含量高，陈酿力十分好；Riserva级别的酒，酒精度有点高，可以陈酿的时间更长。尽管不如它的其他两个竞争对手有名，Vino Noble级别的葡萄酒是意大利第一批被承认为最高葡萄酒分类级别——DOCG之一。

蒙塔尔奇诺贵族葡萄酒
Poliziano酒商

色泽 独特的深宝石红色，略带紫色。

香气 强烈的樱桃香，矿物质的味道，香料味，木头味，泥土味和野味。

口感 丰富且饱满，但是很柔顺；坚硬的单宁，高酸。

购买指南 酿造比较糟糕的Vino Noble级别的葡萄酒比较单薄且尖酸，因此要购买顶级的品牌，例如Abignonesi、Contucci和Poliziano。不要把它和来自意大利南部的Montepulciano d’Abruzzo混淆。

佐餐 这款葡萄酒可以在宴请宾客时饮用，搭配牛肉馄饨、意大利调味饭，甚至是爱尔兰炖肉等。

另外 品尝单一酿酒商酿造的整个系列的葡萄酒——从Rosso到Riserva。唯一可以用来区分它们的是不同的收获产量和陈酿的要求。

意大利面、荷包蛋和红葡萄酒：一个完美的早餐搭配！

我喜欢意大利，尤其是秋天块菌生长的季节。我永远不会忘记在一次葡萄酒品尝之旅中吃过的一顿意大利餐。我们一整天都在努力工作，从一个酒厂到另一个酒厂，品尝每个酒厂的酒，访问每个酒窖。最后在晚上11点的时候，我们到一个熙熙攘攘的小餐馆吃晚饭。餐前开胃酒和优质的葡萄酒看起来好像在变魔术。我们一直聊天到深夜，直到主人告诉我们已经到了吃早饭的时间了。每个盘子里单独放了一个大大的馄饨，蘸了清淡的奶酪酱，上面覆盖了一层搓碎了的块菌。意大利面里包裹了一个十分完美的荷包蛋。几种风味的联合以及丝滑柔顺的意大利葡萄酒真是美味至极。我感觉自己像是到了天堂！

阿利蒂克（ALEATICO）

我喜欢相对罕见的阿利蒂克葡萄品种那像花一样的香味。它如此的不知名，这真是很大的遗憾。我推荐托斯卡纳地区的丰满而甜的阿利蒂克葡萄酒，在这个地方这些葡萄酒能得到最好的发挥。这种葡萄也酿造了邻近罗马的拉丁姆（Latium）地区的阿利蒂克·迪·格拉多利（Aleatico di Gradoli）葡萄酒以及深入到南方的阿利蒂克·迪·普利亚（Aleatico di Puglia）葡萄酒。所有的这些葡萄酒都有相同的香气特征，也同样的柔滑而温和。

色泽 丰富，深而浓烈的朱红色，边缘宝石红色。

香气 十分明显且优雅；甜的香料味、黑果类香气以及紫罗兰香。

口感 丰满，强烈，天鹅绒般柔软；中等酸度，协调的单宁感，余味好。

购买指南 这些葡萄酒一般很难在意大利以外的地方找到，但是我最喜欢的两个生产商是Francesco Candido和Felice Botta。你也应该知道格拉多利（Gradoli）和普利亚（Puglia）的葡萄酒可能是被加强了的，因此会比它们在托斯卡纳地区的版本甜得多。

佐餐 我喜欢用这款葡萄酒作为一个清爽的替换。在腌渍肉午餐甚至是烤肉的时候品尝一下这款葡萄酒。

另外 比较一下丰满的阿利蒂克葡萄酒和威尼托地区更饱满的阿马罗内瓦尔普利切拉葡萄酒（见235页）。

卡诺那乌（CANNONAU）

我十分相信撒丁岛酿造高质量葡萄酒的潜力。卡诺那乌是这个岛上最知名的红葡萄品种，一般被认为是和法国的歌海娜相同的品种。但是撒丁岛的海风和温暖的气候条件为葡萄创造了理想的生长环境，加上较老的葡萄树使果实的成熟达到了最饱满的程度。这些是十分独特的红酒。

卡诺那乌
Argiolas酒商

色泽 十分浓郁的宝石红色，有一个明亮的粉色边缘。

香气 粉碎的新鲜曼越橘香；优雅，烟熏味和胡椒味。

口感 圆润，清爽，果香特征明显；中等酸度，协调的单宁感，余味悠长。

购买指南 只有有限量的撒丁岛葡萄酒到达了国际市场，但是我还是要推荐两个品牌：Argiolas和Sella&Mosca。

佐餐 尝试一下在饮用卡诺那乌葡萄酒时搭配沙锅兔肉或者是烤子鸡。这款酒也可以和口味稍微重一点的食物搭配，包括鹿肉或其他的野味，甚至是十分成熟的奶酪。

另外 比较一下卡诺那乌葡萄酒和来自意大利北边的酒体结构朴素的内比奥罗（Nebbiolo）基础葡萄酒有什么差别。作为相似的产品，对比品尝一下西班牙纳瓦拉的歌海娜葡萄酒。

托吉亚诺（TORGIANO）

这是一款令人称奇的葡萄酒，十分像酒体结构感很好的多姿桃葡萄酒（见180页）。托吉亚诺是意大利中心的翁布里亚（Umbria）的一个小城镇，它是根据城市中心的城堡——Terre di Giano命名的。这种葡萄酒的声望正在逐渐上升，它是勤地葡萄酒一个真正的竞争对手。相同的葡萄品种——桑娇维赛在这里得到了发展，它被用来增加浓度和精细度，以及柔滑的余味。

色泽 明亮的宝石红到深红色，有很好的亮度。

香气 复杂；黑莓香、杏仁味、香料香、“动物味”和橡木味。

口感 丰满且圆润；有清爽的酸感，完美的协调性，余味悠长。

购买指南 这种酒大部分都被当地人消费了，但是这是一种不可错过的葡萄酒，因此趁你买得到的时候赶快下手吧，我推荐的生产商是Lungarotti和Consorzio Vitivinicola Perugia。

佐餐 托吉亚诺的陈酿潜力使它值得被保存4到5年。它很适合搭配羊肉丸子和尖管通心粉，或者是相似的面食。

另外 把这款红葡萄酒和托斯卡纳区的葡萄酒，例如蒙塔尔奇诺贵族葡萄酒和布鲁内略·迪·蒙塔尔奇诺进行对比。它们的风格很相似，但是通常托吉亚诺的性价比较高。

阿瓦拉红葡萄酒（NERO D'AVOLA）

阿瓦拉红葡萄酒，也叫做卡拉布里亚（Calabrese），是西西里岛地区种植最广泛的红葡萄品种，这种酒在这个地区繁荣昌盛且真实地显示了这个岛酿造高质量酒的潜质。这是意大利最好的本土葡萄之一，而且是用来勾兑的极好的资产，因为它的骨架感强且陈酿能力好。和美乐一起酿造的葡萄酒优雅而复杂。

色泽 深的黑樱桃色，边缘带紫色。

香气 复杂；成熟的黑果类香气、李子香、巧克力香以及香料香。

口感 丰满且圆润，柠檬酸的味道，优质的单宁感。

购买指南 这个葡萄品种很少单独使用，最优质的葡萄酒是经过勾兑的。我最喜欢的是圣塔阿纳斯塔西娅（Santa Anastasia）和伽飞（Gulɔ）葡萄园。

阿瓦拉红葡萄酒
Santa Anastasia酒商

佐餐 我喜欢这款葡萄酒搭配烤肉、烤香肠或排骨一起饮用。搭配烤牛肉或者是有干甘草的饱满的羊腰肉也会产生令人惊异的效果。比萨饼也和它配合得很好。

另外 这些葡萄酒较便宜的部分，果香味占主导地位，且十分像法国博若莱村庄的酒，不会过于复杂，但是仍然令人十分愉悦。

Chianti Classico

品尝训练：果实品质

明确葡萄酒中的“果实品质”意味着什么

❶ ❷ ❸ ❹

❶来自著名的西班牙地区的**里奥哈珍藏**在这次品尝中起到了十分重要的作用，但是你可以替换为纳瓦拉珍藏葡萄酒或者是杜罗河珍藏葡萄酒。**推荐酒商：**Conde de Valdemar、Marques de Grinon、Artadi、Marques de Murietta和CVNE。

❷**勤地经典珍藏**是勤地最高级别的酒，价位稍微有点高，但均有所值。**推荐酒商：**Villa di Geggiano（Bandinelli）、Antinori、Fresclio di Fonterutoli和Fontodi。

❸**纳帕河谷的赤霞珠**酿造的葡萄酒酒精度十分高，但是不会让人产生厌恶感——它的骨架感够强以至于可以承受这样的酒精度。**推荐酒商：**Frog's Leap、Stages' Leap Winery、Beringer、Duckhorn、Spottswoode和Joseph Phelps。

❹**圣埃米利永**酿造的葡萄酒中有世界上最好的美乐葡萄酒。圣埃米利永的酒堡如此之多，以至于让人很难做出选择，找一下grands crus级别的酒。**推荐酒商：**Château Haut Gravet、Château Lalande de Gravet、Château Canon和Château de Pontbel。

“一款红葡萄酒的果实品质的范围从有树叶味但很新鲜到丰满且有果酱味。”

“果实品质”葡萄酒中果实香味和风味的综合体现，这些都是来源于葡萄果实和酿造方法的，但是也受橡木桶陈酿的影响，而且能通过在酒瓶中陈酿得到完善。

里奥哈珍藏葡萄酒在橡木桶中经过了2年的陈酿和1年的瓶储。一开始的时候有**皮革味**，紧接着出现**樱桃香、巧克力香和甜的香料味**。口腔中首先感受到的是成熟樱桃的果香味，带有一点巧克力和咖啡的香味，橡木味没有掩盖酒香。

勤地经典珍藏葡萄酒在橡木桶中已经陈酿了3年。它有十分不同的香气——**香料香、烟熏的橡木味**、还带有一点**薄荷醇和松木香**。这些和**新鲜的树叶味、李子味和樱桃果实味**混合在一起，赋予了葡萄酒良好的**复杂性**，葡萄酒的**高酸**赋予了葡萄酒**像钢一样坚硬的骨架感**。

像里奥哈葡萄酒一样，**纳帕河谷的赤霞珠**葡萄酒经过了2年的橡木桶陈酿。它有复杂的香气，包括**成熟的有果酱味的黑醋栗香和黑莓香**，有**甜的香料味、焦油味和甘草味**，这些赋予葡萄酒一种气味清新的山林味。在口腔中，它的感觉**成熟而柔滑**，浓郁多汁且**有果酱味的黑果类**香气，这些道出了一个事实，那就是它的产地气候温暖。尽管在美国橡木桶中陈酿过，果香在**最开始的时候出现**。

这次品尝的最后一款葡萄酒是来自波尔多**圣埃米利永**地区的美乐葡萄酒，这种酒也在橡木桶中陈酿了2年。颜色的浓郁度显示了它的**果品质量**：十分**浓郁**，捆绑很紧的**黑果类**香气，有橡木桶陈酿带来的**烤面包似的焦糖味**。在口腔中，它**圆润而柔滑**，有浓郁的**黑果类风味**。这种葡萄酒产于比解百纳更凉爽的气候条件下，它的**骨架感强**，但是没有有侵略性的酸或者单宁，所有的成分都互相**平衡**，使酒的果实品质得到了光芒四射的机会。

意大利

罗塞斯（ROSSESE）

如果你喜欢风味比较精致且芳香味足的葡萄酒，那么这一定是你应该尝试的一款酒。罗塞斯葡萄酒有非常诱人的红色浆果的香味，且充满了个性。它作为罗塞斯·迪·多切阿夸（Rossese di Dolce-acqua）葡萄酒进行售卖，这种葡萄酒来自利古里亚（Liguria）一个小的DOC产区——意大利里维埃拉（Riviera）。这个地区以白葡萄酒闻名于世，它是用维蒙蒂诺（Vermentino）葡萄酿造的，这个地区的红酒是值得购买的。

色泽 宝石红色，反射光带紫色或者深的橘色，随着陈酿的进行颜色变成深红色。

香气 芳香，果香味和轻微的香料味；随着陈酿的进行有浓郁的玫瑰香。

口感 干且迷人，酒体结构圆润而柔滑；余味有苦杏仁味。

购买指南 罗塞斯是个令人惊异的品种！然而，只有最好的葡萄酒可以留下来陈酿超过2年时间。这座山上有很多小生产商酿造的酒可供畅饮，但是我最喜欢的是Cane和Lupi。

佐餐 一般来说这款葡萄酒在酿造之后的前3年质量最好。这款葡萄酒搭配丰富且口感饱满的食物，例如甘草兔肉、填料的鸽子或者是珍珠鸡一起饮用是很棒的。

另外 品尝这款葡萄酒的时候顺便尝试一下卡诺那乌葡萄酒或者是泰罗德格葡萄酒。同时留意一下有更加饱满果香味和更活跃余味的卡诺那乌葡萄酒。

若塔里安诺的泰罗德格
Mezzacorona酒商

若塔里安诺的泰罗德格（TEROLDEGO ROTALIANO）

泰罗德格葡萄主要种植在它的故乡若塔里安诺平原——位于意大利东北部的特兰托（Trento）北部。在这里这种葡萄酿造的葡萄酒果香特征明显，优雅，容易上口，和来自法国博若莱优质的cru级别的葡萄酒十分相似——恰好适合夏季饮用！然而，这个地区私人酿造的酒都有它们自己独特的性格，显示了为什么意大利令人惊异的葡萄酒是如此值得收藏的珍宝。

色泽 优雅，深的宝石红色，边缘带粉色。

香气 迷人；饱满的浆果味，紫罗兰香，干的水果味和焦油味。

口感 令人满意且十分协调，柔软的成熟水果味，单宁含量低。

购买指南 年份越年轻，这种葡萄酒的质量越好，也越新鲜。推荐找一下瓶标上有“Riserva Classico”的酒——这是最好的葡萄酒！在众多生产者中，我特别推荐Mezzacorona。

佐餐 泰罗德格葡萄酒要经过稍微冷藏之后再饮用。它和自制的烤宽面条配合得很好，而且它真的很适合家庭烤肉或者是周末野餐时招待宾客用。这款酒十分谦逊，也非常优质。

另外 把这款葡萄酒和来自博若莱的弗勒里葡萄酒，或者是以高消费者为对象的加利福尼亚黑比诺葡萄酒进行比较。它们活跃的果香味和饱满的结构感十分相似。

圣塔马达莱娜（SANTA MADDALENA）

在我看来，这是位于意大利阿尔卑斯山丘陵地带的上阿迪杰（Alto Adige）地区最好的葡萄酒之一。它是用一个叫做斯查瓦（Schiava）的当地品种酿造而成的，用其他葡萄进行勾兑。这里的气候总是不稳定，戏剧地摇摆介于冬季的严寒和夏季的炎热之间，这些极大地加强了这些葡萄酒的风味和香气。在意大利、澳大利亚和德国圣塔马达莱娜（Santa Maddalena）很受赏识——每个人都应该有权利分享这份快乐！

色泽 深的宝石红色，随着时间推移逐渐发展出砖红色。

香气 新鲜的樱桃和黑醋栗味；烟熏味、杏仁味和胡桃味。

口感 饱满，圆润且协调性很好，余味长度中等，稍微有点苦。

购买指南 这种酒的生产商相对比较少，主要是在当地销售。Kettmeir和Roner是其中最好的两个。

佐餐 酿造之后的3年之内饮用，可以搭配腌渍肉、熟猪肉、烤肉、多肉的鱼类如金枪鱼或者是黑鲈鱼，甚至是烤宽面条来享用这款葡萄酒。

另外 如果你喜欢这种葡萄酒的风格，尝试一下卡诺那乌和阿瓦拉红葡萄酒吧。作为对比，还可以尝试一下同样来自上阿迪杰的更强劲的赤霞珠葡萄酒。

皮切诺红葡萄酒/格耐罗红葡萄酒（ROSSO PICENO/ROSSO CONERO）

这两款葡萄酒，来自意大利中东部的马尔凯斯（Marches）地区，有惊人的潜力。这两款酒主要的不同点是葡萄品种：皮切诺（Piceno）主要用的是桑娇维赛葡萄，就像勤地葡萄酒一样，是相对较饱满的葡萄酒，它也是在质量方面占主导作用的；相对较小的格耐罗（Conero）葡萄主要是蒙蒂普尔查诺红葡萄酒的酿造品种，这是种很“严肃”的葡萄酒——尽管仍然很容易上口。

色泽 典型的优雅宝石红色到深红色。

香气 清爽且果香特征明显，带一点杏仁味。

口感 十分协调的果香和酸感；中等的酒体结构和很好的深度。

购买指南 这两个表兄弟来自相同的地区并且很明显连名字都很相似，因此在购买的时候要留意，因为它们的风格特征是十分不同的。我推荐的生产商是MonteSchiavo和Cocci Grifoni。

佐餐 这些葡萄酒清爽的风格和乳脂沙司，例如烤面条加干酪沙司搭配得天衣无缝。它们也和饱满的炖肉或者是野味，包括兔肉和鹿肉搭配得很好。

另外 尝试一下这些葡萄酒和丰满的布鲁内略葡萄酒，甚至是来自法国上梅多克地区如天鹅绒般柔滑的赤霞珠葡萄酒。这个对比会将格耐罗和皮切诺作为令人惊异的葡萄酒的特性及其很高的性价比展现在你眼前。

格耐罗
Monte Schiavo酒商

卡尔达罗湖（LAGO DI CALDARO）

这款葡萄酒是上阿迪杰地区的另一个明星，它主要是用斯查瓦（Schiava）葡萄（也叫Vernatsch）酿造的。它的高质量得益于湖周围有利的气候条件，这个湖就是该葡萄酒名字的来源。寻找一下卡尔达罗湖葡萄酒，它正在通往成功的路上！

色泽 典型的优雅宝石红色到深红色。

香气 清爽且果香特征明显，带一点杏仁味。

口感 十分协调的果香和酸感；中等的酒体结构和很好的余味长度。

购买指南 在我看来，Gaierhof和Hofstatter是卡尔达罗湖最好的生产者中的两个。

佐餐 这些葡萄酒理想的饮用时间是2到3年，可以搭配肉类食物，例如猪腰肉或者是鸡沙瑟尔。

另外 和卡尔达罗湖葡萄酒一起品尝一下它最近的邻居圣塔马达莱娜的葡萄酒，或者是和来自相同地区的美乐葡萄酒一起品尝，注意它们细微的差别。

奥地利

酒体中等的红葡萄酒（MEDIUM REDS）

蓝色佛朗克和兹威格葡萄酒是两款有趣的奥地利红酒。蓝色佛朗克是这个国家的主栽品种，它酿造的葡萄酒很像更加饱满更加浓郁的博若莱葡萄酒，有高酸和浓郁的果香风味。兹威格葡萄酒是能增加醇厚感和风味的蓝色佛朗克和能提供骨架感的圣-罗兰葡萄酒的交叉风格。它有优雅的黑比诺风格，但是酒体更丰满，更重。

色泽 蓝色佛朗克的深红色，兹威格的颜色是更深的宝石红色。

香气 两种酒都有浓郁的野浆果的香味、香料味和紫罗兰的香气。

口感 两种酒都有完美的平衡感，尽管兹威格的酸相对较少。

购买指南 我推荐Lenz Moser、Umathum和Gisperg。

佐餐 蓝色佛朗克很适合搭配浅色的肉或者是烤羊肉；兹威格适合搭配夏季烧烤、熟猪肉甚至是鸡肉和炸土豆条来饮用。

另外 这些葡萄酒的酒体结构和弗勒里葡萄酒、来自博若莱或法国圣阿穆尔的葡萄酒，以及新西兰的黑比诺葡萄酒相似。

“很少有人知道且应该享有更多的荣誉，这些果香特征明显、有宝石红色的卡尔达罗湖葡萄酒真的是值得你尝试一下的美酒。”

德国
多菲尔德（DORNFELDER）

德国的气候相对比较凉爽、潮湿，因此红葡萄酒只占总产量的一小部分，而且深色的、风味饱满的红葡萄酒更为少见。多菲尔德是当地的一个葡萄品种，它酿造的红葡萄酒颜色很深，有浓郁的香气，在口腔里的感觉很和谐，并且它的酒体结构十分好。

我认为这种酒在最好的状态时比大多数德国斯贝博贡德（黑比诺）给人的感觉都愉悦。而且，并非只有我一个人这么认为——这款多汁的、红色浆果风味的斯贝博贡德是德国一个很大的成功，这个品种种植得越来越多。这种葡萄酿造的酒甚至有能力进行橡木桶陈酿，陈酿会给葡萄酒增添一系列的风味，变得更加复杂。给它几年时间吧，我肯定这款葡萄酒会开始和很多美乐以及解百纳一起受到人们的赞赏。当然，德国的红葡萄酒很难在本土以外的地方找到——这也反映出这个国家对红葡萄酒的喜好，但是上等的多菲尔德是值得花时间去寻找的。

色泽　十分强的深红色，边缘带宝石红色。

香气　迷人的红色浆果味以及甜甜的森林果实的香气。

口感　果香特征十分明显，柔软如天鹅绒般的余味，有轻微的单宁感。

购买指南　大部分多菲尔德生长在莱茵黑森和法耳茨地区。在众多生产商之中，我推荐Lingenfelder和Leiningerhof。去买这些葡萄酒吧，并且在它们年轻的时候饮用。

佐餐　多菲尔德葡萄酒很适合和烤牛肉、烤肋骨和肉丸子搭配在一起。羊乳干酪是一款用来配餐的很好的奶酪。这款葡萄酒在饮用之前最好稍微冷藏一下。

另外　这些葡萄酒的果香、重感和来自奥地利优质的兹威格葡萄酒十分相似。这款葡萄酒值得和来自奥地利或者德国的稍微饱满的圣-罗兰葡萄酒一起品尝一下。

我？正在喝德国红葡萄酒？见鬼

在欧洲，从水路沿着莱茵河巡游是非常棒的旅游经历，尤其是作为葡萄酒爱好者，因为你可以期待品尝到一些优秀的德国白葡萄酒。我曾经游览过莱茵河，恰好经过有名的罗蕾莱悬崖（Lorelei cliff）。然而当时乘务员提供的是一款德国红葡萄酒，而不是白葡萄酒（这对法国人来说是一种冒犯），搭配了一些德国式小香肠。我无处可逃，只好尝试了一下。这款葡萄酒就是多菲尔德：很深的颜色和饱满的风味，协调性很好，这款酒让我吃掉了自己说过的话就像吃掉那些小香肠一样。它让我想起了法国的美乐葡萄酒，香气稍微有所不同但十分令人满意。大部分多菲尔德在德国就被消费了，如果到了那里，一定要品尝一下这款优质的红酒。

西班牙
里奥哈（RILJA）

当人们想到西班牙红葡萄酒时，他们就会自动想到里奥哈。这是个全世界人都知道的名字。这个名字实际上是来自里奥哈河（Rio Oja），一条流入更大的埃布罗河（River Ebro）的小溪，它流经了西班牙东北部大部分地区。里奥哈葡萄酒主要是用添普兰尼洛葡萄酿造的，添普兰尼洛是西班牙的本土品种。用它酿造的葡萄酒颜色很深且风味饱满，有很大的陈酿潜力。这些葡萄酒有令人惊异的复杂香气，随着时间的推移，会出现皮革味和香料味。

一般来说，西班牙葡萄酒可以根据陈酿时间来分类，主要的瓶标上标有的crianza、reserva和gran reserva与这款葡萄酒售卖前在橡木桶中陈酿的时间和瓶储的时间有关。

这些葡萄酒质量等级的一端若标有joven，意味着酒比较年轻，这种酒经过很短时间或者没有经过橡木桶陈酿。jovene是与活跃的果香味有关的所有酒。在橡木桶中陈酿了1年之后又在酒瓶中陈酿了1年的crianzas葡萄酒酒体十分复杂，但是仍然是果香特征占了主导地位。reserva葡萄酒带有更多的香草味、香料味和因为在橡木桶中又额外陈酿了1年产生的皮革味。最后，gran reserva是最优质也是最伟大的葡萄酒。这种葡萄酒只在最好的年份才生产，进行售卖之前在橡木桶中最少陈酿2年，然后再瓶储3年。最后，它们有浓郁的花香味。当然，它们的性格是完全的西班牙风格，但是它们的复杂性使我想起了法国优质的勃艮第红酒，它们的深度让人联想到意大利皮埃蒙特地区的伟大葡萄酒。

在瓶标上你还可能看到里奥哈的其他地区名称。这些名称一共有三个，每一个都稍微不同于其他几个的风土条件和气候条件：里奥哈阿尔塔（Rioja Alta）、里奥哈阿拉韦萨（Rioja Alavesa）和里奥哈巴哈（Rioja Baja）。

在西北部的里奥哈阿尔塔酿造的葡萄酒饱满而强硬，需要时间让其软化。当它变得成熟以后，它们是这个地区最精细最棒的葡萄酒。里奥哈阿拉韦萨也位于西北部，只占了里奥哈葡萄园总面积的一小部分，它酿造的葡萄酒柔软，丰满，果香特征明显。里奥哈巴哈地区位于东南部，这里平坦的河谷走廊对在中高质量的葡萄来说过于肥沃。结果是这里酿造的葡萄酒更加普通，主要是用歌海娜葡萄酿造的。

据说，里奥哈葡萄酒处于一种可以随便买且综合了所有三个地区的果香特征的状态，因此，要选择的生产者的名字取决于你在瓶子上看到的名字。

色泽 深而浓烈的深红色，陈酿之后边缘有宝石红到砖红的颜色。

香气 葡萄干香、李子干香、无花果香、深色樱桃香、烟草香、香料香、香草香和皮革味。

口感 丰满，圆润，新鲜，果香为主导的上等口感；单宁柔软，余味绵长。

购买指南 哇！这里有太多的名字是我想推荐给大家的。我建议你从以下这些酒开始：Marques de Caceres、Marques de Grinon、Marques de Murrieta、Marques de Riscal、Muga、Palacios Remondo和让人难以置信的Roda。

佐餐 这些葡萄酒十分多才多艺，因此不要把它们限制在以西班牙为主题的食物上，尝试一下搭配羊羔肉或者是小牛肉一起饮用里奥哈葡萄酒。用较年轻的jovene和crianza葡萄酒搭配口味重的食物，用收藏年份久的葡萄酒（reserva和gran reserva）用来搭配更精致的食物。

另外 里奥哈葡萄酒从粗犷且果香特征明显的葡萄酒到精致而口感好的酒千差万别。在一次品尝中，将它众所周知的西班牙风格和其邻区纳瓦拉和索蒙塔诺生产的更国际化风格的葡萄酒进行对比是很有趣的事情。

“里奥哈葡萄酒能提供的葡萄酒风格如此多种多样，总会有一款是适合你的口味的。这个有名且规模庞大的明星红葡萄酒真不愧是世界级的。”

西班牙
纳瓦拉（NAVARRA）

纳瓦拉在全球范围闻名大部分是因为夏季的圣佛明节（San Fermin）——潘普洛纳（Pamplona）的奔牛节。当谈到葡萄酒时，这个位于西班牙东北部的地区几乎只是因为它的桃红葡萄酒（rosado）被世人所知，但是所有这一切很快都会改变。纳瓦拉的葡萄酒产量实际上是以红葡萄酒为主。最近，这些葡萄酒的提高完善开始把这整个地区从它庞大的邻居里奥哈的阴影下拉出来。

纳瓦拉
Senorio de Sarria酒商

在纳瓦拉有五个不同的种植区域，并且每一个都有其自己的风土条件和气候条件：Tierra de Estella，Valdizarbe、Baja Montana、Ribera Baja和Ribera Alta。按照质量条件来说，第一个可能是最充满乐趣的，而后三个则是纳瓦拉葡萄酒的主要生产地。

传统上，纳瓦拉的葡萄酒是用歌海娜葡萄酿造的，用添普兰尼洛和其他西班牙品种进行勾兑。结果酿造的葡萄酒就像是里奥哈的稍微乏味的翻版。但是新的投资，新的酿造技术以及新葡萄品种的引进，例如赤霞珠和美乐，改变了纳瓦拉葡萄酒的风格，使它朝一个新的方向发展——远离里奥哈而靠近了波尔多。

纳瓦拉的白葡萄酒中，优质且经过橡木桶发酵的霞多丽葡萄酒具备了良好的风格。而且我们一定不能忘记这里的桃红葡萄酒，这也是我非常喜欢的一种酒。它们是世界上最好的葡萄酒之一。

这些葡萄酒中的任何一款都能在世界葡萄酒市场上为纳瓦拉赢得美誉。但如果被迫一定要做个选择的话，我会挥舞起红色葡萄酒那一面旗。要留意公牛哦！

色泽　黑樱桃的颜色，边缘的颜色从宝石红到砖红色。

香气　黑莓果酱的香气，甜的香料味，咖啡味，下层丛林的味道，香草味以及杏仁味。

口感　柔顺，饱满且令人愉悦，酸度较好；美国橡木桶陈酿之后变得圆润。

购买指南　为了证明纳瓦拉不仅意味着桃红葡萄酒，你只要找到几个生产商酿造的葡萄酒就足够了，例如Chivite（尤其是Coleccion125）、Bodegas Ochoa、Palacio de la Vega和Senorio de Sarria。

佐餐　这些柔顺、协调的葡萄酒和清淡的烤肉，例如烤羊肉，搭配得十分完美。但是它们和更有风味的食物——从西班牙加调料的口利左香肠到五香蔬菜蒸粗麦粉，也搭配得很好。

另外　国际葡萄品种的应用，例如赤霞珠和美乐，加上法国人对这里很多酿酒厂工人的培训，使这款葡萄酒的对比品尝充满了乐趣，比较一下这些葡萄酒的果香和结构与纳瓦拉北面不远的波尔多圣埃米利永的酒有什么差别。

葡萄牙
杜罗（DOURO）

长久以来已加强型葡萄酒，波特酒著称的杜罗河地区最近开始生产一些令人惊叹的非加强型葡萄酒。这个地区最凉爽部分的气候条件十分完美，这个地区用著名的国产多瑞加葡萄酿造的葡萄酒的复杂性和浓郁度达到了完美的程度。这些葡萄酒也得益于新的酿造技术的引进以及经过大幅度提高的质量控制体系。伟大的葡萄酒即将诞生了！

色泽　深且如墨水般漆黑，边缘颜色从紫色到宝石红色，亮度很好。

香气　复杂，丰富；焦油味，甘草味，黑巧克力味和黑色果实的香味。

口感　醇厚，成熟且柔滑；清爽的高酸和绵长而干净的余味。

购买指南　务必要确定瓶标上没有写“波特”，那是一款甜的加强型葡萄酒。并且要确定它是作为杜罗葡萄酒而被列入酒单的。我推荐的生产商有Casa Ferreirinha、Ramos Pinto和Quinta de la Rosa。

佐餐　这些葡萄酒陈酿得很好，大约达到了5年，饮用的时候即使搭配肉类，例如烤全羊，也不会掩盖该酒的风味。

另外　杜罗葡萄酒迷应该尝试一下伟大的法国卡奥尔（Cahors）或者阿根廷的马尔贝克（Malbec）葡萄酒，因为它们有相似的酒体结构和果香特征。它们的特点是浓烈且丰满，但是在它们年轻的时候仍然十分平易近人。

杜罗
Casa Ferreirinha酒商

希腊
瑞普萨尼（RAPSANI）

这是希腊一款著名的葡萄酒。瑞普萨尼来自希腊国土的东海岸，位于奥林匹斯山的丘陵地带。根据神话记载，它是最原始的神酒的来源，是远古时候奥林匹斯神神圣的饮品。主要的葡萄品种是希诺玛洛（见246页），用它酿造的葡萄酒十分圆润，有成熟的黑色果实的香气以及成熟柔和的单宁。瑞普萨尼葡萄酒经过橡木桶陈酿，这赋予了葡萄酒一点刺激的香料味。

色泽 明亮的深宝石红色，带有一点粉色或者橘色。

香气 优雅而精致，有甜甜的香料味和干的水果味。

口感 圆润，如天鹅绒般柔滑；饱满多汁，有清爽的酸和优质的单宁感。

购买指南 在它们年轻的时候能享受到这些葡萄酒最优质的地方，但收获之后5年之内饮用也都是可以的。Evangelos Tsantalis、Biblia Chora和Ktima Mercouri都是生产瑞普萨尼的优秀的酿酒商。

佐餐 我喜欢用这款葡萄酒搭配草香味的希腊羊肉或者是羊排。在沙滩烧烤晚会时也可以用它来宴请宾客。

另外 如果你已经在假期尝试过瑞普萨尼葡萄酒，并且想尝试一款相似风格的葡萄酒，那么你正在朝一款柔软的美乐葡萄酒靠近。也可以在喝瑞普萨尼葡萄酒的时候同时品尝一下来自里奥哈的添普兰尼洛葡萄酒，尤其是经过橡木桶陈酿的，例如一款crianza级别的。

智利
卡蒙乃（CARMENÈRE）

这款葡萄酒现在真正地吸引了我的注意。它是一个相对较新的发现，但是事实证明它是一个伟大的胜利，智利人正采用它作为他们的旗舰葡萄酒。卡蒙乃是智利完全拥有的自己的葡萄品种，你可以认为它正在扮演和增芳德葡萄之于加利福尼亚，或者是品诺塔日之于南非一样的角色。卡蒙乃有真正的自己的个性，它酿造的葡萄酒有很好的性价比。

实际上卡蒙乃并不新，18世纪时它在波尔多地区就已被广泛种植。在19世纪后期从法国传到智利，而当时它在南美洲发展昌盛，在欧洲，它从人们的记忆中慢慢地淡出了。但是在智利这个品种的真实身份消失了，因为很长时间以来人们都把它和美乐混淆了。只是在20世纪90年代的时候，大量智利丰满的“美乐”被发现其实是卡蒙乃。然后“波尔多丢失的葡萄”在瓶标上开始被正确地命名。卡蒙乃比赤霞珠表现得果香特征更明显。它和美乐一样柔滑而平易近人，但是不会有过重的果酱味和糖浆味。

卡蒙乃
Santa Rita酒商

色泽 丰满而独特的深色樱桃的颜色或者是深红色，边缘宝石红色。

香气 浓郁的无花果味，李子味，樱桃味，黑果类香气，甜的香料味和巧克力味。

口感 圆润，协调且酒体结构完美，风味浓郁。

购买指南 这款葡萄酒要在其果香特征明显的年轻时代饮用。主要的生产者包括Errazuriz、Concha y Toro、Santa Carolina和Santa Rita。

佐餐 这些葡萄酒非常适合在社交场合饮用，但是它们同样可以搭配鸭胸肉和野味饮用，并且适合搭配烟熏鲭饮用。

另外 虽然卡蒙乃是一款智利的专产酒，但是它的水果风味和柔软的质地与产自美国加利福尼亚特别是产自华盛顿州的美乐葡萄酒相似。

“卡蒙乃是智利独特的葡萄酒——是我永远也不会厌倦的葡萄酒。这款葡萄酒具有非常浓郁的水果风味，但是结构平衡，柔滑，并且和谐一致。”

❶传统风格的**里奥哈jovene葡萄酒**经常被巧妙地描述为“乡村葡萄酒”，但是更现代风格一点的里奥哈jovene葡萄酒（瓶标经常是判断的线索）应该是充满了活跃的果香风味。**推荐酒商**：Esencia（Conde de Valdemar）、Cartade Oro（Berberana）、Marques de Caceres和CVNE——Cune、Vina Real和Contino葡萄酒的酿造者。

❷**里奥哈crianza葡萄酒**是优于Jovene的一款葡萄酒，经过了至少2年的陈酿，它的价位稍微有点高，但是还是物有所值的。**推荐酒商**：Vallobera、Marques de Grinon、Marques de Riscal、Marques de Caceres和Berberana。

❸**里奥哈gran reserva葡萄酒**是质量最好的里奥哈葡萄酒，它只在最好的年份才有生产。**推荐酒商**：Vina Tondonia（Lopez de Heredia）、Artadi、Vina Ardanza、Marques de Murrieta和CVNE。

品尝训练：橡木桶陈酿

橡木是如何影响红葡萄酒的风味的呢

里奥哈在橡木桶中陈酿，康皮奥酒窖（Campillo）

“里奥哈葡萄酒的分级水平是橡木桶如何影响一款酒的风味的完美证明。”

里奥哈所有的红葡萄酒——西班牙的红葡萄酒的旗舰，是用不同品种的葡萄勾兑而成，但是这其中至少有70%是添普兰尼洛葡萄。在橡木桶中经过陈酿的时间不同，葡萄酒的风格也有所不同。一些葡萄酒没有经过橡木桶陈酿，而一些其他的——只在最好的年份才酿造的grand reservas级别的酒，在进行售卖之前在橡木桶和酒瓶中至少陈酿了5年。

这次品尝的第一款葡萄酒是**里奥哈**jovene葡萄酒。这是一款由添普兰尼洛葡萄酿造的经典葡萄酒，完全没有经过橡木桶陈酿。现代风格的里奥哈酒年轻而新鲜，它是一款直截了当、容易上口且充满了成熟红果类香气的葡萄酒。而里奥哈的性格都是由添普兰尼洛葡萄塑造的，这不是一款复杂的让人念念不忘的葡萄酒。但是它很适合在花园里烧烤的时候饮用。

品尝的第二款酒是**里奥哈**crianza葡萄酒。同样是用添普兰尼洛葡萄酿造的，crianza的标示意味着这款葡萄酒在橡木桶中陈酿了一年，通常是用美国橡木制作的桶，并且随后装瓶之后在酒厂中保存了一年，以保证这款葡萄酒做好了一经购买立即可以饮用的准备。这款酒有一系列比jovene更复杂的香气和风味，有黑莓果实的香气，一点樱桃和甜香料的味道，还有来自橡木桶的明显的淡香草味。

这次品尝中的第三款葡萄酒**里奥哈**gran reserva的香草味可能是你最先感受到的香味。这款葡萄酒只用从最老的葡萄树上采摘的质量最好的葡萄酿造，并且售卖之前已经陈酿了至少5年，至少2年时间是在橡木桶中进行的陈酿。这款酒的香气和风味复杂得令人惊异，有巧克力香、梅子干香、咖啡味和干果味、略带烟草味和干草味，伴随着一点香草味。

印象里的里奥哈葡萄酒是容易上口的给人以享受感的“节日饮品”的人如此之多，至少在欧洲很多，以至于里奥哈gran reserva葡萄酒一直不被人重视。结果是这些一贯优秀、优雅、经过细心调养的，深刻复杂的葡萄酒代表了完美的性价比。

智利
美乐（MERLOT）

由于风尚的改变以及卡蒙乃葡萄酒的崛起，智利的美乐对葡萄酒世界的影响力已经减弱了一些。但是它的质量仍然是协调一致的，有的时候也会有例外出现。米埔谷（Maipo）和莫莱谷（Maule）地区生产的这种葡萄酒质量最优。这里的美乐葡萄酒有丰满且浓郁的性格特征，但是不如很多澳大利亚葡萄酒那般奔放，它的风格或许更接近圣埃米利永的葡萄酒风格（见194页）。

色泽 深刻，亮度很好；丰富的黑樱桃色。

香气 精细且强烈；成熟的黑果类香气、樱桃香、香料香以及梅子干的香气。

口感 丰满，圆润而柔滑；很好的平衡感，协调的单宁感，余味干净。

购买指南 如此多不同的葡萄酒摆在你面前，你应该怎么做呢？这里有两家酒商可以作为安全赌注：Vina Alamosa和Casa Lapostolle。我也推荐Errazuriz和Santa Rita的葡萄酒，它们一般是来自中心河谷的优等葡萄酒。

佐餐 我喜欢在一顿有烤肉和色拉的午餐中饮用这些性价比高的葡萄酒，或者是单独饮用，因为它们在口腔中的感觉不会过于猛烈。

另外 把这些充满诱惑的葡萄酒与和它们同样来自智利的亲近的表兄卡蒙乃葡萄酒进行对比，也可以和来自南非的美乐以及圣埃米利永的“附属”品牌的葡萄酒进行对比，看它们有什么差别。

澳大利亚美乐
Yalumba

澳大利亚
美乐（MERLOT）

澳大利亚的美乐葡萄主要用来和赤霞珠或者是西拉进行勾兑；但是近几年单品种的美乐酒也开始起步。这些葡萄酒更趋向于带有柔软粉碎果实香的优质葡萄酒。除了经典的浆果香和李子香，最优质的美乐酒还有更复杂的香气，包括薄荷香、紫罗兰香、薰衣草香和胡椒味。这些葡萄酒通常都是平易近人且容易上口的。

色泽 深红色，边缘呈宝石红色，亮度很好。

香气 桑椹香、李子香、黑莓香，还有一点橡木的香料香和雪茄盒子的香味。

口感 柔滑，如天鹅绒般的感觉，浓郁；清爽，迷人且精细。

购买指南 在智利，有成千上万的酿造商生产美乐葡萄酒，但是我认为最好的是Yalumba、Fermoy Estate和Evans&Tate。也推荐你找一下澳大利亚气候更温和地区的酒。

佐餐 我推荐喝这些葡萄酒的时候搭配烤肉或者是任何类型的丰盛的炖肉、沙锅菜。它们也和奶酪搭配得很好，当然单独饮用也是很好的。

另外 这款葡萄酒多汁且直截了当，因此它让我想起了智利的美乐酒。作为对比，你可以尝试一下更优质的圣埃米利永的葡萄酒，它可以为澳大利亚美乐的直率作证明。

新西兰
美乐（MERLOT）

新西兰生产美乐葡萄酒是最近出现的现象，霍克斯湾（Hawke’s Bay）地区和北岛是它发展的中心地带。温暖而充满阳光的霍克斯湾是这个国家最干的地区，这种气候条件使美乐拥有充满活力且多汁的风味。这个地区一些顶级的葡萄酒是用美乐和其他葡萄勾兑而成的，尤其是跟赤霞珠进行勾兑，尽管还不是很容易在世界市场上得到，但它们还是展示出了其优质的潜力。

色泽 优雅而浓郁的深红色，边缘呈宝石红色。

香气 浓郁而多汁，有森林果实的香气、成熟的李子香、太妃糖味、皮革味、泥土味和香料味。

口感 柔滑，复杂；意外的协调感；饱满的风味；持久的余味。

购买指南 不要在瓶标上找著名的马尔伯勒（Marlborough）地区，因为那是位于南岛的地区，而北岛生产的美乐葡萄酒是最好的。顶级的酒厂包括Te Awa Farm Winery、Esk Valley和Morton Estate。

佐餐 这些葡萄酒和浅色的肉类，例如家禽肉、猪肉以及羊肉搭配得很好。作为备选方案，你还可以单独饮用这些葡萄酒。

另外 对于这款葡萄酒，最好的比较品是来自南非或者是美国华盛顿州的美乐葡萄酒。新西兰的美乐葡萄酒实际上没有圣埃米利永优质葡萄酒的那种深度。

美国

加利福尼亚的美乐（CALIF-ORNIA MERLOT）

一些人直截了当地对美乐进行了批评，和其余的人采取“ABC”（除了霞多丽以外的任何东西酿造的白酒都很糟糕）态度如同对待白葡萄酒一样。这是很荒谬可笑的。优质的美乐葡萄酒能给人们带来巨大的乐趣，加利福尼亚生产的酒中有一些很棒，或许是新世界最好的葡萄酒。

美乐Newton酒商

美乐葡萄是在19世纪60年代传到美国的，但是正是在30年前北海岸的葡萄酒生产者才开始使很久以来粗糙且单宁感强的葡萄酒向柔软而清淡的方向转化。结果是，美国的美乐葡萄酒变得简单而充满了乐趣，或许对于它可靠而严肃的名声来说有点“过于容易上口”。但是精心酿造的加利福尼亚美乐酒真的有深度和复杂性，而且没有丢失它的果香特征和柔滑的特性。最好的加利福尼亚美乐酒可能来自纳帕河谷，但是当你要选择一款优质的葡萄酒时生产者的名字比其他任何东西都更有意义。

色泽 独特，强烈的深红色，边缘呈宝石红色。

香气 多汁的黑色森林果实的香气，成熟的李子香，太妃糖的香味，皮革味，泥土味和香料味。

口感 柔滑，平衡；饱满的风味；持久的余味。

购买指南 陈酿过的葡萄酒表现十分优雅，但是最好还是趁它们相对比较年轻的时候饮用。我推荐Beringer、Newton、Stags’Leap和Duckhorn。

佐餐 加利福尼亚的美乐葡萄酒和口味重的食物，例如牛肋排、蒜香羊腿以及土豆泥搭配得很好。

另外 比较一下优质加利福尼亚美乐酒成熟的果香味、优质的酒体结构和来自法国的骨架感很强的卡农-弗朗萨克区或者是圣埃米利永葡萄酒有什么差别。

打破纳帕河谷的语言障碍

在我获得了“年度最佳斟酒服务员”的称号之后，我的老板很仁慈地送我去加利福尼亚的葡萄酒国家旅游一周。我动身去开始一段伟大的行程，当降落的时候我意识到我根本就用不到我事先准备的围巾和手套。尽管我在英国待了一年，我还是完全被美国人的口音难住了，很快这个障碍变得很突出，我一个单词都听不懂！幸运的是，那里的葡萄园、酒厂和非常棒的葡萄酒自己都会说话，道出了这里的酿造技术和投资情况，还有一些常识和激情。一周的时间里我体验了这些世界级葡萄酒，它们都顶着漂浮着的充满了荣耀的气球，这些葡萄酒让我们看到了纳帕河谷完美的景观，这让我相信上帝不只给了法国最好的葡萄树和最好的酿造者。

华盛顿兰贝格（WASHINGTON LEMB-ERGER）

我第一次品尝兰贝格葡萄酒的时候我就深深地爱上了兰贝格葡萄。它酿造的葡萄酒的单宁感十分协调，还有完美的樱桃风味。兰贝格葡萄在凉爽的气候条件下种植得非常成功，因为它天然的低酸使它在艰难的环境下成熟完好。华盛顿州是兰贝格葡萄定居的少数几个地区之一，尽管实际上它和奥地利的蓝色佛朗克是同一个品种（见207页）。不幸的是，华盛顿的兰贝格的产量不大，因此想要找到它酿造的葡萄酒可能会有一点难，但是它还是值得你花时间去寻找的。

色泽 从浅淡的颜色到深红色；颜色越浅的葡萄酒一般来说越甜。

香气 黑樱桃香，仅有一点香料香和巧克力香。

口感 轻盈到中等的酒体，充满了活力且多才多艺。

购买指南 这款没有被发现的葡萄酒可能拥有无限的潜力。KionaVine-yards、Thurston Wolfe和Latah Creek是酿造者中的姣姣者。

佐餐 这款酒不适合陈酿。相反，当你嘴里塞满了奶酪或者是熟猪肉的时候，你可以享受到它年轻、迷人而复杂的风味。你会爱上它的！

另外 一只手拿骨架感强的西拉葡萄酒，另一只手拿美味的新西兰黑比诺葡萄酒，把它们和上面介绍的这款葡萄酒对比一下，看一下在这三者之中它处于什么位置。

饱满、醇厚的红葡萄酒

伟大的葡萄酒都会有一个伟大的名字，饱满醇厚的红葡萄酒充满了森林里果实的香气，在口腔里的感觉像会流动的天鹅绒。它们是浓烈的、层次丰富的、内涵复杂的葡萄酒，它们十分适合在冬天的傍晚搭配温暖的食物来饮用。适合酿造这种风格葡萄酒的葡萄之王是赤霞珠葡萄，它酿造了伟大的波尔多梅克多葡萄酒，也酿造了来自加利福尼亚和澳大利亚的一些最顶级的红葡萄酒。来自法国罗讷河谷的西拉酿造的葡萄酒优雅、层次丰富。这种葡萄酒不是只在罗讷地区生产，在澳大利亚和加利福尼亚地区也有生产。内比奥罗是酿造伟大的意大利红酒巴罗洛葡萄酒和巴巴莱斯科葡萄酒的关键，它是另外一个著名的品种。除了上述品种之外，还有很多其他葡萄品种能酿造饱满醇厚的红酒——幕尔伟德葡萄就是其中的一种，它酿造了邦多尔葡萄酒和澳大利亚的马塔罗葡萄酒。

饱满、醇厚的红葡萄酒的风格特征

浓厚的风味

这些伟大的红葡萄酒的典型特征是用果粒小果皮厚的葡萄酿造而成的，最著名的例子是赤霞珠葡萄。虽然这些葡萄的葡萄汁产量相对较少，但它们色泽饱满且富含单宁（这些能影响葡萄酒的结构和寿命）。这些葡萄品种充分成熟需要温暖的气候条件，否则由它们酿造的葡萄酒粗糙并且发酸。这就是这些葡萄品种能在欧洲大陆的较南部分以及新世界取得成功的原因。无论在哪里种植这种葡萄，良好的土壤排水都是酿造优等醇厚葡萄酒的关键。当土壤排水良好时，葡萄根为了从土壤深处获得水和营养物质而不得不垂直向下生长，这样它们就能获得矿物质和微量元素，这些都在它们生产出风味饱满的葡萄这一点上得以体现。

“这些葡萄酒充满了浓郁的深色的野生水果的味道和香料的香气，向人们一层一层地展示了其深度和复杂性。”

在澳大利亚

用于酿造饱满醇厚葡萄酒的葡萄需要充足的阳光，但不能过于热而使葡萄枯萎，这样的气候条件能使葡萄酒浓厚。位于澳大利亚阿德莱德西北处的巴罗莎谷（Barossa Valley）有完美的气候条件。

黑色果味和香料香

由生长在温暖气候下（比如说新世界）的葡萄所酿造出来的葡萄酒，通常具有更多的水果品质和“果酱”特征，并且通常来说瓶内陈酿对其品质的改善是有限的。许多新世界葡萄酒装瓶前在新橡木桶里进行陈酿，这样做能使葡萄酒更加柔和，且具有陈酿容器——橡木的香味，比如说香草味。当这些葡萄酒到了可以饮用的时候，允许葡萄酒生产商在5年内将其投入市场。在旧世界国家，尤其是法国波尔多地区和罗讷河谷产区的葡萄酒以及意大利皮尔蒙特产区的葡萄酒，其深度且复杂以及干性的风味需要很多年才能达到顶峰。随着葡萄酒的陈酿，单宁逐渐变得柔和，逐渐地与葡萄酒融合为一体，最终达到成熟单宁、清爽酸度和醇厚果香的完美平衡。

当你品尝饱满醇厚的葡萄酒，尤其是在它还年轻的时候，这种葡萄酒会留下挂杯（缓慢流动的细酒流）在玻璃杯的内壁上；相对于其他风格的葡萄酒来说，这种葡萄酒更具黏性。它在其年轻的时候颜色应该是与紫色有细

历史积淀

在新世界国家，西拉葡萄也被称做设拉子，它是古代波斯的一个沙漠之城的名字，有人说这里也是这个葡萄品种的起源地。说由西拉葡萄酿造的葡萄酒具有饱满、温和且持久的风味是最合适不过的了。

品尝经历

赤霞珠葡萄是酿造饱满，醇厚葡萄酒的葡萄之王。尝试一下来自智利、南非、澳大利亚和美国的这种卓越的葡萄酒，以及占有统治性地位的、完美的、层次丰富的波尔多梅克多葡萄酒。还可以尝试一下澳大利亚巴罗莎山谷和猎人山谷的设拉子葡萄酒，罗讷河谷产区的西拉葡萄酒，意大利、阿根廷和加利福尼亚州的内比奥罗葡萄酒，意大利的布鲁奈罗葡萄酒，以及加利福尼亚州的增芳德葡萄酒，愿意冒险的话，还可以尝试一下法国的知名度较小的幕尔伟德葡萄酒，或是法国和阿根廷的丹拿葡萄酒。

佐餐 在室温下饮用。温度过高的话，会感觉到酒精味重，反之则单宁酸感偏重。饮用前30分钟至2小时内将葡萄酒轻轻倒出，空气会使复杂的香气释放出来。这些葡萄酒适合在烤肉时饮用，或搭配适合素食者的主菜和叶子丰满的蔬菜。加蒂纳拉和巴巴莱斯科葡萄酒与牛肉搭配合适，设拉子和增芳德葡萄酒应与辛辣食物搭配。

微区别的深色，黑樱桃色，随着陈酿时间的推移，逐渐呈现出砖红色。葡萄酒具有强烈的香气，甘草酱味、无花果味、李子干味、咖啡香、巧克力香、烟草味（还有香烟盒子的味道）、香料味、皮革味，还有一点香草味。葡萄酒的单宁能使葡萄酒多层次且复杂的酒体结构变得协调，这款酒的余味应该是清爽且持久的。

饮用还是储藏

顶级的这种葡萄酒价钱昂贵，因为在它们装瓶前，需要在橡木桶中陈酿18到24个月，这样就增加了该葡萄酒的酿造成本。之后，它们还需要在瓶内陈酿至少5年来达到最好的状态。

法国
波亚克（PAUILLAC）

波亚克酒区是梅多克半岛的核心地区，同时梅多克半岛也是法国波尔多酒区的核心。我认为你可以怀疑波亚克酒区位于葡萄酒世界的核心位置，但是你不能否认它是相当学院派的。这个地区酿造的葡萄酒一直是我的最爱。它们醇厚并且层次丰富，具有特征且浓厚，呈现出极好的品质。如果你认为这一连串的形容词有点夸大其词了，那你应该亲自尝试一下这些如天鹅绒般柔和的葡萄酒。

海洋性气候、深厚的沙砾土壤与主要种植赤霞珠葡萄的古老葡萄园一起造就了这种特殊的葡萄酒。波亚克酒区包括了波尔多地区五个一级酒庄中的三个，于1855年由官方分级系统所指定，它们分别是拉图酒庄、罗斯柴尔德拉菲酒庄和木桐酒庄。这三个酒庄也许是整个葡萄酒世界最著名的名字。这里还有其他一些由官方指定的著名葡萄酒生产商：Château Pichon Longueville Comtesse de Lalande、Château PichonLongueville-Baron和Château Lynch-Bages。

这些葡萄酒是用赤霞珠葡萄酿造的，它们颜色发暗，甚至有些晦涩，随着酿造时间的推移，葡萄酒深红的颜色发生了变化，其强烈的香气逐渐变得更加复杂。这是一些饱满、浓烈的葡萄酒，其酒体结构十分优雅、十分协调，并且随着时间的推移，它们逐渐发展完善并且变得越来越柔和，一直到最好的状态，这个过程需要15年的时间，比那些最优质的葡萄酒都要长得多。

连同圣爱斯泰夫（St-Estephe）地区到北部产区的葡萄酒在内，它们都是具有稳固结构的波尔多红葡萄酒。除此之外，波亚克葡萄酒还展现出醇厚、丰满的水果味特征，而水果味是波尔多葡萄酒的核心所在。

“波亚克——波尔多葡萄酒的‘柔软之巅’！ 这些醇厚的、强烈的、让人充满幻想的优雅葡萄酒是用赤霞珠葡萄酿造而成的。”

色泽 经典的波尔多葡萄酒的深红色，边缘为宝石红。

香气 层次丰富，精致的深色水果味，巧克力香，皮革味，柏油味，烟草味。

口感 浓烈且饱满醇厚，口感十分协调，余味绵长。

购买指南 众多的著名品牌中，我推荐Châteaud’Armailhac、Chateau Batailley、Château Clerc-Milon和Château Lynch-Bages。

佐餐 波亚克葡萄酒是经典烤肉和野味的完美搭档。为了体验葡萄酒令人惊喜的香气，你需要在饮用前将葡萄酒轻轻倒入醒酒器，放置几个小时。

另外 波亚克葡萄酒深刻的结构以及酒体为全世界的解百纳以及解百纳勾兑酒定下了基调。将优质的波亚克葡萄酒与来自纳帕山谷以及来自澳大利亚库纳瓦拉和玛嘉烈河地区的顶级红葡萄酒进行比较，波亚克葡萄酒随着陈酿时间的推移——通常超过10年，将呈现出它们的优势，而新世界葡萄酒通常是为了早期的愉悦而酿造的。因此，把陈酿过的两种优质葡萄酒进行比较看有什么不同，这两款酒的陈酿时间为6到8年。

玛歌（MARGAUX）

玛歌葡萄酒能让我想起丝绸，它们具有层次复杂、醇香、芬芳的特征，但是相比其他任何的波尔多葡萄酒，玛歌葡萄酒更能给人以柔软顺滑的感觉。不同于它的邻产区波亚克酒区，玛歌葡萄酒主要是由赤霞珠葡萄勾兑各式各样的葡萄品种酿造而成，比如：美乐、品丽珠和小味儿多葡萄。这样得到了举世闻名的饱满、层次丰富、优雅精致的葡萄酒。

玛歌 Château Palmer酒商

这些葡萄酒酒体饱满、圆润且优雅，它们的这些特征使得该产区的众多葡萄酒生产商闻名遐迩，它们是有150年悠久历史的最优质的波尔多葡萄酒。

最顶尖的葡萄酒要数玛歌葡萄酒了，它是世界上最受人欢迎的葡萄酒之一。但是，它崇高的声誉也引来了造假者的关注，当选购这款葡萄酒时，你需要意识到玛歌葡萄酒是产自玛歌酒区，但玛歌酒区的葡萄酒并不是唯一的和完全相同的。当你在选购时看到标签上玛歌的字样时，务必要清楚自己选购的是哪款葡萄酒。

尽管玛歌葡萄酒是玛歌酒区唯一的顶级葡萄酒，但是该产区并不缺乏其他的优质葡萄酒。你完全有可能在这找到第二、第三、第四和第五级别的能让你感到惊叹的葡萄酒，比如说第二类的经典葡萄酒：布朗康田酒堡葡萄酒，以及众多包括基湾堡（Château Kirwan）在内的第三级别的葡萄酒。

你同样应该意识到有些酒区生产的经过橡木桶陈酿的第二等级葡萄酒并不比和它们属于同一系列的顶尖葡萄酒差多少。例如，玛歌葡萄酒的第二级别葡萄酒玛歌红亭葡萄酒，它具有极高的声誉并且非常优质。玛歌酒区所有等级的葡萄酒，都是饱满、柔滑且优雅的葡萄酒的代名词。

色泽 经典优雅，明亮，呈现深红色，边缘为宝石红。

香气 成熟的红果类和黑果类香气，桂皮香，泥土味，咖啡味。

口感 酒体结构复杂，柔滑且丰满，口感柔和，余味极佳。

购买指南 玛歌是梅多克最大的产区，因此葡萄酒的品质相对于其他产区差异更为显著。你最好认准了葡萄酒名称，比如such as Château Giscours、Château Lascombes、Château Rauzan-Ségla、Château Margaux以及Château Palmer。

佐餐 尽管玛歌葡萄酒能够陈酿多年，但在5年之后饮用是最适宜的，饮用时搭配生煎牛肝，或者是牛腰肉，能给你最美好的享受。

另外 建议拿酒体丰满、果香味浓郁且如丝绸般柔滑的优质玛歌葡萄酒与来自世界各地的顶级红葡萄酒进行比较。

法国
圣于连（ST-JULIEN）

与波尔多-梅多克半岛南北海岸线接壤的圣于连被波亚克和玛歌的光辉所掩盖。它是所谓的左河岸最小的酒区，但由赤霞珠葡萄酿造出来的圣于连葡萄酒却代表了整个产区的最好的品质，其中有些葡萄酒高于官方对其品质的定位。

在1855年官方的分级中，圣于连酒区的酒庄数量相对较少，没有顶级的葡萄酒庄园，但却拥有波尔多产区最好的二级酒庄。其中有些葡萄酒被非正式地称为“超级第二级”，它们确实非常棒，这些未经官方定级的优质庄园能生产出非凡的葡萄酒，歌丽雅庄园葡萄酒就是一个很好的例子。通常来说，圣于连葡萄酒是值得信赖的酒体饱满且富含特征的葡萄酒。

圣于连
Château Léoville-Barton酒商

色泽 发暗，呈现深红色，边缘为紫色。

香气 复杂的香气，桃金娘科植物香，紫罗兰香，黑色水果味，巧克力香，香草味，泥土香。

口感 开胃优雅，浓厚并且层次复杂。

购买指南 以下所列的葡萄酒庄都生产优质的葡萄酒：Léoville-Barton、Léoville Las Cases和Gruaud-Larose.

佐餐 这种结构坚实，具有层次复杂风味的葡萄酒应该与简单的烧烤牛羊排搭配饮用。

另外 建议拿质地优质的圣于连葡萄酒与偏涩的圣爱斯泰夫葡萄酒、浓烈的波亚克葡萄酒以及口感如丝绸般柔和的玛歌葡萄酒进行比较，看它们之间有什么不同。

在那天我爱上一个美丽成熟的女人

圣于连葡萄酒是梅多克半岛最棒的葡萄酒之一，如果你是一个没有钱的法国年轻人，那么圣于连葡萄酒是你负担不起的葡萄酒之一。我平生第一次尝试圣于连葡萄酒是在巴黎当学徒的日子里，酒是Chateau Branaire 1982年的酒，你知道我有多么幸运吗？当我尝试第一口的时候我就爱上它了，这个酒区所酿造的葡萄酒是以“偏柔性”而闻名的，这意味着这种葡萄酒不是很强烈，也不是很浓烈。圣于连葡萄酒完全符合以上的描述，它们精致而优雅，就像一个美丽的女人，而且随着时间的推移越发展现出其迷人的风采。

圣爱斯泰夫（ST-ESTÈPHE）

圣爱斯泰夫酒庄酿造的葡萄酒是波尔多产区最涩的。这是由黏性的土壤环境和极为凉爽的气候所造成的。因此这个地区酿造的葡萄酒相对于偏南方产区的葡萄酒具有较高的酸度及单宁，却缺少水果风味。但它仍然是一款上等的葡萄酒，并且我相信在炎热的年份里，圣爱斯泰夫葡萄酒会是波尔多产区最优质的葡萄酒。

色泽 浓烈，由很深的深红色到浅深红色。

香气 黑樱桃香夹杂着紫罗兰香，木头味，香料味。

口感 口感强劲，有较高的酸度和单宁，酒体结构协调平衡。

购买指南 Château Montrose和Châteaucos d’estournel葡萄酒是顶尖的品牌，你也可以尝试一下Château Phelansegur葡萄酒。

佐餐 富含单宁且风味复杂的圣爱斯泰夫葡萄酒适合与简单的烤肉搭配饮用，这是一款寿命极长的经典葡萄酒，你需要等上很长一段时间才能真正地享受它，有时候甚至需要20年时间。

另外 这些葡萄酒让我想起了一款风味极佳的罗第（Cote Rotie）葡萄酒。为了体验品尝的乐趣，建议拿优质结构好的圣爱斯泰夫葡萄酒与口感如丝绸般柔滑的圣埃米利永葡萄酒进行比较。

利斯特拉克（LISTRAC）

这个小酒区生产的葡萄酒在市场上采用利斯特拉克或利斯特拉克-梅多克的名字进行销售。虽然利斯特拉克酒区没有有声望的葡萄酒庄园，但是一定数量建造良好的庄园为酒区在葡萄酒鉴定家中赢得了良好的声誉，在逐渐昂贵的葡萄酒世界里成为了一种值得选择的葡萄酒。

利斯特拉克位于内陆，加上极具黏性的土壤环境，使得在此酿造的葡萄酒具有坚实的酒体风格，而不是充满香气。我发现利斯特拉克葡萄酒的特征相比它邻近产区玛歌的葡萄酒更接近于圣爱斯泰夫葡萄酒。它是由典型的混合勾兑方式酿造而成的，主要是采用赤霞珠葡萄、美乐葡萄以及比特福多葡萄，所酿造的葡萄酒偏涩。然而，利斯特拉克葡萄酒生产商开始在原料的配比中加入更多的美乐葡萄，这样使得葡萄酒变得更优质。因为美乐葡萄更适合这里的土壤环境，所以在酿造中加入更大比例的果肉丰满的美乐葡萄使利斯特拉克葡萄酒变得更为丰满醇厚，更加迷人。该酒区的一些葡萄酒生产商成功的事例揭示了伟大的事情是可能发生的，但需要我们耐心等待看看有什么会发生——利斯特拉克葡萄酒仍然有很大的潜力尚待发掘。

色泽 非常暗的黑樱桃色，略带紫色。

香气 黑果类香气，香料味，皮革味，带有橡木桶陈酿的香草香。

口感 结构好，坚实而新鲜，后味绵长。

利斯特拉克
Château Fourcas-Hosten酒商

购买指南 利斯特拉克葡萄酒最好的例子就是中级酒庄的葡萄酒。其中我最喜欢的是：Château Clarke、Château Fonreaud和Château Fourcas-Hosten的葡萄酒。

佐餐 优质年轻的利斯特拉克葡萄酒与烤羊排、牛排以及烤土豆一起搭配饮用感觉棒极了。

另外 建议拿结构坚实的利斯特拉克葡萄酒与其邻产区慕里斯的葡萄酒进行比较。它们的区别反映了土壤结构的不同——黏性石灰石土壤和砂砾土壤。

“梅克多产区‘安静的男人’！利斯特拉克葡萄酒非常涩并且强劲，带有黑色水果类香气、青椒味和甘草味。它的陈酿潜力很好，能陈酿达20年之久。”

慕里斯（MOULIS）

慕里斯葡萄酒是波尔多产区最神秘的一款葡萄酒之一，它产自梅多克最小的酒区，但我通常用重要的词来描述它。由于慕里斯葡萄酒同样偏涩，它们被称作“婴儿圣爱斯泰夫”，但它们的单宁相对于圣爱斯泰夫葡萄酒散发得更快，所以能更快地达到葡萄酒理想的平衡状态。慕里斯葡萄酒常常被认为是“次等的”葡萄酒，但是它们却是真正的赢家，并且它们低廉的价格对于葡萄酒消费者来说是重大的好消息！

色泽 较深的樱桃色，略带深红色。

香气 黑森林水果味，丛林味，甘草味，焦油味，青椒味，烧烤味，烟熏味。

口感 完美和谐，良好的平衡结构，后味绵长而愉悦。

购买指南 这些葡萄酒在制成后经数年陈酿才适合饮用，因此不妨将它们多存放一段时间。慕里斯葡萄酒最好的生产商有：Château Chasse-spleen、Château Baudan和Château Poujeaux。

佐餐 和任何的传统法国葡萄酒一样，慕里斯葡萄酒应该搭配食物饮用。我最喜欢的是搭配牛肉、烤羊肉以及任何丰盛的炖肉饮用。

另外 建议拿具有水果风味且酒体结构很好的这些葡萄酒与所谓的“第二葡萄酒”cru classe châteaux进行比较。

品尝训练：酒体

当我们谈论红葡萄酒时，我们提到的丰富醇厚是什么意思

❶ ❷ ❸

❶加利福尼亚的黑比诺具有水果味，亮红色的加利福尼亚黑比诺是这里最清淡的葡萄酒。完美的气候和前沿的技术，为加利福尼亚人酿造出一些优质的黑比诺葡萄酒提供了条件，尤其是来自卡内罗斯和圣塔芭芭拉地区的葡萄酒更胜一筹。**推荐酒商：**Au Bon Climat、Sanford、Andrew Murray Vineyards、Cuvaison和Byron。

❷卡蒙乃新智利的旗舰系列葡萄酒，是我们品尝训练所选择的中等级别的葡萄酒。卡蒙乃葡萄酒富含水果味，如同醇厚柔和的美乐葡萄酒，但结构更为均衡且更具特征。如同来自智利的其他葡萄酒，卡蒙乃葡萄酒也非常值钱。**推荐酒商：**Santa Rita、Casa Don-oso和Caliterra葡萄酒。

❸澳大利亚的设拉子来自巴罗莎和猎人山谷的设拉子葡萄酒从外表上就可以看出是我们这次品尝训练的重头戏。你可以用产自南非斯泰伦博斯地区的设拉子葡萄酒或者奢华的加利福尼亚西拉葡萄酒代替品尝，但不要选择酒标上有“Petite Syrah/Sirah”字样的葡萄酒，这种葡萄酒偏清淡。**推荐酒商：**Glaetzer、Rockford Basket Pre-ss、Geoff Merill、Grant Burge、Tower Estate和Jim Barry葡萄酒。

“酒体不仅仅指的是葡萄酒风味的强度，它同样与葡萄酒的重量和结构有关。”

在此次品尝训练中，我从具有水果味的、亮红色的红葡萄酒和成熟、口感柔和的红葡萄酒中挑选了两款**最具风味**的葡萄酒，并拿它们与**重量级的设拉子**葡萄酒进行对比，由此，我们可以得知什么才是丰满圆润的葡萄酒。

在这本书里提到的葡萄酒风格的分类是依据它们的**重量和结构**进行划分的。酸度和单宁是葡萄酒的骨架，是支撑起葡萄酒风味和其他味觉元素的大框架。酸度和单宁由**水果风味的品质**来“**充实**”。清淡的葡萄酒含有**极少量或不含单宁**，散发出**清新的、成熟的、清淡的**水果香气；适中的或者“丰满醇厚”的红葡萄酒含有**一定量的单宁**，散发出**成熟的、适中的水果风味**。而浓郁的红葡萄酒**所有的含量都很高！**

首先品尝**加利福尼亚的黑比诺葡萄酒**。你从它的颜色可以看出这是一款**清淡风格**的葡萄酒。它具有精致的，**植物香气**和**新鲜的红樱桃水果风味**。在口腔里能感觉到**多汁、成熟的红水果风味**，并且在结构上感觉**清淡而精致**，并且十分**优雅**。

现在品尝来自智利的**卡蒙乃葡萄酒**。它的颜色相比于黑比诺葡萄酒要**更深——黑樱桃色**，边缘呈现出**清淡的宝石红色**。它除了具有**棕树味**、**樱桃**和**黑水果风味**，还具有**香草香**、**烟熏味**和**汽油味**。水果风味在口腔里感觉**成熟而醇厚**，但**并不浓郁**，余味萦绕在口腔中，久久不能散去。

接着品尝第三种葡萄酒——**澳大利亚的设拉子葡萄酒**。这款酒的颜色浓厚并且发暗，呈现出**晦涩的墨水红色**。它具有黑色**水果的风味**、**香料香**、**焦油味**，**略带熟透了的悬钩子味**，由于它产自澳大利亚，设拉子葡萄酒还具有特有的**桉树味**。设拉子葡萄酒的酒精含量较高，但其水果风味与之达到了**完美的平衡**，**在口腔里感觉醇厚**但不像糖浆那样。它非常浓烈，但所有的一切都表现得很协调。总体上来说，这是醇厚、浓郁的红葡萄酒的典范。

“佩萨克·雷奥良红葡萄酒是优雅、经典、优质的葡萄酒——艳丽并具有复杂的层次，极其醇厚且充满了成熟的水果风味。”

法国

格拉夫/佩萨克·雷奥良（GRAVES/PESSAC-LÈOGNAN）

尽管许多人都是从格拉夫完美的白葡萄酒得知它的大名，但是作为波尔多南部的次级产区，格拉夫酒区仍然酿造出了一些世界上最好的红酒。许多由赤霞珠葡萄酿造的格拉夫葡萄酒酒体丰满圆润而浓烈，并且酒体结构非常完美。

最好的红葡萄酒产自一个叫做佩萨克·雷奥良的特殊地区，这个地区包含了顶级的酒庄，比如说顶级的奥比安堡，这是格拉夫酒区在著名的1855年波尔多官方分级中确定的唯一酒庄。

作为一个整体，格拉夫酒区有良好的声誉和高标准的葡萄酒。这也许是格拉夫酒区自己的分级系统的反映，在格拉夫酒区每10年就会对每个酒庄进行评定，或者升级或者降级，这对于维持该酒区葡萄酒的质量是一个很好的激励因素。

色泽　深红色，边缘呈现具有特征的紫色。

香气　经典且非常精致，黑果类香气，紫罗兰香，烤面包香，皮革香。

口感　丰满醇厚，浓烈，咖啡味，矿物质味，优质的单宁，余味绵长。

购买指南　我推荐Domaine de Chevalier、Château Haut-Brioon、Château La Louviere和Château Pape Clement的葡萄酒。

佐餐　格拉夫红葡萄酒适合与烤鹿肉或者沙锅一起搭配饮用。大的玻璃杯能更好地释放葡萄酒的香气。

另外　如果你偏爱赤霞珠葡萄酒，那么在整个葡萄酒世界中你可以随心所欲地享受，来自智利的优质葡萄酒、纳帕山谷的葡萄酒或者新西兰的葡萄酒都不会让你失望的。

卡奥尔（CAHORS）

由马尔贝克黑葡萄品种（也被称为高特或欧塞瓦）酿造的浓厚的卡奥尔葡萄酒，成为法国南部葡萄酒迅速升起的一颗新星。它是波尔多风格的葡萄酒，但是由于卡奥尔位于更远的内陆并且有着相对较热的气候，这里酿造的葡萄酒的水果风味更加浓郁。顶级的卡奥尔葡萄酒非常强劲，并且非常适合陈酿。随着时间的推移它变得更加优雅而柔和，并且后味绵长而令人愉悦。这是一款真正经典、注定要汇集众人目光的葡萄酒。

色泽　特别发暗的樱桃红，边缘为宝石红。

香气　黑色水果类风味，香料香，干燥的香草香，巧克力香，块菌味，皮革味。

口感　醇厚而强烈，具有坚实的单宁，浓郁的香气并且非常精致。

购买指南　这是一款产自法国南部内陆的旗舰葡萄酒。顶级的卡奥尔葡萄酒包括：Château la Coustarelle和Château du Cedre。注意别购买次级的葡萄酒，它们会比较“生青”（未成熟）并且有植物块茎的味道。

佐餐　不要在这些葡萄酒年轻的时候饮用，它们值得去多陈酿几年。搭配烤肉，最好是搭配法国传统的炖肉——卡司特浓达利焖沙锅（cassoulet de Castelnaudary）饮用。

另外　如果卡奥尔葡萄酒符合你的口味，那么你一定会喜欢上另一匹黑马，来自阿根廷的马尔贝克葡萄酒，它们是用与卡奥尔葡萄酒同样的葡萄酿制而成，但是更加醇厚且更加强烈。

马第宏（MADIRAN）

马第宏位于法国西南部的一个偏远的角落里，红葡萄酒采用单宁含量比较多的本地葡萄品种丹那酿造而成。通常来说，马第宏葡萄酒强烈的单宁需要陈酿10年或超过10年才能开启饮用。但是年轻的马第宏葡萄酒却容易获得更多种的水果风味。马第宏葡萄酒现在仍然不是很有名气，但是我相信它注定会成名。所以我的建议是不妨尝试一下它，你绝对不会对它失望的。

色泽　晦涩偏暗，墨水红，边缘呈现紫色。

香气　强烈，黑果酱和红水果风味，甜香料香，烟草味，甘草味。

口感　开胃，柔软，浓厚，酒体结构好，层次复杂并且余味绵长。

购买指南　Château Bouscasse、Domaine Capmartin和Château d’Aydie是著名的品牌。无论你选择任何一款，都不要在其年轻的时候开启，如果你必须这样做的话，在饮用前，要打开瓶盖，让空气进入酒瓶，让酒与空气接触数小时。

佐餐　搭配来自图卢兹的焖沙锅饮用，它们是完美的搭档，或者也可以试着与香辣扁豆鸭一起搭配饮用。

另外　如果你喜欢这款葡萄酒，你也会喜欢具有水果风味的、强烈的意大利经典红酒巴罗洛。

法国
埃米塔日/克罗兹-埃米塔日（HERMITAGE / CROZES-HERMITAGE）

埃米塔日葡萄酒是法国象征性的葡萄酒。虽然它产自一个很小的地区，但是它在北部罗讷河谷久负盛名，并且在整个葡萄酒世界享有盛誉。埃米塔日酒区是西拉葡萄的故乡，西拉葡萄是一种非常特殊的葡萄品种，用它酿造的葡萄酒颜色偏深，香气芬芳且浓郁。西拉葡萄酒现在在世界上非常受欢迎，但是它在旧世界的风格——通常称为设拉子葡萄酒，与原产法国的西拉葡萄酒有很大的区别。澳大利亚的设拉子葡萄酒自从其装瓶以来就具有柔软的质地，有丰富醇厚的果酱水果风味。而产自罗讷河谷的西拉葡萄酒在其年轻时富含单宁且偏辛辣，需要时间来展现它独特的魅力。

克罗兹-埃米塔日
Gilles Robin酒商

埃米塔日位于北部罗讷河谷酒区的南端，离瓦伦斯不远。葡萄被种植在陡峭的山上和沿河地区以获得尽可能多的阳光。为了酿造出埃米塔日葡萄酒复杂的水果香以及花香，添加少量的白葡萄，比如说胡姗、马尔萨讷与西拉葡萄一起混合酿造，但是葡萄酒的颜色仍然是偏暗的，并且非常浓郁，至少能陈酿20年。

随着时间的推移，埃米塔日葡萄酒的烟熏味、泥土味、西梅干味，甚至橄榄叶味都散发出来，与此同时，坚硬的单宁逐渐变得更成熟了。最后，埃米塔日葡萄酒实现了强劲和优雅的完美平衡。

埃米塔日葡萄酒的兄弟酒是与其相邻的克罗兹-埃米塔日葡萄酒。这些酒同样是由西拉葡萄酿造而成的，但埃米塔日葡萄酒酿造所用葡萄是来自种植在沿河地区向阳的小块葡萄园，而克罗兹-埃米塔日葡萄酒是用来自平坦宽广的高原葡萄园的葡萄酿造而成的。其结果是克罗兹-埃米塔日葡萄酒相比之下在其年轻的时候风格稍微清淡。这两种葡萄酒在质量上有无法避免的不同之处，但是它们都是优质的葡萄酒，它们都值得你花钱。

色泽 深且丰富，墨水黑，边缘呈现深红色。

香气 经典的香料香，紫罗兰香，黑醋栗味，烟熏味和花香果香。

口感 强劲而开胃，口感硬但单宁成熟，余味绵长。

购买指南 通常来说，埃米塔日葡萄酒适合特殊的场合或用来投资，而克罗兹-埃米塔日葡萄酒适合饮用享受。我特别推荐Michel Chapoutier、Jean-Louis Chave、Alain Graillot、Paul Jaboule Aine和Gilles Robin葡萄酒。

佐餐 埃米塔日葡萄酒和克罗兹-埃米塔日葡萄酒都是丰盛大餐的好搭档，包括：红酒炖牛肉、沙锅肉、烤羊肉等。

另外 我们来做一个有趣的比较实验，品尝来自沙普提尔酒庄的克罗兹-埃米塔日葡萄酒和同样生产商用同一种葡萄酿造的澳大利亚葡萄酒。图尔农（Tournon）的葡萄园位于澳大利亚南部凉爽的本逊山（Mount Benson）地区，是沙普提尔酒庄的一个项目，其酿造的葡萄酒是真正的罗讷河谷的西拉葡萄酒风格。

勇敢地保卫我们国家在罗讷河谷的葡萄园

在我为法国军队服役期间，曾多次造访过葡萄园，目睹了伟大的葡萄酒的诞生。其中一天我造访了以极为炎热著称的罗讷河谷，那儿竟然下雪了。天气非常的寒冷，但是景色非常漂亮。开车从罗第到埃米塔日使我想起了好莱坞，因为在山坡上有着巨幅广告，广告是关于这种能酿造完美葡萄酒的特殊葡萄。（我就像一个真正的观光者，在这些巨幅广告之前留了影！）由沿河地区和山谷梯田生长的葡萄酿造的是埃米塔日葡萄酒，由高原葡萄园酿造的是克罗兹-埃米塔日葡萄酒，相对于埃米塔日葡萄酒而言，它的风格偏清淡，没有这么强烈。

罗第（CÔTE-RÔTIE）

罗第葡萄酒也许是北部罗讷河谷最精炼的红葡萄酒。我它把称做是设拉子葡萄酒的终极代表——层次复杂，颜色深暗，丰满醇厚并且优雅。但罗第葡萄酒的部分优雅来源于酿造所用的白葡萄品种维奥涅尔，它占了酿造葡萄的20%。维奥涅尔为罗第葡萄酒增添了复杂的、如花香般的香气。罗第葡萄酒适合陈酿，但是它的产量有限，所以比较昂贵。

色泽 非常暗的深红色，几乎接近于黑色，随着陈酿颜色逐渐略带橙色。

香气 黑水果风味，丛林味，皮革味，巧克力香，香料香，花香，橡树味。

口感 非常醇厚，层次复杂并且浓厚，具有坚实的单宁。

购买指南 在这个很小的地区，有很多的葡萄酒生产商，它们产出的葡萄酒的质量也千差万别。我推荐的葡萄酒生产商有：Guigal、Gerin和Bonnefona。还有酒标上标有葡萄园名：La Turque、La Landonne或者La Mouline的葡萄酒。

佐餐 这款葡萄酒非常适合搭配野味，浓奶酪，以及各种风味的烤蔬菜饮用。室温下饮用，饮用前，让空气进入酒瓶，使之与葡萄酒接触一小时左右。

另外 葡萄酒的结构和强烈度，以及精炼度与来自北部罗讷河谷的西拉葡萄酒、埃米塔日葡萄酒或者科尔纳斯葡萄酒非常相似。

圣约瑟夫（ST-JOSEPH）

圣约瑟夫葡萄酒相对于北部罗讷河谷酒区生产的其他葡萄酒，代表着相对较清淡的西拉葡萄酒。它们是优雅的葡萄酒，没有显著的单宁。它们具有丰富的水果风味，光滑和谐，有着如丝绸般柔软的质地。圣约瑟夫葡萄酒能陈酿6年，并且值得你为之掏钱，但在选购时最好购买推荐的生产商生产的酒。

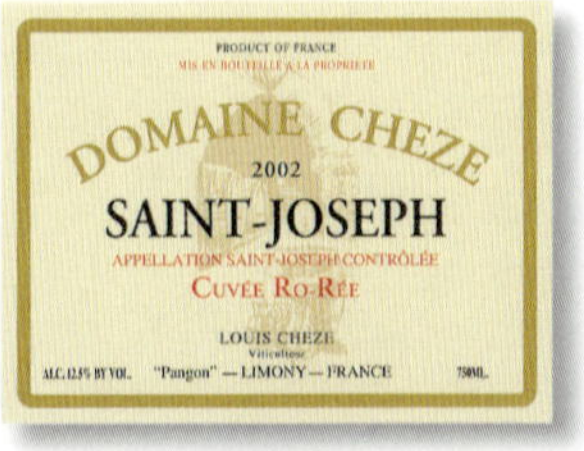

圣约瑟夫
Domaine Chèze酒商

色泽 深红色，边缘呈现宝石红，热情并且极其丰富，颜色晦涩。

香气 复杂，青椒味，黑醋栗味，紫罗兰香，丛林树木味。

口感 光滑而细腻，具有坚实平衡的酒体结构，成熟的水果风味。

购买指南 有两种风格可供选择，一是乡村风格的，具有坚实的酒体结构；另一种是相对柔软风格的，富含水果风味。在所有的葡萄酒生产商中，我推荐：DomaineChèze、Pierre Gaillare和Chapoutier。

佐餐 这些葡萄酒适合搭配羊肉，炖肉以及烧烤饮用。它们同样也适合与冷肉、奶酪和面包搭配饮用。

另外 来自加利福尼亚的小西拉葡萄酒，相对于真正的西拉葡萄酒更为清淡，可以将它与这款清淡的罗讷河谷葡萄酒进行比较。来自智利的佳美娜葡萄酒以及来自华盛顿州的兰堡葡萄酒也适合与之对比品尝。

科尔纳斯（CORNAS）

科尔纳斯酒区非常小，但是在此酿造的层次复杂，颜色深暗，香气复杂的西拉葡萄酒是其邻产区埃米塔日葡萄酒的真正对手。科尔纳斯地区是一块非常狭小的区域，沿着罗讷河谷西岸一直到瓦伦斯（Valence）的北部，面积非常小。在恶劣的地形条件下酿造出来的葡萄酒产量非常有限，所以当你看见一瓶科尔纳斯产葡萄酒一定要纳为己有。科尔纳斯葡萄酒需要多年的陈酿使之变柔和，以展示它令人惊叹的复杂性。

色泽 非常暗，深樱桃红，明亮度十分好。

香气 强烈，青椒味，黑醋栗味，黑梅味，李子味，香料香，丛林味。

口感 强烈，浓厚，年轻的时候单宁较重，结构协调。

购买指南 这些葡萄酒非常浓烈，所以当你看见酒标上标有14.5% ABV的时候不用感到惊讶。在所有的葡萄酒生产商中，Auguste Clape和Jean-Luc Colombo是两个知名的品牌。

佐餐 科尔纳斯葡萄酒适合与经典的法国肉菜搭配饮用。事实上，我发现它们也适合与炖肉搭配饮用。在开启之后，第二天饮用更好。

另外 丰满醇厚并且口感柔和，充满水果风味的这些葡萄酒与波亚克葡萄酒或者是非常优质的卡奥尔葡萄酒相似。另外，可以拿它们醇厚、浓厚的酒体结构与清淡的黑比诺或者佳美葡萄酒进行比较。

法国

帕普新堡（CHÂTEAUNEUF-DU-PAPE）

南部罗讷河谷所酿造的顶级葡萄酒的名字来源于14世纪罗马天主教皇流放至阿维尼翁时所居住的地方。为了纪念教皇，这里将十字钥匙刻在每一个葡萄酒瓶上。

酒商帕普新堡
Château de Beaucastel

由于采用不寻常的各种葡萄混合酿造，加上特殊的土壤环境，这里酿造出来的葡萄酒的酒体结构和特征是独一无二的。这种酒采用13种不同品种的葡萄酿造，其中包含一些白葡萄品种，这在单一酿造的葡萄酒中是非常罕见的。

事实上，帕普新堡大多数的葡萄酒主要采用黑歌海娜葡萄酿造而成，其他的葡萄品种被用做“调味品”以使葡萄酒变得更为复杂。这个地区的土壤是由小鹅卵石所组成的，白天吸热晚上逐渐地把热量释放出来，这样就确保了葡萄的成熟。正是由于这种葡萄和特殊土壤构成才酿造出了这样富含香气、多汁且强烈的葡萄酒。

色泽 经典而浓烈，深红色，边缘呈现宝石红。

香气 野生的黑果类香气，甜樱桃香，烟草味，皮革味，烟熏味，咖啡味和香料香。

口感 奢华，丰满圆润，年轻的时候单宁酸较重，余味绵长。

购买指南 尝试购买Château de Beaucastel、Château Rayas和Château la Nerthe的葡萄酒。

佐餐 帕普新堡葡萄酒适合与烤香肠、牛排或者沙锅牛肉搭配饮用。

另外 其邻产吉恭达斯葡萄酒以及瓦给拉斯葡萄酒是大多数帕普新堡葡萄酒的有力竞争者。同样还可以尝试一下来自澳大利亚巴罗萨谷的由黑歌海娜葡萄酿造的葡萄酒。

野餐观光者是如何影响葡萄酒年份的

帕普新堡是我平生去过的野餐地中最不寻常、最浪漫的地方。那里有一座摇摇欲坠的塔，它建在一个由鹅卵石构成的小山坡上，从那里可以眺望到令人惊奇的整个葡萄园的全景。一个夏天我与我的朋友们在那里野餐，我们发现我们简单的午餐——包括面包、奶酪和粗红肠中似乎缺少了些什么，于是我们采摘了附近的一两串葡萄当做“红酒”。虽然葡萄尚未成熟，但我永远也无法忘记那些葡萄令人惊叹的风味，我敢说我们饮用了这一年“年份最小的葡萄酒”！

吉恭达斯（GIGONDAS）

吉恭达斯葡萄酒与帕普新堡葡萄酒在风格上和浓烈度上非常相似。虽然它没有陈酿的价值，但是它在年轻的时候是非常迷人舒适的。吉恭达斯葡萄酒比更加著名的用相似葡萄酿造的酒更值得购买。相信我，在某个时候我们需要寻找这些著名葡萄酒的替代者时，这款不被看好的产自南部罗讷河谷的葡萄酒绝对是我们的优质选择之一。

色泽 热烈，深黑樱桃色，边缘呈现宝石红。

香气 浓郁的森林水果风味，青椒味，烟熏味，焦油味，甘草味。

口感 丰满圆润，优雅，成熟的单宁，清爽的酸感。

购买指南 年份近的吉恭达斯葡萄酒是最好的选择。我的五个最喜爱的葡萄酒生产商有：Ste Cosme、Jaboulet、Chapoutier、Domaine de Font-Sane和Domaine Amadieu。

佐餐 与朋友一同烤牛肉或享受野味时搭配饮用绝对是令人难忘的，我同样喜欢搭配烤羊腿和奶油奶酪一起饮用。

另外 产自南非的设拉子葡萄酒是另一款丰满醇厚、色泽偏暗的非凡葡萄酒，在其年轻时饮用更加完美。南非的设拉子葡萄酒相比其他新世界的西拉葡萄酒更具欧洲风格。

瓦给拉斯（VACQUEYRAS）

请密切关注瓦给拉斯葡萄酒，它整个充满了活力，很有内涵且充满了激情，而且随着时间的推移，它的品质一年比一年更好。它采用和吉恭达斯葡萄酒以及帕普新堡葡萄酒一样的葡萄酿造而成，非常浓厚而坚实，但仍然新鲜并且优雅。水果风味和单宁完美的平衡，使得它适合陈酿5年左右。

色泽 深红色，边缘呈现宝石红。看起来强烈而醇厚，但是同样也很细腻。

香气 红色水果和黑色水果风味，陈年酒具有香料香，烟熏味，无花果味以及野生的气息。

口感 层次复杂并且醇厚，偏干的风味，富含黑色水果风味。

购买指南 Archimbaud-Vache和Domaine des Amouriers是顶级的品牌。同样可以尝试陈年葡萄酒Cotes du Rhone Villages Vacqueyras。

佐餐 适宜在室温下饮用，饮用前将葡萄酒倒入一个很大的葡萄酒杯中，并在杯中置放30分钟。瓦给拉斯葡萄酒适合与烤肉和炖肉搭配饮用。

另外 如果你看好这款有前途的葡萄酒，你还可以关注一下其他冉冉升起的新星，比如来自西班牙的普里奥拉葡萄酒以及来自澳大利亚的马他罗葡萄酒。

利哈克（LIRAC）

利哈克相对于南部罗讷河谷的葡萄酒，比如帕普新堡葡萄酒，缺乏酒体结构和复杂的层次，但是它仍然是一款醇厚、优雅、丰富的红葡萄酒。利哈克葡萄酒在其年轻的时候很棒，它能陈酿3到5年，在陈酿的过程中它逐渐软化而变得具有一些类“动物”的特征。

色泽 从经典的宝石红到深红色。

香气 红梅味、黑胡椒味，随着陈酿出现皮革味、泥土味以及甘草味。

口感 酒体适中，但具有浓郁的水果风味。

购买指南 我喜欢陈酿了几年的这种酒。Château de Segries和Châteaud’Aqueria 是我最喜欢的葡萄酒生产商。

佐餐 利哈克葡萄酒适合搭配酒焖仔鸡，涂有辣椒酱的排骨以及烤根菜类蔬菜搭配饮用。

另外 如果你喜欢这款酒，可以尝试一下来自普罗旺斯的邦多勒葡萄酒或者是用慕合怀特葡萄酿造的新世界葡萄酒。

“用西拉和慕合怀特葡萄酒酿造而成的利哈克葡萄酒，完美地结合了浓烈、优雅、层次复杂、醇厚、复杂香气等特征，是一款适合冬天饮用的葡萄酒！”

邦多勒（BANDOL）

这是普罗旺斯的葡萄酒之王！我喜欢它那种将浓烈丰富与深层次以及优雅完美结合而不过于富有侵略性的品质。这是一款由多种葡萄混合酿造而成的、适合在橡木桶中陈酿多年的葡萄酒。酿造品种以慕合怀特葡萄为主，黑格海娜以及神索葡萄为葡萄酒增添了柔和的风味。黑格海娜葡萄在这个地区种植广泛，尤其是在面朝地中海的天然种植场——邦多勒酒区。

邦多勒
Domaine Tempier
酒商

色泽 深红色，边缘呈现紫色，偏深而热烈。

香气 黑果类果酱的风味，泥土味、肉味、香料香以及干药草味。

口感 天鹅绒般柔软、精练，酒体结构好，成熟的单宁，余味绵长芬芳。

购买指南 比较著名的葡萄酒生产商有：Domaine Tempier、Château de Pibarnon和Mas de la Louviere。

佐餐 邦多勒葡萄酒可以在其年轻的时候饮用，饮用前将其倒入葡萄酒杯，让其与空气接触。邦多勒葡萄酒同样可以陈酿10年以上。它是牛肉和辣香肠的绝配。

另外 邦多勒葡萄酒的醇厚与玛歌葡萄酒相似，而它强烈的甜水果风味使我想到了布鲁奈罗葡萄酒。品尝它们你就能发现！

❶**玛歌**是梅多克产区最大的酒区，酿造了可以说是梅多克产区最具“娇柔”风格的葡萄酒，成熟且具有精致的结构。**推荐酒商：**Château Brane-Cantenac、Château Cantenac Brown、Château Palmer、Château Rauzan-Segla。

❷**佩萨克·雷奥良**也许是波尔多产区最老的葡萄栽培地区，是格拉夫酒区的一部分。多砾石的土壤环境酿造出了酒体结构好、质地丰富的葡萄酒。**推荐酒商：**Château Pape-Clement、Château Larrivet-Haut-Brion、Château la Mission-Haut-Brion、Domaine de Chevalier、Château Malartic-Lagraviere。

❸**圣于连**是波尔多-梅多克产区四个一流酒区最北部的酒区；它所酿造的葡萄酒更严谨而且如“丝绸”般柔滑，具有自然寿命。**推荐酒商：**Château Cosd' Estournel、Château Montrose、Château Calon-Segur、Château Phelan-Segur。

品尝训练：产区的风土条件

产区的风土条件能真正影响由同一葡萄品种酿造的葡萄酒的口感吗

生长在圣埃斯塔菲的沙砾和石灰石土壤上的赤霞珠

"产区的风土条件能影响葡萄酒的口感和质地，这是真的吗？让我们品尝以下三种葡萄酒来寻找答案！"

这次品尝训练所用的葡萄酒都来自地理上所定义的同一产区——法国的波尔多产区，并且采用同一年份——2001年酿造的葡萄酒，但是这些葡萄酒来自不同次级产区，有着不同的风土条件，也就是有着特殊地区的气候与土壤环境。顺便提一句，我推荐的这些**华丽**的葡萄酒，是波尔多产区**著名的品牌**（因此非常昂贵），当你需要购买它们的时候，应该去咨询一下葡萄酒买卖专家。

首先品尝**玛歌葡萄酒**，玛歌酒区沙砾性质的土壤环境非常适合酿造赤霞珠葡萄酒——具有精致的酒体、芬芳的香气以及很好的单宁结构。这款特殊的葡萄酒醇香且**如天鹅绒般柔滑**，丰富，强烈并且非常圆润。成熟的单宁使葡萄酒的酒体更加协调，从而使葡萄酒**口感足够干**。

品尝的第二款葡萄酒是来自波尔多格拉夫酒区的**佩萨克·雷奥良葡萄酒**，这个区域的土壤环境多石，如同罗讷河谷的帕普新堡酒区，这里的沙砾土在阳光充足的白天充分吸收热量，并能在凉爽的夜晚保持住热量，使葡萄能在温暖环境下生长。所以，由该酒区葡萄所酿造的葡萄酒更丰满更强烈。这款葡萄酒和大多数来自这个产区的葡萄酒一样具有**烟熏味**，并且**略带锯屑味**。佩萨克·雷奥良葡萄酒的特征——"**野兽派**"，但是成熟而不过于强烈，反映了这个产区的风土条件。

我们最后品尝的是**圣埃斯塔菲葡萄酒**，这个次级产区位于梅多克产区临海地区，地势很高，气候受到流经河流和邻近海的影响。这个地区土壤为石灰石结构，名为圣埃斯塔菲的石灰石。这种土壤条件相比于砂砾结构土壤更加凉爽，所以在这里所酿造的赤霞珠葡萄酒相对于波尔多其他地区的葡萄酒**稍微偏严谨**，圣埃斯塔菲葡萄酒颜色是非常深的红黑色，**富含水果味**和单宁，可长时间进行陈酿，它的酒体结构坚实，随着瓶内陈酿会逐渐软化。我的建议是让它先陈酿10年。

通过品尝训练，我们应该能毫无疑问地得出结论：在精巧的葡萄酒酿造工艺下，土壤和气候的细微差别会使所酿造葡萄酒呈现出不同的特征。

意大利
巴罗洛/巴巴莱斯科（BAROLO/BARBARESCO）

皮尔蒙特产区是意大利最好红葡萄酒的故乡。巴罗洛和巴巴莱斯科葡萄酒具有值得夸耀的强烈性，层次复杂，还具有真诚的性格特征。它们的酒精、单宁、酸度都很高——不是胆小者的酒！它们都是由内比奥罗葡萄酿造而成的，内比奥罗葡萄的名字来源于皮尔蒙特产区葡萄园葡萄收获季节凉爽早晨的薄雾——nebbia。

巴罗洛葡萄酒是两种葡萄酒中更强劲更粗犷的一种，它具有令人惊叹的陈酿潜力。标准的巴罗洛葡萄酒在被销售前，需要在橡木桶或栗子桶中陈酿2年，并在瓶中再陈酿1年。这种处于上升期间的葡萄酒需要在橡木桶和瓶中陈酿一共5年。即使是这样，在这两种葡萄酒被开启之前，都需要在酒窖中存放多年。这对于现代的葡萄酒生产商来说时间过长，因此他们酿造出一种更简便的葡萄酒——这些葡萄酒在较年轻的时候具有更柔软的水果风味以及更圆润的单宁。不管是传统风格还是现代风格，这两种葡萄酒都随着陈酿时间的推移变得更为优质。

巴巴莱斯科葡萄酒，一款同样棒极了的葡萄酒，虽然不如巴罗洛葡萄

“巴罗洛葡萄酒酒体饱满，颜色偏暗，香气浓郁，酒体结构好，具有多层次的风味，并且是葡萄酒世界中最具陈酿价值的葡萄酒之一。”

酒那样强劲，但在它年轻的时候更加优雅和精致。它是这个酒区的“国王”巴罗洛葡萄酒的“皇后”。优质的巴巴莱斯科葡萄酒与巴罗洛葡萄酒相比更加迷人，更具水果风味，也通常具有更好的更协调的酒体以及更复杂的单宁。然而，我认为巴罗洛和巴巴莱斯科这两种葡萄酒是“狂热者的葡萄酒”，对于商人和消费者来说，他们需要在酒窖里将这两款葡萄酒贮藏10年以上。考虑到需要这么长的陈酿时间，我只在非常特殊的情况下才贮藏它们。

色泽 深红色，边缘呈现紫色，随着陈酿逐渐出现砖红色。

香气 十分复杂，成熟的野生黑果类风味，李子味，甘草味，焦油味，块菌味，香橡木味。

口感 独特的、坚实且较高的酸度，强烈而显著的单宁，优雅，余味绵长。

购买指南 不同年份的葡萄酒有所不同，所以购买前记得询问懂行的葡萄酒贸易商。在所有的葡萄酒生产商中，我推荐：Giacomo Conterno、Bruno Giacosa、Azienda Agricola Negro和Prunotto。

佐餐 优质的巴罗洛和巴巴莱斯科葡萄酒具有黑色块菌的味道，所以它们是真菌类菜肴的完美搭档。同样可以搭配烤肉，特别是烤猪肉饮用。我还喜欢搭配罐焖土鸡一同饮用。

另外 如果你喜欢巴罗洛葡萄酒宽厚的质地和黑色水果风味，那么你同样会喜欢上其他的意大利葡萄酒，比如来自意大利中部的布鲁奈罗葡萄酒以及来自意大利南部的阿里亚尼考葡萄酒。

加蒂纳拉（GATTINARA）

这是一款微型巴罗洛葡萄酒！加蒂纳拉葡萄酒同样采用内比奥罗葡萄酿造出了皮尔蒙特产区的顶级葡萄酒，但是在这个酒区这种葡萄被称为斯帕那葡萄。像巴罗洛葡萄酒一样，加蒂纳拉葡萄酒在装瓶前先在橡木桶中陈酿，并且同样具有陈酿的价值。但是相对于巴罗洛葡萄酒而言，尽管它缺乏复杂的层次感，但具有更多的水果风味特征以及更柔软的单宁，因此它同样值得购买。

色泽 黑樱桃色，略带宝石红到砖红色。

香气 成熟而强烈，具有红果和黑果类风味、烟熏味和咖啡味。

口感 平衡，迷人，新鲜且具有丰满圆润的单宁。

购买指南 尝试来自Mario Antoniolo、Travaglini和Le Collineare的葡萄酒，因为它们比较难以找到，所以我建议购买前咨询葡萄酒买卖专家。

佐餐 加蒂纳拉葡萄酒适合与所有的烤肉、烤野味以及烤家禽搭配饮用，同样也适合与意大利调味饭搭配饮用。而我最喜欢的是搭配煎烤牛肝、土豆泥以及香脆熏肉饮用。

另外 拿这款葡萄酒的颜色、香气、风味、质地（但不包括价钱）与巴巴莱斯科葡萄酒或者内比奥罗葡萄酒进行比较，它们之间有很多相似之处。

阿马罗内瓦尔普利切拉（AMARONE DELLA VALPOLICELLA）

阿马罗内瓦尔普利切拉葡萄酒，或者简称为阿玛洛葡萄酒，是意大利酿造的独一无二的葡萄酒。收获的葡萄在发酵之前被成串地置放在秸秆垫子上干燥至少3个月，这样做使得葡萄的糖分能够浓缩下来，由此而酿造的葡萄酒具有丰富、浓郁的果酱风味。它的颜色呈现热烈的红色，酒精含量高达17%，余味异常的苦——这正展现了真正的新鲜风味。阿玛洛葡萄酒可以在其年轻的时候饮用，但是随着陈酿，酒的品质会有所改善。

阿马罗内瓦尔普利切拉
Masi酒商

色泽 偏深的深红色，与黑色有细微差别，如枪口的紫色。

香气 黑樱桃味，李子味，无花果味，烟草味，皮革味，泥土味，杏仁苦味。

口感 复杂，浓烈，强劲，柔滑，富含各种风味，余味绵长。

购买指南 关注一下酒标上有“classico superiore”字样的酒。同样，再关注一下标有“reciolo”字样的酒，这表明这是一款甜酒。Masi、Serego Alighieri和Allegrini是最好的葡萄酒生产商。

佐餐 年轻的阿玛洛葡萄酒适合与牛排、炖肉、野味以及香蒜意大利面搭配饮用，陈年的阿玛洛葡萄酒适合搭配奶酪来饮用。

另外 阿玛洛葡萄酒是真正独一无二的，可以尝试一下来自法国南部的甜葡萄酒特别是巴纽尔斯特级葡萄酒，它在某些方面上与这款有趣的酒较为接近。

意大利
艾格尼科（AGLIANICO）

我非常喜欢这些葡萄酒，我仍然记得当我第一次品尝它们时的美妙感受。我尤其喜欢的是它们的确定性——它们具有非常明确的特征。这些葡萄酒显著的酒精度和强劲的酒体由浓重的成熟水果风味来协调平衡，一定会让你垂涎三尺。非常明确的特征。这些葡萄酒显著的酒精度和强劲的酒体由浓重的成熟水果风味来协调平衡，一定会让你垂涎三尺。

该红葡萄品种是2000多年前由希腊人引入意大利的。事实上，名字艾格尼科来源于意大利的一个词——“ellenico”——意思即为希腊人。2000年过后，也许意大利人可以放心地称它为本土的葡萄品种——古代罗马人就是用这种葡萄酿造了他们自己最喜欢的具有传奇色彩的葡萄酒Falerno。

今日，那不勒斯东边的山区成为了艾格尼科葡萄的家，葡萄在火山岩结构的土壤环境中茁壮成长，并且更适合在海拔更高的环境中生长。葡萄的大批量生产主要集中在两个地方：巴西利卡塔和坎帕尼亚的陶莱西地区。

阿格利阿尼克·得尔·沃尔图尔葡萄酒是巴西利卡塔酒区的明星，名字来源于死火山Vulture，火山范围覆盖了整个葡萄园。该葡萄酒在其年轻的时候具有十分严谨的乡村风味，但是它们温暖而浓郁的水果风味在5到10年的陈酿时间里随着时间的推移逐渐变得如丝绸般柔软而精致。

图拉斯葡萄酒产自临产区坎佩尼亚。这款由艾格尼科葡萄酿造的葡萄酒的名称来源于17个村庄，这17个村庄组成了这个获得DOCG地位的酒区，DOCG是意大利1993年对葡萄酒的最高分级。我曾听说过图拉斯葡萄酒有“南方的巴罗洛葡萄酒”之称，因为它和皮尔蒙特产区的顶级葡萄酒

一样浓烈而强劲，我比较赞同这种比较尝试。

图拉斯葡萄酒是一款被低估了的优质葡萄酒，如同阿马罗内瓦尔普利切拉葡萄酒，它也适合在瓶中陈酿一段时间之后再饮用。

艾格尼科葡萄酒代表了高品质葡萄酒复兴的开始，因此当你要品尝一款新的葡萄酒——如果这款具有2000年历史的葡萄酒也能称做“新”酒的话，它绝对是优质的选择。

艾格尼科
Mala Terra酒商

色泽　偏深的深红色，具有引人注目的宝石红色到砖红色。

香气　黑梅味，紫罗兰味，树木丛林味，香草味，西梅干味，巧克力味。

口感　非常和谐，具有高的酸度和浓郁的水果风味。

购买指南　可以尝试来自巴西利卡塔阿格利阿尼克·得尔·沃尔图尔酒区的Fratelli d’Angelo、Mala Terra和Pat-ernoster葡萄酒以及来自坎帕尼亚陶莱西地区的Antonio Caggiano和Mast-roberardino葡萄酒。

佐餐　我一直认为艾格尼科葡萄酒是一款适合于冬季饮用的葡萄酒，因此我喜欢搭配味道较重的菜肴——比如牛肉沙锅或烤鸡一同饮用，或者与辛辣的奶酪，比如Gouda、Asiago和Provolone搭配饮用。

另外　拿一款酒体结构优质、水果风味浓郁的艾格尼科葡萄酒与同样浓烈但来自意大利遥远北部的巴罗洛、布鲁奈罗、巴巴莱斯科葡萄酒或者是来自新世界的内比奥罗葡萄酒进行比较。

布鲁奈罗（BRUNELLO）

蒙塔尔西诺的布鲁奈罗葡萄酒是自全球顶级葡萄酒托斯卡纳之后的又一股强劲势力。它优秀的品质与来自皮尔蒙特产区著名的巴罗洛和巴巴莱斯科葡萄酒相似，也可以与来自波尔多产区顶级葡萄酒相媲美。它是第一款被分为DOCG级别的意大利葡萄酒。

布鲁奈罗是当地对葡萄品种——桑娇维赛的克隆系别的叫法，托斯卡纳具有统治地位的红葡萄品种在蒙塔尔西诺城镇非常普及。事实上，意大利语中布鲁奈罗是深色的意思，之所以称这款葡萄酒为布鲁奈罗是因为它的颜色是深色的。

布鲁奈罗葡萄与勤地地区的桑娇维赛葡萄相似，但是由它们所酿造出来的葡萄酒却大相径庭。这些显著的差异主要是来源于葡萄生长的环境，蒙塔尔西诺地区气候与托斯卡纳地区相比更加干燥炎热，这样使得布鲁奈罗葡萄酒颜色尤其深，并且具有成熟的特征。同样复杂的层次，尽管具有浓郁的水果风味来平衡酒体结构，但年轻的布鲁奈罗却不适合饮用，因为它过于浓烈，单宁高且坚实。它需要经过陈酿来使之调和，所以布鲁奈罗葡萄酒需要在橡木桶中陈酿至少2年，并且直到第五年才能发售。实际上，布鲁奈罗葡萄酒通常在橡木桶中陈酿3到5年来柔化它的单宁酸并逐渐发展为具有皮革味、块菌味、香料味、灌木丛林味香气的葡萄酒。尽管如此，这些葡萄酒在葡萄收获后10年以内都能达到它们的最好状态。

你也许会遇到布鲁奈罗葡萄酒的兄弟罗素·迪·蒙塔尔西诺葡萄酒，它与布鲁奈罗葡萄酒采用同样的葡萄酿造，但陈酿的时间较短。除了具有太过浓郁的水果风味以及含单宁酸较少的特点之外，它同样也是一款优质的红葡萄酒，适合早期饮用。

在它到达最好的状态时，我认为罗素·迪·蒙塔尔西诺葡萄酒是世界上最好的葡萄酒之一。如果你能有幸获得一瓶陈年布鲁奈罗葡萄酒，你也许会想把它留在特殊场合饮用。

布鲁奈罗
Silvio Nardi酒商

色泽　晦涩的黑樱桃色，边缘呈现紫色，随着陈酿出现红色。

香气　强烈，黑水果风味，李子味，皮革味，森林水果风味，香料香和泥土味。

口感　极佳的复杂口感，酒体饱满，坚实的酒体结构，随着陈酿具有丰满圆润的单宁。

购买指南　这些广受欢迎的葡萄酒的价格不菲，但这种等级的高品质确实罕有。在所有的葡萄酒生产商中我推荐Biondisanti、Costanti和Silvio Nardi。

佐餐　同艾格尼科葡萄酒一样，布鲁奈罗葡萄酒是一款适合冬季饮用的葡萄酒。我经常在圣诞节或是新年的正餐上饮用它，它是传统烤肉和混合烧烤的完美搭档。它成熟，芬芳的香气同样能与烤野鸡搭配饮用。用布鲁奈罗葡萄酒来代替波尔多葡萄酒，给你的朋友们一个惊喜！

另外　如果布鲁奈罗葡萄酒符合你的口味，你同样可以尝试的还有不那么贵的来自欧洲南部的强劲的葡萄酒，例如葡萄牙的杜奥葡萄酒和希腊的希诺玛洛葡萄酒。

意大利
卡尔米尼亚诺（CARMIGNANO）

如果你喜欢勤地葡萄酒，那么你一定同样喜欢它的邻居——卡尔米尼亚诺葡萄酒。早在1716年，当俄国沙皇时代的太子科西莫三世评选这个小地区为欧洲顶级的葡萄酒产区时，这个小地区就出现在了葡萄酒世界的版图上。葡萄园建立在靠近佛罗伦萨西边较低的山区，这样葡萄就能享受白天持久可靠的温暖气候，这意味着葡萄相对于周围产区能更早地收获，在秋雨之前就能收获。

这里酿造出来的葡萄酒的质量一贯比较优质，这也许是因为它们具有DOCG的地位。相对较低的酸度以及更坚实的单宁使得这些葡萄酒与许多勤地葡萄酒相比更加精致。由于在传统酿造中混合葡萄品种勤地、桑娇维赛和卡内奥洛中添加了十分之一的赤霞珠葡萄，卡尔米尼亚诺葡萄酒具有了一些不同的特征。卡尔米尼亚诺葡萄酒的另一款Barco Reale葡萄酒具有更清淡的酒体、更高的酸度，以及相对于标准卡尔米尼亚诺葡萄酒较少的烟熏味。焦油味、苦味等风味使Barco Reale葡萄酒的质地更加丰满、醇厚，充满水果风味。卡尔米尼亚诺葡萄酒的两款都适合陈酿5年到6年之后再饮用。由于仅有7家葡萄酒生产商酿造，这种葡萄酒的高价格与其高质量相符。

色泽　浓烈的宝石红到紫色，随着陈酿逐渐变亮。

香气　黑梅味，李子味，甘草味，略带白青椒味。

口感　醇厚并且富含水果风味，舌头下方能感觉到粉笔和石灰味。

购买指南　由于仅有少量的葡萄酒生产商，所以很容易选择。可以尝试Fattoria di Ambra、Fattoria di Bacchereto和Villa di Capezzana。

佐餐　卡尔米尼亚诺葡萄酒适合搭配奶酪面、菠菜和意大利乳清干焗烤碎肉卷子，或者是蘑菇和意大利干酪馄饨。

另外　拿这款卡尔米尼亚诺葡萄酒的酒体结构、质地和与它相似但更醇厚的托斯卡纳的邻居——勤地的经典葡萄酒进行比较。

“我喜欢把这款葡萄酒作为勤地葡萄酒的替代酒，卡尔米尼亚诺葡萄酒产自气候温暖的托斯卡纳山麓地区，醇厚且具有美味的水果风味，口感有轻微的粉末感觉。”

西班牙
里贝拉迪杜罗（RIBERA DEL DUERO）

里贝拉迪杜罗
Bodega
Matarromera酒商

虽然常常被笼罩在里奥哈葡萄酒的阴影之下，这款丰富的红葡萄酒却是我的最爱，并且越来越被世界上更多的人所喜好。里贝拉迪杜罗是一款好酒，不要错过它！

里贝拉迪杜罗的名字来源于向西注入葡萄牙的杜罗河，杜罗河位于马德里和著名港口比斯开湾之间。这个山谷的气候非常极端，是一个贫瘠的地区，夏季白天气候炎热，夜晚寒冷，冬季严寒。这样的气候使得添普兰尼洛葡萄（在本地被称为Tinto Fino）相对于里奥哈地区的葡萄具有更高的酸度。所以由此酿造出来的葡萄酒强烈，具有坚实的酒体结构以及迷人的质地。越来越多的这种葡萄将会种植在沿杜罗河地区。

色泽　深红色，边缘呈现紫色，颜色强烈。

香气　黑醋栗味，香料香，香气丰富并且新鲜。

口感　复杂，优雅的水果风味，强劲但是丰满圆润。

购买指南　顶级的品牌包括Vega Sicilia和Pesquera。我也推荐Aalto、Hacienda Monasterio和Bodega Matarromera。它们都是西班牙的明星。

佐餐　里贝拉迪杜罗葡萄酒适合搭配丰盛的正餐，比如香肠泥、炖羊排或者罗西尼腓里牛排。美妙极了！

另外　在其他的西班牙重量级葡萄酒中你也能找到像里贝拉迪杜罗葡萄酒一样有浓郁水果风味的葡萄酒。因此，如果你喜欢里贝拉迪杜罗葡萄酒，你可以尝试一下普里奥拉托（Priorat）和大有前途的托罗葡萄酒，同样你还可以尝试来自阿根廷的马尔贝克葡萄酒。

寻找完美的葡萄生长环境的山路旅行

与一伙来自伦敦的葡萄酒服务员一起，我曾拜访过里贝拉联合葡萄园。我们从马德里机场坐了一个小时的公共汽车后，开始沿着狭长的山路向上攀登。没过多久，我们都害怕起来，不敢回头往下看。最终，我们还是到达了葡萄园，葡萄园是沿着山坡而建，这里的气候非常适合酿造协调的葡萄酒——葡萄完全暴露在阳光下，但有高海拔的凉爽空气来平衡这种热度。因此这里的葡萄需要更长的时间来成熟，进而酿造出浓郁复杂的葡萄酒。里贝拉葡萄酒通常和波尔多风格的葡萄酒进行比较，尤其是grand cru级别的波亚克（Pauillac）葡萄酒。如果你喜欢里贝拉葡萄酒，你也可以尝试一下它。

品尝训练：酒精度

寻找酒精对品尝葡萄酒的影响

❶ ❷ ❸ ❹

❶布依利葡萄酒是一款以水果风味著称的博若莱葡萄酒，但是弗勒里（Fleurie）葡萄酒也同样能作为这次品尝训练的用酒。**推荐酒商**：Georges Duboeuf、Domaine Cheysson、Domaine Combillaty、Mommessin。

❷智利赤霞珠葡萄酒是一款非常容易入口并且非常值钱的葡萄酒。寻找来自雷帕尔山谷的葡萄酒，这些酒具有最复杂的性质。**推荐酒商**：Leyenda（Las Casas del Toqui）SantaRita、Casa Lapostolle、CousinoMacul、Los Vasco。

❸加利福尼亚的增芳德葡萄酒是来自美国阳光充足的加利福尼亚州的一款旗舰酒，它是一款独特而不可击败的葡萄酒。**推荐酒商**：Ridge、Nalle、Beringer、Kenwood、Mondavi。

❹澳大利亚设拉子葡萄酒是一款强劲、浓烈的葡萄酒，对于这次品尝训练，选择来自巴罗莎山谷的设拉子葡萄酒，因为这里有能酿造协调性很好的葡萄酒的完美气候。**推荐酒商**：O' Leary Walker、Glaetzer、Grant Burge、Geoff Merrill、Rose mount Estate。

"不管酒精含量是高还是低都不影响酿造优质的葡萄酒，关键在于酒体是否能达到平衡。"

尽管通常来说，来自气候炎热、阳光充足地区的葡萄含糖量高，因此酿造的葡萄酒酒精含量也高，但是不同葡萄酒之间的酒精含量还是有千差万别的。当你用鼻子去闻的时候，酒精度并不显著，但是当你品尝葡萄酒的时候，你的喉咙会感觉到暖和，有时候甚至是灼热。一款好的葡萄酒，酒精味不能占据统治地位，而是应该达到水果风味、酸度、单宁的完美平衡。

品尝训练的第一款葡萄酒是**布依利葡萄酒**，它是一款**清淡**的、水果风味为主的葡萄酒。它具有被捣碎的**新鲜樱桃**的香气，是一款清新风格的葡萄酒。酿造这款葡萄酒采用的方法是二氧化碳浸渍法（参见42~43页），这种葡萄酒具有较低的单宁酸和酒精含量。它具有成熟的**草莓风味**，是非常随性、容易入口的葡萄酒，清淡的水果风味和**低酒精**含量达到了平衡。

现在轮到品尝**智利赤霞珠葡萄酒**。它具有悬钩子和黑果类风味，同时也具有荨麻味和少许丛林味。这是一款**非常干**的葡萄酒，**酒精含量很高**，单宁坚实，但是**酸度很高**，水果风味并不是十分成熟却能实现整体上的完美平衡。

接着品尝**加利福尼亚的增芳德葡萄酒**。这款酒酒体重而饱满但是不会过甜。它具有独特而复杂的香气，包括了**李子味**和**青椒味**。它实现了水果风味和酒精含量的完美平衡，葡萄酒中**相对较高的酒精含量**软化了单宁。

这次品尝训练的最后一款葡萄酒是来自巴罗莎山谷的**澳大利亚西拉子葡萄酒**。这是一款**强劲**的葡萄酒，但是由于丰富、成熟、浓郁的水果风味的平衡，它品尝起来并**没有酒精味十分突出的感觉**。它是一款引人注目的葡萄酒，风格简单坦率，具有**浓郁成熟的水果风味**、坚实的单宁、好的酸度以及高酒精含量，这些融合在一起使其实现了酒体上的完美平衡。

西班牙

托罗（TORO）

托罗位于西班牙中心地带，炎热的夏天及缺少雨水的气候，使其酿造出了坚实、浓烈的“黑”葡萄酒。添普兰尼洛葡萄在此生长良好，由它酿造的葡萄酒与里奥哈酿造的葡萄酒相比颜色更深，单宁含量更高，具有更好的陈酿价值。托罗葡萄酒仍处在学习发展阶段，但是它是一款值得引起你关注的葡萄酒。

色泽　独特的深颜色，红黑墨水色，边缘呈现紫色。

香气　成熟的黑水果风味，黑樱桃味，烟熏味，咖啡味，矿物质味。

口感　强烈，坚实，浓厚并且浓烈，水果果酱味，余味绵长。

购买指南　在葡萄酒生产商中，我推荐Bodegas Frutos Villar和Piedra。

佐餐　这款葡萄酒非常适合搭配腌猪肉、西班牙肉菜饭和烧烤一起饮用。适合在室温下饮用，因为如果温度偏低的话，单宁将会过于突出。

另外　品尝这些葡萄酒的同时也品尝一下里奥哈葡萄酒，它们与西班牙最著名的红葡萄相比酒更加的浓烈。它们具有适合橡木陈酿和富含黄油余味的特征。同样的理由，你也可以尝试一下来自南非的陈酿较好的赤霞珠葡萄酒。

托罗
Bodegas Frutos Villar酒商

巴尔贝拉河谷（CONCA DE BARBERA）

在加泰罗尼亚语中，“conca”的意思是在山脉中碗状的山谷，这种地方通常是适合葡萄生长的完美地域。巴尔贝拉河谷的红葡萄酒是由混合葡萄品种添普兰尼洛、歌海娜和赤霞珠葡萄共同酿造而成的。它是一款强烈的、复杂的葡萄酒，给人以温暖的感觉，有成熟的水果风味。这款葡萄酒难以得到，但是值得你为之努力。

色泽　深色，黑樱桃色，边缘呈现宝石红。

香气　强烈，复杂，黑梅味，巧克力味，烟熏味，甘草味，香料香。

口感　坚实，优雅并且层次复杂，完美的单宁，余味绵长。

购买指南　由于仅有的12家葡萄酒生产商，这个地区葡萄酒的产量非常有限。推荐产自Josep Foraster 和Torres的葡萄酒，尤其是标有Reserve的葡萄酒。

佐餐　我尤其喜欢搭配香肠和土豆泥饮用，或者是搭配黑豆鸭胸肉饮用。

另外　这些丰富浓厚的葡萄酒使我想起了吉恭达斯葡萄酒或者是克罗采-贺米达己（Grozes-Hermitage）葡萄酒，因为它们同样具有甜水果风味以及香料特征。

特拉阿尔塔（TERRA ALTA）

特拉阿尔塔也许是西班牙东北部名气最小的酒区，但是这个靠近著名普里奥拉托酒区的小DO产区所酿造葡萄酒的质量正在逐渐有所改善。这个地区的高海拔使得酿造的葡萄酒具有丰富浓郁的水果风味，高山地区的地形以及凉爽的海风使得葡萄酒的酸度非常显著。这里具有令人惊叹的潜力，关注它！

色泽　深红色，边缘呈现宝石红，强度由中等到深。

香气　黑水果风味，无花果味，烟草味，香草味，干果味，香料香。

口感　新鲜的酸度，成熟的风味，平衡的单宁，余味绵长。

购买指南　在沉寂了多年以后，该地区的葡萄酒共同生产商开始试验和推广它们的葡萄酒。在私人葡萄酒生产商中，我推荐Barbara Fores和Pedro Rovira。

佐餐　这款葡萄酒非常适合在午餐时间搭配熟猪肉或者周末搭配烧烤饮用，同样适合与牛排和薯条搭配饮用。这款葡萄酒既不复杂也不“深厚”，但是非常可口。

另外我我认为将这些葡萄酒与来自意大利北部的采用内比奥罗葡萄酿造的葡萄酒比较品尝，看其单宁和酸度有何不同，将会非常的有趣。

普里奥拉托（PRIORAT）

谈起西班牙的葡萄酒，如果只有一个地方能让人兴奋，那就是普里奥拉托。这个地方能酿造出世界一流的葡萄酒，每个人都是打心眼里这么认为的，而并非因为它昂贵的价格。

普里奥拉托位于巴塞罗那西南部塔拉戈纳省（Tarragona）的一个偏僻的角落。这个地区古老的葡萄品种歌海娜和佳丽酿在多石的土壤里生长了将近一个世纪，仅产出了非常少量的香气浓郁的葡萄。在19世纪中期这些葡萄被一群资金充裕的葡萄酒先行者重新发掘，由此酿造出的葡萄酒醇厚而浓烈，具有柔和的单宁以及完美平衡的酸度。它们适合长期陈酿，但是你一旦获得了它，它将让你爱不释手。

色泽　非常晦涩，墨水色，边缘呈现紫色。

普里奥拉托
Álvaro Palacios酒商

香气　黑水果风味，无花果味，烟草味，香草味，干果味，香料香。

口感　浓厚，酒体结构好，坚实，具有丰满醇厚成熟的质地。

购买指南　新的投资资金不断地涌入普里奥拉托产区，但我的最爱还是本地的先锋厂家Alvaro Palacios、Clos Mogador、Costers del Siurana和MasMartinet。

佐餐　浓厚饱满的的葡萄酒适合搭配口味饱满厚重的食物，比如叉烤野猪肉或者迷迭香大蒜口味的烤羊肉。用大的葡萄酒杯盛能增强普里奥拉托葡萄酒的香气。

另外　拿普里奥拉托葡萄酒的重量和力度与世界上最“醇厚”的葡萄酒进行比较。也不妨尝试一下来自澳大利亚巴罗莎的西拉子葡萄酒。

在西班牙东北部的一堂大师级葡萄酒课

许多年以前，我参加了一个Rene Barbier在伦敦的葡萄酒品尝课，他是Clos Mogador的主人。他给我展示了不同年份的葡萄酒，给我讲解了不同普里奥拉托葡萄酒的细微差别。这是一堂真正的大师课！普里奥拉托是一个具有潜力的葡萄酒生产地区，位于伟大城市巴塞罗那周边的“阶梯形”山上。普里奥拉托葡萄酒采用与帕普新堡葡萄酒一样的葡萄品种酿造而成，并且与葡萄牙杜罗河谷的葡萄酒一样享受同样的光照。根据品尝我发现，普里奥拉托葡萄酒极其强烈且有深度，质量上保持了一致的稳定性。我推荐它们可以作为法国葡萄酒的替代品，甚至可以作为第一选择。

塔拉戈纳省（TARRAGONA）

我坚信这个位于西班牙北部的角落在不远的将来将会出名。这个酒区的大部分白葡萄酒都是用与卡瓦葡萄酒相同的葡萄酿造的，这个酒区同样有名的还有它生产的甜酒。但是塔拉戈纳省酒区的红葡萄酒同样具有优质的水果风味以及引人入胜的酒体结构。虽然它们现在仍不是与它们相邻的普里奥拉托和巴尔贝拉河谷葡萄酒的对手，但塔拉戈纳省葡萄酒是一款酒体结构协调、非常适合在其年轻时饮用的葡萄酒。

色泽　非常晦涩的一款葡萄酒，丝绸红，边缘呈现宝石红。

香气　强烈，具有黑果类风味、黑胡椒风味。

口感　完美的平衡，和谐，优雅，酒体结构好，余味绵长。

购买指南　塔拉戈纳省是一个非常小的酒区，要找到它产的红葡萄酒可能比较困难。在购买前咨询一下葡萄酒买卖专家，寻找来自Cellers Scala Dei和Torres的葡萄酒。

佐餐　搭配脆皮面包和粗红肠或是西班牙餐前小吃一同饮用。我认为这款葡萄酒适合与朋友们共同沐浴在阳光下，一边由山上眺望大海一边聊天时饮用。

另外　尝试同样来自西班牙的crianza级别的里奥哈葡萄酒和纳瓦拉葡萄酒。它们和塔拉戈纳省葡萄酒一样光滑，令人愉悦，略带青椒味。来自法国南部的科比埃葡萄酒和福热尔葡萄酒也能够给你带来类似的感受。

葡萄牙
百利达（BAIRRADA）

提到葡萄牙葡萄酒，人们通常想到的是港口酒，或者是近年来酿造的清淡葡萄酒，比如马特乌斯（Mateus）桃红葡萄酒。人们常常忘了，或者也许没有意识到，很多世纪前葡萄牙已经开始酿造干葡萄酒了，至少从罗马时代就开始酿造了。百利达沿海地区就遍地都是这种葡萄酒。在其状态最好时，百利达葡萄酒具有强烈的水果风味，以及浓郁的香气，并且非常值钱。

在19世纪，百利达是葡萄牙的顶级饮用红葡萄酒酒区，并且是全国第一家葡萄栽培学校的故乡。时至今日，绝大多数的红葡萄酒都来源于成熟的葡萄园，用本地葡萄巴加（Baga）酿造而成。当酿造工艺精良时，所酿造的巴加葡萄酒具有灌林丛味、水果风味和适于长期陈酿的酒体结构。然而，众多的小生产者掌握了大部分本地葡萄的生产，并把葡萄卖给合作的葡萄酒酿造厂，这两种葡萄酒生产者看起来似乎把他们的精力放在了葡萄酒的产量而不是质量上。（当地很多葡萄都用来酿造了马特乌斯桃红葡萄酒。）

幸运的是许多私有的葡萄酒生产者开始专注于探索巴加葡萄酒的潜力，它们酿造出了一些令人鼓舞的葡萄酒。在日益趋同的葡萄酒世界里，百利达葡萄酒展现了其独特之处。

色泽　强烈的黑樱桃色，边缘颜色略有褪色。

香气　焦油味，香草味，黑樱桃味，黑醋栗味，烟草味，青椒味。

口感　醇厚，丰满，坚实，平衡的酸度，丰富的水果风味。

购买指南　尝试Casa de Saima、Jose Maria da-fonseca和Luis Pato的葡萄酒。

佐餐　百利达葡萄酒是理想的烧烤搭档。它们的青椒风味使得它们与辛辣的香肠搭配完美。

另外　优质的百利达葡萄酒与来自杜奥的葡萄酒以及来自杜罗地区的采用国产多瑞加葡萄品种酿造的红葡萄酒相似。

杜奥（DÃO）

很多年以来，杜奥一直被认为是葡萄牙最好的红葡萄酒产区。令人悲哀的是，它被与其合作的葡萄酒酿造商所控制，生产出来的葡萄酒强劲，单宁太重而缺乏水果风味。但是一些年轻的种植者认识到了这个地区的潜力，他们开始酿造水果风味浓郁并且有着更好平衡的葡萄酒。国产多瑞加是葡萄牙的顶级葡萄品种，在这个地区生长尤其好，并且是杜奥葡萄酒具有香料、青椒风味的关键所在。

杜奥 Sogrape
Duque de Viseu酒商

色泽　深且强烈的宝石红，十分暗淡。

香气　十分干性，黑醋栗味，香料味，香草味。

口感　干性，坚实的单宁，富含水果风味，余味绵长。

购买指南　目前来说，除了Sogrape和Dão Sul没有其他任何著名的葡萄酒生产商。

佐餐　杜奥葡萄酒适合搭配口味较重的肉类菜，比如炖肉。它们同样适合搭配浓味鱼肉汤饮用。

另外　你最好品尝杜奥葡萄酒的同时，品尝特朗克（Tarrangc）葡萄酒。你不会相信这款强劲的澳大利亚葡萄酒所用的葡萄与杜奥葡萄酒所用的葡萄相同，都是国产多瑞加葡萄。

里巴特茹（RIBATEJO）

里巴特茹是葡萄牙的农业中心，位于里斯本的东北部沿塔克斯河（Tejo）地区。它是葡萄牙许多较大的葡萄酒酒区的故乡，这个产区的大部分葡萄酒都是白葡萄酒，但是红葡萄酒才是这儿真正吸引人之处。这里种植着许多国际葡萄品种，比如赤霞珠葡萄、美乐葡萄，但我更推荐由本地葡萄品种特林加岱拉（Trincadeira）或者国产多瑞加酿造的葡萄酒。

色泽　墨水色但明亮，边缘呈现紫到宝石红，黏性好。

香气　非常显著，具有黑色水果风味，略带甘草味和皮革味。

口感　结构好，具有成熟的黑色水果风味以及好的酸度。

购买指南　仔细检查酒标，避免混淆ribatejo denomination与the regional appellation Ribatejano。在葡萄酒生产商中，著名的有D.F.J.Vinhos。

佐餐　这些醇厚的葡萄酒需要搭配口味重的食物，尝试一下与野味或者丰盛的牛肉或炖羊肉搭配饮用。

另外　许多这样的葡萄酒是混合当地的葡萄品种特林加岱拉与全球品种赤霞珠酿造而成的。尝试它们的同时品尝一下来自智利的解百纳葡萄酒，去体会一下葡萄牙本土的葡萄品种是如何影响这些葡萄酒的。

希腊
阿吉欧吉提可（AGIORGITIKO）

希腊酿造葡萄酒的历史有几千年了，但是只有极少的葡萄酒达到了世界级的标准。其中有可能的，比如说阿吉欧吉提可葡萄酒（圣乔治），是由伯罗奔尼撒半岛（Peloponnese）地区的尼米亚（Nemea）葡萄品种酿造而成的。本地人称它为“英雄之血”，它同美乐葡萄酒一样丰富、强烈、光滑，但是更加坚实。我认为，饮用希腊葡萄酒相当于“体验希腊”，而不是试图去复制名酒，比如波尔多葡萄酒。

色泽　深红色，边缘呈现宝石红。

香气　富含水果风味，黑梅味，略带黑樱桃味。

口感　丰富，适中的水果风味，低酸度，余味绵长。

购买指南　我认为挑选一款优质的希腊葡萄酒最好的方法是去希腊度假。对于流行的葡萄酒生产商我推荐Boutari和Tsantali。

佐餐　这款葡萄酒适合搭配希腊风格的烤羊肉、羊乳酪和色拉。

另外　拿这款葡萄酒的水果风味、结构与来自波尔多酒区的“卫星”圣埃米利永葡萄酒或是来自智利的卡蒙乃葡萄酒进行比较。它们相差不大！

阿吉欧吉提可
Boutari酒商

希腊

希诺玛洛（XYNOMAVRO）

希诺玛洛是希腊北部具有统治地位的葡萄，纳乌萨（Naoussa）、阿米尼德奥（Amindeo）和古门尼撒（Goumenissa）地区都用它来酿造葡萄酒。它具有很深的颜色和显著的酸度（名字意为“酸而黑”），单宁酸偏刺激，但其最优质的葡萄酒适合陈酿并且随着陈酿逐步展现出复杂性，就像巴罗洛葡萄酒一样。在气候温暖的年份里，即使在其年轻的时候，它们也非常柔软。

色泽 深红色，在边缘褪色为宝石红。

香气 强烈而新鲜，令人愉悦的成熟水果风味，略带柑橘树味和矿物质味。

口感 丰富而坚实，具有显著的酸度和复杂的水果香气。

购买指南 希诺玛洛至少需要8年陈酿来达到完美的平衡。在希诺玛洛葡萄酒生产商中，可以尝试一下Aidarinis和Castanioti。

佐餐 我推荐你在饮用这款葡萄酒时最好搭配食物，特别是搭配略微辛辣的肉类食物饮用。

另外 喜爱希诺玛洛葡萄酒的品尝者同样会喜爱来自意大利北部的用内比奥罗葡萄酿造的葡萄酒。

里姆尼欧（LIMNIO）

里姆尼欧葡萄是利姆诺斯岛（Limnos）的本土葡萄，主要种植在希腊北部的瑞普萨尼地区。由这种葡萄酿造的葡萄酒酒体结构好，酒精含量高，具有丰满的酒体。其中的一些葡萄酒需要在橡木桶中陈酿1年或更久的时间。这款酒中最好的，也许是混合赤霞珠葡萄或者品丽珠葡萄酿造出来的。

色泽 诱人的、偏暗的黑樱桃色，边缘呈现粉红色。

香气 干香草味，樱桃味，李子味，黑醋栗果酱味，白胡椒味。

口感 丰富，质地如天鹅绒般柔软，富含水果风味，余味绵长。

购买指南 购买年份最近的葡萄酒。Papaioannou和the Samos Coop是我最喜欢的葡萄酒生产商。

佐餐 里姆尼欧葡萄酒适合与烤羊肉、烧烤搭配饮用。

另外 里姆尼欧葡萄酒在结构上与法国的勤地葡萄酒相似，在质地上与阿根廷的马尔贝克葡萄酒相似。

“希诺玛洛和里姆尼欧葡萄酒丰富而层次复杂，但是酸度很高。我喜欢它们如同巴罗洛葡萄酒，它们是意大利葡萄酒最有力的挑战者。”

匈牙利

卡达卡（KADARKA）

卡达卡是匈牙利最好的红葡萄品种，并且是酿造著名的匈牙利葡萄酒“公牛之血”（Egri Bikaver）的重要葡萄品种。令人遗憾的是，曾经大规模生产酿造的廉价的、发酸的葡萄酒毁了这个著名的品牌。但如今的新一代生产商开始酿造适合全球口味的葡萄酒。这款丰满醇厚的红葡萄酒非常芬芳且辛辣。

卡达卡 Takler酒商

色泽 中度到深度的宝石红，略带橙色。

香气 浓郁的水果风味，并带有强烈的辛辣味和野花味。

口感 丰满醇厚，强烈，浓烈，结构好，余味绵长。

购买指南 Tibor Gal’s葡萄酒是现代匈牙利葡萄酒中的明星。经典的公牛之血采用许多品丽珠和美乐葡萄酿造，但仅仅是杰出的。其他的顶级葡萄酒生产商还包括Talker和Blue Danube。

佐餐 尽管这款葡萄酒在橡木桶中陈酿3到4年后非常适合搭配牛排饮用，但是它最好的状态还是在其年轻的时候。我个人最喜欢的搭配是“公牛之血”和羊排，在享受它们后我感到自己能征服世界！

另外 这款如果肉般丰满的、辛辣的红葡萄酒让我想起了纯西拉葡萄酒——来自法国的科尔纳斯葡萄酒。

保加利亚
梅尔尼克（MELNIK）/马芙露（MAVRUD）

梅尔尼克和马芙露是保加利亚最令人感兴趣的土生土长的葡萄品种。梅尔尼克是保加利亚西南部在希腊边境的一座城市，葡萄名由此得来。这款葡萄酒重量大，单宁重并且具有真正的巴尔干风格（某种程度上具有希腊风格）。南部地区是马芙露葡萄的故乡，在那酿造的醇厚的具有李子味的葡萄酒适合在橡木桶中陈酿。

色泽　深红色，略带宝石红到砖红色。

香气　香味不是很显著，森林水果风味，香草味，橡木香。

口感　坚实的单宁，坚实，厚重，适度的酸度和水果风味，余味绵长。

购买指南　这些葡萄酒需要在酒窖中陈酿8年左右的时间以达到它们最好的状态。在葡萄酒生产商中我推荐Santa Sarah Privat和Vinzavod Assenovgrad。

佐餐　梅尔尼克葡萄酒适合搭配本地开胃的青椒羊肉饮用。对于马芙露葡萄酒，我推荐饮用年份较近的葡萄酒，并且适合搭配非常丰盛或者辛辣的食物。

另外　这些葡萄酒让我想起了成熟的帕普新堡葡萄酒，你同样也可以拿它们与产自希腊的阿吉欧吉提可或者希诺玛洛葡萄酒进行比较，它们就像是兄弟一般。

塞维利亚和黑山共和国
威尔娜克（VRANAC）

产自巴尔干的葡萄酒质量随着年份的不同而变化，但是最好的威尔娜克葡萄酒被用来与波尔多的红葡萄酒进行比较，它会让人大吃一惊的！威尔娜克葡萄是黑山共和国山区的葡萄品种。由它所酿造的葡萄酒具有丰富的特性和健全的结构，还具有典型的显著的苦味。

色泽　深宝石红色强烈，但在边缘处渐弱。

香气　特征丰富，樱桃味，西梅干味，绿色青椒味，略带绿胡桃味。

口感　强烈而丰富，单宁坚实，略有苦味，丰满的水果味。

购买指南　尽管这款葡萄酒具有协调的酒体结构，但是它不适合陈酿，所以请购买最近年份的葡萄酒，在葡萄酒生产商中我推荐Snova和A.D Plantaze。

佐餐　在这款葡萄酒年轻时搭配风味十足的食物饮用，或者与奶油奶酪搭配。夏天时，威尔娜克葡萄酒稍微冷藏之后风味更佳。

另外　威尔娜克葡萄酒矿物质般的苦味并不是它的缺点，事实上，可以同时尝试一下与它具有同样特点的、来自波尔多上梅多克的中级酒庄葡萄酒或是意大利的内比奥罗葡萄酒。

克罗地亚
普拉瓦奇马里（PLAVAC MALI）

大多数的克罗地亚葡萄酒生产商酿造白葡萄酒，但是达尔马提亚（Dalmatian）海岸却成为了一个红葡萄酒的产区。普拉瓦奇马里是一款本土的葡萄品种，由它酿造的葡萄酒颜色深，强烈，并且酒精含量高，它毫无疑问与增芳德葡萄（见250页）有关系。所以如果你喜欢加利福尼亚的著名葡萄酒，你也应该尝试一下与之相似的欧洲葡萄酒。

色泽　新鲜的，协调的深红色。边缘呈现宝石红。

香气　相当简单的黑色水果风味，强烈，青椒味，李子味。

普拉瓦奇马里
Dalmacijavino酒商

口感　强烈，酸度适中，酒精含量适中，丰富的质地，后味中等。

购买指南　这款葡萄酒的产量非常有限，但非常值得从Dalmacijavino（Plavac Marjan）或Grgich处购买。另外，这款葡萄酒适合在其年轻时饮用。

佐餐　稍微冷藏能够使这款葡萄酒的水果风味更加浓郁，能平衡掉过多的酒精。我通常搭配食物饮用这款葡萄酒，比如搭配排骨或者是烧烤类的食物。

另外　普拉瓦奇马里葡萄酒丰富的质地与产自加利福尼亚州的增芳德葡萄酒或者是优质的意大利葡萄酒普利密提相似，它的风味使我想起西班牙的添普兰尼洛葡萄酒，比如里奥哈。

品尝训练：单宁

学习鉴别和品尝红葡萄酒中单宁的影响

❶ ❷ ❸

❶新西兰黑比诺是一款精致的、新鲜的，最重要的是水果味浓郁的红葡萄酒。最适合黑比诺葡萄生长的地区是马尔伯勒和奥塔哥中部地区，这两个地区都在新西兰南部的岛上。**推荐酒商：**Alana Estate、Carrick Bay，或者来自南部岛屿的任何葡萄酒生产商。

❷波尔多红葡萄酒来自法国所谓的“左岸”著名的葡萄酒地区上梅多克，它是由赤霞珠葡萄酿造的丰富浓厚的葡萄酒，随着陈酿品质会逐步改善。对于这次品尝训练我们选择经橡木桶陈酿6年或6年以上的葡萄酒。**推荐酒商：**Château Larose、Perganson、Château Cissac、Château La Lagune、Château Cantemerle、Château Monbrison。

❸巴巴莱斯科是一款来自意大利的真正明星葡萄酒，具有与其地位相符的价格。它的意大利邻居巴罗洛葡萄酒同样适合这次品尝训练。**推荐酒商：**Azienda Agricola Negro、Angelo Gaja、La Spinetta。选择具有一定年份的葡萄酒对于这次品尝训练十分重要，但是2002年份的酒是个例外，因为那年不是个葡萄酒收获的好年份。从1995到2001年份的酒都可以。

“对于所有的红葡萄酒，单宁在创造葡萄酒的结构中，都扮演着非常重要的角色——使酒体变得更加轻盈。”

单宁作为一种涩味的物质存在于**葡萄皮和种子**当中（这些单宁被称作**“优质”**单宁），同时也存在于**葡萄茎**中（由于会使颜色偏绿，使风味偏苦，这些单宁被称为**“劣质”**单宁），它们是构成葡萄酒结构骨架的重要物质。单宁通过陈酿所用的**橡木桶**渗入葡萄酒。当你吃了一口**清脆的绿色苹果**或者是喝了一口**浓茶**后，你可以通过你口腔的感受来鉴别葡萄酒中的单宁，你牙龈**发干的感受**就是含有单宁的结果。一般来说，葡萄酒中**单宁含量越高**，就越需要**更多的水果风味**来平衡，因此葡萄酒**更重**。

品尝训练的第一款酒是**新西兰黑比诺葡萄酒**。这款酒**单宁的含量非常低**，如果有的话也被**多汁的水果风味**所掩盖。你在口腔中能够感受得到**新鲜的单宁**，但它们**不会占据**葡萄酒的首要地位。

波尔多红葡萄酒的单宁非常显著，但是它们**坚实**，**成熟**，完美而不是粗糙和苦味的，它们使得葡萄酒变得具有**清爽的感觉**而不是让葡萄酒变得过于干性，这是一款**适合陈酿**的完美特征的葡萄酒。事实上，这款葡萄酒需要再陈酿**10年**。在饮用前将葡萄酒倒入葡萄酒杯中置放两个小时能更突显葡萄酒的**风味和复杂性**。

这次品尝训练中第三款葡萄酒是意大利的**巴巴莱斯科**葡萄酒。它具有最为**显著的单宁**。它们与众不同，但是更为**优等**、**成熟**，并且在水果风味以及**酸度**的作用下达到了**完美的平衡**，而酿造这款葡萄酒的内比奥罗葡萄的酸度相当的高。这款葡萄酒具有**高含量的单宁**、**高酸度**、**高酒精度**，但是各个方面相互作用实现了**完美的平衡**，酿造出了一款可口的葡萄酒。

美国

增芳德（ZINFANDEL）

增芳德葡萄源于历史上美国的西部，曾经被美国先驱金矿矿工用来酿酒。悲哀的是，它同样被种植到不适合其生长的地方，并且为了高产量而产出了低劣的葡萄酒。近年来，高品质的这款酒具有复杂、浓厚、丰富、风味十足的特征。这款酒同样适合于在橡木桶中陈酿，以获得更好的酒体平衡。

色泽 深红色，略带宝石红到橙色，富有变化的强度。

香气 独特而复杂，具有李子味和绿色青椒味。

口感 丰富，丰满醇厚，厚重，具有新鲜的酸度，余味绵长。

购买指南 最好的增芳德葡萄酒能陈酿几十年，然而，如果条件不允许陈酿这么长时间，在其年轻时饮用也不错。在葡萄酒生产商中我喜欢Nalle和Ridge。

佐餐 增芳德葡萄酒可以作为一款水果饮料（作为开胃食品）独自饮用。但是我最喜欢搭配烧烤牛排和香肠饮用。用大号葡萄酒杯饮用可以获得更多的令人陶醉的香气。

另外 拿增芳德葡萄酒与一款非常年轻但十分浓烈的来自新世界的黑比诺葡萄酒进行比较，它们都具有相同的较纯的水果风味。增芳德葡萄酒丰富的结构与圣艾米利永的美乐葡萄酒有许多共同之处。

赤霞珠（CABERNET SAUVIGNON）

现代加利福尼亚葡萄酒诞生于20世纪70年代，当时来自纳帕山谷的赤霞珠葡萄酒在著名的“巴黎评价”品尝比赛中击败了来自波尔多最好的葡萄酒。30年过去了，赤霞珠中最好的葡萄酒仍然属于世界级别，具有精致、复杂、美好成熟的黑果类风味，并且质地完美平衡。大部分的葡萄酒是经过橡木桶陈酿的，近代酿造的赤霞珠葡萄酒变得更加专业精细，但是对我的口味来说还是橡木味过重了点儿。

毫无疑问，最好的加利福尼亚赤霞珠葡萄酒来自纳帕山谷。这里几乎每一块地都种植葡萄，但最适合赤霞珠葡萄生长的地区是卢瑟福（Rutherford）、史特利浦（Stags’Leap）、圣海伦娜（St.Helena）和奥维尔（Oakville）。

在葡萄酒特征方面，卢瑟福的葡萄酒展现了令人惊叹的寿命和深度，而史特利浦葡萄酒具有优雅的风格。除去纯的赤霞珠葡萄酒，还有完美波尔多风格的由赤霞珠、美乐、马尔贝克、品丽珠和小味儿多葡萄混合酿造的葡萄酒，在本地被称为“Meritage”，你可以在葡萄酒标上看到这个词。当然，这样一贯优异的表现使得纳帕山谷成为全美最好的农业基地，所以这里所酿造的葡萄酒相对来说较为昂贵。但如果你是个花钱比较大手笔的人，那么它们的质量毫无疑问是没有问题的。

色泽 深色，深红色，边缘呈现宝石红。

香气 樱桃味，黑莓味，皮革味，烟熏味，烤面包味，咖啡豆味。

口感 强劲，精致而上等，完美的平衡。

购买指南 寻找来自纳帕山谷的葡萄酒——它是美国赤霞珠葡萄酒的中心。可以尝试Beringer、Dominus、Duckhorn和Stags’Leap Winery生产的葡萄酒。

佐餐 这些葡萄酒适合搭配口味重的食物，如烤牛排或者烤羊肉饮用。加利福尼亚赤霞珠葡萄酒具有浓郁的水果风味，也可单独饮用。

另外 如果你爱好这些葡萄酒，你同样也应该对投资于来自波尔多产区的波亚克优质葡萄酒或产自华盛顿州尤其是赤山（Red Mountain）和瓦拉瓦拉（Walla Walla）地区的顶级赤霞珠葡萄酒充满信心。

“在其最好的状态，这款独特的、强烈的、具有天鹅绒般柔软口感的纳帕山谷赤霞珠葡萄酒可以挑战法国波尔多葡萄酒，我认为它能带来真正的乐趣。”

西拉（SYRAH）

加利福尼亚州具有与地中海相似的气候，所以这里也适合种植罗讷河谷的葡萄品种，比如西拉葡萄。这款西拉葡萄酒既保留了它们欧洲祖先的显著特征，并且相对于产自罗讷河谷的红葡萄酒而言更加丰富丰满。最好的西拉葡萄酒具有完美的深层次，恰到好处的单宁支持葡萄酒的结构和复杂性。它们是性感的、令人满足的葡萄酒！

色泽 深墨水色，边缘呈现紫到宝石红色。

香气 优雅，有格调，香气显著，黑莓味，香料香，雪松味，香草味，薄荷味。

口感 丰满的，光滑的，醇厚的，复杂的质地，余味绵长而令人难忘。

购买指南 罗讷河谷葡萄品种在加利福尼亚的流行，意味着葡萄酒的产量很大，所以其质量也千差万别。购买来自Alban、Araujo、Bonny Doon和Joseph Phelps的葡萄酒。

佐餐 我最喜爱的搭配是加利福尼亚西拉葡萄酒与烤鸭、黑橄榄或者是非常简单的肉片一起饮用。当然，单独饮用西拉葡萄酒也是非常棒的享受。

另外 放眼全球！聚集一些朋友，比较这些葡萄酒与来自智利、南非、澳大利亚巴罗莎山谷和法国罗讷河谷科尔纳斯酒区的优质西拉/设拉子葡萄酒。

阿根廷
马尔贝克（MALBEC）

19世纪阿根廷从法国南部卡奥尔（见227页）引进了马尔贝克葡萄，但与其法国同类相比，这款阿根廷红葡萄酒更为丰富，其水果风味也更强烈。在门多萨（Mendoza）地区，安第斯山气候使得这里酿造的葡萄酒既具有新世界的成熟风格，又具有比欧洲风格更高的酸度和更坚实的单宁。因此由它酿造的葡萄酒适合搭配食物饮用。

色泽 深且强烈，墨水红，边缘呈现宝石红。

香气 独特，黑莓味，李子味，咖啡味，野味，香料味和橡木味。

口感 丰富，果肉丰满，新鲜的酸度，平衡的单宁，余味绵长。

购买指南 我不认为这款葡萄酒适合在酒窖内陈酿，所以尽量购买年份较近的葡萄酒。在葡萄酒生产商中我推荐Bodega Norton、Dona Paula和Catena Alta。

佐餐 马尔贝克葡萄酒适合与许多肉类食物搭配饮用，其完美品质会彰显无遗。我最喜欢的是搭配香草烤羊肉饮用。感觉棒极了！

另外 我认为这款葡萄酒介于来自智利的卡蒙乃葡萄酒与来自南非的赤霞珠葡萄酒之间。它们都是非常引人注目的、丰富的、迷人的葡萄酒。

马尔贝克
Bodega Norton酒商

智利
赤霞珠（CABERNET SAUVIGNON）

我是智利葡萄酒的爱好者，我尤其喜欢饮用适口的红葡萄酒——不是过于强烈但是酿造得非常好。这些红葡萄酒代表了很高的价值，并且适合在其年轻时候饮用。赤霞珠葡萄种植广泛，由它酿造的葡萄酒富含水果风味，纯净并且浓厚。占据统治地位的是中央谷，但是我最喜欢的是雷帕尔谷地，那里凉爽的气候能酿造出稍稍柔滑的葡萄酒。

色泽 深红色，边缘呈现宝石红，深的强度。

香气 黑醋栗味，巧克力味，甜香料味，略带薄荷味，成熟而优雅。

口感 迷人，精致，风味佳，完美的平衡。

购买指南 寻找酒标上标有“Cachapoal”和“Colchagua”字样的葡萄酒，它们是顶级的葡萄园。顶级的葡萄酒生产商包括Santa Rita、Los Vascos和Casa Lapostolle。

佐餐 这些多功能的葡萄酒既能单独饮用，又能搭配丰盛的食物——排骨、牛排、香肠或者金枪鱼饮用。

另外 如果智利的这款赤霞珠葡萄酒对于你来说单宁感稍微有些粗糙苦涩，你可以选择新西兰和南非的葡萄酒，它们具有同样的优秀品质。如果你偏爱更加光滑、水果风味更浓郁的葡萄酒，可以尝试一下新世界的美乐葡萄酒。

南非
设拉子（SHIRAZ）

南非设拉子葡萄酒相对于丰满、水果风味占主导地位的澳大利亚葡萄酒来说更加柔滑，能感觉到其产地的气候更加凉爽。它通常比较接近法国风格——甚至有些葡萄酒生产商称它为西拉葡萄酒。尽管如此，它仍然具有设拉子葡萄酒活跃的典型特征，是完美品质和高性价比的结合体。你也许会遇到采用设拉子葡萄与赤霞珠葡萄混合酿造的葡萄酒，这种葡萄酒在这里已经取得了很大的成功。

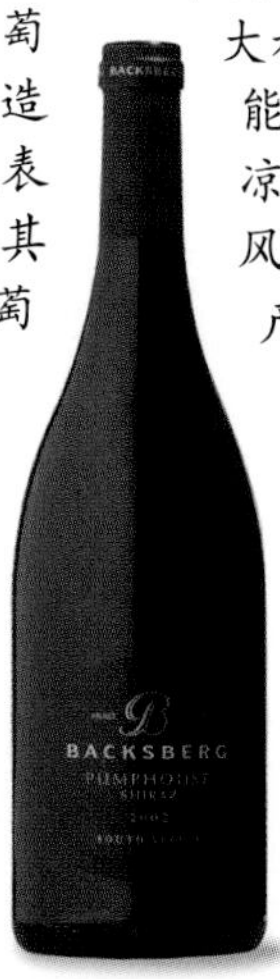

设拉子
Backsberg酒商

色泽 深李子色，典型的设拉子葡萄酒风格。

香气 丰富的黑水果风味，烟熏味，巧克力味，黑胡椒味。

口感 活跃且丰富，层次复杂和酒体结构也十分复杂。

购买指南 虽然设拉子葡萄酒适合陈酿，但我已经想不起来我什么时候饮用过来自南非的成熟葡萄酒。它们在年轻的时候这么可口，谁愿意等这么长时间呢？尝试来自Backsberg和Meerlust的葡萄酒。

佐餐 这款葡萄酒适合搭配牛排或是辣炸鸡饮用，同样它也是烧烤的完美搭档。

另外 品尝其中一款南非设拉子葡萄酒的同时也可以尝试一下来自罗讷河谷的克罗兹-埃米塔日葡萄酒以及来自巴罗莎山谷的西拉子葡萄酒，它们具有许多共同的特征。妙极了！

赤霞珠（CABERNET SAUVIGNON）

南非赤霞珠葡萄酒结合了浓郁的黑色水果风味和传统的坚实的酒体结构。从这个方面考虑，它们的风格介于新世界和旧世界葡萄酒之间，不但具有好的深层次，并且平衡而精致。

赤霞珠
Rustenburg酒商

这些葡萄酒通常陈酿在法国橡木桶中，这样使它们更加优等且具有欧洲葡萄酒的高雅而不是增添了活力。由于它们的纯度和复杂性，这款葡萄酒成了我在南半球最喜欢的赤霞珠葡萄酒。你也可以同样寻找用赤霞珠葡萄和美乐葡萄以及其他的波尔多葡萄品种酿造而成的葡萄酒。它们正在努力赶超它们的法国榜样。有些更大胆的尝试是混合一部分的品诺塔日葡萄——这是南非本土有名的葡萄品种——或者西拉子葡萄酿造葡萄酒。

色泽 深墨水红色到黑色，略带紫色。

香气 黑醋栗味，李子味，巧克力味，略带香料味。

口感 丰富且如天鹅绒般柔软，完美的平衡和优等的品质。

购买指南 尝试来自斯泰伦博斯（Stellenbosch）地区的葡萄酒。我推荐De Trafford、Rustenberg和Rusten Vrede。

佐餐 这款葡萄酒非常适合搭配牛排饮用，但是它们同样适合单独饮用。

另外 拿这些葡萄酒的水果风味和质地与来自澳大利亚西部以及来自智利雷帕尔或阿空加瓜（Aconcagua）地区的优质赤霞珠葡萄酒进行比较。

"这是我最喜欢的赤霞珠葡萄酒之一，它们介于果酱风味的澳大利亚风格葡萄酒和更干性更紧实的波尔多葡萄酒之间。"

澳大利亚
设拉子（SHIRAZ）

澳大利亚设拉子葡萄酒定义为粗犷并且辛辣的葡萄酒。虽然浓烈，但即使在其年轻的时候也很容易入口。由于它的形象使得澳大利亚的葡萄酒产业在过去的20年里成为了世界的领先者。

最好的设拉子葡萄酒产自巴罗莎和猎人山谷，它们是澳大利亚最老的葡萄酒产区。巴罗莎位于澳大利南部城市阿德莱德（Adelaide）的西北部，是澳大利亚设拉子葡萄酒的代表。本地产的葡萄酒，如Penfolds Grange和Henschke Hill of Grace，成为了葡萄酒世界的标志。猎人山谷位于新南威尔士悉尼的北部，在此酿造的设拉子葡萄酒单宁含量高，更具陈酿价值。然而这里的雨水使得葡萄酒的年份参差不齐。大多数的澳大利亚设拉子葡萄酒都非常迷人，且不需付太多钱——这也是其吸引人之处。

色泽　丰富，深紫色到墨水红，边缘呈现宝石红。

香气　黑水果风味，香料味，干李子味，焦油味，烟熏味，桉树味。

口感　丰富，深刻，如天鹅绒般柔软，新鲜的单宁，余味绵长。

购买指南　这是澳大利亚的著名葡萄酒，所以我可以写下数量极多的好的葡萄酒生产商，我最喜欢的有Brokenwood、Clonakilla、D'Arenberg、Glaetzer、Henschke和Penfolds。

佐餐　澳大利亚设拉子葡萄酒是为烧烤而酿造的，但我喜欢搭配口味重的食物饮用，可以尝试搭配野味沙锅饮用。另外，用大号的葡萄酒杯盛酒能使酒的香气彰显出来。

另外　如果你喜欢这些水果风味浓郁的重葡萄酒，你同样会喜欢来自南非、智利、加利福尼亚和法国罗讷河谷，特别是科尔纳斯地区的设拉子葡萄酒（西拉葡萄酒）。

别样的飞机餐，别样的电影——一切都是为了寻找葡萄酒

我清晰地记得我第一次（到目前为止也是唯一一次）飞往澳大利亚的旅程。在飞行了19或者20个小时后，正当我在以为即将解脱的时候，机长告诉我们现在正在穿越澳大利亚边境，那时我感到非常绝望。一下回到了现实，我真是太天真了，又经过了5个小时才到达悉尼！穿越澳大利亚时间可真长。巴罗莎山谷非常宽广，作为澳大利亚独特的葡萄种植地区，它的意义就如同里奥哈对于整个欧洲的意义一样。这也是很难概括“澳大利亚的赤霞珠”和“澳大利亚的设拉子”的原因。如果我开车从香槟区到勤地，我不会遇见任何相同的葡萄酒，这正是巴罗莎山谷到猎人山谷的距离。

赤霞珠（CABERNET SAUVIGNON）

澳大利亚赤霞珠葡萄酒成熟而具活力，非常吸引人，受到了世界范围内的广泛欢迎。其中我最喜欢的是产自澳大利亚南部的库纳瓦拉（Coonawarra）葡萄酒和产自澳大利亚西部的玛格丽特河（Margaret River）葡萄酒。库纳瓦拉葡萄酒具有强烈的水果风味，并且层次复杂。玛格丽特河葡萄酒具有完美的平衡、新鲜的樱桃水果风味以及优质的单宁。它们是比较经典的赤霞珠葡萄酒，酒体不是很重，非常适合陈酿。

赤霞珠
D' Arenberg酒商

色泽 深色，深樱桃墨水色到深红色，边缘呈现宝石红。

香气 显著，黑樱桃味，雪松味，烟草味，黑醋栗味，巧克力味。

口感 丰满醇厚，优雅而复杂，坚实的单宁，余味绵长。

购买指南 推荐澳大利亚南部的D' Arenberg、Katnook、Wynn' s Coonawarra Estate以及澳大利亚西部的Cape Mentelle和Moss Wood。

佐餐 澳大利亚赤霞珠葡萄酒是薄荷酱烤羊肉的梦幻搭档，我喜欢在夏季搭配烧烤羊肉串、羊排和香肠饮用。

另外 品尝这些强烈多汁葡萄酒的同时，还可以尝试来自智利雷帕尔山谷与它们相似的葡萄酒或是来自南非斯泰伦博斯地区的优质赤霞珠葡萄酒。

马塔（MATARO）

这款酒目前还没有摆在很多超市的货架上，但其距离巨大成功只有一步之遥。慕尔伟德葡萄在澳大利亚被称为马塔，作为参与勾兑的葡萄，它能给葡萄酒带来酒体结构和复杂性。用它单独酿造的葡萄酒非常独特，坚实坚固，具有显著的单宁以及很多野生黑果的风味。

色泽 强烈的深红色，边缘呈现紫色。

香气 黑果类果酱的风味，泥土味，饱满的果肉风味，香料味，干香草味。

口感 天鹅绒般柔软，特征丰富，结构好，成熟的单宁。

购买指南 这个葡萄品种很少单独酿造葡萄酒，但是至少很多澳大利亚葡萄酒都有它。尝试来自Turkey Flat和Best' s的葡萄酒，它们都是很好的葡萄酒生产商。

佐餐 你一定得搭配口味重的肉类菜饮用这款酒。我同样喜欢搭配重口味的通心粉和奶酪饮用。

另外 马塔葡萄在一些酒体协调的勾兑酒中起到了决定了其深层次性格的作用，在瓶标上找一找标有“马塔”的酒吧。如果你能找到百分之百由马塔葡萄酿造的葡萄酒，你会发现它醇厚的结构和来自旧世界国家浓烈的红葡萄酒，比如邦多勒葡萄酒十分相似。

起泡葡萄酒

起泡葡萄酒是全世界传统的庆贺用酒，它能快速地提升大家的情绪，而且无论它的品质如何，总能在第一杯就让你感觉很好。这些葡萄酒也是一场视觉盛宴，一串串上升的气泡在水晶般澄清透亮的颜色里穿梭，起泡酒的颜色从浅麦秆黄到金黄色，或者是从十分精致优雅的粉红色到宝石红色，所有的边缘都带有银色，像是戴着一顶桂冠。通过细微而清爽的气泡对你口腔的轻抚你将会真正了解一款优质的起泡酒，它会促使你迫不及待地想喝另一杯。起泡葡萄酒给人以清淡而干的感觉，它应该给你的口腔留下清爽的感觉，具有梨、苹果、柑橘和花束那种隐隐但新鲜的香气。我鄙视任何一个喝着一杯起泡酒脸上却没有笑容的人——它真的能诱使饮用者产生“生活有乐趣”的感觉。

起泡葡萄酒
风格特征

气泡的世界

“香槟”这个词是为法国北部一个特殊区域生产的起泡葡萄酒准备的。然而，现在市面上售卖的12瓶起泡酒中香槟仅占1瓶。世界上其他的地方以及法国其他区域也生产一些优秀而特别的可供选择的葡萄酒，有来自法国的Cremant葡萄酒、来自西班牙的卡瓦（Cave）酒以及意大利的阿斯蒂酒，澳大利亚、新西兰以及加利福尼亚也出产一些优质的起泡葡萄酒。

起泡葡萄酒中最重要的品种是霞多丽葡萄，但是这些葡萄酒通常都是通过勾兑而成的。经典的香槟是用莫尼耶比诺（Pinot Meunier）、黑比诺以及霞多丽葡萄勾兑而成的，每一种葡萄都赋予葡萄酒不同的特质。西班牙的卡瓦酒使用的是当地的葡萄品种，例如马卡贝奥（Macabeo）葡萄和产量日益增长的霞多丽葡萄。地方性葡萄品种主要是在意大利和德国使用的比较多，而在新世界国家，霞多丽和黑比诺占主导地位。

“喜悦与庆贺，优雅而迷人——起泡葡萄酒是晚会用酒的精髓。”

香槟酒窖

在用传统方式酿成的起泡酒中，糖和酵母的混合物被加到已经发酵结束的静止的葡萄酒中，这能使葡萄酒开始在塞紧了的酒瓶中进行二次发酵。

所有的一切都在气泡中

给这些葡萄酒以闪烁感的气泡是由一步叫做二次发酵的工艺程序产生的。传统的方法中，即那些用于酿造香槟或者是标有methode traditionnelle（用传统方式酿成）或methode champenoise（用香槟区酿造法酿成）的葡萄酒所使用的方法，二次发酵是在瓶中自己启动的，并且有一个特殊的塞子（后来用软木塞代替）制止产生的气体溢出。更现代的技术是采用钢罐的方法和碳酸化作用的方法。在钢罐酿造方法中，二次发酵发生在一个密封的钢罐中。这种方法酿造的葡萄酒也很优质，但是不像用传统方法酿造的酒那样精致。在碳酸化方法中，完全没有发生二次发酵。酒中的气体是从气瓶中直接压入酒中的，这种方法生成的气泡大而持续时间短，这种葡萄酒的质量不是很可靠。一款优质的起泡葡萄酒会呈现一种叫做“cheminee”的现象——像烟囱里冒出来的气泡，从酒杯的底部上升到液体表面的中心处；然后这些气泡向外散开，环绕酒杯的内壁形成一个

凉爽气候下的霞多丽

当霞多丽葡萄在香槟区北部凉爽的葡萄园中被采收时，它们也只是刚好成熟。这意味着它们的酸度很高，这一点使它酿造的葡萄酒果香和酒精十分协调平衡。

圆圈。相对比较便宜的起泡葡萄酒闻起来似乎稍微有金属的感觉。如果有一点蘑菇味，这款葡萄酒一定是“疲劳的”：立刻就饮用吧，因为它的品质不会再提高了。

饮用还是储藏

你不需要为了喝到优质的起泡酒而去买很有名的牌子：因为所有的起泡葡萄酒都是勾兑而成的，收藏名牌的酒也只是大同小异。但是不论你花了多少钱买的起泡酒都不适合陈酿，大部分香槟也最好是在采收酿造后的10年之内饮用。

品尝经历

仅是用霞多丽葡萄酿造的起泡葡萄酒应该比较新鲜而轻盈。用不同品种勾兑的起泡酒的香气应该比较纯净，但是不会让你想到任何特别的葡萄品种。这次品尝中比较便宜的起泡酒是来自意大利清淡而清爽的**普罗赛柯葡萄酒**，或者是来自西班牙的用霞多丽和马卡贝奥葡萄酿造的**卡瓦葡萄酒**。经典的勾兑搭配是霞多丽、莫尼耶比诺和黑比诺，这是酿造最优质起泡酒——**香槟**的搭配，也是来自加利福尼亚、新西兰和澳大利亚很多优秀的起泡酒酿酒商所采用的酿酒搭配。

佐餐 起泡酒在饮用之前需要在冰水混合物中放置30分钟或者是在冰箱里冷藏2小时。为了保持良好的气泡，不要“砰”的一声打开软木塞：用手抓住瓶子旋转瓶身，这样会使木塞伴随着平静的叹息声从瓶中拔出。用郁金香形或者是长笛状的杯子盛装起泡酒，这会加长气泡上升的空间；避免用库佩杯子（像碟子一样又矮又胖）。海鲜（尤其是牡蛎）或其他十分清淡的食物和干的起泡葡萄酒搭配得很完美。一些比较甜的酒，例如阿斯蒂酒或者葡萄汽酒（Sekt），可以搭配蛋糕和甜点。

法国
香槟（CHAMPAGNE）

香槟不仅仅是一款起泡葡萄酒，它是庆典的催化剂，也是成功的标志。橡木塞拔掉时发出的十分清脆的“砰”的声音会使整个房间的气氛立刻活跃起来。香槟也暗示着浪漫传说，香槟是由17世纪90年代在法国北部中心的奥特维雷（Hauteviller）修道院中酒窖的管理者贝利农教士（Dom Perignon）发现的，他无意中使修道院已经装瓶的葡萄酒启动了“二次发酵”。结果酿造出了有清爽气泡的口感更舒适的饮料——香槟！

尽管酿造这种起泡葡萄酒所用的原始技术在现在已经大大得到了改善，它的酿造程序仍然是漫长而艰难的。有三种葡萄可以用来勾兑成香槟酒，这三种葡萄在香槟区的三个主要亚区生长旺盛。莫尼耶比诺葡萄在马恩河谷（Vallee de la Marne）沿着马尔纳（Marne River）河岸生长。这是一种精力充沛的葡萄，赋予葡萄酒果香特征。除了一些最顶级的香槟酒之外它是酿造所有起泡酒的基础。黑比诺在兰斯（Reims）城南部的兰斯山（Montagne de Reims）亚区生长得最好。这种葡萄赋予葡萄酒酒体结构、果香的层次感和长的寿命。霞多丽在埃佩尔奈（Epernay）城南边的布朗酒区（Cote des Blancs）种植得比较成功。这种葡萄使葡萄酒精细而优雅。

大部分香槟的“酿酒商（houses）”——这是主要酿酒商的口语化的称呼——从这些地区成千上万的小种植者手中购买葡萄，然后进行勾兑来创造属于他们自己风格的起泡酒。如果你在瓶标上看到“grand cru”或者是“premier cru”的字样，这意味着酿酒商用来进行勾兑的葡萄来自香槟区一个或者更多个专门的分类村庄，这些村庄当地的条件意味着这些葡萄比这个地区其他任何地方的葡萄品质都要高。

香槟
Pol Roger酒商

除了勾兑之外，一款香槟的风格也受到“dosage”的影响，这是一步把老酒和糖的混合物（也叫做“liqueur d’expedition”）加到刚刚完成发酵的香槟中去的程序。dosage时添加的糖的量决定了香槟最终的甜度。没有添加糖的香槟瓶标上标注有“Ultra Brut”、“Extra Brut”或者是“Brut Zero”，这种酒完全是干的。沿着风格的范围看来：“Brut”指十分干的酒；“Extra-Sec”，干；“Sec”，中等干；“Demi-Sec”，甜；还有“Doux”，十分甜。

大部分香槟没有年份（NV），这意味着这款酒是用几个不同年份的原酒勾兑而成的——这是一项能使酒的风格保持一致性的技术。然而，也有例外的采收创造了香槟的年份，这种起泡酒只用了同一年采收的葡萄酿造。只有在这种采收的年份，酿酒师才会偏离他们一惯的正常风格，而且也正因为这样，他们才能酿造更有深度也更精细的起泡酒。

判断品质的另一条线索是通常在瓶标的底部发现的一套缩写字母。按照品质递减的顺序，它们是：NM（Negociant Manipulant），暗示着酿造者用的葡萄是从这个地区一个或者更多种植者手中购买的，大部分的香槟区酿酒商是Negociant Manipul ant；RM（Recoltant Manipulant）说明种植者用他自己的葡萄酿酒；CM（Cooperative Manipulant）是指葡萄酒是由种植者和酿造者合作生产的；最后是机警的MA（Marque Au xiliare），它通常是品质比较低的香槟，然而它的价格也是比较低的，这种香槟是为餐馆或者是超市而生的。

我的寻找香槟故乡之旅

我永远不会忘记我第一次去香槟区的情形。我刚好在集会的时候拜访一个小的香槟酿造商，那时酿造者刚刚创造了香槟“基酒”——将平静的干白葡萄酒经过细心的勾兑操作生成的酒。这是一个至关重要的时刻，因为这是需要严格控制的勾兑产物，或者是叫做“cuvee”，这决定了一个酿造者独特的风格特征。主管给了我一杯这种平静葡萄酒来品尝——噢！这款酒如此干而尖锐，以至于我几乎很难喝下它。很难想象这粗糙的液体能变成我喜欢的美丽的香槟酒，但是我知道正是因为这些基酒的高酸使酿造结束的香槟酒——当这些酒二次发酵之后产生了有名的气泡的时候——如此的清脆而清爽！

色泽 浅黄到中等的金黄色，带有银色色调、精美稳固的气泡。

香气 优雅，新鲜的苹果和柑橘类水果的香味、饼干香、花香，还有一点矿物质的痕迹。

口感 复杂，清爽，奶油状的酒体结构，精细的气泡，余味悠长。

购买指南 来自主要生产商的标准的单一酒槽酒（译者注：来自同一酒槽，经过调配而具有特别风格的酒）中，我推荐Bollinger、Deutz、Laurent-Perrier、Louis Roederer、Pol Roger和（为有更雄厚资金实力的人准备的）Krug。如果真正用在特殊的场合，不会再有其他的东西比这些享有盛誉的酒更适合了，例如来自Veuve Clicquot的La Grande Dame酒、来自Louis Roederer的Cristal或者是来自Moet&Chandon的Dom Perignon。在独立的小种植者中，我推荐你找一下Philipponnat。

香槟
Laurent-Perrier酒商

佐餐 香槟是最后的开胃酒，它能把任何聚会转变成特殊场合。务必要使用高的玻璃杯（长笛状的杯子）以使它的气泡串得到扩大。这款葡萄酒和牡蛎或者是熏鲑鱼配合得很好，并且和很多中国食物也搭配得很完美。

另外 香槟的香气、酒体结构、没有年份的特点和来自加利福尼亚索诺玛县、门多西诺，或是来自新西兰马尔伯勒地区的优质起泡酒形成良好的对比。

法国
利慕（LIMOUX）

坐落于法国比利牛斯山地区丘陵中的利慕城镇出产两种风格的起泡葡萄酒。利慕-布朗克特（Blanquette de Limoux）是这个地区传统的起泡酒，当地的生产者声称它比香槟出现得早。第二种，“新的”酒是上等而优雅的利慕起泡酒（Cremant de Limoux），它是在1990年被授予产区身份的。

利慕-布朗克特酒必须是用至少90%的莫札克（Mauzac）葡萄——一种当地的葡萄品种，也叫布朗克特（Blanquette）——加上由霞多丽和白诗南组成的剩余部分混合酿造而成。它酒体结构轻盈而多泡，风味浓郁，价格很有竞争性。然而，利慕起泡酒现在是这个地区的旗舰葡萄酒。它含有最多10%的莫札克葡萄，因此霞多丽和白诗南是主要的品种。这样酿造的葡萄酒令人兴奋，清爽且十分精细。

利慕
Château Rives-Blanques酒商

色泽 明亮，浅麦秆黄到中等麦秆黄色，带有银色色调。

香气 年轻，香气浓郁；梨，桃子，杏子香；面包以及饼干的香味。

口感 圆润且有奶油感，有柠檬酸的感觉，余味很好。

购买指南 你最可能从Sieur d’Arques合作商那里找到这种酒，但是你也可以从Château Rives-Blanques和DomainedeFlassian（Antech）那里找到。尽可能购买最年轻的起泡酒。

佐餐 利慕-布朗克特和利慕起泡酒都是优秀的能让人产生“一时冲动的”葡萄酒。你只需要把它们冷藏一下，倒出来并保持微笑就可以了！

另外 如果你有机会，同时尝试一下同一个酿酒商酿造的布朗克特和瓶中二次发酵的起泡酒。这个葡萄品种的性格使这两款酒产生明显不同的感觉。

在利慕购买葡萄酒——用桶，而不是瓶！

在朗格多克下面的利慕，有一件十分完美的事情，叫做“Toque et Clocher”，它的字面意思是“厨师的帽子和教堂”。它是由教堂发起的给社会发放救济物的活动。现在它已经不仅仅是一个节日了，街道上会放着音乐还有很多葡萄酒可供品尝！你可以品尝葡萄酒，并且如果你喜欢某一款，你可以之后在拍卖会上买一桶。在这些酒结束陈酿之后，它们会被装瓶送到你手上。这是了解这个以霞多丽酿造的白葡萄酒闻名于世的十分有前途的地区的最好方法。利慕是一个充满了动力的AOC产区，它出产的葡萄酒质量很优，有高度的一致性，最近它把精力放在生产伟大的起泡酒和红葡萄酒上面了。利慕是一个值得关注的地区！

卢瓦尔（LOIRE）

卢瓦尔河不会被当做一个酿造顶级起泡葡萄酒的地区而突然跳到人们的记忆中——但它确实是！它的气候、风土条件和香槟区十分相似，而且香槟区的一些酿酒商已经在卢瓦尔河地区建立了自己的辅助酿酒厂。这里的酿造商采用传统的方法酿造起泡酒（见258页），而且主导的酿酒葡萄品种是这个地区自己的品种白诗南。

色泽 浅柠檬黄到麦秆黄，带有银色色调。

香气 新鲜，优雅；青苹果的香气，柑橘类水果的香味，梨香；还有矿物质的痕迹。

口感 迷人而精细；优质的气泡，协调，干净的余味。

购买指南 卢瓦尔河最好的起泡葡萄酒来自索米尔镇，从酒标上能找到它。需要记下来的酿酒商有Baumard、Les Vignerons de la Noelle和Bouvais Ladubay。

佐餐 我认为这里的葡萄酒可以作为香槟的替换品。它作为开胃酒非常理想。也可以在品尝它的同时搭配熏鲑鱼，或者是海鲜，例如牡蛎。

另外 用白诗南酿造的南非新鲜的起泡酒和卢瓦尔河谷的起泡酒，还有阿尔萨斯区同样轻盈有风味而又清爽的起泡酒一起对比品尝。

迪城（DIE）

迪-克莱雷特（Clairette de Die）和迪城起泡酒（Crémant de Die）是来自罗讷河谷的两款重要的起泡酒。克莱雷特葡萄酒是用金黄色的麝香葡萄和克莱雷特葡萄酿造的，它采用的酿造技术是当地的methode dioise，在这种方法中产生气泡的二次发酵是自然发生的。结果是酿造出的起泡酒十分温和而且是一款甜酒。迪城起泡酒是用专有的克莱雷特葡萄酿造的，而且它的二次发酵采用的是传统方法，就跟香槟一样。

色泽 浅金黄色，有绿色色调。

香气 新鲜，优雅；有苹果香、梨香、白色桃子香以及矿物质的味道。

口感 精细，有轻盈而细致的气泡；余味干净，完美而协调。

购买指南 这是一款精细的葡萄酒，所以不要把它和卡西斯汽酒混合做成基尔鸡尾酒——你会破坏它优质的气泡。优秀的酿造商有Jean-Claude Raspail、Cave Monge-Granon和Domaine Achard。

佐餐 这些葡萄酒是理想的开胃酒。但是要在它们装瓶后的三年内饮用以确保你能感受到它最精细的酒体结构，优质的香气和复杂性。

另外 你会发现意大利的阿斯蒂酒或者是法国的利慕-布朗克特酒那稍微甜点的感觉及香气品质和这些葡萄酒相同。

迪城起泡酒
Jean-Claude Raspail酒商

勃艮第（BURGUNDY）

勃艮第起泡酒是一款比较例外的起泡酒。它是用霞多丽葡萄采用传统的酿造方法酿造而成的。单看精细度，不涉及深度，它是可以和一些优质的香槟酒相媲美的。但是因为这里的酒不能在酒标上以“香槟”的名义售卖，它的性价比还是很高的。这个地区最好的酒产自气候比较凉爽的部分，包括夏布利和马贡区。

色泽 明亮的麦秆黄色，有绿色色调。

香气 复杂，烤苹果味，柑橘类水果的香味，菠萝香，梨香，坚果类香气，还有烤面包的香气。

口感 柔滑而圆润，优质而清爽的气泡，香气十足而悠长的余味。

购买指南 很多大的合作商把这款酒当做他们投资组合的一部分，但是还是存在很多优秀的小生产者。你需要四处逛逛去寻找最好的酒。我能推荐的优秀的酿造者有Caves de Bailly和Bernollin。

佐餐 这款酒作为开胃酒最适合搭配需要细嚼慢咽的食物，但是它搭配螃蟹、龙虾或者其他优质的海鲜食品也是很好的。

另外 如果你喜欢这款酒，你可以再品尝一下新世界国家优质的霞多丽起泡酒，例如来自澳大利亚的绿比诺或者是来自南非的格兰汉姆贝克酒。

阿尔萨斯
Dopff au Moulin酒商

阿尔萨斯（ALSACE）

来自法国东北面的阿尔萨斯地区的起泡葡萄酒酒体复杂而新鲜，十分有个性。这里的起泡酒通常是以白比诺葡萄为基础的勾兑葡萄酒。我比较喜欢以灰比诺为基础酿造的起泡酒，因为它们似乎更丰满而且酸感更好。我建议你也尝试一下阿尔萨斯的玫瑰红起泡酒，它是用黑比诺为基础酿造的，它们一般比粉红香槟有更优雅的香气和风味。

色泽 浅麦秆黄到中等麦秆黄色，带有银色色调。

香气 年轻而优雅；有苹果香、柑橘香和花香。

口感 干净，纯净，轻盈，有协调的气泡。

购买指南 这些葡萄酒在阿尔萨斯非常流行，所以有很多较好的合作商广泛地酿造这种酒。我推荐的酿造商有Dopff au Moulin和Gustave Lorentz。

佐餐 阿尔萨斯起泡酒在饮用之前最好冷藏一下，以使它的柑橘类风味得到加强。它是很好的夏季开胃酒，也是很多香槟酒可爱精致的替换品。

另外 为什么不和来自坦桑尼亚和加拿大的起泡酒一起尝试一下阿尔萨斯起泡酒呢！它们都有相似的清脆的风格特征——这也是一个相当值得讨论的问题，尤其是如果你和法国访客在一起时。

西班牙
卡瓦（CAVE）

圣萨杜尔尼·德阿诺亚（Sant Sadurni d’Anoia）的卡塔兰镇（Catalan）是世界上最受欢迎的起泡酒的故乡。是的，你听到的是千真万确的——卡瓦比香槟酒更流行。最近销售已经达到了如此汹涌澎湃的程度以至于卡瓦酒现在比其他任何起泡酒卖得都要好。

卡瓦酒如此流行的原因有两个：第一，它是采用和酿造香槟的传统方法相同的技术酿造的高品质起泡酒；第二，它的性价比非常高。但不要把卡瓦酒当成香槟的“折扣品”或二流香槟酒，它是有自己独特风格的。

传统的葡萄酒是由三种本土的葡萄勾兑而成的：帕雷亚达（Parell-ada）提供了奶油似的酒体结构和重感；沙雷洛（Xarello）赋予酒复杂性；还有马卡贝奥（Macabeo）葡萄为酒提供清爽的酸。另外，霞多丽葡萄的使用因为其赋予葡萄酒精细优雅的特质而享有声望。然而，这个尝试也在当地激起了一股小的风暴，有人声称这样的做法破坏了这种酒真实的身份，使其失去了原有的特点。

卡瓦酒通常很干，带有温和的水果风味。在酒厂的酒窖中进行大约3年陈酿的卡瓦Gran Reserva级别的起泡酒的香气更加复杂优质。

卡瓦
Freixenet酒商

色泽 中等柠檬黄色，有绿色色调。

香气 浓郁且年轻；有梨的香味、柑橘类水果的香味，还有一点儿外来果实的香气。

口感 清爽而干净；优质协调的平衡感，柠檬味的余味。

购买指南 卡瓦酒的两个双生巨人是Codorniu和Freixenet。我推荐你也找一下Marquesde Monistrol、Raventos i Blanc和Agusti Torello’s Kripta的酒。

佐餐 我把这些酒当成餐前开胃酒饮用，但是如果你喜欢搭配食物饮用起泡酒，那么你可以搭配简单制作的海鲜或者是其他的清淡且风味精致的肉类。

另外 如果你喜欢你的起泡酒有其他的风格——像传统的卡瓦酒，你同样也会喜欢来自法国的利慕布朗克特起泡酒或者是迪城起泡酒，还有来自德国的同样优质的Riesling-sekt酒。

“卡瓦酒通常以香槟四分之一的价格进行售卖，最优质的卡瓦酒酒体清盈，协调性很好，是晚会接待宾客的理想用酒。”

意大利

普罗赛柯葡萄酒（PROSECCO）

位于意大利东北部的威尼托区气候凉爽，十分适合普罗赛柯这个葡萄品种生长。普罗赛柯葡萄的一部分用来酿造平静葡萄酒了，但是普罗赛柯酿造的旗舰葡萄酒是清爽的苏打白葡萄酒（Pumantes），这种酒是用不锈钢罐（见258页）酿造而成的。普罗赛柯葡萄酒比很多其他起泡酒要稍微甜一些，而且它很容易被鉴别出来，因为它的余味有一点点苦杏仁的风味。我认为它是相当美味的。

色泽 明亮；浅黄色，带有绿色色调。

香气 干净，有柑橘类的香气和青苹果香、花香，还有苦杏仁味。

口感 精细，协调性很好，余味有坚果味和成熟的异域水果的感觉。

购买指南 酿造普罗赛柯起泡酒的生产商有很多，所有的生产商酿造的起泡酒都包括不同的质量水平。Carpene Malvolti和Adriano Adami是两个优秀的品牌，但是也要试着去找一下瓶子上标有年份的酒，它一定是款物有所值的酒。

佐餐 要像意大利人一样作为开胃酒来饮用。我喜欢在房顶的露台上吃着午餐喝着清爽的普罗赛柯起泡酒，它也是清淡的夏季餐后甜点的完美搭档。

另外 普罗赛柯起泡酒的气泡感稍微强一些，这是它和来自法国的迪-克莱雷特酒共有的一个特点。如果更有侵略性气泡感风格的起泡酒不合你口味，那么不妨试一下标有“petillant”的葡萄酒，也可以尝试一下十分干的起泡酒frizzante Vinho Verde。

弗兰奇亚考达（FRANCIACORTA）

弗兰奇亚考达的起泡干酒是意大利的新星，它主要在伦巴第的东部生产酿造，这里的高山气候使这里的夜晚凉爽，白天温暖，这赋予了酿酒葡萄高水平的酸度，这对酿造酒的清爽度十分重要。大多数弗兰奇亚考达起泡酒是用白比诺（Pinot Bianco）葡萄酿造的，这个品种的葡萄赋予酒新鲜感和果香味。如果你喜欢起泡酒的奶油感更重一些，尝试一下它令人惊讶的珍藏版吧。

ASTI
Gancia

色泽 明亮；浅麦秆黄，带有银色色调。

香气 精细，浓郁；有菠萝香，还带有一点其他异域水果的香味以及杏仁味。

口感 优雅，精细；酒体结构复杂，协调的酸感，余味绵长。

购买指南 这些酒实在是太美味了！尝试一款来自Fratelli Berlucchi、Bellavisa或Antinori的酒。如果经济条件允许的话可以购买它们的珍藏版干邑。

佐餐 这些酒是烤鸡或者是简单制作的任何风格的鱼类的完美搭档，它们也适合搭配海鲜扁面条。这些酒单独享用的时候也是一件令人愉快的事情。

另外 我喜欢把这些酒和来自法国卢瓦尔河的起泡酒放在一起比较。这两款酒表现出相同的新鲜感、重感和气泡感。

阿斯蒂（ASTI）

在意大利西北部皮埃蒙特地区的阿斯蒂镇出产两种起泡酒——阿斯蒂和莫斯卡托（Moscatod’Asti）酒。以前，大量质量低下的产品破坏了它们的潜力（以及它们的声望），但是现在很多小的酿造商开始严肃对待这些起泡酒。在这两种酒中，莫斯卡托是相对比较复杂的一个，有优雅的气泡。阿斯蒂起泡酒十分甜，也很容易上口。真是让人难以置信的有趣！

色泽 明亮；浅柠檬黄色，有绿色色调。

香气 芬芳；有桃子的香气，杏香、花香，还微微带一点异域水果的味道。

口感 轻盈，余味有柠檬酸以及甜味的感觉。

购买指南 Gancia和Rotari（Mezzacorona）是我推荐的两个生产商。趁这些酒年轻的时候饮用它们。你可以多喝几杯，因为它们的酒体清淡，酒精度十分低。

佐餐 我喜欢把这些起泡酒当做开胃酒，或搭配一碗坚果。它们也适合搭配苹果馅饼或者是桃子慕司。只要确保你在饮用之前把它们冷藏过就好了，越凉越好！

另外 如果你喜欢莫斯卡托和阿斯蒂酒，也尝试一下普罗赛柯、迪-克莱雷特或者是利慕-布朗克特葡萄酒，以丰富自己的起泡酒阅历。这些都是清淡而芬芳的起泡酒。

❶**普罗赛柯葡萄酒**是意大利的旗舰起泡酒。找一下“Valdobbiadene”，这是最好的酒。**推荐酒商：**Azienda Vinicola Col de' Salici、Carpene Malvolti、Adriano Adami和Bisol。务必要确保你选择的是干的起泡酒（瓶标上标有“Brut”）。

❷**卡瓦**来自西班牙的卡瓦酒真的十分优秀，而且它的性价比很好。这种酒也值得你多花一点额外的钱去买更高质量的珍藏版或者是年份酒。**推荐酒商：**Marques de Monistrol、Freixenet、Codorniu和Augusti Torello Kripta。

❸**香槟**是世界上最伟大的起泡酒。你真的买到物有所值的东西了：香槟酒的价钱越贵，它的质量就越好。**推荐酒商：**Ruinart（Brutrose）、Deutz、Veuve Clicquot、Pol Roger和Louis Roederer。

品尝训练：葡萄酒酿造工艺

传统的方法真的能酿造出质量更高的起泡酒么

兰斯周围的香槟葡萄园

"一款起泡酒的气泡质量会很好地暗示你这款酒本身的质量如何。"

这次品尝中的三款酒采用的是不同的酿造技术来使酒中**生成气泡**。通常首先采用观察的方法——观察每款起泡酒中**气泡的大小和数量**——这种方法在某种程度上能揭示葡萄酒的特征以及酿造工艺。

首先，尝试**普罗赛柯葡萄酒**。这款葡萄酒具有**较大的气泡**，它们从葡萄酒杯中缓缓上升。这款酒的香气**清淡而轻快**，略带**青苹果味和花香**。酒体轻、**密度小**，口感清淡而舒适。气泡存在的时间较短，这表明了普罗赛柯葡萄酒采用了**钢罐发酵的方式**酿造：葡萄酒在一个巨大的钢罐内进行二次发酵，然后在一定的压力下进行过滤和装瓶。这样酿造的起泡葡萄酒**缺乏深度**，即使是酒标上标有"Extra Dry"的葡萄酒也不是那么干，但它是酿造贝里尼鸡尾酒的基础。

接下来尝试来自西班牙的**卡瓦酒**。这款葡萄酒与普罗赛柯葡萄酒相比具有更复杂的香气、更多的**烟熏味**，以及**桃子和杏树**风味。卡瓦葡萄酒的酿造者在一定的压力下模仿香槟的酿造方式使用了更多的霞多丽葡萄来酿造它们的起泡葡萄酒。许多的酿造者抵制这种方法，倾向于采用**传统的本地卡瓦葡萄**——马卡贝奥、帕雷亚达和沙雷洛葡萄来酿造。越来越多的葡萄酒酿造者采用传统的酿造方式，在**葡萄酒瓶内**进行二次发酵。请观察你的葡萄酒杯，与普罗赛柯葡萄酒相比，酒杯内的气泡不是很多但是持续**时间更长**，它们缓缓地上升到葡萄酒的表层。葡萄酒的质地**轻微油滑**，**口感非常干**并略带**柚子味**，余味是典型的卡瓦**苦味**。

最后尝试**香槟**。桃红色的香槟酒是由**白葡萄和红葡萄**混合酿造而成的唯一的桃红葡萄酒，这种酒的基酒是黑比诺葡萄酒。这款葡萄酒具有**数量众多的小气泡**以及优质的cheminee（酒中的气泡从酒杯的中心部位上升，到了酒的表面就向酒杯的边缘散开，形成一个个圆形的圈）。这款葡萄酒香气**清新并且清脆**，具有多层次的**桃子和草莓**等水果风味，香气能充满整个口腔。

德国
葡萄汽酒（SEKT）

葡萄汽酒相对于香槟酒和其他的起泡葡萄酒来说，更具水果风味，更甜，酒精含量更低。便宜的葡萄汽酒的基酒采用来自法国或意大利的葡萄酒，在德国进行起泡，酿造工艺采用的是钢罐发酵方式（见258页）。然而，德国葡萄汽酒（Deutscher Sekt）特指采用德国葡萄品种比如雷司令或米勒——特劳多葡萄（Muller-Thurgau）酿造的德国葡萄酒。单一品种酿造而成的葡萄汽酒，比如雷司令葡萄汽酒，是这种风格的葡萄酒最好的例子。

色泽 清澈透亮；精致的浅柠檬黄色，有银色色调。

香气 年轻且新鲜的香气，柑橘味，绿色水果味，梨味。

口感 清新的质地，复杂的气泡，适中的余味。

购买指南 这款葡萄酒在德国非常流行，所以很容易找到，但是要找到最好的葡萄汽酒很难。Heymann-Lowenstein是我的最爱，我也同样喜欢Kupferberg。

佐餐 这款葡萄酒适合单独饮用，越凉越好。或者可以在餐后搭配以果实或干酪为馅而烤成的点心或相似的甜点饮用。

另外 如果你对过去尝试过的劣质的葡萄汽酒失望了，不要放弃！你可以尝试一下阿斯蒂的葡萄酒，这两款葡萄酒近年来都进行了彻底改进。

葡萄汽酒
Kupferberg酒商

美国
加利福尼亚起泡葡萄酒（CALIFORNIA SPARKLING WINES）

加利福尼亚酿造了一些我最喜欢的起泡葡萄酒，它们具有完美的平衡感以及让人难以置信的复杂性。它不像其他地方酿造的起泡葡萄酒那么简朴，大部分的起泡葡萄酒都同它们的基酒——加利福尼亚葡萄酒一样具有丰富的水果风味。

这个地区酿造超级葡萄酒的能力引起了一些香槟葡萄酒界巨头的注意，卡瓦在1980年前就在加利福尼亚地区拥有了自己的地产。在空洞的开局后，过去10年里本地的起泡葡萄酒产业平定下来，将注意力集中在靠近海洋更凉爽的地区。这里种植的霞多丽以及黑比诺葡萄成熟得非常缓慢，葡萄收获后具有低含量的糖以及高含量的酸。听起来这似乎不是什么好事，但事实上这是酿造优质起泡葡萄酒的关键因素。

选择加利福尼亚起泡酒酿造商时，关注北部海岸地区的这样一些酒区，它们就在圣弗兰西斯科的北部：位于蒙多塞诺郡（Mendocino County）的安德森河谷（Anderson Valley）地区、索诺马县（Sonoma County）的绿谷（Green Valley）、俄罗斯河谷（Russian River Valley）地带以及横贯了索诺马和纳帕县南端的卡瑞若斯（Careros）地区。除此之外，在中部海岸到圣弗兰西斯科的北部的一些区域种植了酿造优质起泡葡萄酒的葡萄。通常来说，选择酒标上标有“索诺马”或“蒙多塞诺郡”字样的起泡葡萄酒不会错。除去来源，加利福尼亚起泡葡萄酒的优秀品质值得信赖，它们的价格只有与之相当的香槟酒的三分之二。对于葡萄酒的风格，干性的葡萄酒通常标有“Brut”，这是加利福尼亚地区最受欢迎的起泡葡萄酒。如果要寻找酒重和质地偏重的葡萄酒，可以关注白比诺——这是一款全部由黑比诺葡萄酿造的白色起泡葡萄酒。

加利福尼亚起泡汽酒
Domaine Carneros
酒商

色泽 明亮；浅秸秆黄色，有绿色色调。

香气 强烈，复杂，青苹果味，柑橘味，菠萝味，梨味，奶油糕点味。

口感 优雅而清新，风味十足，后味好。

购买指南 我推荐尝试来自Domaine Carneros、Domaine Chandon、Gloria Ferrer、Iron Horse、Mumm Napa、Piper Sonoma、Scharffenberger Cellars、Roederer Estate和Schramsberg Vineyards的葡萄酒。

佐餐 我推荐采用加利福尼亚起泡葡萄酒作为烤面包夹鱼的开胃酒。同样也可以搭配安康鱼或其他精致的海鲜饮用。绝对棒极了！

另外 拿加利福尼亚起泡葡萄酒的水果特征和质地与产自澳大利亚维多利亚区的优质起泡葡萄酒进行比较。为什么不两者都尝试一下呢？

加拿大
起泡葡萄酒
（SPARKLING WINES）

凉爽的气候是酿造起泡葡萄酒的关键，加拿大凉爽的气候使它成为具有酿造潜力的热点地区。葡萄酒产业在东部主要位于安大略湖区域，在西部主要是英属哥伦比亚省区域。安大略湖区域到目前为止是最重要的区域，而相比之下英属哥伦比亚省区域具有更一致的气候，也许是个酿造起泡葡萄酒更为安全的地区。虽然如此，安大略湖区域酿造了真正优质的起泡冰葡萄酒——甚至是红葡萄酒！真是让人难以置信！

色泽 从浅金黄色到明亮的浅秸秆黄色色调。

香气 水果风味（油桃味、杏味），略带坚果味、蜂蜜味、异国情调的果汁味。

口感 复杂但鲜活，用自然的柠檬酸来平衡。

购买指南 你最有可能找到的Jackson-Triggs和Inniskillin，它们都是顶级的葡萄酒酿造商。其他领先的生产商还有Blue Mountain和Château des Charmes。

佐餐 冷藏后搭配精制的鱼类菜肴，比如黑鲈饮用。它同样是烟熏鲑鱼和奶油奶酪以及其他的一些清淡开胃食物的完美搭档。

另外 如果你喜欢这些葡萄酒的清爽的风味，你可能同样会喜欢来自Saumur的Cremant或产自法国的Alsace以及产自意大利的Franciacorta葡萄酒。

澳大利亚
起泡葡萄酒
（SPARKLING WINES）

众所周知，澳大利亚酿造了伟大的红葡萄酒和白葡萄酒，所以当你听到澳大利亚的起泡葡萄酒也同样伟大时，应该不会感到惊讶。大部分的起泡葡萄酒都是采用香槟传统的酿造方式酿造，几乎全部的葡萄酒都采用的是酿造香槟的经典葡萄品种——黑比诺和霞多丽。然而，澳大利亚的酿酒商同样将自己享誉世界的专长和前沿的科技应用到起泡葡萄酒中，它们是独一无二的。

关于起泡葡萄酒的产区，凉爽的气候是酿造最优质起泡葡萄酒永久不变的真理。所以，位于澳大利亚东南部的维多利亚地区是传统上最为成功的产区。这里的许多葡萄园得益于海洋带来的凉爽气候， 另外一些葡萄园得益于凉爽的高山空气——其中最为显著的是大西部地区的葡萄园，酿造商Seppelt在此酿造出了令人难以置信的葡萄酒。

澳大利亚起泡葡萄酒
Seaview酒商

另外一个最好的地区是雅拉山谷，在那里法国的香槟酒公司Moet&Chandon于20世纪80年代中期成立了顶级的葡萄酒酿造庄园Green Point（Domaine Chandon）。这里的葡萄园种植的所有葡萄都是传统的香槟酒葡萄品种——霞多丽、黑比诺和尼耶比诺（Pinot Meunier）——由它们酿造的葡萄酒有伟大的陈年酒和非陈年酒。

如果你在寻找真正的发现，请关注很有前途的塔斯马尼亚（Tasmania）地区。塔斯马尼亚既是一个岛屿，同时也是澳大利亚的最南端（这意味着它离南极洲很近），凉爽的大洋风对酿造优质起泡酒具有很大的影响力。事实上，这些条件对酿造优质的基础葡萄酒来说是一种真正的挑战，但对需要清脆酸度和低糖含量的起泡葡萄酒来说是最适合不过了。尽管起泡葡萄酒的产量较少，但塔斯马尼亚地区的潜力已经成为葡萄酒世界的共识。

最后一款值得一提的澳大利亚起泡葡萄酒是当地的特产——设拉子起泡红葡萄酒。非常富有乐趣，尽管去品尝一下吧！

色泽 浅秸秆黄色．有银色色调；优质，稳定的气泡。

香气 年轻而复杂；苹果味，梨味，白桃味，略带面包味。

口感 和谐而精致，优质，清爽的酸度，余味很好。

购买指南 这款葡萄酒是用来即时饮用的，不要让它进行陈酿。可靠的酿造商有Green Point（Domaine Chandon）、Seaview和Seppelt。

佐餐 澳大利亚的起泡酒适合平常而不是特殊场合饮用。饮用它们是庆祝周末开始或增添周日午餐乐趣的很好方式。

另外 有一个很有趣的实验：为什么不比较一下由法国香槟公司建立的澳大利亚葡萄酒酿造商生产的葡萄酒与法国母公司生产的葡萄酒。比如，对比品尝一下Green Point、DomaineChandon与Moet&Chandon有什么差别。

新西兰
起泡葡萄酒（SPARKLING WINES）

新西兰的起泡葡萄酒非常协调，很好地结合了新鲜的风味和深层次的复杂性。新西兰葡萄酒酿造商相对于其他新世界的葡萄酒酿造商的优势在于他们拥有更凉爽的气候。这样的气候能使酿酒葡萄缓慢地成熟，从而很好地保留葡萄中的酸——这对于酿造质地复杂的葡萄酒是非常关键的一点。

新西兰起泡葡萄酒
Morton Estate酒商

位于新西兰南部岛屿最北端的马尔伯勒（Marlborough）地区，常常被认为是最适合酿造起泡葡萄酒的地区，这里包括了像皮劳若斯云雾之湾（Cloudy Bay Pelorus）这样的优质葡萄酒产区。位于北部岛屿的莫顿（Morton）酒区生产优质的传统方法酿造的干起泡葡萄酒。这些葡萄酒大部分都是采用香槟传统的酿造方式和黑比诺葡萄酿造而成的，并且通常与它们最好的基酒——香槟基酒具有相同的特征，但是价格有所不同。我通常选择Kivi起泡葡萄酒作为香槟的替代酒，我的客户中有一部分能区别它们之间的不同之处，但大多数的人都不能分辨。不管怎么说，我们都一致同意这些酒都是真正不平凡的葡萄酒。

色泽 明亮，浅秸秆黄色，有银色色调，优质的气泡。

香气 复杂；青苹果味，桃子味，花香，略带热面包味。

口感 新鲜而优雅，精致的气泡，绵长的柠檬后味。

购买指南 CloudyBay（Pelorus）和Montana（Deutz and Lindauer）是有名的生产厂家。同样还可以尝试一下Hunter's和Morton Estate。

佐餐 这些葡萄酒非常适合搭配海鲜饮用，比如小龙虾、蟹、扇贝和鱼子酱。

另外 如果你追求具有同样优雅和复杂特征的葡萄酒，可以尝试一下优质的Cremant de Limoux和Cremant de Bourgogne——这些酒对于我来说比相当一部分香槟酒要好。

“新西兰的起泡葡萄酒实现了完美的平衡，具有复杂、新鲜以及层次感好的特征。我认为它们是法国起泡葡萄酒强有力的竞争者。尝试一下，你就能体会到我的感觉！”

南非
地产起泡酒（CAP CLASSIQUE）

开普传统酿制法（Methode cap classique）是来自南非的词语，是对由传统方式酿造的法国香槟酒的称呼。开普传统酿制法酿造的葡萄酒同样采用传统酿造香槟的葡萄品种——霞多丽和黑比诺。当地的葡萄品种品诺塔日、长相思、白诗南、雷司令以及麝香葡萄通常用于酿造低品质的起泡葡萄酒。尽管南非的基础葡萄酒快速提高的品质给全世界的葡萄酒爱好者留下了深刻印象，但是这里酿造的起泡葡萄酒仍然未能达到较高的标准。南非的葡萄酒酿造商下决心要将他们的起泡葡萄酒做成最好的起泡酒之一，所以南非的起泡葡萄酒产业是值得我们关注的。

对于所有的起泡葡萄酒来说，气候都是关键，南非的气候差异非常极端。产自更凉爽地区康斯坦莎（Constantia）和帕尔（Paarl）的葡萄酒是我的最爱。康斯坦莎位于海岸地区，气候受到大西洋海风和福尔斯（False）海湾地形的影响。帕尔地区尤其是法兰斯霍克（Franschhoek）行政区，坐落在山与河之间，在两者的作用下这里的气候非常适宜酿造起泡酒。法兰斯霍克产区的一些最好的起泡葡萄酒是由格兰汉姆贝克庄园（Graham Beck）酿造的，事实上，它们非常优质，曾被选

南非地产起泡酒
Villiera酒商

做纳尔逊·曼德拉总统就职时的指定用酒。然而，我认为南非的起泡葡萄酒还有很大的进步空间，它们的气泡通常来说有点儿过大，折损了葡萄酒的优秀品质。总体来说，它们是葡萄酒世界里冉冉升起的新星。

色泽　明亮，浅秸秆黄色，具有绿色色调。

香气　强度适中；新鲜水果风味，包括桃子味和杏味。

口感　优雅，精致；完整的气泡；余味清爽。

购买指南　对于葡萄酒产区我通常推荐帕尔。在葡萄酒酿造商中我推荐Boschendal、Cabriere、Graham Beck、J.C.Le Roux、Simonsig和Villiera。

佐餐　大对虾、牡蛎和鱼子酱搭配丰富的南非起泡葡萄酒风味更佳。

另外　拿南非优质起泡葡萄酒的水果风味和质地与产自加利福尼亚索纳马地区以及澳大利亚维多利亚地区的优质起泡葡萄酒进行比较，看它们有什么不同。

甜型和加强型葡萄酒

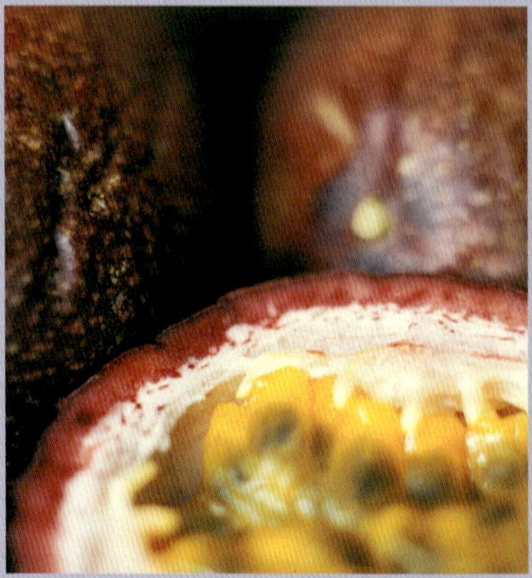

在以布丁作为餐后甜点的日常正餐中，通常会搭配一些甜型的葡萄酒。尽管这类葡萄酒在风味上有些损失，但它们仍然能给我们带来世界上最完美的口腔感受。大部分甜型葡萄酒都是由不同的葡萄品种混合酿造而成的，即使是最经典优质的甜酒，比如巴尔萨克和索泰尔讷，也是这样的。赛美蓉是最重要的葡萄品种，但雷司令、白诗南和麝香葡萄也有使用。加强型葡萄酒也同样是由混合的葡萄品种酿造而成的，并且通过加入蒸馏酒来增加酒精浓度并且使酒中止发酵。酿造雪利酒的关键葡萄品种是帕洛米诺，它能给雪利酒增添精致感，佩德罗-希梅内斯葡萄使酒体更为完整，莫斯卡特葡萄使雪利酒具有甜味。而来自法国南部的深色、浓烈的甜型红葡萄酒——波特酒是由以黑歌海娜葡萄为主的令人惊讶的85个不同葡萄品种酿造而成的。

甜型和加强型葡萄酒风格特征

增加浓度的方法

在大多数的情况下，甜型和加强型葡萄酒都是采用在其酿造葡萄所含糖全部转化为酒精之前就中止发酵的方式酿造而成，这些“残余”的糖分就是它们具有甜味的原因。在有些甜型葡萄酒，比如索泰尔讷和托卡依的酿造过程中，发酵的中止方式为天然中止或者添加二氧化硫使之中止。最好的甜型和加强型葡萄酒是采用超高糖含量的浆果酿造而成的。要使酒的甜味或者是酒精度增加有三种方法：一个是将这些葡萄在阳光下进行晾晒，第二种方法是葡萄经过霜冻，这是酿造所谓的“冰酒”采用的方法；第三种方法是，葡萄采收后用病原真菌葡萄灰霉菌（Botrytis Cinerea）处理，使它们患上良性的“贵腐霉”。

被冰冻干燥的葡萄

为了酿造“Eiswein”，就是所谓的“冰酒”，酿酒葡萄到了收获时节仍然不采摘，将其留在葡萄树上，希望能遇到霜冻，这样能使葡萄浆果中的水冻结，使得果汁中的糖分含量更高。

“艳丽，具有浓烈、丰富的花香和如丝绸般的酒体结构，最好的甜型葡萄酒有巨大的陈酿潜力。”

浓郁的风味

干葡萄酒的生产商害怕葡萄采后有病原真菌——灰霉菌，因为它会使葡萄褪色并且使酿造的葡萄酒具有不期望得到的风味。但对于一些伟大的甜型葡萄酒生厂商，比如法国的索泰尔讷、巴尔萨克和蒙巴济亚克，德国的金冰皇，匈牙利的托卡依来说，“贵腐霉”是受欢迎的，当葡萄还挂在葡萄树上的时候，这种灰霉菌生长在成熟的葡萄上，它能使葡萄脱水收缩却不损坏葡萄皮。这样不仅使葡萄的糖分得到了浓缩，也使它们的酸度和风味同样得到了浓缩，而一定含量的酸度对于甜型葡萄酒是非常重要的，可以保持葡萄酒的新鲜风味和平衡，所以由此酿造出来的葡萄酒具有甜味但不发腻。

这种葡萄酒处于它们最佳状态时，酒体丰满、甘美且精致，在其甘甜、清新、持久的余味中还隐藏着柠檬酸的酸味。白葡萄酒的颜色是明亮的，呈现浅金色或者是秸秆色，略带与金色有细微差别的银绿色。波特葡萄酒颜色应该非常晦

贵腐

由于灰霉菌在葡萄上的生长具有不均匀性，所以需要进行手工采摘，这一因素连同其他的一些因素使得酿造这些葡萄酒的成本很高，但这是值得的。

品尝经历

甜型葡萄酒看上去很昂贵，但是你不要忘了，你饮用的时候用的是小葡萄酒杯。来自德国和来自法国阿尔萨斯地区的雷司令葡萄具有很高的酸度，而由**麝香**葡萄酿造的Beaumes de Venise和Madeira葡萄酒具有强烈的异国情调甜风味的特征，而**赛美蓉**是酿造伟大的、有蜂蜜甜风味的索泰尔讷葡萄酒的关键葡萄品种。**雪利葡萄**酒从干性且具咸味的葡萄酒风格到具有焦糖甜且具坚果风味的葡萄酒风格应有尽有，而**波特**是这几款葡萄酒中风味最浓郁的。

佐餐 大部分的甜型和加强型葡萄酒都应该冷藏之后再饮用。冷藏能给葡萄酒带来酸度——这是葡萄酒保持清爽风味的关键，同时能平衡其糖分防止它们风味变差。如果在其温度过高的时候饮用，口感会变得沉重且黏稠。如果要搭配布丁来饮用，那么饮用的这款葡萄酒应该比甜点更甜，否则口感会变得乏味。然而，甜型葡萄酒的饮用不要只限于搭配餐后甜点，它们同时也是某些蓝纹奶酪的完美搭档，还可以尝试搭配法式肥鹅肝酱来饮用索泰尔讷葡萄酒。

涩，具有高度的黏性，其“挂杯”（P76~77称为“旋涡状酒流”）在葡萄酒杯中十分明显。如果葡萄酒是用经过灰霉菌侵染过的葡萄酿造的，这种酒的香气会发生改变，变得更为浓厚，有类似蘑菇的香味。这是一些复杂的，具有浓郁、精致香气的葡萄酒，可以试着找寻无花果味、橘子果酱味、蜂蜜味、菠萝味、干杏树味、柚子味、香料味、巧克力味以及甘草味。

饮用还是储藏

这些葡萄酒具有非常好的陈酿潜力，有时甚至可以陈酿50年。它们的价钱昂贵，或是由于它们已经被酿造者或零售商陈酿多年，或是由于在它们的成功酿造过程中存在的高风险——在可以正常收获葡萄的时节仍然不采收葡萄，把葡萄留在树上，希望吸引葡萄采后病原真菌——葡萄灰霉菌或是等待天然霜冻的降临。

法国
巴尔萨克／索泰尔讷（SAUTERNES/BARSAC）

这是一款如花蜜般的葡萄酒！索泰尔讷是位于波尔多南角的一个小地区，它能酿造出世界上最著名的甜型葡萄酒。这些葡萄酒是由赛美蓉以及少量的长相思葡萄，或许还有一定量的密斯卡岱（Muscadelle）葡萄混合酿造而成的，其中长相思葡萄能平衡葡萄酒的酸度，保持葡萄酒的清爽感，密斯卡岱葡萄能增加葡萄酒的其他风味。

索泰尔讷地区位于锡龙河（Ciron）和加伦河（Garonne）的交汇处，那儿多雾的早晨和温暖的下午非常适合灰霉菌的生长。这些神奇的菌类被称为“贵腐霉”，它们是酿造内涵丰富的葡萄酒所采用的脱水葡萄的关键所在。

标有索泰尔讷的葡萄酒不仅仅在索泰尔讷地区酿造，同时它的邻区伯美（Bommes）、法尔格（Fargues）、普赫尼亚克（Preignac）和巴尔萨克也有酿造。而巴尔萨克也有自己的酒区，由它酿造的葡萄酒叫做巴尔萨克或索泰尔讷葡萄酒（大多数高品质的葡萄酒生产商都倾向于叫巴尔萨克葡萄酒）。

巴尔萨克葡萄酒相对于产自索泰尔讷其他地区的葡萄酒要稍微清淡一些，而且没有这么丰满，但是它们非常的甘甜芬芳。如同所有的索泰尔讷葡萄酒一样，巴尔萨克葡萄酒随着至少10年的陈酿，品质会有所提高。最好的巴尔萨克葡萄酒的陈酿时间超过了50年。

葡萄成熟时间不同加上葡萄经灰霉菌作用的过程需要非常精细的协调性，这些使得索泰尔讷葡萄酒的年份千差万别。因此，顶级的酒庄只有在某些特定的年份才能酿造贵腐酒。酿造这款非凡的葡萄酒需非常精细，但这同时也意味着它会非常昂贵。即使这样，索泰尔讷葡萄酒也是不得不品尝的甜型葡萄酒。

色泽　深金黄色到明亮的秸秆黄，略带银色。

香气 强烈，复杂，蜂蜜味，干杏树味，菠萝味，橘子果酱味，阿拉伯树胶味。

口感 油滑，酸度显著而协调，余味丰满，绵长且清新。

购买指南 在众多的优秀葡萄酒生产商中，我推荐Château Climens、Château Rayne-Vigneau、Château Rieussec、Château Suduiraut和Châteaud' Yquem。最后一个名字是出现在葡萄酒标上的，它可以作为你投资的绝对可靠的依据。

佐餐 华丽的索泰尔讷葡萄酒是法式肥鹅肝酱或蓝纹奶酪的经典搭配。它同样适合与蛋奶冻或是苹果馅饼搭配饮用。

另外 如果你被贵腐酒深深吸引住了，你可以尝试油滑的匈牙利托卡依葡萄酒以及来自新世界的标有“Botrytized Semillon”的葡萄酒。如果你偏爱更清淡质地和酸感更清爽的葡萄酒，可以尝试来自卢瓦尔河谷地区的Bonnezeaux或Quart de Chaume葡萄酒，或者是新世界的雷司令贵腐葡萄酒。

“甜型葡萄酒中的冠军——索泰尔讷葡萄酒，其独一无二的风味和香气会给你带来愉悦的享受，它能给任何葡萄酒爱好者带来真正的享受！”

莱昂区（COTEAUX DU LAYON）

这些葡萄酒来源于卢瓦尔河谷地区中心的安茹地区。在秋季，莱昂河给该地区带来了多雾的早晨，使贵腐霉能在葡萄上更好地生长，而这是酿造甜型葡萄酒的必要条件。莱昂区葡萄酒是由白诗南葡萄酿造而成的，相对于索泰尔讷葡萄酒它更清淡，口腔中的感觉更靠前，也更适合年轻时饮用。

色泽 漂亮的金黄色，强烈而且明亮。

香气 复杂，富有表现力，杏仁蛋白软糖味，桃味，杏味，温柏味和肉桂味。

口感 温和，油滑，内含丰富，酸感明显而协调，醇厚，后味绵长。

购买指南 可以尝试Château de Fes-les和Château Pierre Bise，它们都非常出色！同样还可以尝试来自莱昂的两款非官方葡萄酒Bonnezeaux和Quarts de Chaume，这两款葡萄酒非常昂贵，但是它们毫无疑问也是世界上最好的葡萄酒。

佐餐 这些葡萄酒通常适合冷藏后饮用。尝试搭配焦糖馅饼和香草冰激凌饮用，味道好极了！

另外 拿莱昂区葡萄酒与一款来自澳大利亚的优质雷司令贵腐甜葡萄酒进行比较。它们同样令人印象深刻，但是水果风味特征稍有区别。

阿尔萨斯
Rolly Gassmann
酒商

阿尔萨斯（ALSACE）

阿尔萨斯地区孚日山脉的阳面非常适合酿造甜型葡萄酒的葡萄生长。最好的葡萄酒依据它们所含有糖的含量不同分为两类，其中更清淡风格的是迟摘型葡萄酒，而粒选贵腐葡萄酒更浓郁甚至有些像糖浆。葡萄酒是用四种不同的葡萄品种酿造而成的：具有明显水果风味的麝香葡萄；风味复杂、像梨一样的灰比诺葡萄；芬芳的如花般的琼瑶浆葡萄；具有黏性、柠檬风味的雷司令葡萄。

色泽 浅秸秆色到金黄色，略带绿色，明亮而舒适。

香气 强烈，优雅，成熟，异国水果味，柑橘味，花香。

口感 精致，充满水果味，和谐绵长的余味。

购买指南 葡萄酒的不同风格种类极其多，因此需要寻找好的葡萄酒生产商。我推荐Rolly Gassmann、Zind-Humbrecht和Deiss。

佐餐 雷司令葡萄酒与蓝纹奶酪搭配起来具有令人惊奇的效果，而麝香葡萄酒非常适合与桃子慕斯搭配饮用。

另外 尝试所有的可能的比较，比较由相同葡萄品种酿造的迟摘型葡萄酒和粒选贵腐葡萄酒有什么不同，或者是比较由不同葡萄品种酿造的相同风格的葡萄酒。

法国

威尼斯-彭德-麝香（MUSCAT DE BEAUMES-DE-VENISE）

这款来自南部罗讷河谷的由小粒麝香酿造而成的葡萄酒，被定为Vin Doux Naturel（或者是VDN，意思是“天然甜型葡萄酒”）。VDN葡萄酒的酿造方式与波特葡萄酒相似，这意味着它们不仅甜，而且具有较高的酒精含量（大约15%），即使是这样，它们仍然是一款精致的、具有复杂果香风味的葡萄酒。我几乎觉得即使是将这种葡萄酒当做食物来享用也会是相当棒的一件事！

色泽 明亮的秸秆色到柠檬黄，略带银色。

香气 强烈，非常芬芳，异国水果味，花香，蜂蜜味，香料味。

口感 丰富并且强烈，具有精致的质地，余味绵长，且具水果风味。

购买指南 很多葡萄酒生产商都酿造这款葡萄酒作为其品牌产品。来自Domaine de Durban、Chapoutier和Domaine de La Pigeade的优质葡萄酒尤为可口。

佐餐 这款酒要趁年轻时候，适合在冷藏之后饮用。当地人倾向于把这款葡萄酒作为开胃酒，但它同样适合搭配清淡的食物或水果色拉饮用。

另外 尝试阿尔萨斯迟摘型麝香葡萄酒或新西兰琼瑶浆葡萄酒，它们具有同样的精致香气以及酒体的重感。

里韦萨尔特（RIVESALTES）

位于法国南部的里韦萨尔特地区是两款VDN葡萄酒——里韦萨尔特和里韦萨尔特-麝香葡萄酒的故乡。里韦萨尔特酒区的加强型葡萄酒依据酿造所用的不同葡萄品种（包括黑歌海娜、马卡贝奥以及其他葡萄品种）可以分为两类：白葡萄酒和琥珀色葡萄酒。白里韦萨尔特葡萄酒具有丰富强烈的质地，而琥珀色里韦萨尔特葡萄酒更像具有水果风味的茶红波特酒。里韦萨尔特-麝香葡萄酒是由两种麝香葡萄酿造而成，适合在其年轻时饮用，它是一款精致、富含香气、具有丰富质地的葡萄酒。

巴纽尔斯
Domaine du Mas Blanc
酒商

色泽 明亮，深金黄色到琥珀色，边缘呈现银色。

香气 强烈但优雅，温柏树味，无花果味，杏味，杏仁味，异国水果味。

口感 丰富，油滑，酒体结构好，后味绵长而清新。

购买指南 Domanine Cazes、Domanine la Casenove和Domanine Lerys都是很好的葡萄酒生产商。

佐餐 这款酒是我祖母的最爱，我也是它的忠实拥护者。这些葡萄酒非常适合搭配巧克力馅饼饮用。

另外 尝试里韦萨尔特葡萄酒的同时，也品尝一下弗龙蒂尼昂-麝香以及博姆-德沃尼斯葡萄酒，韦萨尔特葡萄酒是最具黏性的。

巴纽尔斯（BANYULS）

巴纽尔斯葡萄种植在位于距西班牙边境较近的法国地中海沿岸小城科利乌尔的沙砾土壤上。在高标准的要求下，一些专注的葡萄酒生产商用黑歌海娜葡萄酿造出了复杂精致的加强型葡萄酒。要找寻清淡水果风味，但更具巧克力和香料风味的葡萄酒而言，可以尝试grand cru级别的葡萄酒。我认为相对于加强型葡萄酒而言，这种酒与帕普新堡葡萄酒更为相似。

色泽 晦涩，深红色，边缘呈现宝石红到砖红色。

香气 强烈，精致，无花果味，温柏树味，梅干味，巧克力味，甘草味，香料味。

口感 酒体饱满，内含丰富，柔滑的质地，单宁感协调，有清爽的酸度来平衡。

购买指南 这是一款可以享用很多年的葡萄酒，购买时可以寻找古老年份的葡萄酒，因为它们快在这个世界上消失了。Domaine du Mas Blanc和Castell des Hospices是很好的葡萄酒生产商。

佐餐 我非常喜欢这款酒，我倾向于选择它们而不是以波特酒作为一餐的结束。它们适合搭配奶酪或巧克力甜点饮用。

另外 尝试这款葡萄酒的同时，也品尝一下茶色波特酒或是LBV波特葡萄酒，你将会发现巴纽尔斯葡萄酒具有更多的水果风味和更少的酒精含量。

弗龙蒂尼昂-麝香（MUSCAT DE FRONTIGNAN）

弗龙蒂尼昂位于地中海海岸线，距离塞特较近，是朗格多克（Languedoc）地区的一个小酒区。弗龙蒂尼昂葡萄酒采用小粒麝香葡萄酿造而成，是世界上最好的加强型葡萄酒之一。它复杂和优雅的特征来源于这个小地区的风土条件——这儿的海风能维持弗龙蒂尼昂葡萄酒清爽的酸度以及酒体的协调性。

色泽 浅金黄色到秸秆黄，略带绿色。

香气 年轻，强烈，复杂，菠萝味，西番莲果味，花香。

口感 强烈，精致，具有浓郁的风味。

购买指南 如果酒标上标有VDL（或者是vin de liqueur），这意味着这瓶酒是由葡萄汁和蒸馏酒混合而成，这与Vin Doux Naturel不同，选购时应该避免混淆。在葡萄酒生产商中我推荐Chateau de Stony和Château de Six Terres。

佐餐 这种酒可以冷藏后作为开胃酒饮用，它同样适合搭配任何一种夏季水果馅饼。

另外 口感精细甘甜、成熟、新鲜的葡萄酒非常罕见，如果你喜爱它们，可以选择来自意大利西北部的同样风味的清淡型起泡酒Muscato d' Asti作为开胃酒，也可以拿弗龙蒂尼昂葡萄酒来搭配布丁饮用。

莫利（MAURY）

这款来自鲁西永的加强型甜酒主要由黑歌海娜葡萄酿造而成，虽然它具有清淡的质地，但是相对于巴纽尔斯葡萄酒更为复杂。葡萄被种植在远离海面的片岩山地上，这样严酷的环境使其酿造的葡萄酒具有坚果-葡萄干风味。

色泽 明亮的黑樱桃色，边缘呈现宝石红，深度好。

香气 浓烈丰富，香料味，无花果味，可可味，黑莓味，梅干味。

口感 丰富，具有葡萄味，温和，新鲜，有成熟的单宁带来的协调感。

购买指南 Domaine Maurydore和Mas Amiel是最好的葡萄酒生产商。

佐餐 可稍微冷藏后搭配巧克力馅饼饮用。

另外 如果你喜欢这款葡萄酒，你有必要尝试一下巴纽尔斯葡萄酒或是茶色波特葡萄酒。

拉斯多（RASTEAU）

南部罗讷河谷不知名的VDN葡萄酒拉斯多是由与酿造罗讷河谷葡萄酒相同的葡萄品种黑歌海娜酿造而成的。清淡的拉斯多葡萄酒是一款好的开胃酒，而风格较重的陈年拉斯多葡萄酒是一款真正的甜型葡萄酒。

色泽 深红色，边缘呈现紫色和橙色。

香气 复杂，干无花果味，胡桃味，干梅味，香料味，黑醋栗味，干香草味。

口感 浓郁，酒体骨架感好，浓烈但和谐，后味绵长。

购买指南 我推荐Domaine la Soumade和Domaine de Beaurenard。

佐餐 可搭配一块丰满的黑林山奶油蛋糕饮用。

另外 可以与来自法国南部的另两款葡萄酒——巴纽尔斯和莫利葡萄酒进行比较。

一款适合冷藏之后搭配布丁饮用的红葡萄酒？没错

我发现加强型红葡萄酒很难销售，很难说服别人相信它们是真正美味的，人们通常倾向于选择一款索泰尔讷或者巴尔萨克的白葡萄酒。我回忆起我向一位顾客推荐莫利葡萄酒时，他说："但是它是红葡萄酒，而且被冷藏得非常冷！"之后他尝试了搭配无花果甜点来饮用，这之后他就没有再回过头了。通常来说白葡萄酒适合冷藏之后饮用，红葡萄酒适合在室温下饮用，但是也有特殊情况，清淡的红葡萄酒，例如博若莱新酒在冰箱冷藏30分钟后口感更好，而丰满醇厚的博讷区白葡萄酒适合放置在酒窖的温度下，并不需要太低的温度。总的来说，这所有的一切都是一种享受。

西班牙
雪利（SHERRY）

这款在西班牙南部安达鲁西亚（Andalucia）地区的赫雷斯（Jerez）城镇周边酿造的加强型葡萄酒是欧洲最古老的葡萄酒。它的出口可以追溯到至少700年前，这些葡萄酒是19世纪最受世界欢迎的葡萄酒。不幸的是在过去的几十年里它没落了，但它们仍然值得去复兴。

大部分的雪利酒都是由下边两种葡萄单独或者混合酿造而成的：第一种葡萄是帕罗米诺（Palomino），它酿造的葡萄酒占了这里所有葡萄的90%，由它酿造的葡萄酒精细且干；第二种葡萄是佩德罗-希梅内斯，它在丰收后被置于阳光下干燥使得葡萄中的糖分得以浓缩，因此酿造的葡萄酒丰富醇厚，颜色较深。

任何一瓶你能够找到的雪利葡萄酒都能被分为基本的两类：菲诺（fino）和欧罗索（oloroso）。这两个类别的区别在于一种名叫“fior”的酵母菌。如果在发酵过程中，酵母菌的“霉膜”在葡萄酒表层生成，它将防止葡萄酒氧化，由此酿造出来的葡萄酒具有独特而精细的风味，这种葡萄酒就是菲诺酒。如果在发酵过程中没有酵母菌flor的生成，由此酿造的雪利酒就是颜色更深、具有坚果风味的欧罗索。

雪利
Delgado Zuleta酒商

一旦发酵过程结束，葡萄酒依据是菲诺还是欧罗索进行强化。对于菲诺，在葡萄酒中添加蒸馏酒使酒精含量提高到15.5%，这个酒精含量适合葡萄酒成熟过程中fior酵母菌的繁殖，而对于欧罗索雪利酒则需要将酒精含量提高到18%，防止葡萄酒成熟过程中酵母菌fior的形成。接着采用一个叫做苏乐拉陈化法的复杂的混合体系使葡萄酒成熟。

菲诺雪利葡萄酒有很多种风格。标准的菲诺清淡而干性，而曼扎尼拉（Manzanilla）精细而辛辣并带有杏仁风味。颜色更深，更具坚果风味的曼扎尼拉葡萄酒是在酵母菌fior消失之后进行装瓶的，这就是有名的曼扎尼拉雪利酒。琥珀色且具有坚果风味的菲诺阿蒙提拉多（Fino Amon-tillado）与标准的菲诺相似。简单的“阿蒙提拉多（Amontillado）”是一款菲诺风格的葡萄酒，它相对于菲诺阿蒙提拉多颜色更深且质地更柔软，而“淡奶油（Pale Cream）”雪利葡萄酒只是增甜型的菲诺，并且在质量上略逊一筹。

欧罗索雪利葡萄酒在其酿造过程中fior酵母菌较少，是有意使其进行氧化的。它是一款深棕色且具有丰富坚果风味的葡萄酒。大部分的西班牙欧罗索雪利酒是干性的，但“奶油”（Cream）雪利酒和“阿莫露索”（Amorosos）是增甜型的，它们是低版本的葡萄酒。

最后介绍一款罕见的陈年“帕洛·科塔多”（Palo Cortado）葡萄酒。在其酿造初期为菲诺，随着陈酿时间的推移逐步演化成欧罗索，酿造出来的葡萄酒具有丰富的坚果风味以及更深的颜色。

色泽 浅柠檬色到深金黄色和深棕色。

香气 强烈，优等，坚果味，柑橘味，花香，略带焦糖味。

口感 丰满醇和且复杂，酸度低，酒精平衡，后味绵长。

购买指南 在葡萄酒生产商中，我推荐Argueso、Delgado Zuleta、Emilio Hidalgo、Emilio Lustau、Gonzalez-Byass和Hidalgo（La Gitana）。如果你需要购买菲诺葡萄酒，尝试着选购最年轻的葡萄酒。

佐餐 干性的雪利葡萄酒在冷藏后作为开胃酒或搭配餐前小吃饮用。甜雪利葡萄酒适合在室温下饮用，可以在一餐的结束时搭配奶酪饮用。

另外 如果你能够得到这一系列葡萄酒的话，可以比较它们所有的风格，从标准菲诺或曼扎尼拉到阿蒙提拉多、欧罗索雪利和帕洛·科塔多，看看它们之间有什么不同。

在赫雷斯地区挑选雪利酒——每个酒吧都有不同之处

位于西班牙雪利葡萄酒产区中心的赫雷斯小镇，在夏季正午非常炎热，直到夜晚，天气仍然过于炎热而不适合吃丰盛、口味较重的晚餐，这就是为什么被称为“tapas”的点心大小的食物在此如此流行的原因。晚上9点过后，酒吧爆满，老人们几十年如一日坐在一起，年轻的夫妇们在晚会开始前先吃上几口，而懂得享受的专家们回家前站在吧台的前头享受雪利酒和点心给他们带来的快乐。这些当地人都有他们自己最喜欢的酒吧，而作为一个旅游观光者则忍不住一晚上要多光临几个。每个酒吧都有它的特色食物，所以你能够品尝到不同的食物以及不同风格的雪利酒。

FINA
MANZANIL
LAS MEDAL
ARGÜ
SANLÚCAR DE BARRAMEDA
D.O. MANZANILLA SANLÚCAR DE

❶**菲诺雪利**适合在装瓶后立即饮用，所以如果你能找到一个雪利酒周转率较好的葡萄酒商人，你可以放心地购买。**推荐酒商：**Emilio Lustau、Gon-zalez Byass、Bodegas Hidalgo La Gitana。

❷**曼扎尼拉雪利**只在海滨城镇桑卢卡尔-德巴拉梅达地区酿造，这里的海上空气有利于特别厚的酵母菌flor的生长，用它酿造的一些葡萄酒具有显著的咸味。**推荐酒商：**Emilio Lus-tau、Delgado Zuleta“La Goya”。

❸**阿蒙提拉多雪利**的风格更加成熟且更柔软，它具有与菲诺相似的吸引人的干性特征，在此之上增加了酒体厚度和坚果的风味特征。**推荐酒商：**Emilio Lustau、Bodegas Guti-errez、Bodegas Delgado Zuleta。

品尝训练：雪利酒的陈酿

探索三种不同风格的菲诺雪利酒在陈酿过程中的影响因素

雪利在苏乐拉陈化法系统里陈酿

"由复杂的苏乐拉系统酿造出来的雪利酒迷人且美味。"

这次品尝训练所用的葡萄酒包括菲诺雪利的所有类型，在这些葡萄酒的酿造过程中，酒的表层生成了一种酵母菌（**flor**），这样就形成了**"霉膜"**，覆盖在葡萄酒上，阻止了葡萄酒与空气接触和被氧化，因此**减少**了葡萄酒的**酸度**。相对于**缺少酵母菌**的欧罗索而言，菲诺雪利葡萄酒具有**更精细**的口感。

一旦发酵过程结束了，葡萄酒就得到**加强**了，接着把葡萄酒置于**苏乐拉陈化系统**里进行陈酿以保持雪利葡萄酒特征的**一致性**。陈酿桶被堆叠起来，**最年轻的葡萄酒**置于**顶层**的陈酿桶中，与置于它**下一层**陈酿桶中的**次年轻**葡萄酒进行混合，并且依次与下层的更年长的葡萄酒进行混合，依次类推，如同一个**混合"层叠"**。最底排的葡萄酒或是苏乐拉用来装瓶。

苏乐拉陈化系统的每一排或每一个阶段被称做"培养桶"（criadera），或者是**"育儿室"**，不同风格的菲诺葡萄酒——标准菲诺、曼扎尼拉和阿蒙提拉多，它们在系统中所陈酿的**时间不同**。

首先品尝标准**菲诺雪利酒**。它是这次品尝训练的三种雪利酒中**最年轻**的葡萄酒，这可以从其**浅柠檬黄色**和**新鲜**的**柑橘**香气中反映出来。它的口感**清淡**，**干且精致**且略带**咸味和坚果味**。

曼扎尼拉雪利通常比菲诺经过更多的培养桶阶段陈酿，但是和菲诺一样，它适合**新鲜装瓶**后立即饮用。与菲诺的颜色相比，你也许会发现虽然它仍然是浅黄色，但是有更多的不同风格，开始呈现出**更深的颜色**。它同样具有**清淡的酒体**和**精致的香气**，但是具有**更多的深层次**和复杂性。

最后，闻并且品尝**阿蒙提拉多雪利**。它是菲诺雪利在苏乐拉陈化系统中陈酿至少8年酿造而成的。flor酵母消失了，这样葡萄酒可以与空气接触，被氧化。所以陈酿出来的雪利酒呈现**金黄琥珀棕色**，且具有非常复杂的香气，包括**巧克力**味、**葡萄干**味，**西梅干**味、**橘子皮**味，并**略带坚果**味。这款酒相对于另外两款酒而言**酒精**含量更高，并且更适合瓶中陈酿，它的口感质地稍微偏向于**糖浆**的感觉。

西班牙

蒙特亚（MONTILLA）

蒙特亚葡萄酒产自安达鲁西亚地区科尔多瓦（Cordoba）的南部。虽然它们酒精含量高，但通常来说不属于加强型葡萄酒。它们主要由佩德罗-希梅内斯葡萄酿造而成，在风格上与某些雪利酒相似。在许多超市中会把它们归类为干型、酒体中等的酒，或者是甜型酒。干型的蒙特亚葡萄酒与菲诺类似——在flor酵母菌的作用下酿造而成。

色泽 明亮，从浅柠檬色到黄色到金黄色。

香气 新鲜，橘子味，香料味，胡桃味，梨味，花香。

口感 干净，丰富，丰满醇厚，协调的酸度和酒精。

购买指南 早在20世纪初，这些葡萄酒就已经与雪利酒混淆了。Perez Barquero和Alvear是两个能很好地展示蒙特亚葡萄酒独特风格的葡萄酒生产商。

佐餐 干型的蒙特亚葡萄酒作为开胃酒搭配椒盐坚果或者烟熏鲑鱼饮用。中性或甜味风格的葡萄酒适合与多种甜点搭配饮用——可以尝试在香草冰激凌上浇上它们。

另外 干型风格的蒙特亚葡萄酒与任意一款菲诺雪利酒，或许还有曼扎尼拉相似，而甜型风格的蒙特亚葡萄酒则与奶油雪利酒相似。

马拉加（MÁLAGA）

这款加强型葡萄酒产自安达鲁西亚地区具有相同名字的小镇。它是由佩德罗-希梅内斯或莫斯卡特葡萄酿造而成，这两种葡萄都使葡萄酒变得更甜。丰收后的葡萄在压榨之前在阳光下进行干燥和浓缩。就像波特酒的生产过程一样，马拉加葡萄酒酿酒商通常采用添加天然蒸馏酒的方式使发酵中止，以获得他们想要的风格，这款葡萄酒的颜色也由于添加了“arrope”——一种浓缩的葡萄汁而改变。

马拉加
Pérez Barquero酒商

色泽 深巧克力棕色，略带橙色。

香气 浓烈，烟草味，香料味，咖啡味，甘草味，西梅干味和胡桃味。

口感 丰富并且猛烈，强烈但平衡感好，富含风味和特征。

购买指南 采用适当的陈酿，这款黏性的甜型葡萄酒能够陈酿多年。时间越长葡萄酒品质越好。Lopez Hermanos和Larios葡萄酒味道尤其好。

佐餐 马拉加葡萄酒适合于冬季搭配丰盛的布丁饮用；它同样适合搭配切达干酪饮用，我喜欢搭配黑巧克力软糖饮用。

另外 如果你喜欢甜味和酒体丰满的马拉加葡萄酒，你同样会喜欢甜型的雪利酒以及来自葡萄牙的塞图巴尔葡萄酒。

葡萄牙

塞图巴尔（SETÚBAL）

塞图巴尔是一款产自大西洋海岸临近里斯本地区的加强型葡萄酒。它采用莫斯卡特葡萄酿造而成，酿造的方式与波特酒的酿造方式相似，即添加蒸馏酒使发酵中止，保留天然的甜味。在进行木桶陈酿前，葡萄酒需要与葡萄皮接触几个月，陈酿时间为5年到25年，甚至50年。

色泽 独特的茶棕色，且具有突出的橙色。

香气 显著且辛辣，葡萄干味，干无花果味和烤水果味。

口感 丰富且厚重，和谐，类似糖浆，口感强烈，风味复杂。

购买指南 陈酿5到6年的塞图巴尔葡萄酒更加新鲜，具有更多的水果特征，而陈酿了20到25年的塞图巴尔葡萄酒具有更多的坚果风味和焦糖味。在葡萄酒生产商中，Fonseca和Caves Velhas是可靠的。

佐餐 塞图巴尔葡萄酒适合搭配多种甜点饮用。它同样适合搭配西梅果馅饼、巧克力馅饼以及传统的圣诞布丁饮用。

另外 虽然来自法国的Vin Doux Naturel（VDN）麝香葡萄酒具有与陈年塞图巴尔葡萄酒相似的风味，但是它缺乏强劲感。可以尝试陈酿了20年的茶色波特酒，来自南非的杰瑞匹高葡萄酒甚至是陈年巴纽尔斯红葡萄酒。

马德拉（MADEIRA）

马德拉葡萄酒的名字来源于当地的四种葡萄：由塞尔斜（Sercial）葡萄酿造的葡萄酒具刺激性且干；而维尔德罗（Verdelho）葡萄酿造的葡萄酒柔和，酒体中等干性具有坚果特征；由布尔（Bual）葡萄酿造的葡萄酒酒体丰满且甜度适中，酒体复杂且具有烟熏味；由马姆齐（Malmsey）葡萄酿造的葡萄酒具有咖啡和焦糖的特征。

大多数的马德拉葡萄酒是由这些葡萄混合酿造而成，为了与葡萄酒的名字相符，这款葡萄酒必须由至少85%的这四种葡萄品种酿造。标有“Island Dry”或“Rainwater”风格的葡萄酒是混合较少的Tinta Negra Mole葡萄酿造而成的。

在发酵过程结束后，马德拉葡萄酒至少加热3个月，这个过程被称为“estufagem”，它能使葡萄酒中的糖焦化并氧化葡萄酒，定位葡萄酒的特征并且使之能够陈酿达200年之久。

色泽　深棕色，略带金黄色到砖红色。

香气　强烈而精致，李子味，太妃糖味，葡萄干味，温柏味，榛果味。

口感　丰满醇厚，完美的平衡，有良好的深度且优雅。

购买指南　可以尝试Henriques&HEnriques、Blandy’s、Barbeito和Cossart Gordon。

佐餐　干型马德拉葡萄酒适合搭配椒盐坚果饮用，布尔和马姆齐葡萄酒适合搭配圣诞布丁饮用。

另外　深色水果风味以及布尔马德拉葡萄酒的酒体重量都能在LBV波特酒中找到，但它丢失了马德拉葡萄酒“灼烧”（被氧化）的特性。

“通常被低估的马德拉葡萄酒是一款令人惊奇的加强型葡萄酒，它充满了可口的香气，从坚果味到巧克力味、干西梅味和杏味。”

马德拉
Cossart Gordon酒商

葡萄牙
波特（PORT）

波尔图是葡萄牙北部最大的城市，也与世界上最著名的加强型葡萄酒同名。实际上，这款被我们称为波特的葡萄酒是在与波尔图相对的杜罗河口的一个名为盖亚（Vila Nova de Gaia）的镇上陈酿并航运出来的。但酿造波特葡萄酒的葡萄园和酿酒厂位于皮尼昂（Pinhao）镇的中心，沿河谷地上游100公里处荒凉的花岗岩地带。这个地区陡峭的、阶梯式葡萄园被认为是世界历史文化遗址，事实上它确实就是这里的历史文化遗址。

皮尼昂这个波特葡萄酒的生产地区被划分为三个区域。杜罗河谷地下游地带（Baixo Corgo）是最小的相对湿润的产区，这里酿造了许多不是很昂贵的葡萄酒，杜罗河谷地上游山区（Douro Superior）是最干燥、最东面的一个产区。而最好的波特葡萄酒则是产自杜罗河谷地中游地带（Cima Corgo）的中心地区。

这些波特酒本身是采用一些当地的葡萄品种混合酿造而成的，包括弗兰克多瑞加（Touriga Franca）、红好丽诗（Tinta Roriz）、红巴豪卡（Tinta Barroca）和红卡奥（Tinto Cao）。每个葡萄品种对葡萄酒的最终质量的贡献都不同，但最为杰出的要数本土多瑞加（Touriga Nacinal）葡萄了，这种葡萄可以酿造一些我认为足以让人产生惊异感的餐桌葡萄酒（干性，未加强型葡萄酒）。

波特
Quinta do Portal
酒商

传统上，用于酿造波特酒的葡萄在其丰收之后首先要在巨大的石头槽内破碎，这种石头槽被称为“lagares”，它被用来酿造一些高品质的限量葡萄酒，但现在大多数的葡萄酒生产商采用机械式的破碎机。在发酵过程中，当半数的糖转化为酒精时，将四份葡萄酒与一份白兰地混合装入桶内（传统上），并添入葡萄蒸馏酒使酵母菌失去活性，阻止葡萄酒的进一步发酵，由此酿造的葡萄酒非常甜。这样初步得到的葡萄酒被航运到盖亚镇陈酿并且混合。

当陈酿完成后，波特葡萄酒便具有了一系列的风味。最基础的系列被称为红宝石（Ruby），这是一款非常吸引人的、富含水果风味的非年份葡萄酒，适合日常饮用。更柔滑浓郁的Ruby葡萄酒被称做“珍藏级（reserva）”。茶色波特酒是一款柔滑、复杂、坚果风味浓郁、非年份葡萄酒，它适合长时间陈酿，注意酒标上对时间的叙述，比如10年陈酿或20年陈酿。我认为它在冷藏之后作为开胃酒非常棒。迟装瓶年份酒（Late Bottled Vintage，即LBV）是一款在装瓶前已经陈酿了4到6年的葡萄酒，这种风格的葡萄酒相对于Ruby葡萄酒更加浓郁且更有深度，所以LBV非常流行。

最好并且最昂贵的波特葡萄酒是年份酒（Vintage），它只能在某一个葡萄质量异常好的年份才能酿造。这种酒在桶中陈酿两年后进行装瓶并且在瓶中至少陈酿15年以后才饮用。在其年轻的时候，年份波特葡萄酒除了能让人感到费解之外一无是处，所以我建议这种酒要至少陈酿20年后才开启饮用。我认为它是为数不多的可以把它作为生日礼物送人的葡萄酒。请注意年份波特葡萄酒是一款未经过滤的葡萄酒，所以随着时间推移会出现许多沉淀物；这是颜色很深的色素和单宁慢慢沉淀出来的结果。这款葡萄酒需要轻轻倾倒，移入葡萄酒杯饮用，所以你需要把葡萄酒瓶垂直置放至少24小时——两天更好，使在开启饮用前沉淀能沉至葡萄酒瓶底部。

如果你愿意冒险的话，可以尝试

白兰地，乡村音乐以及沐浴在葡萄酒中的光脚晚会

葡萄牙杜罗河谷的一些波特酿酒商雇用一些临时工来收获葡萄以及踩踏葡萄酿酒。我之所以说“踩踏”那是因为我知道他们确实是这样做的，我也曾经这样做过！葡萄被倒入巨大的混泥土盆或是石头做的盆子中，这些盆子被称为“lagares”。穿着短袜不穿鞋子，我先把脚踏入装有消毒液的盆子后再踏入lagares，lagares里是包括果汁、果肉、葡萄果柄以及葡萄皮的混合物，白兰地在里头流动着，一个民间乐队在一旁演奏，营造出了晚会的气氛。手拉着手，我的踩踏同伴和我一起在lagares里踩脚，我们将膝盖提到胸膛高的位置后向下踩脚，把葡萄踩踏成浆液。我们痛并快乐着，我的脚和腿发紫了好些天！

一下相对罕见的珍藏（Colheita）波特葡萄酒。这种单一年份葡萄酒需要在桶中陈酿最少7年，有些需陈酿30年。这种葡萄酒酒体复杂，质地如丝绸一般，是真正的宴请宾客用酒。

所有的波特酒生产商都酿造了适合居家风格的葡萄酒，你可以尽情地寻找一款最适合你的波特葡萄酒。

色泽　深紫色或是不透明的紫色，边缘呈现棕色。

香气　强烈，干水果味，香料味，甘草味，咖啡味，杏仁味。

口感　温和，柔滑的质地，协调性非常好。

购买指南　我推荐购买产自Dow’s、Quinta do Noval、Quinta do Portal、Taylor’s和Warre’s的茶色、迟装瓶年份和年份葡萄酒。

佐餐　这款葡萄酒适合饭后饮用，传统上搭配奶酪饮用。但是饮用优质波特酒时我喜欢搭配黑巧克力和小雪茄，陈年的优质波特酒更好。

另外　召集一帮朋友，花上一个晚上比较这一系列不同风格葡萄酒的风味和质地，Dow’sRuby、Warre’s Otime Tawny，产自Taylor’s的迟装瓶年份酒以及产自Quinta do Noval的陈年年份酒。这绝对是消磨时光的好方式！

意大利

文森特（VIN SANTO）

文森特酒（意思是“神圣的红葡萄酒”）是产自托斯卡纳区的一款令人难忘的葡萄酒。酿造商首先将棠比内洛葡萄（Trebbiano）和莫维塞亚（Malvasia）葡萄铺开并进行风干，随后在冬季的几个月时间内挑一个时间将已干燥过的葡萄干破碎到一定程度，这些葡萄放置的时间越长，所酿造出的葡萄酒也越甜。破碎后的果汁在橡木桶内发酵之后进行陈酿3到6年，橡木桶陈酿给葡萄酒增加了复杂性，使葡萄酒呈现琥珀色。

色泽 琥珀色到金黄色，边缘呈现出银色。

香气 优雅，杏树味，菠萝味，蜂蜜味，杏仁味。

口感 醇厚，精致，酸度很好，后味绵长。

购买指南 醇厚，精致，酸度很好，后味绵长。这款酒常常被人们所遗忘，但它却是索泰尔讷葡萄酒的完美替代者。Antinori和Le Filigare是两个顶级葡萄酒生产商。

佐餐 尝试搭配意大利式脆饼或冰冻奶油杏仁糖饮用，这样的搭配会增强葡萄酒原本轻微氧化的杏仁味和香草味。我同样喜欢冷藏后搭配焦糖杏仁馅饼饮用。

另外 来自澳大利亚的Strohwein（麦秆葡萄酒）具有同样的坚果余味，加拿大的冰酒具有同样的甘甜以及热带水果风味。

文森特
Antinori酒商

马萨拉（MARSALA）

自从18世纪末，西西里岛就开始酿造马萨拉葡萄酒了。它的酿造方式与雪利酒相似，都是对经过完全发酵的葡萄酒进行加强后再使之变甜。这款葡萄酒是根据陈酿的年份分等级的，等级从fine(陈酿1年)到superiore、superiore riserva和vergine再到vergine strave-cchio（陈酿10年以上）。

马萨拉
Pellegrino酒商

色泽 深琥珀色到宝石红，略带橙色。

香气 富含特征，干水果风味到香草味和香料味。

口感 浓烈，丰富，干性质地，强烈，后味绵长。

购买指南 注意以下的风格提示：secco（干性）、semi-secco（中性）、dolce（甜酒）。我建议不要选购调味后的版本。Pellegrino和Bartoli都是很好的葡萄酒生产商。

佐餐 尝试搭配奶油干酪或是山胡桃馅饼饮用，你既可以冷藏后饮用，也可以在室温下饮用，对于我个人来说，我倾向于冷餐后饮用。

另外 这些葡萄酒的质地和甜味与Recioto della C Valpolicella葡萄酒、甜雪利酒以及来自西班牙的马拉加葡萄酒很相似。

莫斯卡托（MUSCATO）

我是这款产自阿斯蒂皮埃蒙地区的活跃而清淡的葡萄酒的忠实拥趸。它们精致的甜味让我垂涎三尺！我认为阿斯蒂的莫斯卡托（Muscoto d’Asti）是产自法国的Muscat de Beaumes-de-Venise（见278页）的婴儿版本，因为它们具有更清淡的酒体结构以及轻微泡沫，这些泡沫能加强水果风味的清爽感。在夏季的午后饮用是完美的选择！

色泽 清澈的，浅秸秆色到柠檬黄，明亮，略带绿色。

香气 精细而迷人，杧果味，荔枝味，番木瓜果味，柑橘味，瓜果味。

口感 清淡，清爽，有清爽泡沫带给人的愉悦感，后味干净而具有水果风味。

购买指南 这款葡萄酒还有一种平静版本的以及很难得到的起泡风格酒：意大利苏打白葡萄酒（spumante）。这两款葡萄酒酒精含量低且都不适合陈酿。在葡萄酒生产商中我推荐Ban›。

佐餐 尽量在这款酒年轻的时候饮用，你会感受到它的新鲜以及饮用乐趣。冷藏后适合作为很好的开胃酒或是搭配桃子慕司饮用。

另外 产自法国的Muscat de Frontignan和这款酒最为接近，但是不要忘了，甜型的起泡酒Moscatod’Astis具有同样的葡萄水果风味。

匈牙利
托卡依（TOKAJI）

这款葡萄酒是匈牙利的国宝。它的大名贯穿于古今和全世界，路易十四曾经宣称它是“国王们的葡萄酒和葡萄酒中的国王”。在历史上，位于匈牙利的东北角沿蒂萨河地区的托卡依镇是酿造干白葡萄酒的地方，然而土耳其人与17世纪的袭击延缓了葡萄的收获，使得当地的葡萄品种哈斯莱威路白葡萄（Harslevelu），福尔明白葡萄（Furmint）和麝香葡萄在葡萄藤上枯萎，当这些过熟的葡萄被压榨后，就酿造出了这款在当今知名的独一无二的甜酒。

托卡依地区非常适合酿造甜型葡萄酒，这里气候温暖，蒂萨河以及其支流上的薄雾为葡萄灰霉菌（Botrytis Cinerea）的生长提供了完美的条件，而这是一种能引起“富贵霉”的有益真菌。

托卡依葡萄酒有三个种类：szamorodni、aszu和aszu eszencia。Szamorodni是由葡萄收获后所有留下的葡萄酿造而成的，包括成熟的和过熟的葡萄，经过葡萄灰霉菌作用的葡萄（受过贵腐霉影响），甚至还有腐烂的葡萄，酿造出来的酒呈现暗黄色，有时候是甜性酒有时候是干性酒，相对于其他的托卡依葡萄酒更为强烈但不十分精炼。

我认为托卡依aszu葡萄酒是最好的。它们是由过熟的，延迟收获的以及经过葡萄灰霉菌作用的葡萄酿造而成。在果汁被压榨出来并进行发酵后，葡萄被捣碎成果浆加入到葡萄酒里使葡萄酒的甜度达标，在成熟前传统上甜度是用“puttonyos”来衡量的。每瓶托卡依aszu葡萄酒都表明了puttonyos的等级，从三级（最不甜）到六级（最甜）。

Eszencia葡萄酒是采用来自最好葡萄园中葡萄灰霉菌作用于最好的葡萄酿造而成。这些葡萄能压榨出来的果汁较少，但格外的甜并且具有复杂性。由此酿造的葡萄酒厚重，但清爽不倒胃口。Eszencia葡萄酒需要陈酿几十年，它非常罕见并且很昂贵。最好的托卡依葡萄酒能在瓶中陈酿好几个世纪！

托卡依
Crown Estates酒商

色泽 深金黄色，略带秸秆色以及橙色。

香气 强烈，干杏树味，蜂蜜味，胡桃味，葡萄干味，干西梅味，甜香料味。

口感 丰满且丰富，骨架感好和酒体复杂性好。

购买指南 尝试产自Crown Estates、DisznOkO、Oremus、Royal Tokaji和伟大的István Szepsy的五级或六级puttonyos葡萄酒。

佐餐 优质的托卡依aszu葡萄酒适合搭配肥鹅肝酱和奶油干酪饮用。同样也适合搭配苹果馅饼饮用。

另外 尽管某些产自新大陆的赛美蓉葡萄酒开始挑战这两款欧洲贵腐酒，但目前唯一能和这款酒相比的就是索泰尔讷葡萄酒。

奥地利
甜型葡萄酒（SWEET WINES）

奥地利最好的甜型葡萄酒产自匈牙利边境的近新德勒湖（Neusiedl）区域。丰富的日照以及由湖引起的高湿度能促进贵腐霉的生长，而贵腐霉能浓缩葡萄的糖分，增强葡萄酒的甜味。甜型葡萄酒分为Auslese、Beerenauslese和Trockenbeerenauslese三种。你还可以寻找产自鲁斯特（Rust）镇的罕见的复杂的高级甜葡萄酒Ausbruch。

色泽 漂亮的深秸秆黄色，具有突出的金黄色。

香气 浓郁而精致，杏树味，菠萝味，花香，桃味。

口感 完美的平衡与结构，成熟水果风味，余味好。

购买指南 寻找酒标上标有“Neusiedlersee”字样的优质葡萄酒，它们能够在酒窖里陈酿10年。你要意识到随着葡萄酒甜度的增加，它们的价格也随之增加。Nikolaihof、Knoll和Willi Opitz是顶级的葡萄酒生产商。

佐餐 用奥地利特罗肯比勒瑙斯利泽（Trockenbeerenauslese）葡萄酒搭配奶油干酪给我留下了最美好的印象，10年后我还能记得那种感觉！

另外 Beerenauslese葡萄酒的酒重和它的一系列风味与阿尔萨斯的vendange tardive雷司令葡萄酒或者是雷司令贵腐葡萄酒相似。

ELDERTON
Riverina
Botrytis
2004

品尝训练：甜型葡萄酒的酿造方法

比较四种甜型葡萄酒的不同酿造方法

❶ ❷ ❸ ❹

❶**冰酒**是采用加拿大和德国冰冻葡萄酿造的具有水果风味、风格强烈的葡萄酒。**推荐酒商：**来自加拿大的Faldo Estates和Château des Charmes。

❷**贵腐葡萄酒**是由经过葡萄灰霉菌（“贵腐霉”）作用的葡萄酿造的。**推荐酒商：**Elderton（赛美蓉）、Heggies Vineyard Estate（雷司令）、Casa delToqui（赛美蓉）、Château Suduiraut（索泰尔讷）以及Yalumba（雷司令）。

❸**加强型麝香** 葡萄酒保留了麝香葡萄的大部分的甜味，因为在酿造的时候发酵是被人为中止的，阻止糖转化为酒精。**推荐酒商：**Château de Stony、Château de la Peyrade、M.Chapoutier以及Domaine D’Arain。

❹**文森特**是一款产自意大利托斯卡纳区的特性葡萄酒，这款甜型葡萄酒是由在阳光下干燥的葡萄酿造出来的，并需要在木桶中陈酿数年。**推荐酒商：**Antinori、Filigare和Avignonesi。

“最优质甜型葡萄酒的复杂性来源于酿造过程的艰辛，以及近乎神奇的酿造方法。”

甜型葡萄酒之所以甜是因为它们中有**残余的糖分**。这意味着在其酿造过程中，在糖全部**转化为酒精**之前发酵就被**中止**了。因此葡萄酒酿造者可以通过在葡萄**成熟**到某种程度再收获或是在某个时候**中止发酵**来控制他们酿造的葡萄酒的**甜度**。同样还有很多其他实现**高糖含量**的方法，可以是在葡萄收获前也可以是在葡萄收获后。

首先尝试**冰酒**。酿造这种酒的葡萄在过了秋季之后仍然被**留在葡萄藤**上，酿造者希望它们能被冰冻，这样当在压榨葡萄的时候就能得到更加**浓缩的葡萄汁**。这款葡萄酒不仅精致具有**花香**，而且具有一系列的**甜味**及**成熟**、**优质**的香气。由于葡萄生长在寒冷的气候条件下，这种葡萄酿造出来的酒酸度高，这样使得葡萄酒在保留甜味的同时还能保持**新鲜感**。

香气的复杂性在**贵腐葡萄酒**中得以体现，这款酒采用经过葡萄灰霉菌作用过的葡萄酿造，具有令人惊叹的复杂香气，包括：**干杏树味**、**焦糖橙子味**、**香料味**，有时还略带**蘑菇味**。这款葡萄酒口感**强烈而饱满**，但是具有足够的酸来**提高酒重**以及酒体的协调感。

加强型麝香葡萄酒采用的酿造方式更为实际，通过在葡萄酒中添加**葡萄蒸馏酒的方法**杀死酒中的酵母菌来**中止发酵**。这款葡萄酒具有令人愉悦但并**不是特别复杂**的香气：**葡萄味**，略带**杏树味和桃味**。

酿造这款来自意大利的**文森特葡萄酒**的葡萄在被采摘后放在稻秆垫上**让其干燥**。脱水后的葡萄被压榨并进行发酵，然后在**橡木桶中陈酿**3到6年。这样酿造的葡萄酒呈现出深琥珀色，并具有复杂的香气：**杏果酱味**、**菠萝味**、**蜂蜜味**和**杏仁味**。

奥地利
冰酒（EISWEIN）

我个人认为奥地利酿造的冰酒是世界上最好的，它们具有复杂的风味，活泼且具柠檬酸的酸感。和其他酿造冰酒的地方一样，葡萄被留在葡萄藤上直到冬天葡萄内的水被冻结，葡萄的糖分经过浓缩后形成如糖浆般的蜜汁。

色泽 与众不同的明亮金黄色，略带绿色。

香气 复杂，从柑橘味到异国蜜饯水果味和花香。

口感 精细，如糖浆般的口感，浓郁，持久，余味清新。

购买指南 这款葡萄酒是历史最悠久的甜型葡萄酒之一。尝试一下来自Willi Opitz和Salomon Undhof的葡萄酒。

佐餐 这款葡萄酒适合冷藏之后搭配干酪或奶油果酱面包片饮用。

另外 尝试来自加拿大由雷司令葡萄酿造的冰酒，它们同样甘甜且复杂。

“独一无二的冰酒是你真正不能错过的体验！它具有强烈的甜味和复杂性，奇妙的柠檬酸实现了完美的平衡感。”

稻草酒（STROHWEIN）

Strohwein意为“稻草酒”——酿造这款葡萄酒的葡萄通常在葡萄酒酿造厂的阁楼里被放在秸秆垫子上干燥。这种方法能使糖分浓缩同时也能获得多成分的香气和风味。Strohwein葡萄酒复杂且非常美味。

色泽 明亮，深金黄色，具有突出的禾秆黄色到银色。

香气 非常强烈，枫木糖浆味，蜂蜜味，成熟水果味，苹果太妃糖味。

口感 饱满，类似糖浆的感觉，酒体结构好，完美的平衡感。

购买指南 我对产自Willi Opitz和Helmut的葡萄酒非常的迷恋。

冰酒
Willi Opitz酒商

佐餐 尝试一下冷藏后搭配梨馅饼和烤杏仁或是阿月浑子冰激凌饮用。

另外 尝试这款酒的同时还可以品尝来自意大利的文森特酒。虽然它们的酿造工艺不同，但余味中都具有坚果风味。

德国
甜酒（SWEET WINES）

德国的甜型葡萄酒是我所品尝过的感觉最好的葡萄酒之一。它们具有完美的酸度来平衡丰富的甜味，后味干净，新鲜。标有Auslese的是甜酒，但是相当清淡，Beerenauslese和Trockenbeerenauslese葡萄酒更甜，但由于它们是采用更成熟的葡萄所酿造所以更加复杂。Trockenbeerenauslese葡萄酒在其酿造过程中还受到了贵腐霉的作用，所以酿造出来的酒具有不可思议的吸引力。德国所酿造的冰酒同样棒极了——非常甜但不令人反胃，具有完美的协调性。

色泽 深秸秆色到金黄色，略带有银色。

香气 强烈，优雅，新鲜，干杏树味，柑橘味和异国水果风味，还有烟熏味。

口感 饱满，具有显著而协调的酸度，酒体复杂性好。

购买指南 德国对于这种风格的酒比其他国家投入了更多的精力，因此有很多不错的葡萄酒生产商，比如Gunderloch和Selbach-Oster。

佐餐 经过很好的冷藏后，这款酒与肥鹅肝酱搭配具有神奇的效果。它们同样非常适合与大部分的水果及甜点搭配饮用。

另外 产自波尔多的索泰尔讷和巴尔萨克葡萄酒具有更丰富但是更纯净的甜味，而产自卢瓦尔河的甜型葡萄酒具有更好的酸度。

加拿大
冰酒（ICE WINES）

这是加拿大的一款旗舰葡萄酒。它采用威代尔和雷司令葡萄酿造而成，这些葡萄被留在葡萄藤上直到很晚才收获。在寒冷的条件下，葡萄里的水被冰冻，浓缩了它们的糖分和风味。安大略湖尼亚加拉（Ontario's Niagara）半岛具有酿造这款葡萄酒的完美气候条件，同样可以寻找产自英国哥伦比亚地区的冰酒。

色泽 澄清透亮，明亮的秸秆黄，略带绿色。

香气 优雅，菠萝味，桃味，杏树味，焦糖苹果味，柑橘味。

口感 饱满，复杂，独特的柠檬酸感，后味绵长。

购买指南 加拿大是世界上最大最统一的冰酒生产地。我认为它们非常可口，我最喜欢的品牌包括：Inniskillin、Peller和Château des Charmes。

佐餐 这些葡萄酒酒体非常饱满而复杂，非常适合搭配蓝纹奶酪或是焦糖梨饮用。它们同样适合搭配软太妃糖布丁或橘子黄油薄卷饼（crepes Suzette）饮用。

另外 将加拿大的冰酒与产自阿尔萨斯地区更具糖浆特征的selection de grains nobles雷司令葡萄酒进行比较，看二者有什么不同。

麝香利口酒
Brown Brothers
酒商

澳大利亚
麝香利口酒（MUSCAT LIQUEUR）

澳大利亚麝香葡萄的皮是深色的，所以当地人称它为“棕色麝香”，有时候也称为“芳香葡萄酒”。这款葡萄酒的酿造混合采用了一些不同寻常的工艺。在过熟的葡萄部分进行发酵后通过添加蒸馏酒来进行加强（与波特酒相似），接着将葡萄酒在阳光加热屋顶下（类似马德拉葡萄酒）置入苏乐拉陈化系统中使之成熟（与雪利酒相似）。由此酿造的葡萄酒酒体非常饱满，为什么不亲自体验一下呢？

色泽 不透明，深棕色，边缘呈现棕褐色。

香气 强烈，显著，巧克力味，太妃糖味，杏仁味，甘草味，香草味。

口感 丰富而厚重，优质的清爽感使酒体十分协调，后味绵长而复杂。

购买指南 这些葡萄酒是澳大利亚葡萄酒产业基础的一部分。领先的生产商是Brown Brothers，我同样喜欢产自爱尔兰莫里斯的葡萄酒。

佐餐 这些葡萄酒适合冷藏饮用。我认为它们最好在一餐的结尾搭配巧克力甜点饮用。

另外 葡萄牙的Moscatel de Setúbal 以及Pedro Ximénez（PX）雪利酒与这款口味复杂的深色酒有着相似的厚重口感。

南非
杰瑞匹高（JEREPIGO）

杰瑞匹高是南非的一款特产葡萄酒，这款优质的甜型葡萄酒主要是由小粒麝香（Muscat a Petits Grains）葡萄酿造而成。与其他葡萄酒不同的是，杰瑞匹高葡萄酒是在酿造前进行加强而不是在酿造的过程中。因此葡萄酒的酒精含量非常高，但葡萄酒中残余的高含量糖分很好地平衡了酒精。杰瑞匹高葡萄酒具有新鲜年轻的香气，独特的无花果干味和异国水果的风味——这是麝香葡萄酒的招牌。

色泽 深金黄色到秸秆黄，略带绿色。

香气 优雅且浓烈，无花果干味，菠萝味，美妙的李子味，花香。

口感 强烈，丰富，油滑，骨架感强，风味十足的余味。

购买指南 这种类型的葡萄酒不适合陈酿，适合在其年轻时饮用。Du Toitskloof Cellar和KWV是我推荐的葡萄酒生产商。

佐餐 这款葡萄酒大部分都在南非境内就被消费掉了，在别处很难见到，如果你有幸能够找到的话，可以尝试搭配无花果馅饼饮用。

另外 如果你喜欢杰瑞匹高葡萄酒，可以尝试产自法国的Muscat de Rivesaltes葡萄酒，它具有同样的甜度和黏度。

杰瑞匹高
Du Toitskloof Cellar酒商

第三章
葡萄酒：专业人士手册

在家和在外头

在家享受葡萄酒

我希望这本书能帮助你拓展在葡萄酒领域的视野，让你知道在每一个场合——无论是重要的还是平常的场合都有一款适合的葡萄酒。营造令人难忘的场合，并不一定需要昂贵的葡萄酒，你可以在你女儿的婚礼上选择一款陈年香槟酒，和你的朋友以及家人一块庆祝，也可以选择一款不那么昂贵的卡娃葡萄酒作为夏季花园晚会的饮用酒。需要预先倒出置入葡萄酒杯的优质葡萄酒是特殊晚会的选择，但如果你的朋友们出乎意料前来拜访，这时你就需要选择一款打开瓶盖就很美味的葡萄酒。

我仍然记得一个星期六的早晨我妹夫来我家借剪草机时的情形，那是早春时节，似乎是那个月第一个阳光明媚的日子。孩子们正在花园里玩耍，我俩坐在外边闲谈，我开启了一瓶加利福尼亚Viognier葡萄酒，一边聊天一边品酒。那是一个很完美的时刻——没有特殊的场地，没有仪式，只有朋友、阳光以及美味可口的葡萄酒。

餐馆里的葡萄酒

在餐馆里选择葡萄酒是一件有潜在危险的事！面对着你从未听过的一连串的葡萄酒名，以及一桌由不同用餐者点的杂乱的食物，你如何做出正确的选择呢？我的建议很简单，忠实于你知道的东西，你不需要了解葡萄酒的生产商，甚至陈酿年份。你只需要明白葡萄酒是什么样的风格

家庭聚会

即使是最自发的庆祝活动，如果能抓住这个场合的主旨选择一款最适合的葡萄酒，都能把活动变成一个值得纪念的晚会。

通过葡萄酒单选酒

首先从葡萄酒单里进行选择，并把自己购买葡萄酒的预算牢记于心。每一个酒单里都会包含一些“安全”可靠的选择，但一个好的葡萄酒服务员会愿意帮助你选择尝试一款新的葡萄酒。

在正式的葡萄酒品尝场合

在由葡萄酒商组织的葡萄酒品尝会上（见下页），通常主办方会提供六种葡萄酒让你品尝和比较。

取决于这款酒是由什么样的葡萄品种酿造的，以及是在哪儿进行酿造的，再加上10条葡萄酒搭配食物的黄金准则（见324~333页），你就能够做出正确的选择。当然，你应该欢迎来自具有葡萄酒知识的服务员的帮助——这是斟酒服务员应该做的。如果他们能把他们的工作做好，就能把这个愉快的夜晚变成令人难忘的夜晚，他们将会详细地了解你喜欢喝什么样的葡萄酒，记住你点的菜，而且会为你的预算考虑。希望他们的引导能让你从餐馆的酒单上找到一款适合这次晚餐的完美搭档。

课程与品尝

我在葡萄酒行业认识的大部分人都承认他们葡萄酒知识学得越多，他们越意识到自己还有很多需要学习的！如今葡萄酒世界扩大以及改变的速度比任何时候都要快。如果你想学到更多知识的话，可以按照这本书品尝训练建议的那样找一些具有同样意愿的朋友一起品尝。一旦你能自如地讨论葡萄酒的香气和风格，你就可以参加一个由当地葡萄酒商发起的正式的品尝组织，甚至是参加葡萄酒鉴赏小组或是葡萄酒品尝课程，这将会令人非常激动。许多大学都开设了葡萄酒品尝进修课程，同时一个叫做Wine&Spirit Education Trust（WSET）的组织也在全国范围内开设了葡萄酒课程。还有许多专业旅行社代理在组织一些葡萄酒假日以及世界各地葡萄酒品尝之旅——这是认识新朋友和品尝世界上最好葡萄酒的最好途径。

GRAND VIN DE BORDEAUX
EAU PAPE CLÉM
AND CRU CLASSÉ DE GRA
PPELLATION PESSAC-LÉOGNAN CONTR
PESSAC - LÉOGNAN
1998
U PAPE CLÉMENT, PROPRIÉTAIRE A PESSAC
N BOUTEILLE AU CH
PRODUCE OF FRANCE

购买和储存葡萄酒

即使你是从当地的超市购买葡萄酒，一点点关于葡萄酒风格的知识也会使你的购买葡萄酒之旅更加富有乐趣。如果你在寻找一款用于特殊场合的葡萄酒，你最好知道需要购买的葡萄酒的风格和为什么要购买这款风格的酒以及你愿意为这款葡萄酒掏多少钱。一个懂行并且友好的葡萄酒零售商能够引导你做出选择。如果你想投资于葡萄酒的未来市场，那么我并不是很赞同你去采纳葡萄酒专业零售商的意见，因为他们主要的任务是防止你破费。如果你选购葡萄酒是为了拓展眼界，那么咨询专业人士或参与葡萄酒俱乐部是较好的选择。但如果你选购葡萄酒的目的仅仅是为了追求乐趣，那么整个葡萄酒世界都值得你去遨游。尝试并享受它吧！

选购葡萄酒

从超市到专家

大部分的人从他们日常生活常去的超市，或是从高速公路葡萄酒零售商那购买葡萄酒。仅仅是葡萄酒的价格并不能作为衡量葡萄酒质量的指标，一点关于葡萄酒是如何贴标的知识（见62~70页）将对你大有裨益。有时候葡萄酒商店的一个有帮助的助手会引导你做出适当的选择，目前许多高速公路葡萄酒零售商都会提供一些已开瓶的供消费者品尝的葡萄酒。其中的一些零售商会组织葡萄酒品尝之夜活动，商店的经理或是来访问的葡萄酒专家将会带你品尝一系列的葡萄酒。

越来越多的人通过邮件从葡萄酒俱乐部购买葡萄酒。但你从这些俱乐部购买时必须根据实际情况，并且要考虑的是多种因素错综复杂的影响，不过这样购买的优势是这些酒直接来源于葡萄酒生产商。只要你准备好了尝试新的葡萄酒以及不同风格的葡萄酒，寻找一个你喜欢的并能提供可靠葡萄酒的葡萄酒俱乐部，通过邮件订购葡萄酒，这是探索葡萄酒世界的完美方式。

“当我品尝一款葡萄酒时，我会为它的价值而打分（十分为满分）。对于我来说，好的葡萄酒有合理的价格同时能够显示其品质。”

从网络上购买葡萄酒是另一种相对较新的方式。网络上有许多“虚拟”的葡萄酒公司，但你会发现最好的葡萄酒商也同样在网络上提供它们的葡萄酒。而如果是从葡萄酒俱乐部购买，你也许只能根据那里的实际情况购买了。

从拍卖会上购买葡萄酒可不是胆小者的方式！在拍卖之前通常会有一个品尝时间，通过品尝能够初步了解要购买的葡萄酒，但检查这款酒的前一任所有者的历史是非常重要的，因为如何在酒窖中陈酿到现在这个程度是影响葡萄酒质量的主要因素。

挑选注意事项

我在为我的客户或者是顾客购买葡萄酒时，必须将我的个人喜好放在一旁，将他们的需求和偏好牢记在心。这真是一个费劲的差事！

葡萄酒拍卖会

如果你打算从拍卖会上购买葡萄酒，需要事先做足工作并确保葡萄酒保存完好。你应该准确地了解你要竞价的这款葡萄酒并为它制定一个理想的价格上限。

需要选购多少

当为宴会或是酒会选购葡萄酒时，我通常假定一瓶葡萄酒足够斟满四个大葡萄酒杯。平均每人两杯红葡萄酒，一杯半到两杯白葡萄酒。对于香槟，一瓶能斟满六杯，我为每个人计划的量是两杯。

贮藏以及酒窖陈酿

适合饮用的场合

有些人坚定地认为如果买一瓶便宜的红葡萄酒并把它们在黑暗的柜子里存放10年，它的品质将会神奇般地变得更加优质——变得更为值钱。这种事情怎么可能发生呢！令人遗憾的是，在几乎每个案例中，就算是仔细保存到良好状态的葡萄酒也很可能会变得发酸并且难以入口。这种情况下你最多可以奢望通常非常坚实的红葡萄酒能得到最好的结果，它们在存放前后品质差不多，但存放它们却占据了值钱的房屋空间。从超市或高速公路葡萄酒零售商购买的低价或是中等价位的葡萄酒，原则上需要在购买后的1年或2年（最多）内饮用。

保存日常葡萄酒的地方

就眼前来说，大部分人通常会收集少量葡萄酒并把它们存放在家中某个方便的地方。我们的手推车上装载着这些葡萄酒，包括一些我们最喜欢的葡萄酒，比如更适合星期天午餐饮用的酒、一些为朋友意外拜访而准备的葡萄酒，以及庆祝好消息时的起泡葡萄酒。尽管不是那么昂贵，但这些日常饮用的葡萄酒应该放倒放置在阴暗、干燥和凉爽的地方，楼梯下的柜子是一个理想的存放地，如果没有的话，至少也得贮藏在朝北面的未使用的房子里。除非你的厨房具有温控系统，否则将葡萄酒贮藏在升温的厨房环境中，尤其是烤箱开启的时候，或是存放在持续加热到人类舒适温度的房间里，都是不合适的，甚至在你开瓶饮用前会破坏葡萄酒的品质。

贮藏监控

温度计和湿度计的结合使你能够监控葡萄酒贮藏的温度和湿度。

短期解决办法

即使是几个月之内要饮用的葡萄酒，如果能被放置在简单的葡萄酒架上（下页图）贮藏也将大有裨益。

存放在阴暗处

葡萄酒倒置存放的原因是这样做能使葡萄酒接触到软木塞，使得软木塞不至于过于干燥，也能防止空气进入瓶中。葡萄酒存放在阴暗地方的原因是紫外线会损害葡萄酒，这也是葡萄酒为什么用绿瓶或棕色瓶盛装的原因。近些日子也有很多透明的葡萄酒瓶，原因有很多：第一，现代的消费者在选购葡萄酒时想看见他们选购葡萄酒的颜色；第二，如今葡萄酒相对于过去消费得更快，这就减少了葡萄酒在商店货架上受光损害的危险性；第三，葡萄酒零售商逐渐学会了将葡萄酒存放在更加有利的环境中。当你购买葡萄酒时遇到这样一瓶酒，它看起来像是在不适当的热光照射下的货架上放置了一段时间，听我的，不要选购它。

为了保存而贮藏葡萄酒

对于那些想更上一个阶层，购买葡萄酒“放置”起来用于未来饮用的人来说，拥有一个已经存在于房子地窖中的酒窖或特地建造一个酒窖是必须的。一个理想的酒窖是阴暗并且环境条件比较稳定的，湿度在70%左右，这样的湿度能使软木塞保持湿润而避免空气进入，温度应该恒定地保持在12℃~18℃。过高的温度会加快葡萄酒氧化的速度，葡萄酒在较温暖的环境下老化更快。那些房子地窖中拥有酒窖的幸运的人应该注意的一点是如果他们打算在酒窖中保存优质的葡萄酒，那么最好不要将酒窖用于存放任何其他东西，因为这些东西的存放可能会对存放的酒产生定期的干扰。还有，如果住在河流周边，一定要确保你的酒窖远离河水泛滥的潜在威胁。没有比来到一个被河水所浸泡的酒窖更让人悲伤的事了——葡萄酒也许仍然是安全地放置在它们的位置上，但是酒标也许会经河水浸泡而漂浮起来，你将不知道哪个瓶中装的是哪种酒！

不幸的是，对于大多数人而言，都不会奢侈到在他们的地窖中拥有一个自己的酒窖。但是有一些容易实现的替代方式，比如为葡萄酒专门设计的带有温度和湿度控制的大型冰箱。另外一种流行的替代方式是螺旋形酒窖，它不需要占用一个额外的房间，而是用巨大的开塞钻在你家花园的土地上凿出来的。一个螺旋形的楼梯或阶梯通往这个在墙上存放葡萄酒的酒窖。螺旋形酒窖值得投资，尤其是对于优质的葡萄酒，它们需要完美的环境使之能够进行适当的陈酿。

建造一个酒窖

当选择一款葡萄酒用来保存，你需要做一些

认真的调研或是采纳专家的建议，选择产自最好的年份的最好的葡萄酒——所有的昂贵葡萄酒随着陈酿都会变得更好，这是另外一个秘密。我认为选购葡萄酒最好的准则是从容不迫地一次选择少量的葡萄酒。拥有葡萄酒窖的其中一个最大乐趣是享受葡萄酒随着时间的成长过程。建立一个酒窖要达到的目标是收藏品中既有红葡萄酒也有白葡萄酒，这两种酒混合在一起，其数量比例达到一种协调的感觉（酒窖中几乎不会存放桃红葡萄酒），尽管近年来波特酒已经失去了大家的宠爱，但它仍然是一款传统的用来放置到成熟之后饮用的葡萄酒。

大多数人倾向于在酒窖中陈酿来自两个特殊地区的葡萄酒——波尔多或勃艮第，但其他地区的葡萄酒更能代表整个世界。无论你决定购买什么地区的葡萄酒，最好在你购买之前向专家咨询一下该产区较好的生产商以及他们生产的最好年份的葡萄酒。伟大的葡萄酒每年都是由最好的葡萄酒生产商酿造的，但即使是他们也会承认有些年份的酒更好，有些葡萄酒相比之下需要陈酿更长的时间。

仓库存放的葡萄酒

“尚未完税”的葡萄酒被存放在一种冷库里，为它们的购买者保存在安全的仓库里，只有当购买者付清了所有的进口税后，葡萄酒才会到他们手中。

值得尊重的酒窖

无论我们的野心多么大，都没有多少人希望与位于勃艮第地区的Lois Jadot（下页图）酒窖竞争，这里存放着1959年的伯恩酒（Beaunes）和1877年的里什堡酒（Richebourg）。

“有很多人在他们饮用葡萄酒前将酒陈酿的时间过长。葡萄酒是一种鲜活的产品，即使是最好的葡萄酒也有它的‘可饮用’日期。”

登记好你的葡萄酒

如果你家没有多余的房间，但又非常痴迷于收藏优质葡萄酒，那么你应该寻求专业的葡萄酒陈酿公司帮助。像这样的公司有很多，它们能够为你提供葡萄酒选购和储藏的一体化服务，有时候它们就像优质葡萄酒零售商的一个部分那样运作。如果你购买的是wine en primeur——还在酿酒商木桶中的葡萄酒，那么很显然它将一直储藏在酿酒商那直到装瓶。 然后它们才能被运到你所在的国家，尚未完税的它们被存放在葡萄酒酒窖中。（“尚未完税”的意思是葡萄酒的进口税还没有交付，所以它们必须存放在免税的仓库中直到进口税付清，这样才能合法的进口。）

一旦购买好了葡萄酒，你就需要为它们做关于数量、生产商以及年份的详细记录。一个好的酒窖应该有详细目录，并且应根据添加的量或撤出量以及饮用的酒量做及时更新。你也可以添加关于葡萄酒的口感评论，比如你开了的这瓶葡萄酒还不适合饮用，在开启更多同类酒之前可以为其添加上“等待”。相反地，你也可能发现打开了的葡萄酒适合饮用且不应该保存这么长时间，在这种情况下知道这种葡萄酒还有多少瓶是非常有用的。

这些原则表明所有优质的酒窖陈酿服务应使葡萄酒具有宝贵的价值，如果你能遵守原则，你就能在葡萄酒达到最好状态的时候享受它们，就能在葡萄酒投资上挣钱。

Beaune Grèves 1959
Beaune Grèves 1959
Beaune Grèves 1959
Beaune Grèves 1959
Beaune Grèves 1959
Beaune Grèves 1959
Beaune Grèves 1959
1877 Vosne Romanée Malconsorts
1877 Richebourg

享用葡萄酒

当你为某一场合选购好合适的葡萄酒后，能用尽可能最好的方式提供葡萄酒会使气氛变得完美。你并不需要许多昂贵的装备，只需要适当地准备并且开启葡萄酒，闻一闻橡木塞的气味，倒出葡萄酒并品尝它，在为你的来宾倒酒之前审查好这款葡萄酒，这样作为仪式的一部分能使简单的喝酒变成一件令在场的每个人都激动的事情。当然，在家中安静的晚宴上你也许想要取消这样的仪式，但你永远不会见到我往平底玻璃杯倒未经冷藏的白葡萄酒！因为这样做不仅缺乏品位，也是对葡萄酒酿造者和葡萄种植者的不敬。葡萄酒只有经过适当的冷藏，并且用闪烁发光的薄壁玻璃杯盛装，才能使简单的“煎蛋”变成“浪漫的晚宴”。

饮用温度

找到合适的温度

温度对葡萄酒的口感有巨大的影响。每种风格的葡萄酒都有适合它们的温度，在这个温度下葡萄酒能散发出它们最好的香气和风味（见下面表格）。但是请记住也有例外，比如，你可以将廉价的葡萄酒冷藏之后饮用，但这并不是为了隐藏它们的缺点。

“你可以将一些清淡的葡萄酒进行冷藏，但是不能冷藏得过头——将它们缓缓地冷藏至‘酒窖温度’，将使这些酒散发出其水果特征。”

在合适的温度下饮用葡萄酒需要在之前做小小的准备，首先用葡萄酒温度计测量液体的温度，这是一个并不昂贵但是非常有用的配件。如果葡萄酒需要被冷藏至其理想的饮用温度，简单地把它放入冰箱，每10分钟能降低大约2℃，相反，如果将葡萄酒从冰箱中拿出来置于室温下，葡萄酒将以同样的速率升温。如果你需要将葡萄酒快速降温，在冷库中放置30分钟（无论你在做什么都别忘了！）或者是放在盛满冰块的桶中，这样足够了。确保你没有将葡萄酒冷藏至过低温度，否则会破坏它们的风味和香气，同样会使橡木塞很难被拔出，因为橡木塞上的蜡会变得坚硬并牢牢地附着在瓶子的内壁上。一种使白葡萄酒在整个用餐过程中能够保持冷藏的完美方法（虽然可能不是最具吸引力的方法）是用隔热并且快速冷却的套管从葡萄酒瓶的底部套入。将一根这种套管保存在冷藏库中，当你需要的时候随时可用。

理想的饮用温度

以下的表格给出了每种不同风格的葡萄酒适于饮用的理想温度。大体上来说，风格越浓郁的葡萄酒，温度越高——虽然所有的起泡葡萄酒都适合被很好地冷藏之后再饮用。

轻柔、清爽的白葡萄酒	4° C~6° C
充满活力的芳香白葡萄酒	6° C~8° C
醇厚丰满的白葡萄酒	10° C~12° C
桃红葡萄酒	4° C~6° C
果香味明显的、充满活力红葡萄酒	12° C~14° C
成熟的、柔滑的红葡萄酒	16° C~18° C
饱满，醇厚的红葡萄酒	18° C~20° C
起泡葡萄酒	6° C~8° C
甜型和加强型葡萄酒	6° C~8° C

感触一下酒的温度

永远不要将红葡萄酒放在烤炉或微波炉中加热，温度过高的葡萄酒品尝起来像是难以入口的药。如果葡萄酒的温度达到了体温，则根本不能入口！如果你选择的葡萄酒温度过低，在盛有温水的冰桶中慢慢加热。记住，一些清淡的、年轻的红葡萄酒，比如黑比诺酒、博若莱新酒、瓦尔波利塞拉葡萄酒或者是卢瓦河谷的葡萄酒适合稍微冷藏后饮用——在饮用前将它们置于冰箱内30分钟就可以了。

冷藏的白葡萄酒

金属箔片冷藏套固然是一种可行的方法，但用冰桶来冷藏白葡萄酒看起来既时尚又总是能把清爽的白葡萄酒最好的状态呈现出来。

开酒与饮酒

你需要什么

在任何的场合，选择一款合适的葡萄酒都会为该场合增添一些东西。你不必花费太多在高档的装备上，但投资购买一个不会弄碎橡木塞的开瓶器是非常值得的——比起具有锋利边缘的“螺丝刀” 我更喜欢光滑螺旋状的金属开瓶器。许多的开瓶器整合了锋利的刀片用来划开围绕橡木塞的密封物，一把短小、锋利的厨用小刀也同样能做到这一点。你可以购买一些质量好的白色亚麻餐巾来擦拭葡萄酒瓶以及清洁溢出的污点——这样的做法更加专业。

玻璃杯应该朴素，不浮夸，这样能使葡萄酒本身的颜色呈现出来，厚壁短粗的玻璃杯在心理上会使你联想到粗糙劣质的葡萄酒。葡萄酒用玻璃杯应该具有杯柄——如果你用普通式的玻璃杯饮用葡萄酒，来自你手掌的热量会使葡萄酒温度升高。通常在你品尝或饮用葡萄酒时，握住葡萄酒玻璃杯的杯柄部分。即使杯身的大小让你觉得恰好可以放在手掌中托着，而且能方便地晃动酒杯中的酒，也不要尝试这样做。

去除密封物

“金属箔切片”只能去除密封物的顶部，但是为了使倒葡萄酒更干净，我倾向于除掉整个密封物，可以采用锋利的小刀小心地去除。

摇晃葡萄酒

刚开启的年轻红葡萄酒太过青涩而没有释放其香气和风味，我将它们倒入另一个醒酒器盛放，并且轻快地摇动它们（下页图），使得葡萄酒能够与空气接触。

“盛葡萄酒的水晶醒酒器能增添晚宴的光彩，如果是在花园里享用午餐，可以用玻璃瓶或玻璃壶盛葡萄酒。注意围一块餐巾在其周围以防虫子！”

你可以为每一种风格的葡萄酒购买不同的葡萄酒杯，但是你真正需要的只有四种：能使“强劲”的葡萄酒呼吸的大口径的玻璃杯；适合白葡萄酒的较小的郁金香形状的葡萄酒杯，较小的容积意味着较少的时间来升温；高挑苗条的适合香槟酒的葡萄酒杯，这样的酒杯能减少葡萄酒与空气接触的面积，使气泡更加持久；适合饮用甜型葡萄酒比如波特和雪利酒的较矮的带杯柄的葡萄酒杯。

饮用红葡萄酒前的准备

在你打算饮用红葡萄酒前一天左右的时间，将葡萄酒瓶垂直竖立使得沉淀物沉淀至瓶底。在你准备饮用葡萄酒时，用手托住葡萄酒瓶的肩部或者底部——一定不要握住酒瓶的颈部，也不要

摇动葡萄酒瓶这样会使沉淀浮上来。很多人在他们饮用前的几个小时开启葡萄酒瓶让葡萄酒“呼吸”，但这并不是非常有效，因为葡萄酒与空气接触的面积太小。可以将葡萄酒倒入大尺寸的葡萄酒杯中并且摇动一会，这样做能释放葡萄酒的香气和风味，并且能软化一些年轻葡萄酒中粗糙的单宁。将葡萄酒倒入较大的醒酒器中盛放同样能使葡萄酒与空气接触，但这样做的主要原因是能使葡萄酒与酒瓶中的沉淀物分离开。你绝对需要将具有大量沉淀物的葡萄酒倒入另一个醒酒器中，尤其是一些超过10年的醇厚红葡萄酒以及波特酒。

开瓶

用一把锋利的小刀把葡萄酒瓶顶部的密封物割破并且小心地把它移开。将开瓶器转入橡木塞，稳当而温和地向外拔，保持开瓶器垂直使得橡木塞能垂直地拔出。不要用力拉橡木塞，要借用开瓶器的力！用白色的餐巾清除瓶颈上密封物残留下来的东西，然后将少量的葡萄酒倒入品尝用的玻璃杯中。用鼻子去闻葡萄酒，检查葡萄酒是否用劣质橡木塞装瓶（见诊断缺陷，316~317页），一瓶橡木塞劣质的葡萄酒闻上去像湿了的臭袜子，应该丢弃。

凉爽的招待

还有什么比用完美冷藏过的、玻璃瓶壁上还挂着珍珠串似的水珠的白葡萄酒来招待客人更加让人愉快的事情呢？

波特酒

需要将它转移至另一醒酒器中，使酒与沉淀物分离。不要用狭小的葡萄酒杯盛放，它饱满、醇厚的风味需要空间来发挥。

如果你不把葡萄酒倒入醒酒器中，而直接将葡萄酒倒入你客人的酒杯中，倒酒的量应该是酒杯容积的三分之一。如果你要先用醒酒器盛放葡萄酒，那么就将你试酒的酒杯里的酒全部倒入醒酒器并摇晃葡萄酒，这样能清除醒酒器中残留的任何其他气味。将葡萄酒重新倒回你的品尝酒杯中再一次品尝，确保醒酒器中没有什么意外的东西影响到葡萄酒。如果这款葡萄酒得到了你的认可，你就可以把酒倒入醒酒器中了。

将酒瓶中葡萄酒沿着醒酒器的边缘缓慢而稳当的倒入醒酒器。倒酒的时候将葡萄酒瓶放置在点燃的蜡烛上约10厘米处，这样做使你能看到什么时候沉淀物到达酒瓶的肩部（瓶颈以下的曲线部分），当沉淀物达到酒瓶的肩部时，停止倒酒，为了避免沉淀物倒入醒酒器你无法避免地要损失一小点葡萄酒。现在你就可以将醒酒器中的葡萄酒倒入你客人的酒杯中了。

餐桌礼仪

餐桌的礼仪就像一个雷区，但是它并不是一个你应该陷入困境的地方。你根据客人的喜好特意选择了一款合适的葡萄酒，用心仔细地做品酒前的准备，用没有任何污点的干净透明玻璃杯盛装，这些会使你的每一个客人都感到舒适。如果你的一个客人带来了一瓶葡萄酒作为礼物，而这瓶葡萄酒与宴会上已有的葡萄酒或者与你准备的

葡萄酒相冲突，你充满谢意地把礼物放在一旁并不是一个不好的举动。毕竟，酒标上的信息会为你解释你的举动。假设你很不幸地有半瓶起泡葡萄酒剩余下来，那么不用担心，你可以使用为短粗瓶颈香槟风格葡萄酒瓶专门设计的特殊瓶塞。

保存已开瓶的葡萄酒

葡萄酒一旦开瓶后，它会迅速被氧化，最多只能保存三天。为了降低葡萄酒变质的速度，我们要牢牢地塞紧软木塞，并且将葡萄酒（即便是红葡萄酒）放入冰箱保存（别忘了下次再饮用红葡萄酒前将其恢复到适合饮用的温度）。专业的葡萄酒保存设备是通过在葡萄酒瓶内注入气体（或者是形成真空环境）来保存已开瓶的葡萄酒，但我并不肯定这样做的效果会比简单的塞紧软木塞并放进冰箱保存的效果好。

我承认一些比较新的合成软木塞很难塞入葡萄酒瓶，那是因为这些软木塞不是源于一块软木（这种软木塞具有一定的弹性），而是由一些软木颗粒黏合而成。这些合成的软木塞能完美地保存葡萄酒使其不被氧化，但一旦被拔出后，这些合成塞子就变得非常坚硬。这一点给消费者带来了难题。如果你不能将软木塞再塞回葡萄酒瓶，一个“特殊设计”的或是顶部带蜡的软木塞并不是必需的，你身边仍有很多种软木塞可供选择。一个能创造密封环境的具有实用外形并带有一个小控制杆的软木塞就能达到同样的作用。假如你有半瓶起泡葡萄酒剩下（这种情况不太能发生），这时有专为瓶颈粗壮的香槟酒瓶设计的软木塞。

香槟酒的开启和饮用

基于安全的缘由，我要对起泡葡萄酒的浪漫加一个不那么浪漫的实际的注脚——香槟酒装瓶后的压力如同轿车的轮胎，所以当你开启香槟时就要小心。不要使橡木塞“砰”地一声飞出来，除非你刚赢得了一级方程式赛车的冠军，这样做很危险而且浪费了宝贵的香槟酒。仔细地将橡木塞下面的金属箔片切开，并柔和地去除它。用你的大拇指摁住橡木塞，将瓶帽上的金属丝往开环的方向拧六圈，这样可以使瓶帽上的套松开变得比较宽，然后将它除去。拔橡木塞的时候要用手紧紧攥住塞子，另一只手轻轻转动瓶身部分，而不是转动塞子，将塞子拔出。清除瓶颈上的残余物并将香槟酒缓缓地倒入长笛形的葡萄酒杯中，用倾斜葡萄酒杯的方法来控制泡沫。因为香槟酒中有气泡，而这些气泡对于香槟而言是十分重要的东西，所以倒香槟酒比倒静止葡萄酒要难得多。当你为你的客人倒香槟酒的时候，你是用另一只手扶着他们的葡萄酒杯么？这样做时你可以倾斜它，或者将它留在桌子上一点一点地倒。对我个人而言，我觉得当我扶住葡萄酒杯，将香槟酒缓缓地倒入杯中时，比较容易控制，你可以通过倾斜酒杯来控制“mousee”——泡沫的前泡——的数量。我同样喜欢首先将所有的酒杯都倒上，然后将香槟酒一一分发给大家——我认为在节日场合每个人都能同时举起香槟酒杯绝对有必要。

香槟酒的开塞

“紧握橡木塞并且旋转瓶身”是开塞的黄金准则。有些人喜欢将一块干净的餐巾覆盖在橡木塞上来开启香槟，以此作为一个“安全网”。

温和的倒酒以及享用

要想在倾倒香槟酒时不产生火山似的泡沫，需要沿着葡萄酒杯温和缓慢地倒入。不要尝试刚好倒满。

诊断缺陷

橡木塞难题

葡萄酒在其装瓶和运送之后——甚至在葡萄酒商人的货架上仍然在改变。状况好的葡萄酒在其出厂之后直到倒入你酒杯之前都有可能偶尔被污染。最常见的问题是葡萄酒被化学物质三氯甲氧苯（TCA）污染，它是由生长在橡木塞上的真菌引起的。这样“被橡木塞污染” 的葡萄酒闻起来像发霉的泥土——味道有点像湿的臭袜子。它的口感如灰尘般并且苦涩，水果香气消失了，葡萄酒没有了任何特征。

一些人做过估算，每10瓶葡萄酒中就有一瓶有这样的橡木塞，但是被污染的程度各不相同。如果你怀疑你所购买的葡萄酒有这样的橡木塞，

被劣质橡木塞污染了吗

这种污染的关键特征是如果葡萄酒与空气接触，会变得更糟。所以如果你起初不是很确定，把葡萄酒摇晃几分钟，就能准确无误地判断了。

经典的橡木塞

优质的橡木塞（下页图），坚实并且紧凑，仍然是优质葡萄酒装瓶的选择，但橡木塞的缺点使得越来越多的生产商开始使用合成的软木塞。

“一瓶被氧化的葡萄酒是它迈向醋的第一步——它的颜色变成了深金棕色，并且丧失了它们的新鲜感和水果风味。”

把它退回去（如果是在饭店）——你应该要求退款或者另换一瓶。具有这样橡木塞的葡萄酒常见的原因是随着葡萄酒产量在世界范围内的增加，高质量的橡木塞变得越来越难得。优质的橡木塞外表和触感都应该紧实且坚硬，而劣质的橡木塞触感像海绵并且上面有瑕疵甚者小孔。很多优质葡萄酒的生产商为了不被劣等级橡木塞污染的危险，纷纷选择合成的软木塞甚至是螺旋盖。既然橡木塞的作用是将瓶内的葡萄酒与空气隔开，那么没有充分的理由可以证明合成软木塞比不上橡木塞。

氧化

另外一个问题就是氧化。如果过多的空气进入了酒瓶内与葡萄酒接触，就会导致葡萄酒的口感平淡而陈腐并且丧失水果风味。被氧化严重的葡萄酒口感就如同坚果雪利酒。为了防止葡萄酒被氧化，葡萄酒酿造商在葡萄酒中添入了防腐剂——二氧化硫。然而，过多地使用这种化学物品会引起它本身的问题，会使葡萄酒口感粗糙，这种感觉在喉咙的后部尤为明显，甚至会让葡萄酒闻起来或品尝起来像坏了的鸡蛋。

早期的警告

闻一闻橡木塞就能提醒你葡萄酒是否被劣质橡木塞所污染，然而一些人认为这有些过于自大，但是我宁可冒着误判的危险也不愿意喝一口被污染的葡萄酒。

葡萄酒搭配食物

当谈及葡萄酒怎样搭配食物时，没有对和错，所说的只是个人观点和建议。许多陈旧的“规则”都随着世界范围内烹饪方式的扩散和融合发生了改变。葡萄酒的风格也是如此，在不断进化之中，比如经橡木桶陈酿的新世界优质夏敦埃葡萄酒作为一款传统意义上的清淡红葡萄酒适合搭配烤鸡肉饮用。你当然可以享受与你所选择的食物没有任何相同点的任意美味可口的葡萄酒。但请你相信我，当所饮用的葡萄酒能与食物达到完美和谐统一的状态时，一定会给你的生活带来最棒的享受。我很早的时候就知道选择一款合适的葡萄酒能使简单的家庭聚餐变成令人难忘的宴会，自从那时起，我就一直在寻找食物和葡萄酒的完美搭档来营造令人难忘的餐宴。

依据葡萄酒的风格搭配食物

揭示秘密

没有严格的规定指出因为你选择的葡萄酒风格不合适而不允许你吃你所喜爱的食物。白葡萄酒应该搭配鱼类饮用，红葡萄酒应该搭配肉类饮用这个从很早以前就流传下来的说法仍然还仅仅是个传统的说法而已。也许在200多年以前，当肉采用烧烤方式，而鱼类采用水煮的方式时，这个说法或许在一定程度上是对的。红葡萄酒中的单宁与鱼在一起会有不好的反应这是毋庸置疑的。但是近年来，世界范围内鱼和肉的烹饪方式越来越多，葡萄酒也出现了越来越多的品种。清淡活泼的红葡萄酒是“多肉”鱼类的完美搭档，比如新鲜的金枪鱼，而厚重的陈年白葡萄酒与鸡肉搭配是非常合适的。

“寻找葡萄酒与食物的完美搭配是我生活中最大的乐趣。”

平等的搭档

当我们寻找葡萄酒和食物的完美搭档时，首先需要考虑的因素是食物的密度与葡萄酒酒体的关系。如果是厚重的食物，比如炖肉或沙锅菜，需要搭配成熟、醇厚的葡萄酒，可能的选择有美乐和西拉葡萄酒。作为通常的规则，菜肴风味的力道应该与葡萄酒风味的强度相配。比如添加了多种调味品的中国菜以及亚洲菜系具有复杂和强烈的风味，与同样强烈风味的白葡萄酒，比如格乌兹塔明那或雷司令葡萄酒搭配优于与柔软的、经橡木桶陈酿的夏敦埃葡萄酒搭配。

食物中的酸度是另外一个需要考虑的因素。含有柠檬、苹果或其他香料的菜肴需要与具有高酸度的葡萄酒搭配。油腻的菜肴——烟熏鲑鱼或经奶油处理的鱼肉同样适合搭配具有较高酸度的葡萄酒来减轻食物的油腻，并增添额外的风味。

一些食物很难与葡萄酒进行搭配：红辣椒、芦笋、鸡蛋以及汤类。通常的做法似乎是选择酸

桑塞尔白葡萄酒与山羊奶酪

桑塞尔白葡萄酒与清淡但提神的山羊奶酪都来自卢瓦尔河谷，它们是完美的搭档。

度不是太高的中性葡萄酒。搭配红辣椒的问题在于你吃了它后就感觉不到其他的味道了，所以不要选择昂贵的葡萄酒！芦笋的风味非常强烈，需要搭配风味非常强劲的葡萄酒，比如橡木风味比较重的夏敦埃葡萄酒。最好是不要用红葡萄酒来搭配鸡蛋，但有各种不同的鸡蛋类菜肴，所以尝试一下是有必要的，比较好的尝试是搭配未经橡木桶陈酿的夏敦埃葡萄酒或产自勃艮第地区的白葡萄酒。对于汤来说，怎样进行最好的搭配取决于汤的风味。通常来说，我推荐奶油汤搭配具有高酸度的葡萄酒或单宁含量较高的醇厚的红葡萄酒。

奶酪是一种让人难以琢磨的食物，不是所有的奶酪都适合搭配红葡萄酒。通常来说，奶酪越硬越适合与红葡萄酒搭配。柔软的奶酪比如法国Camembert软质乳酪、法国布里白乳酪与白葡萄酒搭配较好。当然也有天造地设的一对搭档，那就是山羊奶酪与长相思葡萄酒。

为了持久保留最好的

我最喜欢的葡萄酒风格是甜葡萄酒，但是很遗憾的是，很多人通常以白葡萄酒作为开场，红葡萄酒作为主酒，然后就直接去喝咖啡和吃甜点了。他们错过了一些世界上最好的葡萄酒——巴锡白葡萄酒（Barsac）、苏特恩白葡萄酒（Sauternes）和蒙巴齐亚克白葡萄酒（Monbazillac），除此之外还能列举很多。基本的规则是所选择的葡萄酒要与甜点一样甜或者更甜，如果不是这样的话，葡萄酒品尝起来就会非常平淡。

在后边提到的我的“十大黄金准则”详细地讲述了如何成功地搭配食物和葡萄酒，下页所给出的表格是一个一目了然的有用的指南。

香槟酒与牡蛎

如果你在船上又恰好点了牡蛎，为什么不尝试香槟酒呢？它们是真正的心灵伴侣。

为巧克力寻找搭档

巧克力馅饼是我最喜欢的食物之一，用来自法国南部的红葡萄酒，比如拉斯多酒(Rasteau)与之搭配，能彰显葡萄酒的深层次以及丰富的风味。

葡萄酒搭配食物

下边的表格以及在后面的“黄金准则”仅仅是基于我作为斟酒服务员而积累的个人经验的一些建议，但如果你愿意尝试柠檬鳎搭配醇厚、高单宁的红葡萄酒，尽管去尝试和享受吧！愿真主保佑你。

☆☆☆	避免这种搭配	★★☆	不错的搭配
★☆☆	可以接受的搭配	★★★	完美的搭配

食物类型	轻柔清爽的白葡萄酒	充满活力的芳香白葡萄酒	醇厚丰满的白葡萄酒	果香味明显的、充满活力的红酒	成熟、柔滑的红葡萄酒	饱满、醇厚的红葡萄酒
烟熏类	★★★	★★★	☆☆☆	★★★	★★☆	☆☆☆
香料味重	★★★	★☆☆	☆☆☆	★★☆	★★☆	☆☆☆
咸味重	★★★	☆☆☆	☆☆☆	★★☆	☆☆☆	☆☆☆
饱满和乳脂状的	★★☆	★★★	☆☆☆	★★★	☆☆☆	☆☆☆
清淡的鱼和贝壳类	★★★	★★☆	☆☆☆	★★★	★☆☆	☆☆☆
多肉的鱼类	☆☆☆	★★☆	★★★	★★☆	☆☆☆	☆☆☆
家禽类	☆☆☆	☆☆☆	★★☆	★★★	★★★	☆☆☆
野味	☆☆☆	☆☆☆	☆☆☆	☆☆☆	★★☆	★★★
瘦肉	☆☆☆	☆☆☆	☆☆☆	★★★	★★★	★★☆
炖肉（菜）和沙锅类	☆☆☆	☆☆☆	☆☆☆	☆☆☆	★★☆	★★★
硬奶酪	☆☆☆	☆☆☆	★★★	☆☆☆	★★★	★★☆
蓝纹奶酪	☆☆☆	★☆☆	★★☆	★☆☆	☆☆☆	☆☆☆
软奶酪和奶油状奶酪	★★★	☆☆☆	☆☆☆	★★☆	★★☆	★★☆
烤鱼	☆☆☆	★★★	★★☆	★★★	★★☆	☆☆☆
烤肉	☆☆☆	☆☆☆	★★☆	★★☆	★★★	★★☆
冷盘肉和熟猪肉	☆☆☆	☆☆☆	☆☆☆	★★☆	★★★	☆☆☆
汤	★★☆	☆☆☆	☆☆☆	★★☆	☆☆☆	☆☆☆
蔬菜类	☆☆☆	★★☆	☆☆☆	☆☆☆	★★☆	☆☆☆
通心粉和披萨	★★☆	☆☆☆	★★☆	★☆☆	★★★	☆☆☆
蛋类	☆☆☆	★☆☆	☆☆☆	★☆☆	☆☆☆	☆☆☆

葡萄酒搭配食物的黄金准则

1 咸味食物需要搭配天然高酸度的葡萄酒吗

口感刺激的干性雪利葡萄酒与西班牙餐馆的餐前小吃——咸味杏仁、咸味鱼、辛辣香咸的西班牙口利左香肠——能如此好地搭配并不是巧合，因为这些开胃食物和开胃酒同属于世界的同一个地方。就像盐能使食物的风味释放出来一样，食物中的盐能够中和葡萄酒的酸，并且能使潜在的水果风味释放出来。因此最好选择具有天然高酸度的葡萄酒来搭配咸味菜肴。对于咸味奶酪，比如羊乳干酪，通常搭配具有极高酸度的甜葡萄酒，如来自卢瓦尔河的甜葡萄酒。

尝试 凤尾鱼，比如香蒜醍鱼热蘸酱(bagna cauda)，或普罗旺斯比萨饼(pissaladiere)（下图）搭配来自克莱尔山谷的澳大利亚雷司令葡萄酒；香菜烩贻贝搭配玛斯卡特（Muscadet）葡萄酒或桑塞尔白葡萄酒；羊乳酪色拉搭配来自希腊的阿西尔提可（Assyrtiko）葡萄酒；泰国鱼搭配冷藏过的灰比诺葡萄酒。

2 多肉的鱼类菜肴与清淡的红葡萄酒进行搭配

任何说白葡萄酒只能与鱼搭配，红葡萄酒只能与肉搭配的人都应该只给他面包吃不给他喝水，让他感受一下那种说法是不是正确的。尽管红葡萄酒搭配鱼肉饮用其中的单宁会产生令人讨厌的金属味，但清淡、具水果风味且单宁含量低的红葡萄酒与致密、“多肉”的鱼类搭配得很好，比如新鲜的金枪鱼、鲑鱼和旗鱼。葡萄酒稍微冷藏之后效果更好。相比之下，质地偏轻、带有清淡调味品的白鱼需要与精致的白葡萄酒搭配，如果食物风味偏于强烈，则需要搭配多汁、芬芳的白葡萄酒。

尝试 金枪鱼馅饼和辛辣的色拉搭配斯贝博贡德葡萄酒；烤鲑鱼片（上图）搭配勤地葡萄酒；烧烤旗鱼片搭配来自加利福尼亚州的卡尼罗（Carneros）黑比诺葡萄酒；帕尔马火腿夹煎炸安康鱼搭配来自意大利的经过稍微冷藏的皮埃蒙特的多姿桃葡萄酒。

3 油腻的食物需要酸度或单宁

有些葡萄酒搭配食物的原则是相似之间进行搭配，比如甜葡萄酒搭配布丁，但也有其他的原则——互补搭配，比如选用葡萄酒来弥补油腻的食物。如果食物是油腻的，它们有可能相当肥厚，也有可能含有乳脂，但可以肯定的是它们在一定程度上会让人倒胃口，这时你就得选择一款葡萄酒来搭配饮用。如果你打算选择一款白葡萄酒，要确保所选的葡萄酒具有高的酸度，这样能减轻食物的油腻感并且使口感清新。单宁也具有同样的功效，如果你选择红葡萄酒来搭配油腻的食物——比如干酪，那么你就需要选择单宁含量非常高的葡萄酒来避免松弛的口感。

尝试 烟熏鲑鱼（上页图）搭配长相思葡萄酒；奶油扇贝搭配夏布利葡萄酒；豆焖肉搭配巴罗莎设拉子葡萄酒；基辅鸡（chicken Kiev）搭配来自加利福尼亚的胡珊葡萄酒；烤羊肩搭配来自意大利的巴罗洛或巴巴莱斯科葡萄酒；烤鹅搭配美乐和解百纳葡萄勾兑而成的葡萄酒。

4 烟熏的食物与橡木风味葡萄酒相冲突

橡木味和烟熏味，在我看来不是一对很好的搭档。如果你尝试拿橡木风味的葡萄酒与烟熏肉或鱼进行搭配，过多相似的烟熏味以及橡木风味会掩盖你的味觉，所以这样的搭配不被人们所接受。同样的，烟熏食物按照定义来说具有强烈的风味，具有强烈风味的食物需要搭配清爽的、水果风味的葡萄酒，这样能使口腔感觉清新。橡木风味的葡萄酒油滑并且饱满，并不能使口腔感觉清新。你寻找的葡萄品种应该确保来自非橡木陈酿的地区，包括长相思、雷司令、白诗南、白比诺以及Gris（意大利的灰比诺）。对于熏肉的搭档，可以从我所列的新鲜、水果风味浓郁的红葡萄酒一栏里选择：不论葡萄酒有多柔软，过量的单宁都可能与烟熏风味一同产生“坚硬”感——如木头般的口感。

尝试 烟熏秋刀鱼搭配来自澳大利亚的克莱尔河谷的雷司令葡萄酒，烟熏鲑鱼搭配强烈的法国长相思葡萄酒；如果是在节日场合，可以尝试搭配由比诺米勒葡萄酒酿造的起泡葡萄酒；烟熏鸡肉色拉搭配冷藏后的弗勒里葡萄酒；烟熏火腿搭配来自意大利的巴贝拉阿斯蒂葡萄酒。

5 用丰富、厚重风味的食物与同样风格的葡萄酒搭配

如果你选择的食物由于含有乳脂而口感厚重，搭配一款清爽的白葡萄酒可以减轻油腻度并使口腔保持清新。但质地更加厚重的饱满食物通常需要搭配同样厚重风格的葡萄酒。如果所搭配的葡萄酒过于清淡的话，就容易被食物的风味和质地所掩盖。有一些关于食物与白葡萄酒的奢侈的经典搭配——法式鹅肝酱搭配苏特恩白葡萄酒，以及近年来较少见的用法兰西龙虾搭配哥尔顿查理曼大帝勃艮第白葡萄酒。但在这儿我们主要还是讨论用丰富、厚重的红葡萄酒来搭配丰盛的肉食，尤其是野味，在烧烤的时候你需要具有复杂风味的葡萄酒来平衡各个方面。

尝试 煎鸡肝搭配蒙巴齐亚克白葡萄酒；烤鹿腰肉搭配波亚克葡萄酒；野味沙锅搭配教皇新堡（Chateauneuf-du-Pape）葡萄酒；意大利海味调味饭搭配默尔索干白葡萄酒或来自新西兰的霞多丽葡萄酒；乡村馅饼或香肠搭配来自纳帕山谷的赤霞珠葡萄酒。

6 辛辣的食物需要搭配清爽的葡萄酒

有些人发现辛辣的食物能掩盖清淡葡萄酒的风味，他们倾向于搭配更丰富的葡萄酒甚至是甜葡萄酒。我发现中国菜肴通常适合搭配芳香的白葡萄酒，比如产自德国的雷司令葡萄酒或是阿尔萨斯的格乌查曼尼（Gewurztraminer）葡萄酒，而一些更辛辣的东方菜肴适合搭配简单、清爽的干白葡萄酒，比如产自新西兰的长相思葡萄酒，或者是我认为的最好选择——灰比诺或夏布利葡萄酒。这些葡萄酒能使口腔保持清新感。

咖喱菜很难与葡萄酒进行搭配。有一些优质的白葡萄酒适合搭配清淡、芬芳的咖喱菜，但是要搭配红葡萄酒时请注意：大多数的咖喱会消除红葡萄酒中的水果风味，这样会使单宁过于突出。如果食物极其辛辣，最好放弃搭配葡萄酒，选择白开水或啤酒。

尝试 青椒鸡肉或牛肉搭配夏布利葡萄酒；腰果鸡丁搭配产自西班牙的阿尔巴利诺（Albarino）葡萄酒；川菜中的炒肉或泰国旺火炒菜搭配产自德国的雷司令葡萄酒；泰国红咖喱菜搭配格乌查曼尼葡萄酒；杂烩鸡肉搭配灰比诺葡萄酒。

7 白肉搭配醇厚的白葡萄酒或清淡的红葡萄酒

白肉的风味在整体上比红肉的风味更加精细，所以经过烧烤、水煮等简单处理而不是采用重口味调味的鸡肉、猪肉以及土耳其烤肉，非常适合搭配精细的葡萄酒，比如一些清淡的红葡萄酒。然而，近些年来的趋势是白葡萄酒变得越来越丰富，特别是那些醇厚、橡木味重的新世界葡萄酒，这些厚重的白葡萄酒被证明也是白肉菜肴的好搭档，这也许是因为它们复杂的香气和丰富的油质感使白肉的醇香风味变得平衡且协调。

尝试 烤鸡肉（上图）、猪肉或土耳其烤肉搭配产自澳大利亚玛格丽特河谷的霞多丽葡萄酒；烤猪腰搭配教皇新堡葡萄酒；蘑菇鸡胸肉搭配产自新西兰的冷餐黑比诺葡萄酒；烤鹌鹑搭配巴贝拉阿斯蒂葡萄酒。

8 红肉能接纳强烈的单宁

对于羊排或羊肉馅饼，我倾向于选择用美乐葡萄酿造的具有水果风味的葡萄酒，但是厚重风味的食物使得厚重的红葡萄酒有了闪耀的机会。蛋白质含量高的食物能软化红葡萄酒中的单宁，这样就能更容易地释放出葡萄酒的水果风味。因此，你不必担心葡萄酒的水果风味会被掩盖，红肉与醇厚、强烈、具有高单宁含量的红葡萄酒是很好的搭档。奶酪对于葡萄酒有同样的功效；单宁被吸收，葡萄酒的口感更加醇香，更容易入口。单宁含量较高的葡萄酒可以通过使用醒酒器使它们变得容易与食物进行搭配；温度同样能做到这一点——将它们微微加热到比通常温度高一点的温度。

尝试 半熟的牛排（下图）搭配露迪山麓（Cote-Rotie）产区的西拉葡萄酒，辛辣香肠搭配卡奥尔葡萄酒；烤鸭搭配巴罗洛葡萄酒；成熟的巩德乳酪（Comte cheese）搭配产自纳帕山谷的赤霞珠葡萄酒；牛排和腰子馅饼搭配产自西班牙的里贝拉迪杜罗葡萄酒；烤羊腿搭配波亚克葡萄酒或库纳瓦拉解百纳葡萄酒。

9 用葡萄酒与沙司搭配，释放隐藏的风味

“红葡萄酒搭配红肉，白葡萄酒搭配白肉”的座右铭有点误导人，事实上大部分的葡萄酒都能与大部分的肉搭配。当你尝试寻找葡萄酒与食物的完美搭配时，调味肉也许是最好的选择，尤其是鸡肉和牛肉。例如柠檬鸡肉适合搭配产自勃艮第的夏布利葡萄酒，但这种葡萄酒不适合搭配酒焖仔鸡（coq au vin），后者需要搭配水果风味浓郁、未经陈酿、单宁含量低的红葡萄酒。同样的，胡椒牛排（steak au poivre）适合搭配酒体适中、单宁含量低的红葡萄酒，而菜炖牛肉适合搭配成熟、醇厚、有水果风味的白葡萄酒。加入了葡萄酒的调味料，为食物作了完美的补充，使生活变得更为惬意。

尝试 红酒炖牛肉搭配产自勃艮第地区热夫雷尚贝坦的带有泥土风味的黑比诺葡萄酒或产自澳大利亚的美乐红葡萄酒；加蘑菇和酸奶油炒的牛肉搭配布鲁内略·迪·蒙塔尔奇诺葡萄酒；鹿肉沙锅搭配吉恭达斯西拉葡萄酒；鲜橙烩鸭搭配圣爱斯泰夫葡萄酒或产自猎人山谷的澳大利亚设拉子葡萄酒。

10 依照甜点的甜度搭配葡萄酒

甜葡萄酒的酒重和甜味需要与甜点的口味和甜度相符合。这是显然的，你会为悬钩子和黏稠的太妃糖布丁选择同样一款葡萄酒吗？这听起来像是不可能，但丰富的甜葡萄酒确实能增强黏稠太妃糖布丁的甜度；如果你选择的是一款清淡、芬芳的葡萄酒，那么你会很容易地发现这两者之间的风味会互相破坏。不要忘了，起泡葡萄酒同样是夏季水果甜点的完美搭档，特别是半干增甜风格的甜点。草莓与红葡萄酒以及桃红葡萄酒关系密集，特别是具有草莓风味的葡萄酒。尝试用草莓搭配清淡的博若莱新酒、增芳德桃红葡萄酒甚至是甜味起泡红葡萄酒兰布鲁斯。

尝试 黏稠的太妃糖布丁搭配产自匈牙利的“五星级”托卡依葡萄酒；苹果干酪点心搭配彭纳梭（Bonnezeaux）葡萄酒；核仁巧克力饼搭配冷藏的莫利葡萄酒（Maury）或卢森格林（Rutherglen）麝香葡萄酒；梨馅饼（下页图）搭配莫斯卡托葡萄酒；夏季布丁搭配产自德国或澳大利亚的比勒瑙斯利泽（Beerenauslese）葡萄酒。

酿造白葡萄酒的主要葡萄品种

毫无疑问最重要的白葡萄酒酿造品种是霞多丽（Chardonnay）、长相思（Sauvignon Blanc）、赛美蓉（Sémillon）、雷司令（Riesling），其次是麝香（Muscat）、琼瑶浆（Gewürztraminer）、维格尼尔（Viognier）。但是有一个万能的白葡萄酒酿造品种在酒标上却几乎看不到——白诗南葡萄可以酿造多种风格的葡萄酒：干酒、半干、甜酒、起泡酒和餐后甜酒，既有最好尽快喝完并很快忘记的工作日葡萄酒，又有适合长期保存的优质香甜的甜酒。

葡萄名称	其他名字	注释
阿巴那（Albana）		艾米利亚-罗马涅产区（Emilia-Romagna）一个主要的品种，可以酿造口感最丰富的意大利白葡萄酒，当然这个品种也很难种好。
阿巴罗娜（Abariño）	Alvarinho（葡萄牙）	在西班牙（加利西亚省）阿巴罗娜葡萄酒具有与维格尼尔葡萄酒相似的多汁芳香风格，在葡萄牙也有生产。清新爽口的口感，使其可以作为卢瓦尔河谷长相思葡萄酒一个很好的替代品。
阿里高特（Aligoté）		阿里高特葡萄酒受欢迎的程度正在增加，尤其在东欧。阿里高特葡萄可以酿造清爽、轻柔、具有淡淡柠檬香的葡萄酒，是勃艮第著名开胃干白的一个重要的组成成分（见90页）。
阿内斯（Arneis）		阿内斯葡萄酒口感干爽而不失精致，皮埃蒙特阿内斯具有苹果汁、杏仁香、柑橘类的风味特征和平衡的酸感。
霞多丽（Chardonnay）	Morillon；Feinburgunder（奥地利）	这是一个万能的葡萄品种，尤其是在气候凉爽的地区。霞多丽葡萄可以酿造清新爽口的轻柔葡萄酒，包括法国经典的夏布利酒，具有明显的矿物香、青苹果香、柑橘香和柚子香。还可以酿造口感丰富、结构丰满的葡萄酒，生产著名的勃艮第白葡萄酒，例如默尔索干白葡萄酒和蒙哈谢白葡萄酒，还有最好的新世界白葡萄酒。这也是一个主要的起泡酒葡萄品种，最好是凉爽区域的霞多丽起泡酒，具有明显的柠檬香和青苹果香以及酵母风味，具有复杂而优雅的杏仁香、新鲜面包香和饼干香。这个品种的种植成本很高，但是在整个世界都有广泛的种植，新世界国家也是如此。
夏瑟拉（Chasselas）	Gutedel（德国）；Fendant，Dorin，Perlan（瑞士）	在世界范围内有广泛的种植，一些最好的瑞士葡萄酒都是由这个品种葡萄酿造而成的。这些酒口感清爽具有苹果和柑橘的香味。
白诗南（Chenin Blanc）	Steen（南非）；Pineau de la Loire	法国卢瓦尔河谷产区和南非主要的葡萄品种，可以生产很多风格的葡萄酒。清新干爽的白葡萄酒，结构单薄轻柔，具有明显的苹果香和柑橘香，结构更丰满的葡萄酒年轻的时候口感更结实。白诗南气泡葡萄酒不如其他品种的起泡酒芳香。在卢瓦尔河谷产区用来生产具有强烈香气的贵腐甜酒。
克莱雷（Clairette）		这个葡萄品种可以酿造口感精致、优雅、富含果味却不刺激的气泡葡萄酒，卢瓦尔河谷的Clairette de Die很便宜，却是香槟酒最好的替代品。

葡萄名称	其他名字	注释
琼瑶浆（Gewürztraminer）	Traminer	琼瑶浆可以酿造口感极干的芳香白葡萄酒，具有明显的迷人热带水果香，如荔枝香，还有香料香。作为甜酒，这款酒具有强烈丰富的果味特征。
格来凯多（Grecchetto）		通常用来酿造混合品种酒，Grecchetto葡萄现在在口感丰富的翁布利亚葡萄酒，例如奥维多葡萄酒和托吉亚诺葡萄酒中占很重要的地位。
格雷克（Greco）		在意大利和希腊，这个品种的葡萄用来酿造具有丰满结构的干白葡萄酒，口感厚重而不失优雅。
白歌海娜（Grenache Blanc）		生长在法国南部和西班牙的白歌海娜葡萄可以酿造具有滑腻感的葡萄酒，这款酒具有很好的酸感，余味中有淡淡的坚果香。
绿维特丽娜（GRÜNER VELTLINER）		奥地利最主要的葡萄品种，可以酿造经典的多汁芳香葡萄酒，口感优雅独特，伴随有明显的花香和香料香。
达德勒依（Len de L’elh）		这个品种的葡萄可以酿造口感多汁具有芳香风味的葡萄酒，具有明显的苹果香、梨香和柑橘香，但是缺乏酸感，因此整个口感感觉比较单薄松软。
鲁尔奥（Loureiro）		酿造具有清爽轻柔结构的葡萄酒，具有轻微的气泡感和刺激感，并且口感纯净，在葡萄牙用来酿造青酒。
玛尔维萨（Malvasia）		生长在意大利，用来酿造著名的Vin Santo甜酒。与索泰尔纳（Sauternes）葡萄、赛美蓉或者索味浓混合酿造的葡萄酒相对于玛尔维萨葡萄与棠普尼罗的混合酿造，增加了葡萄酒的复杂感。
玛萨妮（Marsanne）	Ermitage Blanc（瑞士）	酿造风味丰富、口感丰满具有惊人复杂感的葡萄酒，被列入世界最好葡萄品种的行列。
米勒（Müller-Thurgau）	Rivaner（卢森堡）	这个凉爽气候条件下的葡萄品种的品质得到了很好的改善。品质优良的葡萄酒口感清爽新鲜，芳香而富有表现力。
密斯卡得（Muscadet）	Melon de Bourgogne	酿造口感清新干爽的葡萄酒，清爽刺激却不清冽的风味，在密斯卡得产区被称为Melon de Bourgogne。
麝香葡萄（Muscat）	Moscato（意大利）；Moscatel，Muskateller	麝香葡萄酿造的干酒具有多汁、芳香、精致的口感，充满了葡萄香、热带水果香和花香等风味。这个葡萄也可以酿造轻微起泡酒，这在意大利的阿斯蒂产区很受欢迎。甜酒具有丰富的葡萄果味特征，口感不论是轻柔还是厚重，都具有强烈的风味。这款酒缺乏酸，注定其陈酿时间不能超过几十年，但是强化酒，例如Madeira Setúbal，可以储藏几个世纪。
佩德罗-希梅内斯（Pedro Ximénez）	PX	这个西班牙葡萄品种因改善了发酵技术而变得有名起来。通常用来酿造强化酒，具有显著香甜风格的雪利酒，这款酒口感黏稠强烈风味丰富，平衡感很好。这种葡萄在澳大利亚也有种植。

葡萄名称	其他名字	注释
白比诺（Pinot Blanc）	Pinot Blanco（意大利）；Weussburgunder（德国、奥地利）	白比诺葡萄主要生长在法国、意大利北部、德国和奥地利，一般未经橡木桶陈酿，最好的白比诺葡萄酒具有清爽、果味的特征和很好的平衡感。
灰比诺（Pinot Gris）	Pinot Grigio（意大利）；PinotBeurot（法国勃艮第）Malvoisie（瑞士）；Ruländer，Grauburgunder（德国）	这个品种的葡萄生长在法国的阿尔萨斯和卢瓦尔河谷产区，在新西兰，灰比诺可以酿造具有强烈颜色、精致香气迷人、口感活跃的葡萄酒，这款酒具有复杂的果味香气和很好的质感。意大利的灰比诺写做Pinot Grigio，可以酿造口感更加干爽、清新的葡萄酒，这款酒具有微弱的香气和清新的柠檬酸味，这是一款很容易上口的干酒。
普罗赛柯（Prosecco）		在意大利东北部产区这个葡萄品种可以酿造轻柔清新的起泡酒，与其他起泡酒相比，这款酒的风味更简单，却不失优雅和精致，具有明显的杏仁香、梨香和花香。
罗迪提斯（Rhoditis）		桃红色的果皮，经常与其他葡萄混合酿造口感清爽的白葡萄酒。经常作为希腊Retsina酒的基本原料。
雷司令（Riesling）		这个经典万能的德国品种葡萄具有强烈的花朵和酸橙风味，在新旧世界国家雷司令都有选用，一般用来酿造干酒、甜酒和起泡酒。雷司令干白是一款芳香优雅具有强表现力的酒，这款酒具有燧石香和烟熏香，是所有白葡萄酒中生命力最长的一款酒，因为它的酸和果味达到了完美的平衡。雷司令也可以用来酿造品质优良极其罕见的世界级甜酒。这个品种葡萄的酸度很高，所以可以陈酿几十年。具有微弱甜味的雷司令干白葡萄酒也是由这个品种葡萄酿造而成的。
瑞凡娜（Rivaner）		这是卢森堡的王牌葡萄品种，瑞凡娜用来酿造口感多汁、干净纯洁、具有复杂结构和很好平衡感的表现力很强的葡萄酒。
罗柏拉（Robola）		希腊最好的葡萄品种之一，罗柏拉葡萄可以酿造具有柠檬香、薄荷香和花香的干白葡萄酒，这款酒具有多汁活泼的结构。
红基夫娜（Rotgipfler）		红基夫娜葡萄可以酿造很有特色的奥地利葡萄酒——丰满的酒体、香料香和丰富的风味特征。
长相思（Sauvignon Blanc）		长相思葡萄可以酿造口感活泼清新、风味芳香的白葡萄酒，这款酒具有很高的酸，适当的酒精含量、矿物特征和柑橘风味。在法国，这个重要的葡萄品种可以酿造一流的桑塞尔葡萄酒和普伊芙美葡萄酒。
萨瓦涅（Savagnin）		欧洲北部的萨瓦涅葡萄可以酿造具有丰富坚果香和柠檬香的葡萄酒，口感苦涩却不失复杂感。
索恩伯格（Schonburger）		这个品种葡萄果皮是桃红色的，这个品种酿造的酒的产量是有限的，但是这个品种葡萄的天然酸很低，因此在凉爽的地区可以酿造出具有惊人丰富口感的葡萄酒。

葡萄名称	其他名字	注释
赛美蓉（Sémillon）		这个品种的葡萄既可以酿造口感丰富的干酒又可以生产口感香甜的甜酒。澳大利亚的赛美蓉干酒口感醇厚，具有诱人的热带水果风味，波尔多的赛美蓉干酒具有含蓄而复杂的风格特征。这个品种的葡萄经常与索味浓葡萄混合酿造，从而调和酒的滑腻醇厚的质感。作为法国索泰尔纳产区主要的葡萄品种，赛美蓉可以酿造品质出众的贵腐酒。赛美蓉甜酒的品质极佳，具有精致、强烈而复杂的香气。经过多年的陈酿之后，这款酒真正出色的品质才会呈现出来。在新世界国家，赛美蓉甜酒可能会更黏稠，很快就会被葡萄酒爱好者所接受。
西万尼（Sylvaner）	Silvaner	西万尼葡萄酿造的酒口感清新、干爽而坚实，具有丰富的柑橘类水果风味。这个品种的葡萄在德国、奥地利和瑞士也有栽种。
妥伦特斯（Torrontés）		妥伦特斯葡萄酿造的葡萄酒口感精细、活泼而不失厚重，风味芬芳，具有类似麝香的香气，具有明显舒适的柠檬酸感。
棠比内洛（Trebbiano）	Ugni Blanc（法国）	棠比内洛葡萄的显著特征就是高酸，即使是在温暖的产区。口感清爽的棠比内洛葡萄酒在世界市场上所占的比例正在不断地增加。
韦尔德贺（Verdejo）		口感活泼芬芳的韦尔德贺葡萄酒具有花香和柑橘香特征，并伴随有明显的梨香、桃子香和杧果香。
维蒂奇诺（Verdicchio）		清爽的维蒂奇诺葡萄具有高水平的天然酸。最好的维蒂奇诺葡萄酒是意大利的Verdicchio dei Castelli di Jesi。
维蒙蒂诺（Vermentino）		维蒙蒂诺葡萄可以酿造口感活泼、迷人、具有明显花香风味的葡萄酒，这款酒的酸度、果味和酒精度达到了完美的平衡，变得越来越流行起来。
威代尔（Vidal）		果皮很厚、产量很高的威代尔葡萄可以酿造口感丰富的冰酒，加拿大的威代尔冰酒带来了加拿大葡萄酒世界的革命。
维格尼尔（Viognier）		维格尼尔葡萄酿造的葡萄酒是一款很成功的夏季葡萄酒——口感活泼芬芳，具有花香和清爽的酸感，并且还具有丰富的麝香风味，可以与伟大的霞多丽葡萄酒相媲美，两款酒都具有明显的热带杧果香、桃子香和菠萝香。
维尤拉（Viura）	Macabeo	这是一个在西班牙北部广泛种植的葡萄品种，维尤拉葡萄可以酿造具有清新花香的葡萄酒，伴随柑橘香和平衡的酸感。这个品种的葡萄还有另一个名字——Macabeo，也是一个高产量、生产起泡葡萄酒的品种。Macabeo也可以与包括霞多丽在内的很多其他品种混合酿造，增加了西班牙卡瓦葡萄酒的清新轻柔的口感。
枝分都（Zierfandler）	Cirfandil（匈牙利）	这个奥地利葡萄品种在国际市场上受到了广泛的欢迎。品质最好、口感最丰满的葡萄酒是由枝分都葡萄和红基夫娜葡萄混合酿造而成的。

酿造红葡萄酒的主要葡萄品种

赤霞珠是世界上种植最广泛的葡萄品种，只要是浏览过葡萄酒销售商或者是超市货架的人几乎都不会对这一点感到吃惊。但是当你仔细地检查相同的货架时你会发现红葡萄酒酿造品种中的第二位是属于黑比诺、美乐或者是西拉的，事实上歌海娜在西班牙被写做Garnacha，在红葡萄酒酿造品种中也享有声誉。其他主要的红葡萄酒酿造品种有西班牙的添普兰尼洛和意大利的桑娇维赛葡萄。

葡萄名称	其他名字	注释
阿吉欧吉提可（Agiorgitiko）	Nemea，St George	阿吉欧吉提可这个葡萄品种能酿造出酒体丰满、充满深色水果香气的希腊葡萄酒，但是有时候也会缺乏酸感，陈酿潜力十分好。
阿里亚尼考（Aglianico）		在意大利的南部，这个品种的葡萄能酿造出酒体丰满圆润、香味浓郁的Taurasi和Aglianico del Vulture等优质葡萄酒；在希腊它也能用来酿造优质的红葡萄酒。
阿利蒂克（Aleatico）		一个香气浓郁的红葡萄酒酿造品种，在意大利它酿造的酒充满活力、果香特征明显且十分诱人。
巴贝拉（Barbera）		这是一个种植范围广泛的意大利品种，可以作为佳美葡萄的替代品，它酿造的葡萄酒充满活力，有很重的果香风味和优雅、高质量的酸（清爽），单宁含量较低。
蓝色佛朗克（Blaufrinkisch）	Lemberger（美国）；Kekfrankos（匈牙利）	这是一个很有潜力的中欧品种，蓝色佛朗克酿造的葡萄酒成熟而柔滑，带有浓郁、柔软的红果类香气，甜的香料味以及优质的色泽。在美国，它的名字叫做Lemberger，它通常可以酿造出独特的华盛顿州葡萄酒。
布鲁内略（Brunello）		这个托斯卡纳地区的葡萄品种酿造丰满浓郁类型的葡萄酒，这种酒的酒体结构很好，色泽优质，酸感好，有着协调的酒精度。
品丽珠（Cabernet Franc）	Bouchet（圣艾米利永地区，法国）；Breton（卢瓦尔地区，法国）	品丽珠喜欢凉爽的气候条件，它通常可以酿造出卢瓦尔河谷地区果香特征明显且充满活力的红葡萄酒，例如希农葡萄酒和索米尔葡萄酒。在新世界国家，它酿造的葡萄酒有很好的骨架感、果香风味，还带有一点胡椒味。
赤霞珠（Cabernet Sauvignon）		用这个品种的小小的黑色果实酿造的葡萄酒酒体丰满而浓郁，颜色较深，单宁含量高，酸高，酒精高还有浓郁的果香味。最好的赤霞珠酒得益于橡木桶陈酿的骨架感强、优雅等特点。这是伟大的波尔多葡萄酒的主要酿造品种，也是新世界国家广泛种植的品种，这一品种在加利福尼亚和澳大利亚种植得尤其成功。
卡内奥洛（Canaiolo）		这个品种的葡萄可以单独用来酿造轻盈、果香特征明显且充满活力的葡萄酒，但是它作为酿造勤地葡萄酒的勾兑品种而更加出名。
佳丽酿（Carignan）		它在法国、意大利以及西班牙被大面积地种植，佳丽酿葡萄酿造的葡萄酒酒体丰满醇厚，单宁含量高，高酸，高酒精度，但是这个品种酿造的葡萄酒需要时间来让它们发展自己的性格特征。

葡萄名称	其他名字	注释
卡蒙乃（Carmenere）		这个品种源于波尔多，现在在智利得到了新的发展。它酿造的葡萄酒成熟柔滑。
卡斯特劳法兰斯（Castelao Frances）	Periquita	卡斯特劳法兰斯是葡萄牙的一个葡萄品种，用这种葡萄酿造的酒柔滑且充满了成熟的水果香味，酒体结构很好。
神索（Cinsault）	Cinsaut	这种葡萄主要用来勾兑法国南部的红葡萄酒，但是它也能酿造优质的玫瑰红葡萄酒，香气浓郁，果香特征明显，酒体轻盈且清爽。它经常和歌海娜一起进行勾兑。
多姿桃（Dolcetto）		多姿桃是意大利皮德蒙特地区的主要酿酒葡萄品种，它成熟较早且喜好温和的气候条件。它的性格非常迷人，用它酿造的红葡萄酒充满活力且柔软，容易上口，香气浓郁，果香特征明显，而且协调性十分好。
多菲德（Dornfelder）		多菲德是一个德国品种，它酿造的葡萄酒成熟而柔滑，果香特征明显，酒体结构中等。
佳美（Gamay）		佳美是博若莱地区经典的果香特征明显且充满活力的葡萄品种，卢瓦尔河和新西兰地区也适合种植这种葡萄。这种葡萄酿造的葡萄酒香气浓郁，有柔和的单宁、高酸和低酒精度。佳美葡萄酒主要是采用二氧化碳浸渍技术酿造的（见42~43页），适合及早饮用。
歌海娜（Grenache）	Garnacha（西班牙）；Cannonau（撒丁区，意大利）	歌海娜是所有品种中种植范围最广泛的几个之一，在罗讷河及法国南部的其他地区，还有澳大利亚等地。它酿造的一些葡萄酒真正能做到一鸣惊人，丰满而浓郁，风味饱满，有很好的陈酿潜力。西班牙的歌海娜葡萄酒尤为著名，它酒体优质，强度中等，果香特征明显。歌海娜也是地中海周边酿造加强型葡萄酒最受欢迎的红葡萄品种之一，它的口感十分清爽，有精细的花香。用歌海娜酿造的玫瑰红葡萄酒色泽明亮，有可爱的成熟果实的香气以及香料味，骨架感强。
克莱维内（Klevner）		这是瑞士的一个品种，它生长在凉爽的气候条件下，用这种葡萄酿造的酒酒体清淡，充满活力且复杂，堪称世界级水平的葡萄酒。
兰布鲁斯（Lambrusco）		用这个意大利葡萄酿造的葡萄酒应该趁其年轻的时候饮用。如果把这种葡萄酿造得比较好，它们会很简单，同时会充满活力并具有水果的香味，十分诱人，还能感受到一点红色浆果和香料的香味。
玛尔贝克（Malbec）	Auxerrois（卡奥尔，法国）；Cot（卢瓦尔，法国）	马尔贝克葡萄酿造的葡萄酒酒体饱满，香气浓郁，颜色较深，陈酿潜力强，主要生长在法国的卡奥尔以及阿根廷地区。
门西亚（Mencia）		这种葡萄在西班牙种植得很多，它酿造的红葡萄酒清淡，果香特征明显，趁早饮用会比较理想。用它酿造的Bierzo DO和Galicia葡萄酒十分有名。

葡萄名称	其他名字	注释
美乐（Merlot）		这个优秀的葡萄品种在全世界都有种植，它酿造的葡萄酒无论是在质量方面还是在风格方面都始终如一的优秀。用它酿造的葡萄酒颜色很好，十分柔软顺滑，有成熟果实的香味，口腔中的感觉如天鹅绒的质感。美乐酒酒体十分丰满，有一些优质的波尔多葡萄酒是用这种葡萄酿造的。
蒙得斯（Mondeuse）		用蒙得斯葡萄酿造的葡萄酒是成熟且具柔滑风格的，有黑醋栗和胡椒味。和清淡的西拉酒十分相似。
蒙塔尔奇诺（Montepulciano）		蒙塔尔奇诺是一个意大利品种，它酿造的葡萄酒的风格特征是成熟而柔滑的，酒的香味特别好且复杂，酒体结构好且具有独特的果香风味。这种葡萄酿造的葡萄酒有很好的陈酿潜力。
莫利斯特尔（Moristel）		用这种西班牙葡萄酿造的葡萄酒清淡且果香特征明显，这种葡萄通常是和别的葡萄一起勾兑酿酒，酿造的酒应该趁其年轻时饮用，因为它会很快被氧化。
幕尔伟德（Mourvedre）	Monastrell（西班牙）；Mataro（新世界国家）	这种葡萄酿造的葡萄酒醇厚、丰满、强劲且单宁感强，这种葡萄酿造的最顶级的酒来自法国南部、西班牙和加利福尼亚，有浓郁的黑果类香气和甜的香料味。这种葡萄也经常用来勾兑。
内比奥洛（Nebbiolo）	Spanna（皮埃蒙特，意大利）；Chiavennasca（伦巴第，意大利）	这种葡萄在意大利、阿根廷和加利福尼亚只是小面积地种植，用它酿造的红葡萄酒酒体丰满、浓郁且酸的含量高，酒精感协调，单宁含量高，果香味丰富。这种酒需要进行瓶储以使它完美的花香得到发展。
莫尼耶品乐（Pinot Meunier）		莫尼耶品乐是经典香槟酒的勾兑品种之一，赋予葡萄酒浓郁的果香味。通常这个品种是用来进行勾兑的，但是单独用它也可以酿造出十分迷人的带有桃子味和苹果味的丰满类型的葡萄酒，虽然不如香槟酒那么细腻优雅，但作为餐前开胃酒还是十分合适的！这个品种在意大利甚至是离其故乡很远的加拿大都有种植。
黑比诺（Piont Noir）	Pinot Nero（意大利）；Burgund Mare（罗马尼亚）；Spatburgunder（德国和奥地利）；Blauburgunder（奥地利和瑞士）	这种葡萄酿造的顶级葡萄酒出自勃艮第以及南美，这些红葡萄酒酒体轻盈，果香特征明显，如丝般柔滑，颜色较浅，具有浓郁而精细的香味。这种葡萄酿造的葡萄酒陈酿潜力很好，酒的风格特征也复杂多样，从樱桃味到皮革和香料味，也有香草和烟熏的味道。在德国这个品种被称做Spatburgunder，它酿造的优雅的葡萄酒比勃艮第地区的酒要稍微轻淡一些。在卢瓦尔河谷的桑塞尔地区，它通常用来酿造十分受欢迎的桃红葡萄酒，这种酒十分优雅，颜色轻淡，口感清爽，有优质而浓郁的果香味。这种葡萄也是很多旧世界和新世界国家起泡葡萄酒的“支柱”，它带给这些起泡酒酒体结构，使酿造酒的酒体醇厚而清爽。这种葡萄也用来勾兑香槟地区大部分有名的葡萄酒，这其中包括顶级的Dom Perignon和Cristal。
品诺塔日（Pinotage）		这是一个南非品种，由黑比诺和神索葡萄杂交而成，这种葡萄酿造的红酒酒体清淡，单宁柔和。

葡萄名称	其他名字	注释
普萨（Poulsard）	Plousard	这是法国汝拉区一个种植规模很大、皮薄且成熟期长的品种，用它酿造的葡萄酒比较淡但是充满了活力，果香特征明显，是一种香气相对浓郁的葡萄酒。
罗塞斯（Rossese）		这个葡萄品种在意大利的利古里亚种植非常广泛，用它酿造的葡萄酒风味独特，成熟而柔滑。
桑娇维塞（Sangiovese）	Nielluccio（科西嘉，法国）；Sangioveto，Brunello，Morellino，Prugno（意大利）	这是一个优秀的葡萄品种，经常用来进行勾兑，意大利十分著名的DOCG葡萄酒中的一部分就是用这种葡萄酿造的，例如勤地葡萄酒和布鲁内略葡萄酒，这些酒的风格特征成熟而柔滑，这些葡萄酒的成功很大程度上取决于葡萄的采摘年份和葡萄酒酿造者。这种葡萄也被用来酿造托斯卡纳地区的桃红葡萄酒，颜色轻淡，酸感明显，酒精感协调，风味饱满。这种葡萄在加利福尼亚和阿根廷也有种植。
圣-罗兰（St-Laurent）		这种葡萄主要生长在德国、奥地利和东欧地区。用它酿造的葡萄酒颜色很深，但是酒体轻盈且充满了活力，有浓郁的红色浆果的香味、柔和的单宁，有十分好的陈酿潜力。
西拉（Syrah）	Shiraz（澳大利亚和南非）	西拉是世界上最优质的红葡萄品种之一：在法国的罗讷河谷地区它小小的果实能酿造成熟柔滑风格的葡萄酒。这种酒单宁感强，高酸，酒精感协调，有很好的陈酿潜力。在澳大利亚和南非地区，它被称为Shiraz，用这种葡萄酿造的葡萄酒堪称世界一流，酒体丰满而复杂，有典型的温暖感和“果酱般”的感觉。西拉酿造的桃红葡萄酒具有明亮的深粉红色，果香特征明显且十分清爽；用西拉酿造的顶级酒中的一部分来自加利福尼亚 。
丹拿（Tannat）		这是一个“野兽般”的葡萄品种，但是在乌拉圭、阿根廷和法国的马第宏地区，用它酿造的酒十分优雅，酒体醇厚浓郁而丰满，单宁含量高，很适合在橡木桶中进行陈酿。
添普兰尼洛（Tempranillo）	Aragonez，Tinta Roriz（葡萄牙）；Ull de Llebre，Tinta de Toro，Cencibel，Tinto del Pais，Tinto Fino（西班牙）	添普兰尼洛是西班牙最优质的红葡萄品种之一。用它酿造的葡萄酒成熟而柔滑，酒体复杂，骨架感强，有很好的陈酿潜力。添普兰尼洛酿造的葡萄酒即使是最基础的酒也是优雅而充满了果香的。
泰罗德格（Teroldego）		这个品种以能酿造迷人优雅的意大利Teroldego Rotaliano葡萄酒而闻名。泰罗德格能酿造成熟而柔滑的葡萄酒，酒的色泽较深，有浓郁的果香味，单宁柔软。
葡萄牙国产多瑞加（Touriga Nacional）		这是个葡萄牙品种，它的果实小而黑，用它酿造的葡萄酒酒体丰满醇厚，风味浓郁，单宁感强且酸感协调。
增芳德（Zinfandel）		这是一个风味浓郁的加利福尼亚品种，它能酿造带有李子味和胡椒味的顶级红酒，这种酒酒精度较高，陈酿潜力好，这种葡萄也能酿造容易上口的桃红葡萄酒、白葡萄酒或者是接近白色的“面带红色”的葡萄酒。
兹威格（Zweigelt）		这个品种能酿造出优质的成熟柔滑的红酒，在奥地利种植广泛，但是在国际上并不知名。

专业术语

ABV 酒精的体积含量。饮料中的酒精浓度，以在整个饮料中所占的体积百分比来表示。

ACIDITY 白葡萄酒的“脊椎”；形成清爽风味必需的，也是保证陈酿酒品质必不可少的。

AGEING 葡萄酒的成熟过程，一般在木质容器中完成，尤其是橡木。陈酿后增加了新的风格特征和复杂感。

ALCOHOL 酵母利用糖发酵的副产物。

ANAEROBIC 无氧的、厌氧的。

ANGELS' SHARE 形容酒在橡木桶中陈酿时，从桶壁蒸发那一部分酒的术语。

AOC 源产地控制命名。法国最高级别的葡萄酒，说明这款酒达到了一定的质量标准（见64～65页）。

APÉRITIF 餐前饮用，能够刺激食欲的开胃酒。

APPELLATION 法国葡萄酒产区的区域命名；通常用来形容来自于某一特定区域的酒。

AROMA 葡萄酒的香味和异味，有时可以用“BOUQUET”代替。

AROMATIC 通常与果味和迷人的葡萄品种相关，例如雷司令、长相思和麝香葡萄。

AUSTERE 葡萄酒中的果味被酸或单宁掩盖。这种酒一般需要时间陈酿改善。

BALANCE 葡萄酒中果味、酸、单宁和酒精的和谐程度。

BLUSH 颜色呈现浅粉色的桃红葡萄酒。

BODEGA 西班牙的酒窖或葡萄园的说法。

BODY 葡萄酒在口中的风味结构，通常与果味和酒精含量有关。

BOTRYTIS CINEREA 能够引起“贵腐”的良性霉菌。它在甜酒的生产中很关键，例如苏特恩白葡萄酒，因为它会使葡萄果实中的糖得到浓缩。感染上这种霉菌的葡萄可以做贵腐酒。

BOUQUET 葡萄酒味道的形容，陈酿或后熟阶段产生的。

BREATHING 葡萄酒和氧气之间的反应，导致了香气的释放。

BRUT 法国单词，“干”的意思，一般用于起泡酒，例如香槟。

CARBONIC MACERATION 一种葡萄不需要破碎直接发酵的技术，产生具有良好颜色和果味的葡萄酒；博若莱产区的传统技术。

CAVA 西班牙起泡葡萄酒，采用与香槟相同的酿造技术（传统方法）。

CHÂTEAU 字面意思为法国的城堡，这里经常用来描述一些产葡萄酒的葡萄园或酒庄。

CIGAR BOX 描述经过橡木桶后熟的陈酿酒香气的术语，尤其是波尔多干红。

CLARET 一个形容波尔多红酒时经常用到的英语术语。现在这个术语已经不经常用到了。

CLASSICO 用来描述意大利DOC、DOCG产区中心区域或经典区域的术语。通常认为“CLASSICO”描述的葡萄酒应该是这个产区品质比较好的酒。

CLOS 法国用来描述带围墙的小葡萄园或者大葡萄园小区域的一个术语。

COMPLEXITY 用来描述高品质葡萄酒中很多丰富的风味和香气的一个术语。

CORKED WINE 葡萄酒闻起来有霉味或潮湿味，是由软木塞上的霉菌或化学物质引起的。

CÔTE 法国描述相邻山脉间山谷或者盆地的术语，最著名的是勃艮第的科多尔产区。

CÔTEAUX 法国描述非相邻的山脉和盆地的术语。

CRÉMANT 西班牙经典的葡萄酒，在橡木桶中陈酿6个月，然后瓶储18个月后才出售。

CRIANZA 西班牙经典的葡萄酒，在橡木桶中陈酿6个月，然后瓶储18个月才出售。

CRU 法语“等级“的意思，用来形容葡萄酒的品质，有顶级和一级之分。

CRU BOURGEOIS 只用来形容法国梅多克产区葡萄酒的分级术语。为了促进当地没有名气的葡萄酒的发展，在20世纪30年代建立了这个等级制度。这个制度没有包括在1855年建立的第一个波尔多登记制度之中。

CRU CLASSÉ 用来描述葡萄园等级的法语术语。

CUVE CLOSE 生产起泡葡萄酒的酿造技术，在强压装瓶以前的二次发酵要在一个大罐中完成。

CUVÉE 法语意思是指“葡萄酒的压榨汁”，通常用来调配或者生产特别的酒。

DECANTING 在侍酒之前，将葡萄酒倾倒入一个醒酒器中，使其与天然的沉淀分离开。醒酒器还可以使葡萄酒与空气充分地接触，并释放出香气。

DO 原产地控制命名（见67页）。西班牙葡萄酒的质量标准与法国的AOC级别相似。

DOC 原产地控制命名。与DOCG相似，指意大利最顶级的葡萄酒（见64～67页）。

DOMAINE 法语“葡萄酒庄”的意思。

DOSAGE 在香槟酿造过程中，在后期添加糖的量。

EISWEIN 描述德国冰冻葡萄酿造甜酒的术语，冰冻过程有利于葡萄果实中糖的浓缩。在除德国外的其他国家这款酒被称为冰酒，尤其是加拿大。

FERMENTATION 酵母分解糖产生二氧化碳和乙醇的过程。

FINISH 咽下葡萄酒后在口中残留的口感和风味。

FIRMNESS 对葡萄酒结构和酸感的评价，例如“结实的单宁”。

FLOR 一些雪利酒在成熟后会在顶部产

生一层类似于糟粕的酵母堆积物，将酒与空气隔离。

FORTIFICATION 向波特酒或者雪利酒中添加酒精，通常是葡萄果实发酵产生的酒精，从而增加酒精浓度和新风格特征。

FRIZZANTE 意大利形容一款轻柔起泡酒的措辞。

GRAND CRU 在法语中是“顶级”的意思。这是勃艮第质量最顶级的葡萄酒，但是在法国的其他产区，这个级别的酒要比premier cru稍低一点。

ICE WINE 与EISWEIN相同。

LATE BOTTLED VINTAGE (LBV) 特定葡萄园的波特酒，在装瓶前经过了4到6年的橡木桶陈酿。

LEES 葡萄酒发酵过程之后沉淀下来的葡萄籽、皮、酵母和其他沉淀物。在法国也称为“lie”，密斯卡得 Sur Lie酒是故意增加葡萄酒与皮渣的接触时间的，从而为酒增添了新的风味。

LENGTH 指将葡萄酒咽下之后，风味残留时间的长度和产生的口感印象。与FINISH相同。

MACERATION 葡萄汁与破碎皮渣、籽接触、浸提风味物质和颜色的过程。

MÉTHODE TRADITIONNELLE 采用与香槟相同的发酵工艺生产起泡酒（见44页）。这种生产方式是让二次发酵在出售酒的酒瓶中启动，发酵结束后不再倒瓶。

MICROCLIMATE 小产区具有的独特气候条件，例如山上一小块面向大海的产区或是山谷中受到庇护的小产区。

MOUTH FEEL 描述口感上感受到的葡萄酒质感的术语。

MUST 破碎葡萄包括葡萄汁、葡萄籽、皮和茎的混合物，这些物质将会一起参与酿造葡萄酒的发酵过程。

NOBLE ROT 与BOTRYTIS CINEREA相同。

NOSE 葡萄酒的香气。

OXIDIZED 葡萄酒或水果过度地暴露在空气中。

POMACE 葡萄酒经过压榨分离后残留的茎、葡萄籽和破碎的果实等皮渣。这些皮渣可以用来生产白兰地，例如marc和grappa。

PREMIER CRU 法语是“一级”的意思，这款酒是庄园酒或法国其他产区酒中级别最高的；而在勃艮第产区这个级别要比grand cru略低一点。

RANCIO 在一些强化酒中存在的丰富自然而且令人愉悦的干果香、巧克力香和香料香等风味，例如Tawny波特酒。

SEC 法语是干酒的意思，与“dry”意思相同。

SEDIMENT 葡萄酒瓶的发酵过程中产生的死酵母或者是陈酿红酒中的单宁、色素沉淀。

SEKT 德语起泡酒的说法。

SOLERA SYSTEM 雪利酒酿造体系，通过特殊排列的橡木桶将年轻的酒逐渐与陈酿酒混合到一起。

SPUMANTE 意大利语起泡酒的说法。

SUR LIE 与LEES相同。

TANK METHOD 与CUVE CLOSE相同。

TANNIN 红葡萄皮中的一种物质，在浸渍发酵过程中浸提到葡萄酒中，这是陈酿过程中必不可少的一种物质。产生了一种类似青苹果的干爽口感。

TERROIR 法语用来形容一个葡萄园特定区域的生态环境，包括土壤、气候和朝向。有些地方的评价体系还包括种植者。

TRADITIONAL METHOD 与MÉTHODE TRADITIONNELLE相同。

VDQS 优良地区酒。法国的葡萄酒等级，品质次于AOC而高于Vin de Pays（见64～65页）。

VENDANGE 法语“葡萄采摘期”的意思。“vendange tardive”是“晚采”的意思。

VIN DE PAYS 法语“餐酒”的意思。法国葡萄酒等级，品质高于最普遍的Vin de Table而次于高级的AOC和VDQS（见64～65页）。

VIN DE TABLE 法语“餐酒”的意思。法国葡萄酒的最低级别（见64～65页）。

VINIFICATION 将葡萄汁转化为葡萄酒的过程。

VINTAGE 葡萄酒年份，在描述葡萄酒时可以与“year”通用。

YEAST 微小的霉菌，在葡萄酒发酵过程中将糖转化成二氧化碳和酒精。

YIELD 在特定年份一个葡萄园或者一棵葡萄树酿造葡萄酒的总产量。